Mathematik 5

Autoren:

Jochen Herling
Andreas Koepsell
Karl-Heinz Kuhlmann
Uwe Scheele
Wilhelm Wilke

westermann

Autoren der vorangegangenen Ausgabe von Mathematik 5:
Irmgard Eckelt, Jochen Herling, Uwe Scheele, Wilhelm Wilke

Zum Schülerband erscheint:
Arbeitsheft 5, Bestell-Nr. 123835
Arbeitsheft zum individuellen Fördern 5, Bestell-Nr. 125835
Lösungen 5 mit CD-ROM, Bestell-Nr. 291835

Druck A^{21} / Jahr 2025
Alle Drucke der Serie A sind inhaltlich unverändert.

Redaktion: Gerhard Strümpler, Katja Steinke
Herstellung: Reinhard Hörner
Typographie und Layout: Andrea Heissenberg, Braunschweig
Umschlaggestaltung: Andrea Heissenberg
Satz und Repro: media service schmidt, Hildesheim
Druck und Bindung: Westermann Druck GmbH, Georg-Westermann-Allee 66, 38104 Braunschweig

ISBN 978-3-14-**121835**-0

Zur Konzeption des neuen Unterrichtswerks Mathematik

Das neue Buch **Mathematik** lädt ein zum Entdecken, Lernen, Üben und Handeln.

Jedes Kapitel beginnt mit einer offen gestalteten **Doppelseite,** die sich als Denkanstoß zum projektorientierten Arbeiten eignet und zu einem Unterrichtsgespräch anregt.

Anschließend werden die **grundlegenden Inhalte** erarbeitet und so anhand einfacher Übungsaufgaben die Grundvorstellungen bei den Schülerinnen und Schülern gefestigt.

Wichtige **Definitionen** und **Merksätze** stehen auf einem farbigen Fond, **Musteraufgaben** auf Karopapier, **Beispiele** sind hellgrün unterlegt.

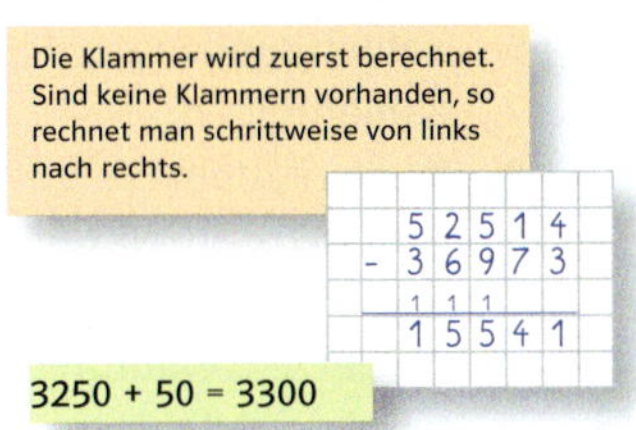

Das **Grundwissen** enthält wichtige Ergebnisse und nützliche Verfahren des Kapitels.

Beim **Üben und Vertiefen** wird das erworbene Wissen auf anspruchsvolle und problemhaltige Aufgaben angewendet.

Unter **Vernetzen** werden komplexe Aufgaben mit zusätzlichen mathematischen Inhalten bereitgestellt, die bisweilen auch andere Sozialformen und Unterrichtsmethoden verlangen.

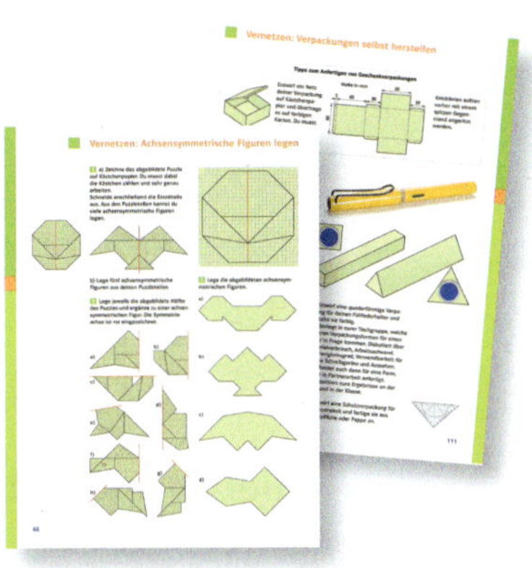

Die **Lernkontrolle** ermöglicht integrierendes Wiederholen auf zwei Lernniveaus:
In der **Lernkontrolle 1** sind Aufgaben aus dem jeweiligen Kapitel sowie Wiederholungsaufgaben zusammengefasst.
Die **Lernkontrolle 2** enthält auch vernetzte Übungen mit Themen aus früheren Kapiteln oder Jahrgängen.
Die Lösungen sind zur Selbstkontrolle am Ende des Buches angegeben.

Das neue Buch gibt auf speziellen Seiten ausführliche Hinweise zu den **prozessbezogenen Kompetenzen**, sei es zur Gruppenarbeit (Seite 167), zum Anfertigen eines Lernplakats (Seite 189), zur Einführung in Geometriesoftware (Seite 61/62) und zur Präsentation von Ergebnissen (Seite 36).

In der **mathematischen Reise** können die Schülerinnen und Schüler Gesetzmäßigkeiten spielerisch entdecken.

Das Kapitel **Wiederholung** am Ende des Buches enthält wesentliche Übungsaufgaben des vergangenen Schuljahres.

Mit der **CD** im Schülerband kannst du selbstständig am Computer üben. Gib nach dem Programmstart eine der Zahlen neben dem CD-Symbol ein, dann findest du schnell eine passende Übung.

39
40

Inhalt

1 Natürliche Zahlen

2 Addieren und Subtrahieren

3 Symmetrie

4 Multiplizieren und Dividieren

5 Körper und Flächen

6 Vergleichen und Messen

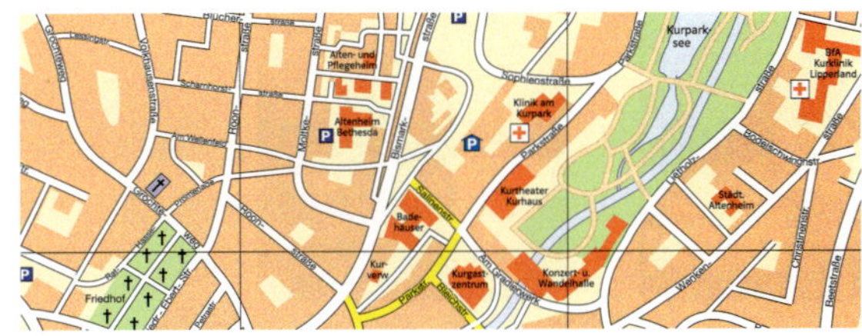

7 Beziehungen im Raum

8 Daten

Inhalt

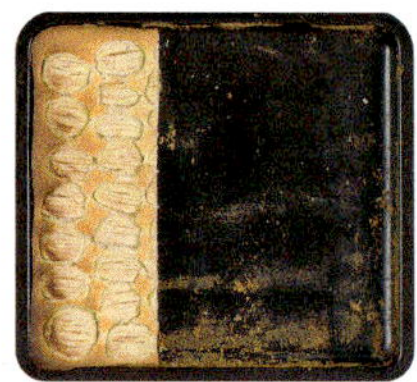

9 Brüche

10 Zeit und Weg

Wiederholung

Mathematische Zeichen und Gesetze

Mengen

$M = \{4, 5, 6, 7\}$	Menge aus den Elementen 4, 5, 6 und 7 in aufzählender Form
$\mathbb{N} = \{0, 1, 2, 3, \ldots\}$	Menge der natürlichen Zahlen
L	Lösungsmenge für eine Gleichung bzw. Ungleichung
$\{\ \}$	leere Menge

Beziehungen zwischen Zahlen

$a = b$	a gleich b	$\approx$	nahezu gleich
$a \neq b$	a ungleich b	$a > b$	a größer als b
		$a < b$	a kleiner als b

Verknüpfungen von Zahlen

$a + b$	Summe (*lies:* a plus b)	$a \cdot b$	Produkt (*lies:* a mal b)
$a - b$	Differenz (*lies:* a minus b)	$a : b$	Quotient (*lies:* a geteilt durch b)

Rechengesetze

Vertauschungsgesetz (Kommutativgesetz)

$3 + 7 = 7 + 3$ $\qquad$ $3 \cdot 7 = 7 \cdot 3$

Verbindungsgesetz (Assoziativgesetz)

$3 + (7 + 5) = (3 + 7) + 5$ $\qquad$ $3 \cdot (7 \cdot 5) = (3 \cdot 7) \cdot 5$

Verteilungsgesetz (Distributivgesetz)

$6 \cdot (8 + 5) = 6 \cdot 8 + 6 \cdot 5$ $\qquad$ $6 \cdot (8 - 5) = 6 \cdot 8 - 6 \cdot 5$

Geometrie

A, B, C, …	Punkte
$\overline{AB}$	Strecke mit den Endpunkten A und B
AB	Gerade durch die Punkte A und B
$\overrightarrow{AB}$	Strahl
g, h, k, …	Geraden
$g \parallel k$	g ist parallel zu k
$g \perp h$	g ist senkrecht zu h
$P(3 \mid 4)$	Punkt im Koordinatensystem mit den Koordinaten 3 (x-Wert) und 4 (y-Wert)

Zahlen beschreiben die Welt.
Wer die Welt kennen lernen will, muss mit Zahlen umgehen können.
Dein Mathematikbuch zeigt dir, wie du die Welt mit Zahlen beschreiben kannst.

1 Natürliche Zahlen

Große Zahlen beschreiben die Welt

Die Erde ist fast 5 Milliarden Jahre alt. Spuren in Steinen weisen darauf hin, dass es vor einer Milliarde Jahren Lebewesen auf der Erde gegeben hat. Das Leben entwickelte sich zuerst im Wasser. Vor 600 Millionen Jahren gab es bereits zahlreiche Meerestiere, vor 350 Millionen Jahren traten die ersten Landwirbeltiere und Insekten auf. Vor 150 Millionen Jahren beherrschten die riesigen Dinosaurier die Erde, nach ihrem Aussterben vor etwa 70 Millionen Jahren setzten sich die Säugetiere durch.
Die ersten Menschen lebten vor fünf Millionen Jahren.
Heute leben über sechs Milliarden Menschen auf der Erde.

Die Strecke vom Nordpol durch den Mittelpunkt der Erde zum Südpol ist 12 713 Kilometer lang.
Die Erde hat einen Umfang von rund 40 000 Kilometern.
Ihre Gestalt entspricht aber nicht genau einer Kugel:
Während der Äquator 40 075 Kilometer lang ist, beträgt der Erdumfang über Nord- und Südpol gemessen nur 40 008 Kilometer.
Im Mittelpunkt der Erde herrscht eine Temperatur von 6 650°C.

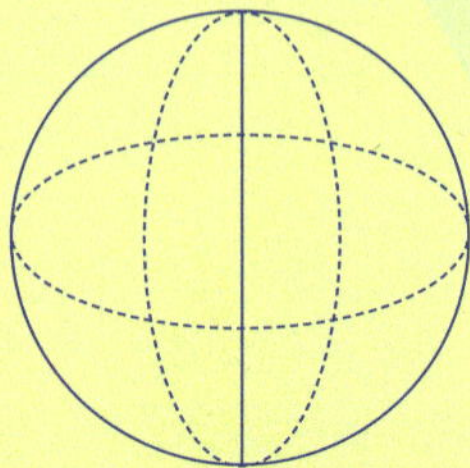

Die Erde ist 150 Millionen Kilometer von der Sonne entfernt. Sie bewegt sich auf einer nahezu kreisförmigen Bahn um die Sonne. Dabei legt sie in einem Jahr 939 Millionen Kilometer mit einer Geschwindigkeit von 107 000 Kilometern pro Stunde zurück.
Die Sonne hat einen Durchmesser von 1 392 700 Kilometern. Sie ist 129 700-mal so groß wie die Erde. In ihrem Innern herrscht eine Temperatur von 10 Millionen Grad.

Sonne
Erde
150 000 000 km

Die Oberfläche der Erde hat eine Größe von 510 Millionen Quadratkilometern.
362 Millionen Quadratkilometer sind von Wasser bedeckt, die gesamte Landfläche ist 148 Millionen Quadratkilometer groß.
Der höchste Berg der Erde, der Mount Everest im Himalajagebirge, ist 8846 Meter hoch. Der tiefste Punkt des Ozeans liegt 11 043 Meter unter dem Meeresspiegel.

Große Zahlen beschreiben die Welt

Megastädte der Erde und ihre Einwohnerzahl	
Buenos Aires	12 Mio 24 T
Delhi	12 Mio 41 T
Dhaka	12 Mio 519 T
Jakarta	12 Mio 18 T
Kairo	10 Mio 600 T
Kalkutta	13 Mio 58 T
Lagos	13 Mio 400 T
Los Angeles	13 Mio 213 T
Mexiko City	18 Mio 66 T
Moskau	12 Mio 410 T
Mumbai	16 Mio 86 T
New York	16 Mio 732 T
Osaka	11 Mio 13 T
Sao Paulo	17 Mio 962 T
Shanghai	12 Mio 877 T
Tokio	26 Mio 444 T

Einwohnerzahlen der 12 bevölkerungsreichsten Länder der Erde 2004 (in Millionen)			
Bangladesch	150	Japan	128
Brasilien	181	Mexiko	105
China	1313	Nigeria	127
Deutschland	82	Pakistan	157
Indien	1081	Russland	142
Indonesien	223	USA	297

Die Erdteile	Fläche km^2	Einwohnerzahl
Europa	11 Mio	728 Mio
Nord- u. Mittelamerika	23 Mio	511 Mio
Asien	44 Mio	3875 Mio
Südamerika	18 Mio	364 Mio
Afrika	30 Mio	885 Mio
Ozeanien	9 Mio	33 Mio
Antarktis	12 Mio	–

1 a) Suche auf der Karte die angegebenen Länder und Megastädte. Gib jeweils an, in welchem Erdteil sie liegen.
b) Ordne die Länder (die Städte) nach der Anzahl ihrer Einwohner. Schreibe die Zahlen aus.
c) Ungefähr die Hälfte der Weltbevölkerung lebt in den sechs bevölkerungsreichsten Ländern. Wie viele Menschen leben insgesamt auf der Erde?
d) Ordne die Erdteile nach ihrer Fläche (nach ihrer Bevölkerungszahl).
e) Mexiko City und Sao Paulo haben ungefähr 18 Millionen Einwohner. Welche Städte haben ungefähr 13 Millionen (11 Millionen) Einwohner?
f) Haben die vier größten deutschen Städte zusammen mehr als 10 Millionen Einwohner? Informiere dich mithilfe eines Lexikons oder benutze das Internet.

Große Zahlen lesen und schreiben

1 a) In der Abbildung siehst du eine erweiterte Stellenwerttafel.
Lies die eingetragenen großen Zahlen.

Billiarden			Billionen			Milliarden			Millionen			Tausender					
H	Z	E	H	Z	E	H	Z	E	H	Z	E	H	Z	E	H	Z	E
									7	0	1	8	5	0	0	8	1
							3	0	8	1	0	0	2	0	0	0	0
			7	6	0	0	0	4	0	1	0	0	0	0	0	0	0

b) Zeichne diese Stellenwerttafel in dein Heft und trage ein.

7 Tausend	43 Millionen 700 Tausend	9 Milliarden 9 Millionen 9 Tausend
19 Millionen	34 Milliarden 5 Millionen	719 Milliarden 43 Millionen 64 Tausend
211 Milliarden	801 Billionen 960 Milliarden	4 Billionen 8 Milliarden 90 Millionen
3 Billionen	719 Milliarden 530 Millionen	520 Milliarden 3 Millionen 5 Tausend
80 Milliarden	934 Milliarden 4 Tausend 12	9 Milliarden 43 Millionen 780

c) Lies die Zahlen.

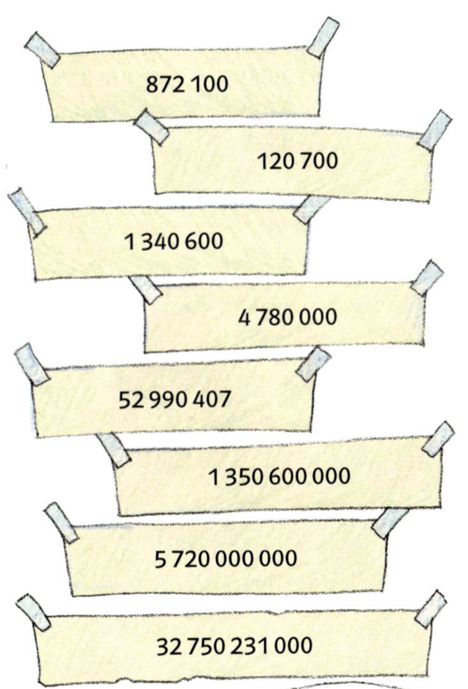

Die Namen der Zahlen

eins	1
zehn	10
hundert	100
tausend	1000
zehntausend	10000
hunderttausend	100000
eine Million	1000000
zehn Millionen	10000000
hundert Millionen	100000000
eine Milliarde	1000000000
zehn Milliarden	10000000000
hundert Milliarden	100000000000
eine Billion	1000000000000
zehn Billionen	10000000000000
hundert Billionen	100000000000000
eine Billiarde	1000000000000000
zehn Billiarden	10000000000000000
hundert Billiarden	100000000000000000

Amerikanische Bezeichnung:

eine Milliarde = a billion

Warum sind die Zahlen immer in Dreierblöcken aufgeschrieben?

... Billionen, Billiarden, Trillionen, Trilliarden, Quadrillionen ...

Große Zahlen lesen und schreiben

2 Lies folgende Zahlen.

a) 7 084
5 732
23 067
76 004

b) 9 105
10 750
98 003
700 342

c) 678 032
652 345
9 800 704
3 005 412

d) 30 076 542
83 023 012 034
75 020 507 345
106 780 321 623

3 Trage in eine Stellenwerttafel ein.

a) 3 720 000
945 000
15 698 000

b) 873 800
2 364 050
21 666 700

c) 9 707 825
15 601 255
83 670 444

d) 190 730 483
69 770 960
590 880 123

4 Schreibe in Ziffern.

a) 4 Millionen
7 Milliarden
90 Billionen

b) 17 Tausend
36 Milliarden
95 Billionen

c) 19 Milliarden
97 Millionen
480 Tausend

d) 600 Milliarden
40 Millionen
9 Milliarden

e) 5 Millionen 804 Tausend 500
927 Millionen 34 Tausend 7
719 Millionen 43 Tausend 64

f) 33 Milliarden 52 Millionen 832
520 Milliarden 3 Millionen 5 Tausend
80 Milliarden 530 Millionen 7

g) 6 Mio 4 T 23 E
606 Mrd 404 Mio 23 E
934 Mrd 885 Mio 4 T 3 E

h) 400 Mrd 200 Mio 35 T 704
43 Mrd 67 Mio 4 T 800 E
5 Mrd 5 Mio 5 T 5 E

i) 60 Mrd 40 Mio 23 E
650 Mrd 230 Mio 600 T
9 Mrd 743 T 50 E

k) siebenundvierzigtausend
zweihundertfünfzehntausend
neunhundertsechsundachtzigtausend

5 Lass dir die Zahlen von deinem Nachbarn vorlesen und schreibe sie in dein Heft.

a) 70 004
240 000
93 000

b) 629 000
308 800
621 045

c) 544 031
3 200 023
5 378 000

d) 300 060 004
171 011 307
890 406 520

Quittung

Betrag	4100,- EUR
Betrag in Worten	viertausendeinhundert EUR
von	Petra Müller
	Harbigweg 15
	40764 Langenfeld
Monheim, den 01.07.2006	dankend erhalten.
Ort/Datum	Wilfried Eggenwirt Stempel/Unterschrift des Empfängers

6 Schreibe die Zahlen in Worten.

a) 512
720
997

b) 3500
2700
8800

c) 1300
2700
8300

374 000
dreihundertvierundsiebzigtausend

2 300 000
zwei Millionen dreihunderttausend

d) 30 000
64 000
99 000

e) 700 000
250 000
590 000

f) 45 000 000
54 200 000
18 600 000

Zählen und Schätzen

1 Gib die Anzahl der Briefmarken (Fußballspieler, Konservendosen, Autos) an. Erkläre, wie du die Anzahl bestimmt hast.

	Lisa	Kevin	Belinda	Dominik
Personenwagen	||||||||||	卌 卌 卌 卌	卌 卌 |||	卌 卌 |||
Lastwagen	||||||||	卌 卌 ||	卌	卌	
Motorräder	|||				||||

2 Lisa, Kevin, Belinda und Dominik haben jeweils die Fahrzeuge gezählt, die auf der Straße vor ihrer Wohnung vorbei gefahren sind.

a) Lisa und Kevin haben die Anzahl der Fahrzeuge auf verschiedene Arten notiert. Erkläre den Unterschied.

b) Wie viele Fahrzeuge sind auf der Straße vor Lisas (Kevins, Belindas, Dominiks) Wohnung vorbei gefahren?

c) Wie viele Personenwagen haben sie insgesamt gezählt?

d) Überlege dir weitere Fragen zur Verkehrszählung der vier Kinder.

3 Schätze die Anzahl der Zuschauer, die auf dem Foto abgebildet sind. Überlege, wie du dir das Schätzen erleichtern könntest. Beschreibe, wie du dabei vorgehen würdest.

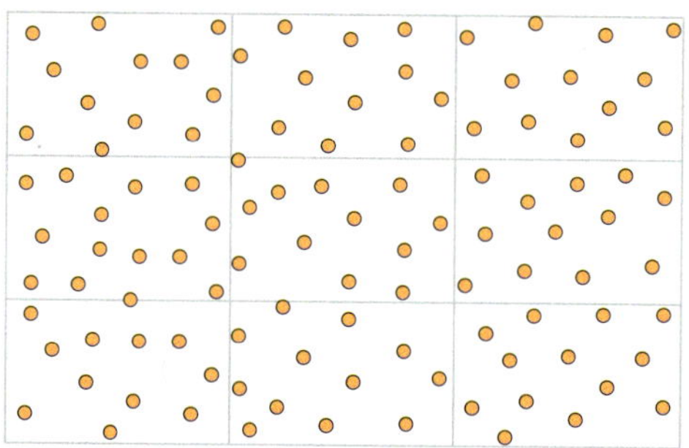

4 Schätze die Gesamtzahl der Punkte. Erkläre, warum dir das Gitter dabei hilft. Warum erhältst du bei deiner Schätzung möglicherweise ein anderes Ergebnis als deine Mitschüler?

5 Schätze jeweils die Anzahl der Punkte mithilfe des Zählgitters.

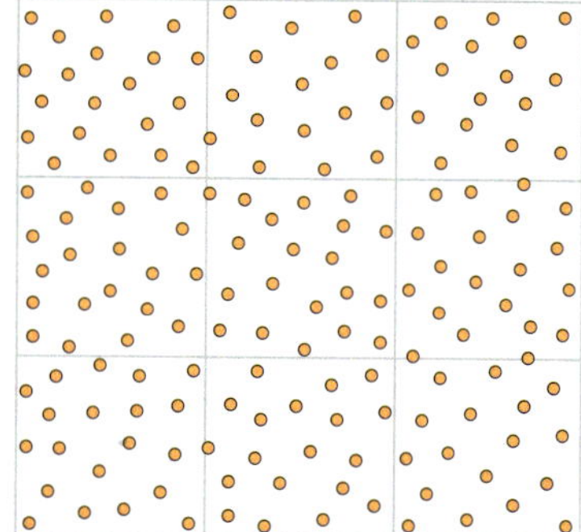

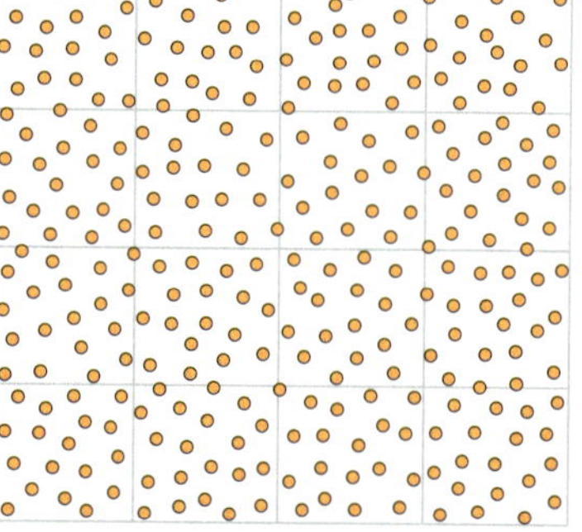

6 Zeichne ein Zählgitter auf Transparentpapier und schneide es aus. Schätze damit jeweils die Anzahl der Menschen.

Zahlen anordnen

1 Bei den Anmeldungen zur Gesamtschule hängt vor dem Büro der Sekretärin ein Kasten mit Nummernkärtchen. Jasons Mutter hat das Kärtchen mit der Nummer 56 gezogen, Philips Vater das Kärtchen mit der Nummer 78.
Wozu dienen die Nummernkärtchen?

Die Menge der natürlichen Zahlen wird mit ℕ bezeichnet. ℕ = { 0, 1, 2, 3, 4, ...}
Die natürlichen Zahlen werden in gleichen Abständen auf dem Zahlenstrahl angeordnet.
Alle natürlichen Zahlen haben einen Nachfolger.
Alle natürlichen Zahlen außer 0 haben einen Vorgänger.

0 1 2 3 4 5 6 7 8 9 10 11 12 13 14 15 16 17 18 19 20

Auf dem Zahlenstrahl steht
3 links von 8.
3 ist kleiner als 8.
$3 < 8$

Auf dem Zahlenstrahl steht
18 rechts von 14.
18 ist größer als 14.
$18 > 14$

2 Wie heißen Vorgänger und Nachfolger?
a) 17 77 1 2 0 11
b) 532 401 3000 1999

3 Vervollständige die Tabelle in deinem Heft.

Vorgänger	Zahl	Nachfolger
■	1 000 000	■
298 721	■	■
■	■	2 823 721

4 Ordne in einer Kette nach der Beziehung „ist kleiner als" ($1 < 2 < 3$).
a) 771, 171, 717, 117, 177, 711
b) 9898, 8989, 9988, 9889, 8998

5 Ordne in einer Kette nach der Beziehung „ist größer als" ($3 > 2 > 1$).
a) 1115, 1551, 1511, 1155, 1515
b) 589 785, 598 785, 598 875, 587 985

6 Ordne die Berge nach ihrer Höhe.

Die höchsten Berge der Alpen

Barre des Ecrins	4103 m
Finsteraarhorn	4274 m
Gran Paradiso	4061 m
Jungfrau	4158 m
Matterhorn	4477 m
Mönch	4099 m
Montblanc	4807 m
Monterosa	4634 m
Piz Bernina	4049 m

7 Lea, Fenna, Sara und Soumaya haben gemessen, wie groß sie sind.
Ein Mädchen ist 1,47 m groß, ein anderes 1,42 m und die beiden übrigen sind 1,41 m und 1, 39 m groß.
Fenna ist kleiner als Lea, Soumaya ist größer als Lea, aber kleiner als Sara. Wie groß ist jedes Mädchen?

11

Zahlen runden

1 Was meint Stefans Mutter mit ihrer Antwort? Ist der Umfang der Erde genau 40 000 Kilometer lang?

4 Überlege, bei welchen Zahlen du runden darfst.
Erkan bekommt 5,75 € Taschengeld.
Alina ist 1 m und 43 cm groß.
Laras Schuhgröße ist 39.
Omas Postleitzahl ist 22001.
Das Mathebuch hat 198 Seiten.
Lauras Bruder ist 1999 geboren.
Herr Gerner ist 28,748 km gewandert.
Beim Lesen bin ich auf Seite 39.
Der Brocken ist 1142 m hoch.
Der größte Blauwal ist 29 m 57 cm lang.
Köln hat 965 954 Einwohner.
Bastian hat die Telefonnummer 723451.

Runde 325 768 auf Hunderter.

Bei den Ziffern
0 1 2 3 4
runde ab!

Bei den Ziffern
5 6 7 8 9
runde auf!

H
325 768 ≈ 325 800

Diese Stelle gibt an, ob auf- oder abgerundet wird.
Auf diese Stelle soll gerundet werden.

2 Runde

a) auf Zehner
42
123
525

b) auf Zehner
455
1 567
13 542

c) auf Hunderter
64 540
72 950
23 441

d) auf Tausender
943 951
628 149
2 231 609

e) auf Zehntausender
6 327 849
3 425 000
7 894 900

f) auf Millionen
2 743 674
703 471 999
199 523 000

3 Erkläre, wie hier gerundet wurde.

1357 ≈ 1400 auf Hunderter gerundet

a) 5249 ≈ 5200
2879 ≈ 3000

b) 128 599 ≈ 128 600
147 122 ≈ 147 000

c) 12 599 ≈ 12 600
12 999 ≈ 13 000

d) 218 340 ≈ 218 000
960 946 ≈ 960 950

5 Tim, Tom und Kevin möchten jeder einen Hamburger zu 2,30 €, eine Portion Pommes frites zu 1,70 € und eine Cola zu 1,40 €. Zusammen haben sie 15 €.
a) Runde die Preise und überschlage, ob das Geld ausreicht.
b) Prüfe den Überschlag durch eine genaue Rechnung. Was stellst du fest?
c) Überlege, wie die Jungen beim Überschlagen von Preisen vorgehen sollen.

6 a) Runde die Uhrzeiten auf volle Stunden (halbe Stunden, 10 Minuten).

7.52 Uhr	11.07 Uhr	8.04 Uhr
9.23 Uhr	19.37 Uhr	6.45 Uhr

b) Überlege dir jeweils eine Situation, in der es sinnvoll ist, Uhrzeiten auf volle Stunden (halbe Stunden, 10 Minuten) zu runden. In welchen Situationen darfst du Uhrzeiten nicht runden?

Leonie fährt langsamer als Paula und Jonas. Paula fährt langsamer als Jonas, aber nicht so langsam wie Boris. Wer fährt am schnellsten?

1 a) Zeichne die Quadratmuster in dein Heft und füge die drei nächstgrößeren Quadrate hinzu.
b) Aus wie vielen kleinen Quadraten besteht jedes der großen Quadrate?

2 a) Zeichne die nächste Treppe in dein Heft. Erkläre, wie du dabei vorgegangen bist.
b) Aus wie vielen Würfeln besteht die übernächste Treppe?
c) Vervollständige die Tabelle in deinem Heft.

	Würfel insgesamt
1. Treppe	1
2. Treppe	3
3. Treppe	■
⋮	
8. Treppe	■

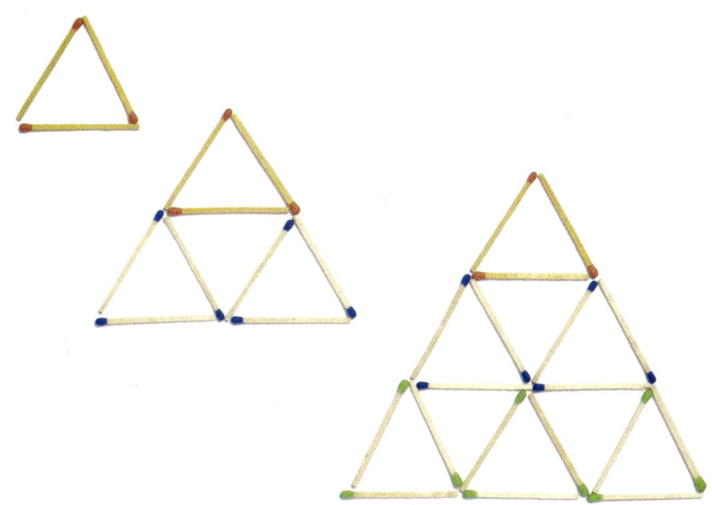

3 a) Lege die abgebildeten Dreiecksfiguren mit Streichhölzern und füge die beiden nächstgrößeren Figuren hinzu. Wie viele Streichhölzer sind für die sechste (siebte, achte) Figur notwendig?

b) Versuche das nächstgrößere Kartenhaus zu bauen. Wie viele Spielkarten sind dazu notwendig? Wie viele brauchst du, um ein Kartenhaus mit 5 (6, 7, 8, 9, 10) Stockwerken herzustellen?
c) Lege mit Streichhölzern weitere Folgen von Figuren und baue weitere Türme mit Spielsteinen oder Spielkarten. Notiere jeweils, wie viele Streichhölzer (Spielsteine, Spielkarten) du gebraucht hast.

Zahlenfolgen

0, 4, 8, 12, 16, ... 1, 2, 4, 8, 16, ...	Eine Menge von Zahlen mit festgelegter Reihenfolge heißt **Zahlenfolge.**

4 Ergänze jeweils die fehlenden Zahlen.

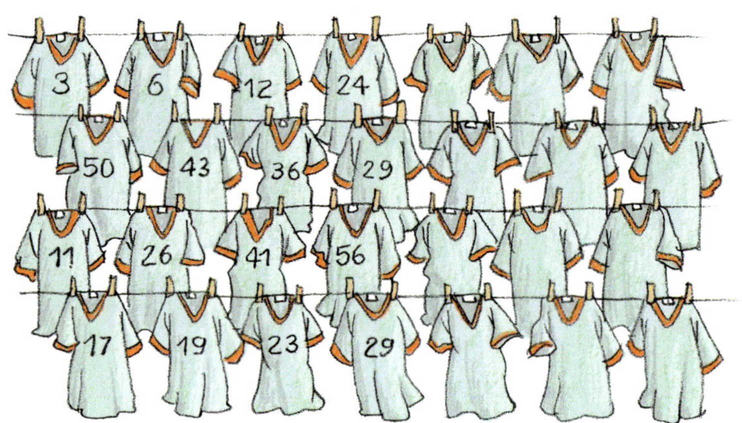

5 a) Übertrage die Figuren in dein Heft und füge die beiden nächstgrößeren Figuren hinzu. Notiere jeweils die dazugehörende Zahlenfolge.

b) Stelle weitere Zahlenfolgen mithilfe ähnlicher Muster dar. Bitte einen Mitschüler die Zahlenfolge fortzusetzen.

32

6 Bestimme die nächsten drei Zahlen der Folge und gib eine Regel an, nach der sie gebildet wird.

a) 2, 7, 12, 17, …
5, 14, 23, 32, …
2, 15, 28, 41, …

b) 50, 47, 44, 41, …
192, 96, 48, 24, …
113, 99, 85, 71, …

c) 20, 17, 16, 13, 12, …
3, 7, 5, 9, 7, 11, …
4, 9, 5, 10, 6, 11, …

d) 1, 10, 100, 1000, …
1, 11, 111, 1111, …
1, 12, 121, 1212, …

7 Sina und Tim setzen die Zahlenfolge 3, 5, 7, 6 … um sechs Zahlen fort.
Sina schreibt: 3, 5, 7, 6, 5, 7, 9, 8, 7, 9, …
Tim schreibt: 3, 5, 7, 6, 8, 10, 9, 11, 13, 12, …
Welche Regel hat Sina (Tim) angewendet? Überlege, ob einer von ihnen einen Fehler gemacht hat.

8 Gib die ersten sechs Zahlen der Folge an.

a) Die erste Zahl ist 4. Jede nachfolgende Zahl ist um 10 größer als ihr Vorgänger.
b) Die Folge fängt mit 3 an. Wenn du zu einer Zahl der Folge 7 addierst, erhältst du die nächste Zahl.
c) Die Folge beginnt mit 1. Jede nachfolgende Zahl ist doppelt so groß wie ihr Vorgänger.
d) Wenn du eine Zahl der Folge mit 3 multiplizierst, erhältst du die nächste Zahl. Die erste Zahl ist 2.
e) Die erste Zahl ist 256. Jede nachfolgende Zahl ist halb so groß wie ihr Vorgänger.
f) Jede Zahl ist um 9 kleiner als ihr Nachfolger. Die Folge beginnt mit 100.
g) Jede Zahl ist halb so groß wie ihr Nachfolger. 5 ist die erste Zahl der Folge.

9 Kannst du diese Folgen jeweils um drei Zahlen fortsetzen?

a) 2, 12, 120, 130, 1300, 1310, …
b) 1, 1, 2, 6, 24, 120, …
c) 1, 1, 2, 3, 5, 8, 13, 21, …

1 Natürliche Zahlen können durch eine Reihe von Glühlampen dargestellt werden. In der Zeichnung ist die Zahl 23 dargestellt. Du erhältst 23, wenn du alle Zahlen addierst, die unter einer leuchtenden Glühlampe stehen.

2 Welche Zahlen werden durch die Lampenreihen dargestellt?

3 Welche Lampen müssen leuchten, um die Zahl 40 (33, 18, 21, 15) darzustellen?

4 Nenne die größte Zahl, die du mit drei (vier, sechs) Lampen darstellen kannst.

5 In der Tabelle bedeutet die Ziffer 1, dass die Glühlampe leuchtet, und die Ziffer 0, dass sie nicht leuchtet. Übertrage die Tabelle ins Heft und setze sie bis zur Zahl 32 fort.

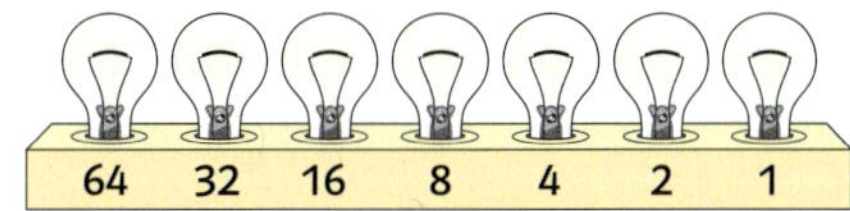

1							1
2						1	0
3						1	1
4					1	0	0
5					1	0	1

Die natürlichen Zahlen können auch mit nur zwei Ziffern (0 und 1) dargestellt werden. Dieses Stellenwertsystem heißt deshalb **Zweiersystem (Dualsystem).** In Computern werden die Zahlen im Dualsystem gespeichert.

64	32	16	8	4	2	1
				1	0	1
			1	0	0	0
				1	1	1

lies:

$101_{(2)}$ eins-null-eins im Zweiersystem
$1000_{(2)}$ eins-null-null-null
$111_{(2)}$ eins-eins-eins

6 Schreibe zu jeder angegebenen Zahl den Nachfolger und den Vorgänger auf.

a) 1000_{2}
1010_{2}
$1\,000\,101_{2}$

b) $10\,010_{2}$
1001_{2}
$10\,000\,111_{2}$

7 Wie viele Zahlen im Zweiersystem sind zweistellig (dreistellig, vierstellig)?

8 Welche Zahl im Zweiersystem ist doppelt (vier Mal) so groß wie 10_{2} (100_{2}, 1000_{2}, 111_{2}, 1111_{2})?

9 Übertrage die Zahlen in die Stellenwerttafel und übersetze sie ins Zehnersystem.

64	32	16	8	4	2	1
		1	0	1	1	0

16 + 4 + 2 = 22

a) 100_{2}
101_{2}
110_{2}

b) 1001_{2}
1010_{2}
1100_{2}

c) $10\,010_{2}$
$10\,101_{2}$
$11\,001_{2}$

d) $1\,000\,111_{2}$
$1\,100\,010_{2}$
$1\,101\,011_{2}$

e) $1\,111\,000_{2}$
$1\,100\,101_{2}$
$1\,001\,111_{2}$

f) $1\,010\,000_{2}$
$1\,110\,011_{2}$
$1\,100\,111_{2}$

10 Schreibe die Zahlen im Zweiersystem.

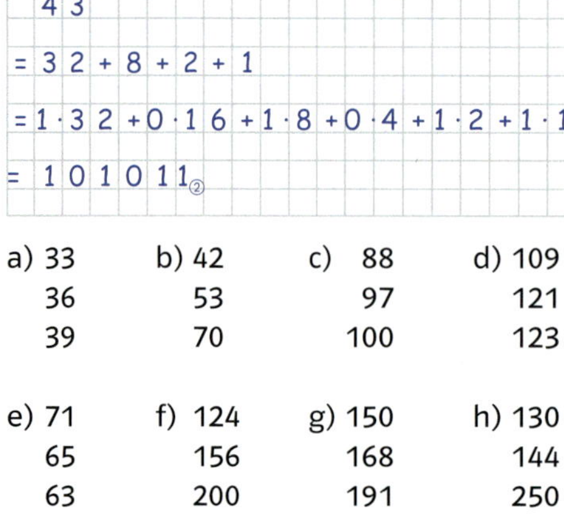

a) 33
36
39

b) 42
53
70

c) 88
97
100

d) 109
121
123

e) 71
65
63

f) 124
156
200

g) 150
168
191

h) 130
144
250

11 Das älteste Heckenlabyrinth Englands, der Irrgarten von Hampton Court Palace in der Nähe von London, wurde vor 300 Jahren angelegt. Er hat ungefähr die Gestalt eines Trapezes und ist über 1000 m^2 groß, seine längste Seite ist 68 m lang. Der Irrgarten ist eine große Attraktion, jedes Jahr besuchen ihn über eine halbe Million Menschen.

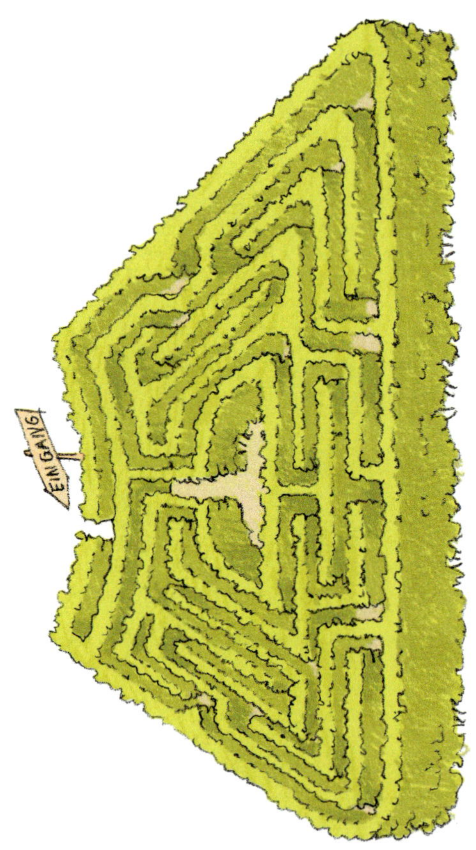

a) Suche auf dem Plan des Irrgartens einen Weg vom Eingang zum Zentrum.
b) Wege durch den Irrgarten können mit Hilfe der Ziffern 0 und 1 beschrieben werden. Für jede Stelle, an der du dich zwischen zwei Wegen entscheiden musst, gibt diese Ziffer an, welchen Weg du wählen sollst. Dabei bedeutet:
0 wähle den rechten Weg
1 wähle den linken Weg
Gehe vom Eingang aus den Weg 100 110. Erreichst du das Zentrum?
c) Beschreibe einen Weg vom Zentrum zurück zum Eingang mithilfe der Ziffern 0 und 1.

Grundwissen: Natürliche Zahlen

Natürliche Zahlen können in eine Stellenwerttafel eingeordnet werden.

Billiarden			Billionen			Milliarden			Millionen			Tausend					
H	Z	E	H	Z	E	H	Z	E	H	Z	E	H	Z	E	H	Z	E
												8	5	2	3	8	1
											4	5	3	0	0	0	0
										2	2	5	6	9	3	5	1
							1	2	8	1	0	0	2	0	0	0	0
				2	9	4	6	0	0	0	0	0	0	0	0	0	0
		1	5	0	0	3	8	0	0	0	0	0	0	0	0	0	0

Die Menge der natürlichen Zahlen wird mit ℕ bezeichnet. ℕ = {0, 1, 2, 3, 4, …}

Alle natürlichen Zahlen haben einen Nachfolger.

4 ist Nachfolger von 3.

Alle natürlichen Zahlen außer 0 haben einen Vorgänger.

23 ist Vorgänger von 24.

Die natürlichen Zahlen werden in gleichen Abständen auf dem Zahlenstrahl angeordnet. Auf dem Zahlenstrahl liegt die kleinere Zahl links von der größeren Zahl.

Auf dem Zahlenstrahl steht 5 links von 10.

5 ist kleiner als 10.
5 < 10

Auf dem Zahlenstrahl steht 20 rechts von 12.

20 ist größer als 12.
20 > 12

auf Hunderter gerundet

Bei den Ziffern
0, 1, 2, 3, 4
wird **ab**gerundet.

Bei den Ziffern
5, 6, 7, 8, 9
wird **auf**gerundet.

Auf diese Stelle soll gerundet werden. (6)

5 1 6 8 2 ≈ 5 1 7 0 0

Diese Stelle gibt an, ob auf- oder abgerundet wird. (8)

auf Tausender gerundet

23 288 ≈ 23 000
167 741 ≈ 168 000

auf Millionen gerundet

13 273 800 ≈ 13 000 000
22 691 300 ≈ 23 000 000

Üben und Vertiefen

1 Schreibe in Ziffern.
a) acht Millionen neunhundert
zweiundfünfzig Millionen
dreihundertacht Millionen

b) vierhundertzweiundsiebzigtausend
achthundertachtundachtzigtausend
neuntausendachthundertsechzig

c) dreitausendsechshundertfünfzig
elftausendvierundachtzig
zweihundertdreißig Millionen

2 Schreibe in Ziffern.
a) zweiundvierzig Millionen vierhundertsechsunddreißigtausendneunhundert

b) achthundertfünfundzwanzig Millionen
neunhundertsiebenundfünfzigtausend

c) vierundsiebzig Milliarden dreihundertvierundfünfzig Millionen einhundertachttausendsiebenhundertneunzehn

3 Gib den Vorgänger und den Nachfolger an.

a) 123 789
56 820
905 010

b) 2 456 830
987 999
6 000 999

c) 999 999
50 800
100 000

d) 500 301 200
23 000 090
201 000 000

4 Gib alle natürlichen Zahlen an, die zwischen den beiden angegebenen Zahlen liegen.
a) 1 999 997 und 2 000 004
b) 6 009 993 und 6 010 002
c) 2 999 989 und 3 000 002

5 Ordne die Zahlen der Größe nach. Verwende das <-Zeichen.
a) 97, 56, 23, 74, 88, 49, 75, 55, 98, 29, 11, 33
b) 998, 978, 879, 977, 899, 798, 888, 997, 987, 897
c) 1122, 2121, 2221, 1221, 1211, 2211, 2112, 1222, 2122, 1212
d) 10 011, 11 011, 11 101, 10 101, 10 111, 10 001, 11 001, 11 100, 10 110, 11 010

32

6 Tabea schätzt, dass insgesamt 39 Punkte vorhanden sind. Tom behauptet, es seien 27. Warum sind die Schätzungen unterschiedlich? Welche Schätzung ist genauer?

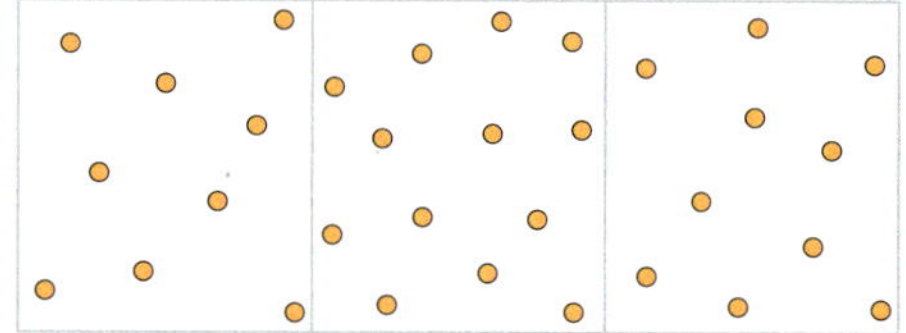

7 Schätze die Anzahl der Punkte mithilfe des Zählgitters.

a)
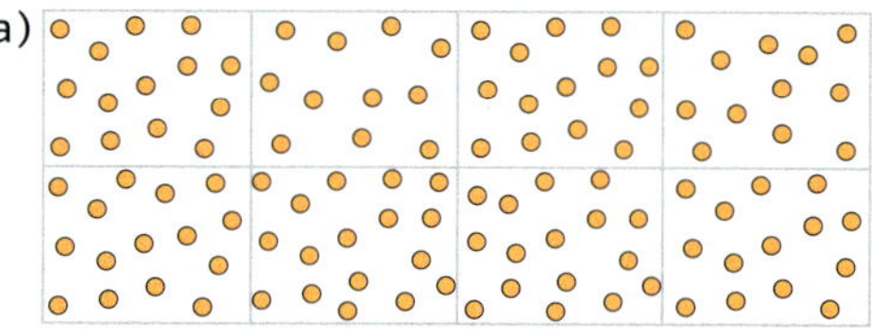

b)
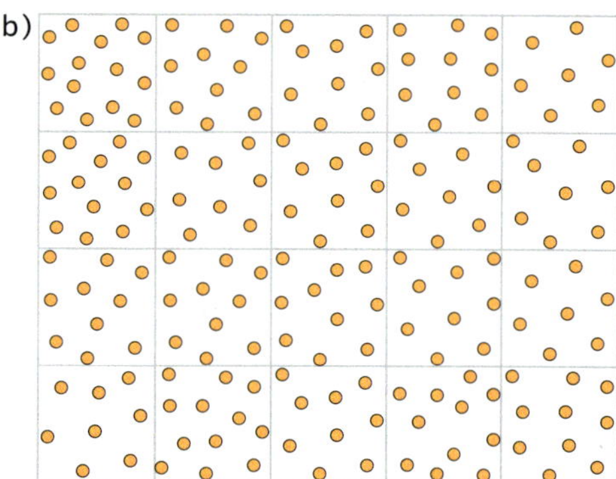

8 Schätze die Anzahl der Blumen. Was musst du beachten?

9 Welche Zahl ist
a) die kleinste dreistellige?
b die größte dreistellige?
c) die zweitgrößte vierstellige?
d) die zweitkleinste fünfstellige?
e) die drittgrößte vierstellige?
f) die zweitkleinste dreistellige, die die Ziffer 0 nicht enthält?
g) die drittgrößte vierstellige, die die Ziffer 9 nicht enthält?

10 Gib alle Zahlen an, die du aus den Ziffern bilden kannst. Ordne sie der Größe nach.
a) 3, 5 und 7 b) 4, 5, 9 und 0

11 Bestimme
a) die größte Zahl, die du aus den Ziffern 4, 5, 6 und 7 bilden kannst.
b) die kleinste Zahl, die du aus den Ziffern 6, 7, 9 und 0 bilden kannst.
c) die zweitkleinste Zahl, die du aus den Ziffern 1, 2, 3 und 0 bilden kannst.
d) die größte vierstellige Zahl, die nur die Ziffern 2 und 3 enthält.
e) die kleinste vierstellige Zahl, die nur die Ziffern 8 und 0 enthält.
f) die zweitgrößte fünfstellige Zahl, die nur die Ziffern 5 und 9 enthält.

Wie viele natürliche Zahlen liegen zwischen 4 und 11?

4 | 5 6 7 8 9 10 | 11

6 Zahlen

Differenz von 11 und 4: 11 − 4 = 7
Anzahl der Zahlen zwischen 4 und 11:
7 − 1 = 6

12 Wie viele natürliche Zahlen liegen zwischen den angegebenen Zahlen?

a)			b)		
34	und	60	7000	und	9000
45	und	117	5100	und	6400
99	und	199	7350	und	7780

c)
6 500 000 und 8 000 000
12 700 000 und 14 300 001
10 000 000 und 100 000 000

13 Runde

a) auf Zehner	b) auf Hunderter
357	3451
842	5732
1358	23 457
45 681	98 761

c) auf Tausender	d) auf Hunderttausender
4634	2 345 789
12 578	4 845 623
23 499	12 936 778
123 387	17 257 605

14 Die Zahlen in den Zeitungsüberschriften sind auf ganze Hunderter gerundet. Wie groß kann die tatsächliche Anzahl sein?
a) 6199 Bäume, 6248 Bäume, 6351 Bäume, 6269 Bäume
b) 1652 Wohnungen, 1638 Wohnungen, 1758 Wohnungen, 1734 Wohnungen
c) 17986 Zuschauer, 18956 Zuschauer, 18567 Zuschauer, 18456 Zuschauer
d) 1101 Arbeitsplätze, 1010 Arbeitsplätze, 982 Arbeitsplätze, 957 Arbeitsplätze
e) 3467 Demonstranten, 3722 Demonstranten, 3590 Demonstranten, 3532 Demonstranten
f) 9338 €, 9478 €, 9355 €, 9440 €

15 Durch den Kuchenverkauf am Elternsprechtag haben die Schüler des 7. Jahrgangs 284,50 € eingenommen.

Wer hat Recht?

Vernetzen: Währungen

1 Während der Inflation 1923 verlor das Geld in Deutschland an Wert. Die Preise waren unvorstellbar hoch. Die Währung hieß damals Reichsmark (RM).

1 kg Roggenbrot kostete

im Dezember	1920	2,30 RM
im Dezember	1921	4,10 RM
im Dezember	1922	165,00 RM
im Januar	1923	263,00 RM
im März	1923	470,00 RM
im Juni	1923	1440,00 RM
im August	1923	70 500,00 RM
im September	1923	1 621 000,00 RM
im Oktober	1923	1 825 000 000,00 RM
im November	1923	195 000 000 000,00 RM

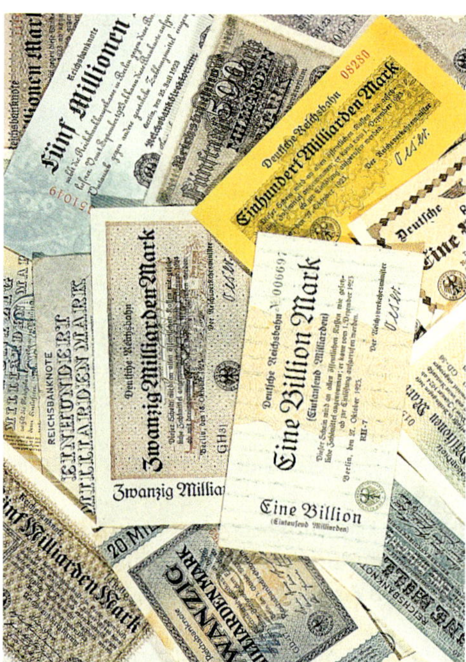

a) Eine Familie mit drei Personen braucht in der Woche 10 kg Brot. Wie viel Geld musste sie dafür im Januar (Juni, September, November) 1923 pro Woche ausgeben?
b) Wie viele der abgebildeten Geldscheine musste jemand im September (im Oktober, im November) 1923 mitnehmen, wenn er mit möglichst wenigen Scheinen auskommen wollte, um 1 kg Roggenbrot zu kaufen?
c) Welche Probleme entstehen, wenn der Brotpreis so schnell steigt?

Die türkische Lira verliert 6 Nullen

Am 1. Januar 2005 wird in der Türkei die neue türkische Lira eingeführt. Sie ersetzt die alte Lira. Eine neue Lira entspricht einer Million alter Lira. Durch die starke Inflation hatte die alte Lira einen starken Wertverlust erlitten. Der größte Geldschein im Wert von 20 Millionen Lira war umgerechnet nur noch 10 € wert.

Aus einer Zeitung vom 15.12.2004

2 a) Warum wurde in der Türkei die neue Lira eingeführt?
b) Ist Istanbul kostete im Jahr 2004 ein Kilogramm Brot 5 000 000 Lira. Wie viel kostet es im Jahr 2005? Wie viel Euro sind das?

3 Bei der Einführung des Euro wurden drei Milliarden 10-Euro-Scheine in Umlauf gebracht.
a) Wie viel 100-Euro-Scheine (200-Euro-Scheine, 500-Euro-Scheine) sind genauso viel wert wie alle 10-Euro-Scheine zusammen?
b) Wie viele 1-Euro-Münzen (2-Euro-Münzen, 10-Cent-Münzen, 5-Cent-Münzen) hätten denselben Wert?

4 a) Zähle bis hundert und miss mit einer Uhr, wie lange du dazu gebraucht hast. Achte darauf, dass du alle Zahlwörter verständlich aussprichst.
b) Schätze, wie lange es dauert, laut bis tausend zu zählen. Beachte, dass du zum Aussprechen der Zahlwörter bei großen Zahlen mehr Zeit benötigst als bei kleinen Zahlen.
c) Wie lange dauert es, bis eine Million zu zählen? Nimm an, dass du für einstellige Zahlen eine Sekunde, für zweistellige Zahlen zwei Sekunden, für dreistellige Zahlen drei Sekunden usw. benötigst.

5 a) Wie viele Ein-Euro-Münzen passen auf ein DIN-A4-Blatt? Überlegt in Gruppen, wie ihr die Anzahl schätzen könnt.
b) 10 000 Ein-Euro-Münzen sollen ausgelegt werden. Wie groß muss die Fläche sein, die dazu benötigt wird?
c) Welche Fläche ist nötig, um eine Million Ein-Euro-Münzen auszulegen?

Lernkontrolle 1

1 Schätze jeweils die Anzahl der Punkte.

a)

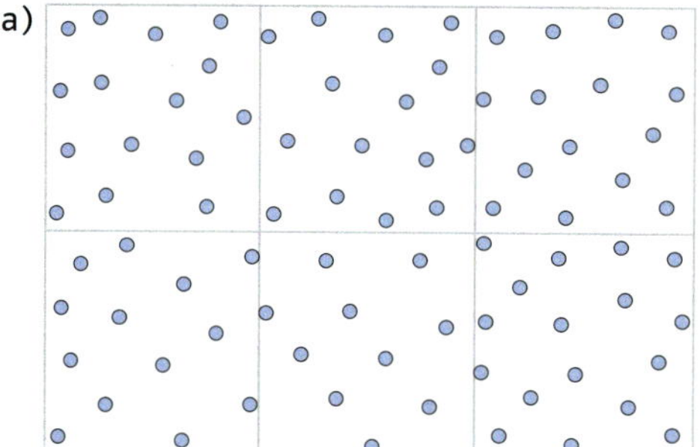

b)

2 Trage in eine Stellenwerttafel ein.

a) 4 534 045
752 001

b) 3 450 000 002
14 890 200

c) fünfundsiebzig Millionen
vierhundertzweiunddreißig Millionen

d) dreihundertvierzehntausend
zwei Millionen sechshunderttausend

e) neunundsiebzigtausendvierhundert
achttausendsiebenhundertzwölf

3 Gib drei Zahlen an, die zwischen den beiden angegebenen Zahlen liegen.

a) 4 578 und 4 587

b) 10 998 und 11 002

c) 1 234 677 und 1 243 650

4 Welche Zahl ist

a) die kleinste dreistellige

b) die größte vierstellige

c) die zweitkleinste sechsstellige?

5 a) Runde auf Hunderter.
8258, 4513, 2789, 57 467, 33 292

b) Runde auf Tausender.
58 799, 98 233, 980 543, 1 456 378

6 Ordne der Größe nach. Verwende das Zeichen <.

a) 459, 549, 495, 594, 945

b) 6457, 6475, 6547, 6574, 6754

c) 1701, 1710, 1107, 1071, 1017

d) 55 454, 45 455, 54 554, 54 545, 45 545

7 a) Ordne die Flüsse nach ihrer Länge.

b) Runde die Länge der Flüsse auf hundert Kilometer.

Die längsten Flüsse der Erde

Fluss	Länge
Amazonas	6518 km
Amur	4440 km
Jangtsekiang	5632 km
Lena	4264 km
Mekong	4500 km
Mississippi	5970 km

Wiederholung

1 Prüfe, ob die Linien parallel zueinander sind.

a)

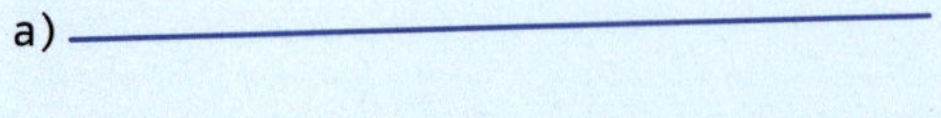

b)

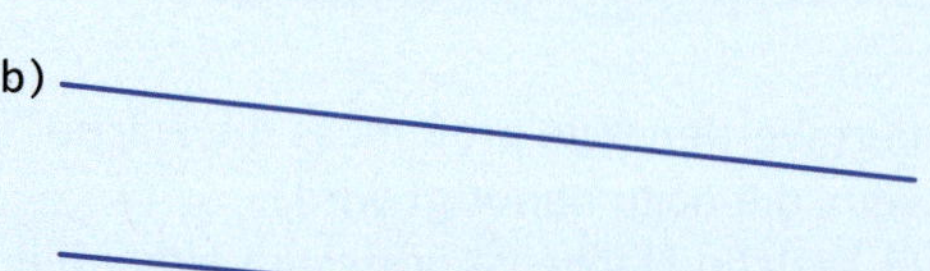

2 Prüfe, ob die Linien senkrecht zueinander sind.

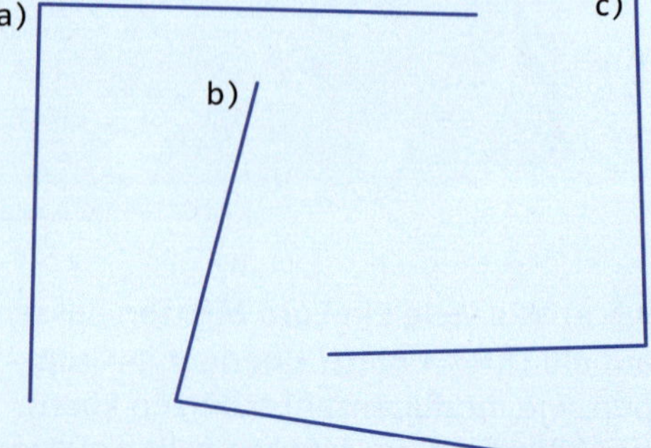

Lernkontrolle 2

Bundesland	Einwohnerzahl am 31.12.2003
Baden-Württemberg	10 692 556
Bayern	12 423 386
Berlin	3 388 477
Brandenburg	2 574 521
Bremen	663 129
Hamburg	1 734 083
Hessen	6 089 428
Mecklenburg-Vorpommern	1 732 226
Niedersachsen	7 993 415
Nordrhein-Westfalen	18 079 686
Rheinland-Pfalz	4 058 682
Saarland	1 061 376
Sachsen	4 321 437
Sachsen-Anhalt	2 522 941
Schleswig-Holstein	2 823 171
Thüringen	2 373 157

1 a) Ordne die Bundesländer nach der Zahl ihrer Einwohner.
b) Runde die Einwohnerzahl der Bundesländer auf Hunderttausend.

2 Die folgenden Zahlen wurden gerundet. Wie groß waren sie vor dem Runden? Gib jeweils zwei Möglichkeiten an.
a) 5 700 b) 1 500 000
c) 47 000 d) 4 307 800

3 a) Runde die Uhrzeiten auf volle Stunden.
17.23 Uhr 15.44 Uhr 13.31 Uhr
b) Beschreibe eine Situation, in der du Uhrzeiten nicht runden darfst.

4 a) Bestimme die größte (kleinste) Zahl, die du aus den Ziffern 2, 3, 7 und 8 bilden kannst.
b) Gib alle Zahlen an, die aus den Ziffern 0, 2, 5, 9 bestehen.

5 Setze die Folgen um drei Zahlen fort.
a) 63, 74, 85, 96, 107, …
b) 5, 6, 8, 11, 15, 20, …
c) 8, 18, 16, 26, 24, 34, …
d) 2, 6, 18, 54, …
e) 512, 256, 128, 64 …
f) 2, 4, 14, 28, 38, 76 …

6 Übersetze die Zahlen ins Zehnersystem.
a) $1001_{(2)}$ b) $1011_{(2)}$ c) $1100_{(2)}$
d) $11000_{(2)}$ e) $10110_{(2)}$ f) $110110_{(2)}$

7 Übersetze die Zahlen ins Zweiersystem.
a) 12 b) 15 c) 33
d) 25 e) 39 f) 102

8 Eine Ein-Euro-Münze hat einen Durchmesser von 25,75 mm. Sie ist 2,2 mm dick und wiegt 7,5 g.
a) Eine Million Ein-Euro-Münzen werden in einer geraden Linie nebeneinander gelegt. Wie viele Kilometer lang ist die Strecke?
b) Wie viele Meter hoch ist ein Turm aus einer Million Ein-Euro Münzen?
c) Wie schwer sind eine Million Ein-Euro-Münzen? Kannst du dieses Gewicht tragen?

9 Bestimme die Anzahl aller zweistelligen (dreistelligen, sechsstelligen) Zahlen.

1 a) Übertrage die Punkte in dein Heft. Verbinde sie so, dass ein Viereck entsteht.
b) Zeichne zueinander parallele Linien mit derselben Farbe nach.
c) Wie viele rechte Winkel hat jede Figur?

A
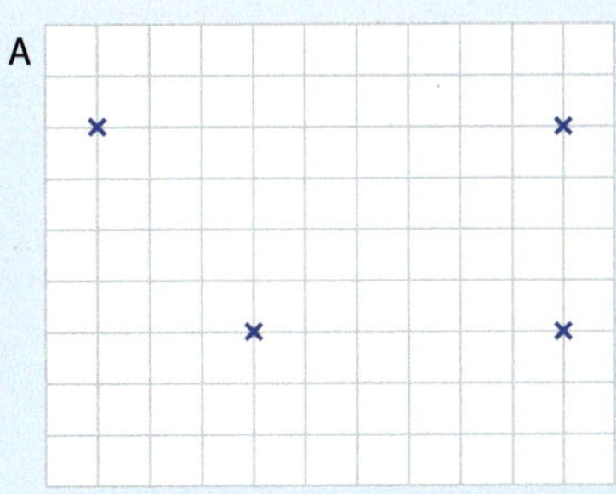

B
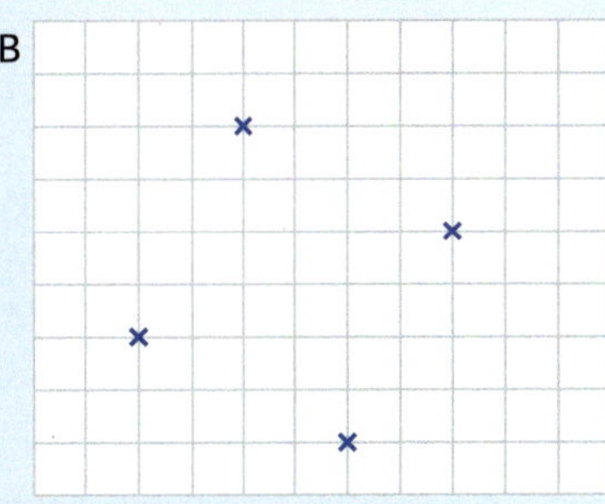

Römische Zahlzeichen

1 Die Römer hatten keine besonderen Zeichen für die Zahlen. Um Zahlen zu schreiben, verwendeten sie einzelne Buchstaben des Alphabets. Suche an Gebäuden in deinem Heimatort nach römischen Zahlzeichen.

Grundzahlen	I 1	X 10	C 100	M 1000
Zwischenzahlen	V 5	L 50	D 500	

Die römischen Zahlen werden nach festen Regeln gebildet:

1. Gleiche Ziffern nebeneinander werden addiert. Es dürfen höchstens drei Grundzahlen nebeneinander stehen. — III = 3
2. Kleinere Ziffern rechts von größeren werden addiert, links von größeren subtrahiert. — XI = 11, IX = 9

   Zwischenzahlen dürfen nicht subtrahiert werden. — XLV = 45
3. Die Grundzahlen I, X, C dürfen nur von der nächsthöheren Zwischen- oder Grundzahl subtrahiert werden. — CD = 400, CM = 900

2 Übersetze.

a) X, IV, CC, LV
b) XXXVIII, LXXXII, XLI, CXCV
c) XXII, LII, MCD, CDX
d) CCXC, MMMCCCXXIII, CCCXX, CCXXXIII
e) MLI, MCM, MCDXC, XLIII
f) MMMDCLX, MDLXVI, MCCCLXXXVII, CCCXXXIII

3 Übertrage in römische Zahlzeichen.

a) 38, 64, 41
b) 550, 240, 912
c) 2000, 1970, 2583

4 Schreibe dein Geburtsjahr mit römischen Zahlzeichen.

5 Kannst du durch Umlegen eines Streichholzes eine größere Zahl darstellen? Es gibt mehrere Möglichkeiten.

a) 

b) 

Mathematische Reise

Ägyptische Zahlzeichen

„Es dauerte ungefähr 20 Jahre, die Pyramide zu erbauen." So berichtet der griechische Geschichtsschreiber Herodot. Während der Bauzeit musste eine große Anzahl von Arbeitern mit Kleidung, Nahrung und Geräten versorgt werden. Dazu brauchten die Ägypter Zahlzeichen, mit denen sie bequem rechnen konnten.
Zur Darstellung von Zahlen benutzten sie sieben verschiedene Bildzeichen, Hieroglyphen genannt, mit denen sie jeweils eine Zehnerpotenz ausdrückten. Die Schreiber konnten diese Zeichen von links nach rechts oder umgekehrt von rechts nach links schreiben, manchmal wurden die Zahlzeichen auch übereinander angeordnet.

	eine Kerbe auf dem Kerbholz	= 1
	das Joch des Zugochsen	= 10
	das Maßband des Landvermessers	= 100
	eine Lotosblüte	= 1000
	ein Schilfkolben	= 10 000
	ein Nilfrosch (Landplage)	= 100 000
	ein Schutzgeist	= 1 000 000

1 Lies folgende Zahlen.

a)

b) 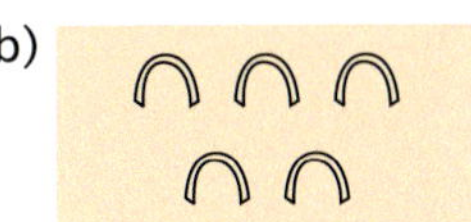

c) 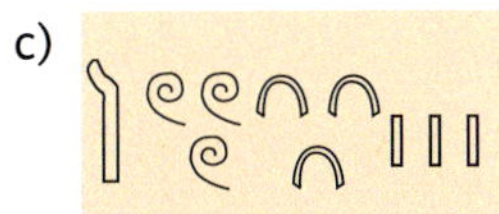

d) 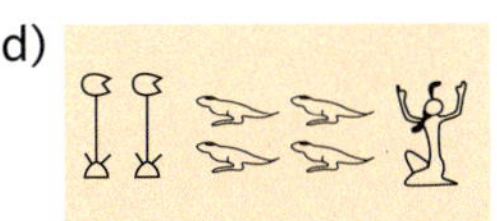

e) 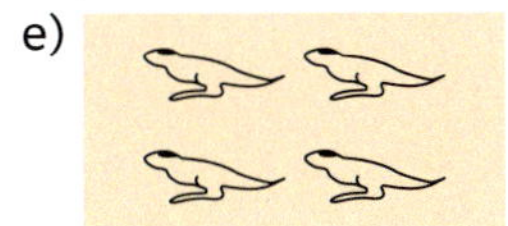

f) 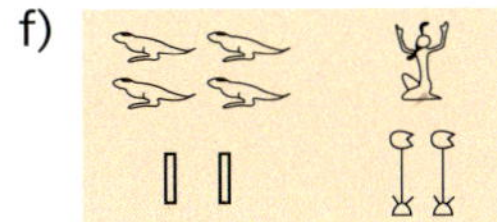

2 Diese Zahl steht auf dem Sockel einer 5000 Jahre alten Statue, die zu Ehren des Pharaos Chasechem errichtet wurde. Sie gibt die Anzahl der Feinde an, die der Pharao besiegt hat.

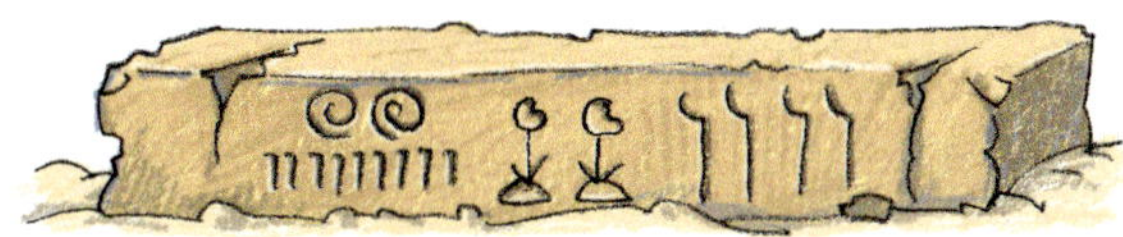

3 Schreibe die Zahlen mit ägyptischen Zahlzeichen.

a)	b)	c)	d)
32	221	53 000	1433
104	465	72 000	200 000

Albrecht Dürer, Maler, Graphiker, Kunstschriftsteller, geb. 1471 in Nürnberg, gest. 1528 in Nürnberg

Bei einem Kupferstich wird eine Zeichnung in eine Kupferplatte eingraviert. Mit der Kupferplatte kann dann gedruckt werden.

2 Addieren und Subtrahieren

In der Mitte der unteren Zeile des Zauberquadrats steht 1514, das Entstehungsjahr des Bildes und das Todesjahr der Mutter von Albrecht Dürer.
In dem Zauberquadrat gibt es Gruppen von vier Zahlen, deren Summe gleich der magischen Zahl des Quadrates ist. Versuche solche Vierergruppen zu finden.

In dem Kupferstich „Melencolia“ von Albrecht Dürer ist ein Zauberquadrat zu sehen, das aus 16 Zahlen besteht. Weil es viele interessante Eigenschaften hat, beschäftigt man sich seit Jahrhunderten damit. „Melencolia“ heißt Melancholie und bedeutet Trübsinn oder Niedergeschlagenheit.

Zauberquadrate

In einem Zauberquadrat darf jede Zahl nur einmal vorkommen.

1 Dieses Zahlenquadrat ist ein magisches Quadrat **(Zauberquadrat).** Addiere die Zahlen in jeder Zeile, Spalte und Diagonalen. Das Ergebnis ist immer die gleiche Zahl. Sie heißt die **magische Zahl** des Zauberquadrats.

3 + 10 + 8 = ■

3	10	8
12	7	2
6	4	11

3
+ 12
+ 6
= ■

3 + 7 + 11 = ■

2 Nicht alle Quadrate hier sind auch Zauberquadrate. Verändere die Zahlen so, dass überall Zauberquadrate entstehen.

8	7	3
1	6	11
9	5	4

10	4	12
11	9	7
6	13	8

9	1	8
5	6	7
4	11	10

1	14	15	4
12	7	6	9
8	11	10	5
13	2	3	16

3 Welche Zahlen fehlen?

4	3	8
■	■	■
2	■	■

6	■	■
■	5	■
	3	4

■	■	7
■	■	■
13	8	9

9	■	8
■	6	■
■	■	3

14	■	5	4
■	8	■	■
12	13	3	6
■	■	16	■

■	13	■	17
■	■	15	9
29	■	■	■
5	3	■	31

4 Übertrage das Quadrat in dein Heft und füge die angegebenen Zahlen so ein, dass ein Zauberquadrat entsteht.

a) 8 ; 9 ; 10 ; 12

■	2	■
6	7	■
5	■	4

b) 4 ; 8 ; 9 ; 12

13	■	10
6	■	■
■	14	5

c) 9 ; 11 ; 13 , 14

16	4	■
8	■	■
■	18	6

d) 7 ; 11 ; 13 ; 17 ; 19

■	5	15
9	■	■
■	21	■

5 Zeichne mithilfe der angegebenen Zahlen ein Zauberquadrat in dein Heft.

a) 4 ; 6 ; 7 ; 8 ; 9 ; 10

3	17	16	■
14	■	■	11
■	12	13	■
15	5	■	18

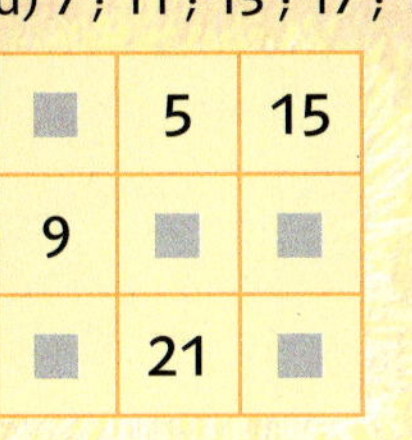

b) 7 ; 9 ; 12 ; 14 ; 15 ; 17

2	16	■	5
13	■	8	10
■	11	■	6
■	4	3	■

c) 6 ; 9 ; 13 ; 14 ; 16 ; 17 ; 18 ; 19 ; 20

5	■	■	8
■	10	11	■
12	■	15	■
■	7	■	■

6 Es gibt auch ein magisches Sechseck mit den Zahlen 1 bis 19. Jede der Reihen hat als Summe die Zahl 38.

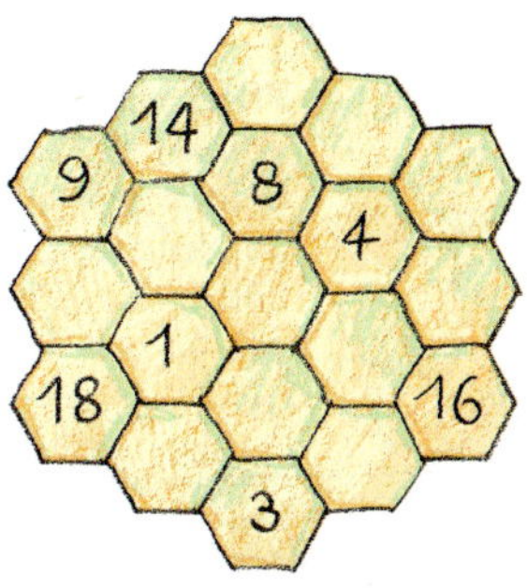

7 a) Mit den Zahlen 2, 3, 4, 6, 7, 8, 10, 11, 12 soll ein Zauberquadrat gebildet werden. Die Summe der Zahlen beträgt 63. Warum muss die magische Zahl dann 21 sein?
b) Vervollständige das Zauberquadrat in deinem Heft.

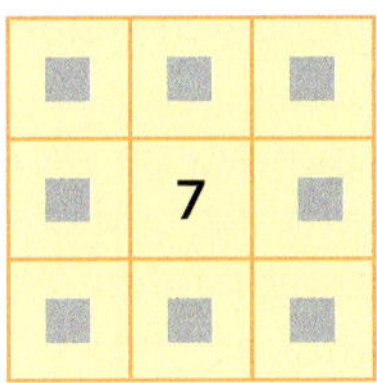

■	■	■
■	7	■
■	■	■

8 Schreibe die Zahlen von 1 bis 9 (1 bis 16; 1 bis 25) auf Kärtchen. Ordne die Kärtchen so an, dass ein Zauberquadrat entsteht.

9 Folge den Hinweisen im Internet, um selbst Zauberquadrate zu konstruieren. Benutze eine Suchmaschine und gib als Suchbegriff „Zauberquadrat" oder „Magisches Quadrat" ein.

In der Zoohandlung

1 Laura und Jonas haben jeweils einen 30-Euro-Gutschein bekommen.

a) Laura wünscht sich schon lange ein Meerschweinchen. Ein Käfig ist vorhanden. Am liebsten würde sie ein Weibchen, ein Männchen und die angebotene Ausstattung kaufen. Wie viel Euro müsste sie dafür ausgeben?

Weibchen		15,00 €
Männchen	+	13,00 €
Streu	+	1,95 €
Fressnapf	+	3,

b) Laura entscheidet sich nur für das Weibchen (Männchen). Reicht das Geld, wenn sie auch das gesamte Zubehör kauft?

c) Berate in deiner Tischgruppe. Was würdest du auswählen?

2 a) Jonas besitzt ein 60-Liter-Aquarium mit Grundausstattung (Beleuchtung, Heizung, Pumpe und Thermometer). Er möchte gerne Grundfutter und folgende Fische kaufen: zehn Neonsalmler, zehn Zebrabärblinge, ein Guppy-Männchen, ein Guppy-Weibchen und einen Wels. Wie viel Euro müsste er dafür bezahlen?

b) Frau Müller empfiehlt ihm, noch mehr Guppies zu nehmen. Jonas nimmt noch zwei Guppies. Kommt er jetzt mit 30 € aus?

c) Berate in deiner Tischgruppe. Überlege, was du kaufen würdest. Beachte, dass du mit höchstens 25 Fischen anfangen solltest.

Übungen zum Rechnen mit Geld findest du auf Seite 212.

In der Zoohandlung

Goldhamster	7,50 €
Buch über artgerechte Haltung	9,95 €
Hamsterkäfig	59,90 €
Hamsterkletterburg	4,29 €
Laufrad	13,90 €
Fressnapf	3,29 €
Tränke	2,99 €
Transportbox	5,69 €
Hamsterschmaus (1 kg)	3,80 €
Streu (6 l)	4,99 €
Nagerstein	1,29 €

Zwergkaninchen	16,50 €
Buch über artgerechte Haltung	9,95 €
Kaninchenheim	39,90 €
Schlafhäuschen	9,99 €
Fressnapf	3,29 €
Kaninchentränke	4,50 €
Transportbox	16,90 €
Rabbit Kaninchenfutter (3 kg)	7,50 €
Strohstreu (60 l)	14,99 €
Nagerstein	1,39 €
Knabberhölzer	2,00 €

3 Nadine möchte gern einen Goldhamster als Haustier haben, Wanja ein Zwergkaninchen.
In der Zoohandlung haben sie sich jeweils nach den Anschaffungskosten für die Tiere und das mögliche Zubehör erkundigt. Sie dürfen jeweils 90 € für ihr neues Haustier ausgeben. Können sie damit alle notwendigen Anschaffungen machen? Überlegt in eurer Tischgruppe, was ihr kaufen würdet.

4 Wanja hat in einem Buch Informationen zur Haltung von Zwergkaninchen gefunden.
Benutzt die Informationen aus dem Buch, um ein Plakat anzufertigen. Das Plakat soll über die Kosten bei der Anschaffung eines Zwergkaninchens und die wichtigsten Regeln für eine artgerechte Haltung informieren.
Beachtet für die Herstellung des Plakats die Hinweise auf der nächsten Seite.

Zwergkaninchen sind gesellige Tiere. Sie werden im Durchschnitt acht bis zehn Jahre alt. Sie sollten nicht einzeln gehalten werden. Jungtiere, die gemeinsam aufgewachsen sind, verstehen sich am besten. Zwergkaninchen sind sehr bewegungsfreudig und benötigen täglich Auslauf. Dies ist nicht unproblematisch, weil vor den nageaktiven Tieren kaum ein Stromkabel sicher ist. Grundsätzlich ist eine artgerechte Haltung von Zwergkaninchen in der Wohnung nur eingeschränkt möglich, denn ein Grundbedürfnis der Kaninchen ist es Gänge und Höhlen zu graben, was sie dort nicht können.
Auch Zwergkaninchen sind für Kinder nur bedingt geeignet, denn wie die Meerschweinchen können sie sich nicht wehren, wenn man mit ihnen nicht sorgfältig und verantwortungsbewusst umgeht.

5 Fertigt Plakate über die Kosten bei der Anschaffung eines anderen Haustieres und die wichtigsten Regeln für seine artgerechte Haltung an. Informationen dazu gibt es z. B. in der Tierhandlung, in Büchern und im Internet.

Mit einem Plakat präsentieren

Hinweise für die Erstellung eines Plakates

1. Unterteile das Thema in verschiedene Teilgebiete.
2. Wähle eine klare Überschrift und gliedere das Plakat übersichtlich.
3. Triff eine Auswahl, damit das Plakat nicht überladen wirkt.
4. Die Schriftgröße muss groß genug sein, um das Plakat auch aus größerem Abstand lesen zu können.
5. Bei der Schriftfarbe sollte man rot, gelb und orange nur sparsam verwenden.

Der Goldhamster als Haustier

Artgerechte und abwechslungsreiche Haltung:

Hamster wollen sich putzen, fressen, klettern, laufen und dazwischen immer mal wieder ein Nickerchen einlegen.
Sie sollten nicht ununterbrochen herumgetragen und gestreichelt werden.
Unnötiges Wecken während der Schlafzeiten fördert die Aggressivität und verringert die Lebenserwartung.
Hamster sind Einzelgänger.

Anschaffungskosten:

Goldhamster	7,50 €
Buch über artgerechte Haltung	9,95 €
Hamsterkäfig	59,90 €
Hamsterkletterburg	4,29 €
Laufrad	13,90 €
Fressnapf	3,29 €
Tränke	2,99 €
Transportbox	5,69 €
Hamsterschmaus (1 kg)	3,80 €
Streu (6 l)	4,99 €
Nagerstein	1,29 €
Knabberhölzer	2,00 €

Tipp: Hamsterkletterburgen und -häuschen lassen sich auch leicht selber bauen.

Monatliche Kosten:

Für Futter und Nistmaterial sollten pro Monat 20 € gerechnet werden. Ein Besuch beim Tierarzt erhöht die Kosten deutlich.

Summe und Differenz

1 Nina und Marco kaufen im Lebensmittelgeschäft ein. Sie bezahlen mit einem 10-Euro-Schein und bekommen 2,52 € zurück. Wurden alle Preise richtig eingegeben?

250 g Butter **1,45 €**

1 Liter Milch **0,99 €**

500 g Brot **1,65 €**

250 g Camembert **2,89 €**

Summand		**Summand**		Summe
54	+	42	=	96

Auch **54 + 42** wird als **Summe** der Zahlen 54 und 42 bezeichnet.

2 a) Die Summanden heißen 158 und 86. Berechne die Summe.
b) Addiere zur Zahl 186 die Summe der Zahlen 78 und 123.
c) Addiere zur kleinsten zweistelligen Zahl die größte dreistellige Zahl.

3 a) Der erste Summand ist 214, die Summe 430. Berechne den zweiten Summanden.
b) Die Summe dreier Zahlen ist 320. Der erste Summand heißt 140, der dritte 65.

4 Die Summe aus drei Summanden hat den Wert 1000. Der erste Summand ist 120, der dritte Summand ist 750. Wie heißt der zweite Summand?

5 Der erste Summand ist 178, der zweite Summand ist um 31 größer als der erste Summand, der dritte Summand ist um 49 kleiner als der erste Summand.
a) Wie groß ist der zweite Summand?
b) Wie groß ist der dritte Summand?
c) Wie groß ist die Summe?

Minuend		**Subtrahend**		**Differenz**
96	–	37	=	59

Auch 96 – 37 wird als Differenz der Zahlen 96 und 37 bezeichnet.

6 a) Wie heißt die Differenz der Zahlen 447 und 218?
b) Subtrahiere von der Zahl 900 die Zahlen 340 und 265.
c) Der Subtrahend lautet 58, der Minuend 111. Wie groß ist die Differenz?

7 a) Die Summe zweier Zahlen ist 23. Wie groß ist der erste Summand, wie groß der zweite? Nenne sechs unterschiedliche Möglichkeiten.
b) Die Differenz zweier Zahlen ist 12. Wie groß ist der Minuend, wie groß der Subtrahend? Nenne sechs unterschiedliche Möglichkeiten.

• **8** Ergänze die fehlenden Angaben.

	a)	b)	c)	d)	e)
Summand	93	■	75	215	■
Summand	69	121	■	118	389
Summe	■	287	193	■	685

	f)	g)	h)	i)	k)
Minuend	300	220	■	136	■
Subtrahend	111	■	17	84	72
Differenz	■	95	78	■	218

L 52 95 118 125 162 166 189 290 296 333

Addition und Subtraktion

1 Berechne im Kopf. Bei richtiger Lösung bekommst du jeweils ein Lösungswort.

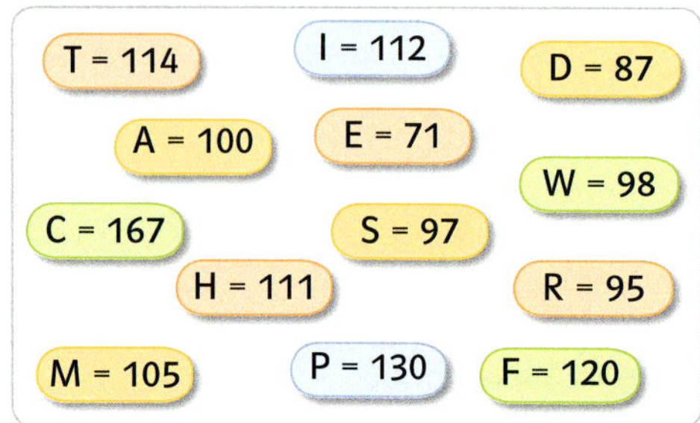

a) 29 + 58	b) 62 + 36	c) 44 + 53
35 + 65	17 + 54	71 + 96
31 + 74	49 + 48	63 + 48
82 + 48	33 + 38	43 + 57
63 + 57	27 + 68	52 + 68

2 a) Erläutere, wie Arne gerechnet hat.
b) Rechne so geschickt wie Arne.

99 + 26	101 + 187	199 + 216
99 + 53	36 + 98	38 + 202
18 + 99	99 + 443	101 + 458
236 + 299	27 + 198	402 + 667
999 + 238	998 + 646	153 + 399

3 Berechne im Kopf.

a) 85 – 21	b) 74 – 47	c) 112 – 46
64 – 33	95 – 68	231 – 38
93 – 51	63 – 44	240 – 89
79 – 46	81 – 58	863 – 57
87 – 32	92 – 76	960 – 412

36
37

Bei einer Treibjagd werden insgesamt 13 Hasen und Fasane erlegt. Die Tiere haben zusammen 40 Beine.

170 – 98
= 170 – 100 + 2
= 70 + 2
= 72

4 a) Erläutere, wie Nuran gerechnet hat.
b) Rechne so geschickt wie Nuran.

150 – 99	374 – 101	461 – 199
236 – 98	853 – 302	934 – 298
529 – 97	456 – 199	681 – 397

5 Ergänze zum nächsten Hunderter.

3250 + 50 = 3300

a) 154	212	541	1245
b) 3366	5147	618	7709

6 Ergänze zum nächsten Tausender.

a) 2550	3810	1099	40 628
b) 13 220	65 793	263 502	18 069

7 Wie rechnest du, um die fehlende Zahl zu bestimmen?

a) 95 + ■ = 140
140 – ■ = 95

b) ■ + 76 = 188
188 – ■ = 76

c) 250 + ■ = 590
590 – ■ = 250

d) ■ + 1200 = 2100
2100 – ■ = 1200

> Addition und Subtraktion sind Umkehrungen von einander.
>
> 35 + 42 = 77 — 77 – 35 = 42, 77 – 42 = 35

8 a) ■ + 56 = 199
■ – 38 = 83
77 + ■ = 141
■ – 62 = 58

b) ■ – 125 = 275
170 + ■ = 334
680 – ■ = 532
245 + ■ = 777

9 a) 159 – ■ = 88
■ – 102 = 574
148 + ■ = 267
1450 – ■ = 225

b) 1185 – ■ = 886
6700 – ■ = 3410
■ + 255 = 1665
■ + 4650 = 9975

Rechnen mit Klammern

1 Für die Ferien hat Nicole 25 € Urlaubsgeld von ihren Großeltern bekommen. Davon hat sie bereits 3 € für Eis und 6,50 € für das Kino ausgegeben. Sie berechnet, wie viel noch vom Urlaubsgeld übrig geblieben ist.

Beschreibe ihren Rechenweg. Gibt es noch eine andere Möglichkeit, das restliche Urlaubsgeld zu berechnen?

2 Carolin und Niko lösen zwei Subtraktionsaufgaben. Warum erhalten sie unterschiedliche Ergebnisse, obwohl doch die Zahlen gleich sind?

> Die Klammer wird zuerst berechnet.
> Sind keine Klammern vorhanden, so rechnet man schrittweise von links nach rechts.

• **3** Berechne.

a) 33 + (47 – 28)
(81 – 54) + 73
210 + 75 –112

b) 64 – 27 + 49
100 – (19 + 65)
95 – (64 – 38)

L 16 52 69 86 100 173

4 Karim hat bei den folgenden Berechnungen Fehler gemacht. Kannst du sie finden? Bestimme das richtige Ergebnis.

65 - (16 + 29)
= 65 - 16 + 29
= 49 + 29
= 78

94 - 15 + 36
= 94 - 51
= 43

(136 - 52) + 27
= 84
= 84 + 27
= 111

67 - (35 - 19)
= 67 - 35 - 19
= 32 - 19
= 13

• **5** Berechne.

a) 16 + 41 – 15
75 – (26 + 29)
81 – 36 – 20
49 – (76 – 31)

b) 43 + (51 – 16)
27 + 72 – 15
80 – (14 + 29)
(36 + 99) – 41

L 4 20 25 37 42 78 84 94

6 Bei einigen Rechnungen fehlen die Klammern.

a) 45 – 25 – 8 = 12
64 – 34 – 20 = 50
73 – 23 + 13 = 63

b) 73 – 18 + 35 = 90
67 – 43 – 24 = 48
80 – 35 + 45 = 0

7 Schreibe den Rechenweg zu der folgenden Aufgabe auf. Benutze Klammern.

a) Subtrahiere von 98 die Summe der Zahlen 19 und 23.

b) Subtrahiere die Differenz aus 45 und 22 von der Zahl 73.

c) Leonie kauft Lebensmittel für 3,50 €, 0,95 € und 4,75 € ein und bezahlt mit einem 10-Euro-Schein.

d) Simon hat 25 € in seinem Sparschwein. Von den 12 € in seinem Portmonee gibt er für 6,50 € für das Kino und 2,50 € für Popcorn aus.

Eine Schnecke klettert einen 10 m hohen Pfahl hinauf. In der Nacht schafft sie zwei Meter, am Tag rutscht sie um einen Meter hinunter. In der wievielten Nacht ist sie oben?

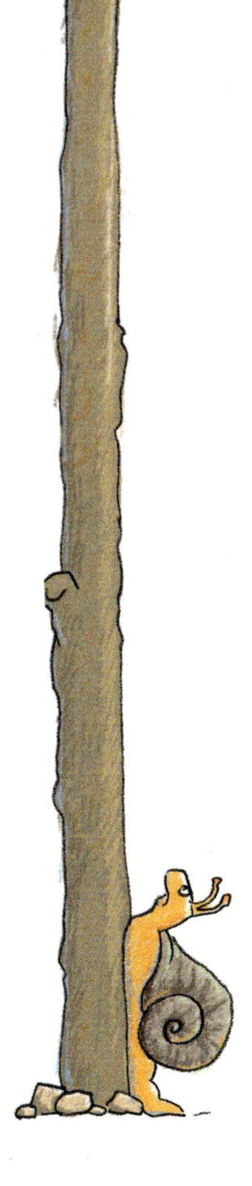

Rechengesetze

1 a) Beschreibe beide Rechenwege und vergleiche sie.
b) Welchen Rechenweg würdest du auswählen? Begründe deine Antwort.
c) Schreibe beide Aufgaben mit Klammern.

46 + 48 + 54
= 94 + 54
= 148

46 + 48 + 54
= 48 + 46 + 54
= 4 8 + 1 00
= 148

2 Berechne und vergleiche.

a) 18 + (14 + 41)
(18 + 14) + 41

b) (37 + 16) + 22
37 + (16 + 22)

c) 164 + (73 + 85)
(164 + 73) + 85

d) (246 + 135) + 77
246 + (135 + 77)

3 Berechne und vergleiche.

a) (98 − 48) − 39
98 − (48 − 39)

b) (71 − 49) − 15
71 − (49 − 15)

c) 233 − (147 − 85)
(233 − 147) − 85

d) (164 − 135) − 17
164 − (135 − 17)

Bei der Addition darf man beliebig Klammern setzen. Das Ergebnis ändert sich dabei nicht.

(45 + 35) + 20 = 45 + (35 + 20)
80 + 20 = 45 + 55
100 = 100

Bei der Addition darf man die Reihenfolge der Summanden beliebig vertauschen. Das Ergebnis verändert sich dabei nicht.

34 + 58 = 58 + 34

• **4** Mithilfe der beiden Rechengesetze können Additionsaufgaben oftmals vereinfacht werden. Günstig ist es dabei, Zehner- oder Hunderterzahlen zu erhalten. Setze die Klammern so, dass du vorteilhaft rechnen kannst.

a) 79 + 21 + 67
74 + 18 + 82
26 + 74 + 33
48 + 77 + 103

b) 46 + 54 + 43
26 + 74 + 68
66 + 23 + 77
24 + 183 + 17

L 133 143 166 167 168 174 224 228

• **5** Vertausche die Zahlen und setze die Klammern so, dass du vorteilhaft rechnen kannst.

a) 46 + 73 + 64
32 + 84 + 68
51 + 111 + 39
93 + 123 + 77
68 + 112 + 132

b) 47 + 35 + 33 + 65
56 + 12 + 28 + 14
19 + 87 + 13 + 71
35 + 44 + 25 + 66
63 + 23 + 57 + 27

L 110 170 170 180 183 184 190 201 293 312

6 Bei der Subtraktion dürfen Klammern nicht beliebig gesetzt oder weggelassen werden. Versuche anhand der Beispiele eine Regel zu finden.

89 − (45 + 18)
89 − 45 + 18
89 − 45 − 18

112 − (87 + 11)
112 − 87 + 11
112 − 87 − 11

97 − (48 − 32)
97 − 48 − 32
97 − 48 + 32

118 − (56 − 34)
118 − 56 − 34
118 − 56 + 34

• **7** Berechne.

a) (140 − 25) + (18 − 11)
(36 + 41) − (150 − 120)
(17 + 98) − (75 − 68)

b) (83 − 26) + 71 − (11 + 22)
(226 + 51) − (61 + 105) − 51
(41 + 83) − (100 − 56) + (13 + 55)

L 47 60 95 108 122 148

Schriftliches Addieren

1 Herr Vogt muss drei Warensendungen transportieren, die 287 kg, 318 kg und 167 kg wiegen. Um ungefähr das Gesamtgewicht zu ermitteln, macht er zunächst eine Überschlagsrechnung mit gerundeten Zahlen.

287 + 318 + 177

Überschlag:
300 + 300 + 200 = 800

Zulässige Nutzlast: 785 kg

a) Begründe, warum Herr Vogt mit diesen Zahlen rechnet.
b) Überprüfe seine Rechnung. Darf er die Warensendungen auf einmal transportieren? Warum rechnet Herr Vogt noch einmal genau schriftlich nach?

```
  287
+ 318
+ 177
  1 2
  782
```

Schreibe die Stellen richtig untereinander: Einer unter Einer, Zehner unter Zehner, … Achte auf die Überträge.

• **2**

a) 16 281 + 3 705
b) 231 456 + 5 986
c) 72 863 + 516 025
d) 1 437 528 + 6 584 697
e) 3 875 400 + 36 809
f) 273 427 + 16 070 830

L 16 344 257   237 442   588 888   19 986   3 912 209   8 022 225

• **3** Berechne. Mache zunächst eine Überschlagsrechnung, indem du mit gerundeten Zahlen rechnest.

a) 421 + 336 + 92
b) 666 + 777 + 888
c) 123 + 456 + 789
d) 445 + 454 + 544
e) 2371 + 477 + 89
f) 4625 + 75 + 7401
g) 11 099 + 5 789 + 166
h) 1 465 + 149 + 25 380
i) 287 636 + 4 271 + 600 850

L 849   1368   1443   2331   26 994   892 757   2937   12 128   17 054

4 Bei richtiger Lösung erhältst du für jede Aufgabe den Namen eines Tieres.

a) 354 + 288 + 1324
786 + 136 + 534
975 + 1943 + 64
1653 + 77 + 1666

b) 424 + 969 + 573
2281 + 54 + 423
85 + 285 + 1596
351 +2225+ 537

c) 959 + 399 + 2205
601 + 1634 + 1161
854 + 742 + 370

d) 2443 + 334 + 715
611 + 1665 + 482
729 + 952 + 285

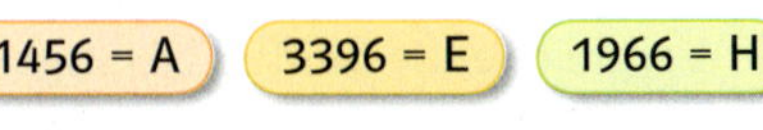

1456 = A   3396 = E   1966 = H   3563 = R   2982 = S
3159 = T   3492 = K   3113 = N   3516 = M   2758 = U

5 Bestimme die fehlenden Ziffern. Es gibt nicht immer nur eine Lösung.

a)
```
  3 2 □ 6
+ □ □ 5 □
  7 5 6 8
```

b)
```
  3 6 2 □
+ □ 7 □ 5
  6 □ 1 2
```

c)
```
  □ 8 7 □ □ □
+ 2 □ □ 2 2 □
  5 5 5 5 5 5
```

d)
```
  6 3 9 7 □ 9
+ □ 4 □ 8 6 □
  9 □ 7 □ 5 4
```

e)
```
  5 8 □ □ 4
+ □ □ 1 6 □
  7 □ 8 9 6
```

f)
```
  3 □ 7 □ 0 0
+         3 □
+ 1 □ 0 1 5
  3 5 0 3 □ 5
```

Schriftliches Subtrahieren

1 Frau Schewe hat 52 514 € geerbt. Davon hat sie 36 973 € für die Renovierung ihres Hauses verwendet. Sie überlegt, ob sie sich von dem restlichen Geld noch ein neues Auto leisten kann. Dazu macht sie zunächst eine Überschlagsrechnung mit gerundeten Zahlen.

52 514 − 36 973

Überschlag:
53 000 − 37 000 = 16 000

a) Begründe, warum Frau Schewe mit diesen Zahlen rechnet.
b) Überprüfe ihre Rechnung. Kann sie den neuen Wagen von dem restlichen Geld bezahlen? Warum rechnet sie schriftlich nach?

```
   5 2 5 1 4
 − 3 6 9 7 3
   1 1 1
   1 5 5 4 1
```

2 Berechne. Mache zunächst eine Überschlagsrechnung, indem du mit gerundeten Zahlen rechnest.

a)	b)	c)
825 − 647	3512 − 2896	121 212 − 97 683

d)	e)	f)
4987 − 2443	17 781 − 4 589	13 013 − 7 765

g)	h)	i)
75 349 − 38 917	681 725 − 350 424	567 324 − 345 210

3 a) Vergleiche die beiden Lösungswege miteinander.
23756 − 11 354 − 789 = ■

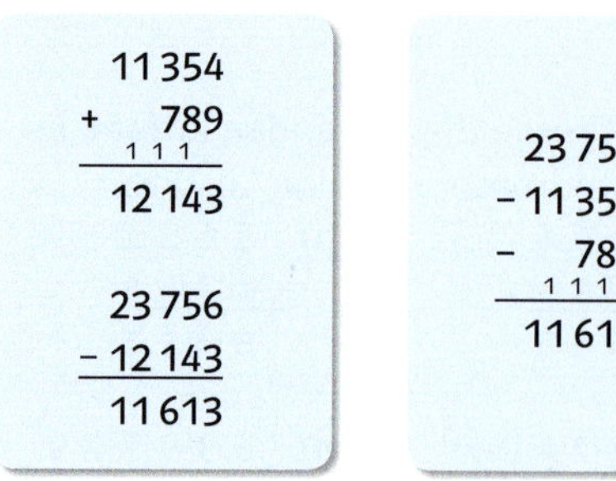

b) Berechne. Wähle den für dich geeigneten Lösungsweg.
12 356 − 7865 − 3809
32 412 − 976 − 19 867
56 789 − 12 564 − 234 − 17 138

4 Bei richtiger Lösung erhältst du für jede Aufgabe den Namen eines Tieres.

a)	b)
1074 − 683 − 18	906 − 566 − 234
2170 − 1497 − 119	6711 − 4356 − 88
956 − 91 − 117	4147 − 3309 − 90
1712 − 598 − 1008	2087 − 880 − 653
2078 − 290 − 1234	1405 − 109 − 207

O = 940 | M = 373 | E = 554 | R = 1089 | S = 106 | T = 2267 | I = 748

5 Ordne die Ergebnisse der Größe nach. Du erhältst einen Vornamen.

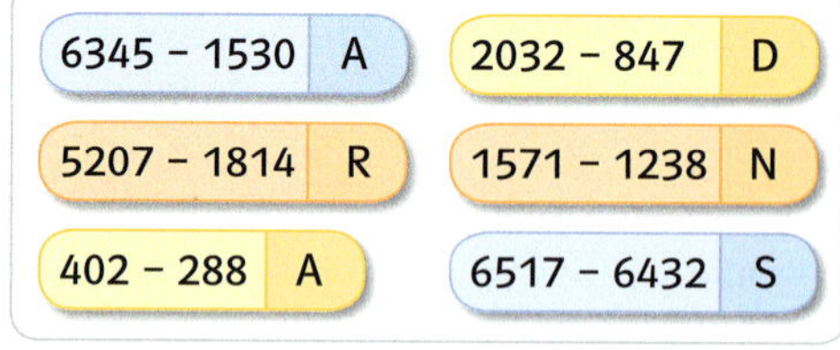

6 Bestimme die fehlenden Ziffern.

```
a)   ■ 1 3 ■        b)   1 ■ ■ 2
   − ■ 7 ■ 6           −   7 8 ■
     1 ■ 5 1               4 0 3

c)   4 ■ 2 ■        d)   ■ 2 1 9
   − ■ 4 ■ 6           − 5 ■ 6 ■
       8 6 5             2 4 ■ 0
```

Grundwissen: Addieren und Subtrahieren

Addition

Summand		Summand		Summe
45	+	39	=	84

Auch 45 + 39 wird als Summe der Zahlen 45 und 39 bezeichnet.

Subtraktion

Minuend		Subtrahend		Differenz
84	–	45	=	39

Auch 84 – 45 wird als Differenz der Zahlen 84 und 45 bezeichnet.

Addition und Subtraktion sind Umkehrungen voneinander.

45 + 39 = 84

84 – 45 = 39
84 – 39 = 45

Die Klammer wird zuerst berechnet. Sind keine Klammern vorhanden, so rechnet man schrittweise von links nach rechts.

64 – (23 + 32) = 64 – 55 = 9
57 – (39 – 13) = 57 – 26 = 31

64 – 23 + 32 = 41 + 32 = 73
57 – 39 – 13 = 18 – 13 = 5

Assoziativgesetz

Bei der Addition darf man beliebig Klammern setzen. Das Ergebnis ändert sich dabei nicht.

(37 + 29) + 19 = 66 + 19 = 85
37 + (29 + 19) = 37 + 48 = 85

(37 + 29) + 19 = 37 + (29 + 19)

Kommutativgesetz

Bei der Addition darf man die Reihenfolge der Summanden beliebig vertauschen. Das Ergebnis verändert sich dabei nicht.

36 + 28 = 28 + 36

99 + 37 + 1 = 99 + 1 + 37

Bei der schriftlichen Addition und Subtraktion müssen die Zahlen stellengerecht untereinander geschrieben werden.

734 + 5604 + 88 = ☐

Überschlag: 700 + 5600 + 100 = 6400

```
  734
+5604
+  88
  111
 ----
 6426
```

734 + 5604 + 88 = 6426

4065 – 1789 = ☐

Überschlag: 4100 – 1800 = 2300

```
 4065
-1789
  111
 ----
 2276
```

4065 – 1789 = 2276

Üben und Vertiefen

1 a) Baue den Additionsturm fertig.

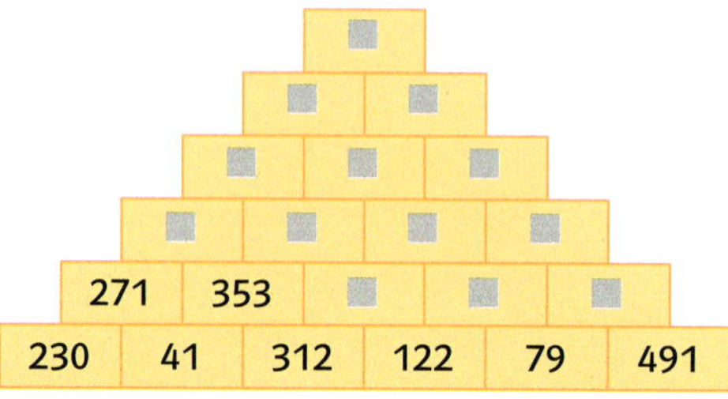

b) Hier musst du subtrahieren.

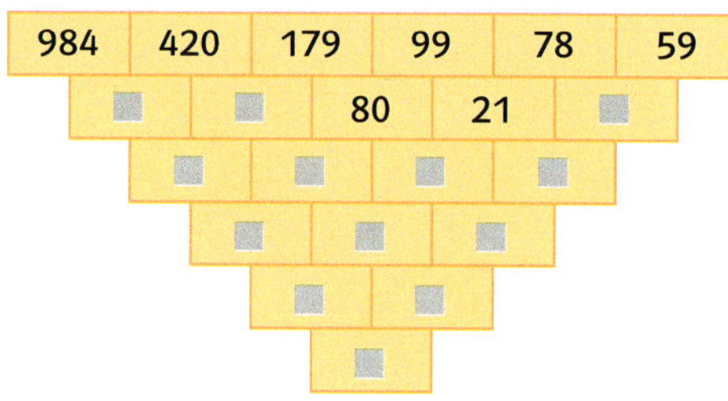

2 a) Addiere die größte zweistellige Zahl und die kleinste dreistellige Zahl.
b) Subtrahiere die größte vierstellige Zahl von der kleinsten sechsstelligen Zahl.
c) Subtrahiere vom Vorgänger der Zahl 1000 den Nachfolger der Zahl 888.

3 a) Addiere fünfhundertsiebenundzwanzig zu einhundertsechsundneunzig.
b) Subtrahiere zweitausendfünfhunderteinundsechzig von siebentausenddreihundertzwei.
c) Addiere vierzigtausendachthundertneunzehn und fünftausendsechshundertdreißig.

4 Welches Zeichen (<, >, =) muss bei den einzelnen Aufgaben eingesetzt werden?

a) 68 + 74 □ 59 + 87
309 − 152 □ 250 − 93
268 + 349 □ 713 − 254
1037 − 518 □ 226 + 79 + 381

b) 265 − 178 □ 137 − 62
47 + 286 □ 199 + 177
517 − 129 □ 259 + 129
406 + 775 □ 2443 − 345 − 817

56 + 68 □ 45 +77
124 > 122
also
56 + 68 > 45 + 77

13

5 Bilde aus den angegebenen Zahlen zehn Additionsaufgaben. Die Summe soll immer zwischen 900 und 1000 liegen.

514	497	411	368	309	
261	227	183	132	97	85

6 Wähle zwei Zahlen aus und subtrahiere. Die Differenz soll unter 1000 liegen. Bilde vier Aufgaben.

9206	8307	7860	6859	6395
5193	4729	3725	2666	1655

• **7** Berechne wie im Beispiel.

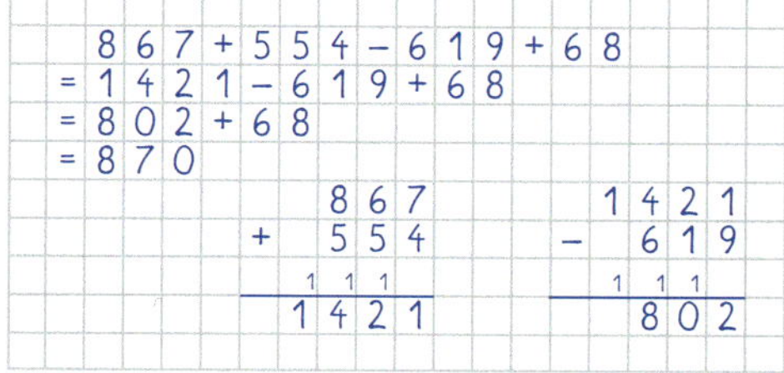

a) 927 + 336 − 510 + 48
672 + 281 − 864 − 47 + 136
1321 + 684 + 1776 − 94 − 1443
3729 + 582 − 634 + 433 − 1789
5145 + 38 − 799 −3478 + 250

b) 467 + (520 − 270)
(731 − 372) − (158 + 83)
634 − 309 − (59 + 161)
(226 + 716) + (836 − 267)
(358 + 911) − (775 − 187)

L 105 118 178 717 801 1511
2244 2321 1156 681

8 Ergänze die fehlenden Ziffern.

a)
```
  3 2 □ 6
+   □ 5 □
  □ 0 2 3
```
b)
```
  5 8 □ □ 4
+ □ 0 1 6 □
  6 □ 8 2 7
```
c)
```
  3 6 2 □
+   7 □ 5
  □ □ 3 2
```
d)
```
  □ 8 7 □ □ 6
+ 2 □ □ 2 2 □
  4 4 2 6 7 1
```
e)
```
  6 3 9 7 □ 9
+ □ 4 □ 8 6 □
  8 □ 5 □ 0 3
```
f)
```
  5 6 7 □ □
− □ 2 □ 9 5
  2 □ 2 8 6
```

Üben und Vertiefen

9 Fülle die leeren Plätze der Additions- und Subtraktionstabelle in deinem Heft aus.

+	339	876	■	■
4859	■	■	■	■
6465	■	■	■	■
3418	■	■	5807	■
■	■	4098	■	5000

-	252	1248	1809	■
3523	■	■	■	■
2651	■	■	■	■
■	■	■	728	1163
■	1367	■	■	■

10 Berechne die Summe und die Differenz aus der größten und der kleinsten Zahl, die man aus den angegebenen Ziffern bilden kann.

a) 2 ; 4 ; 6 b) 1 ; 7 ; 5
c) 3 ; 8 ; 4 ; 9 d) 9 ; 2 ; 5 ; 7 ; 3

11 Wie oft kann man 1546 von 7382 subtrahieren? Welcher Rest bleibt?

● **12** Berechne die fehlenden Zahlen.

a) 1478 + ■ = 2299
■ + 1188 = 2263
■ + 444 = 1305
3649 + ■ = 5781
1233 + 2988 = ■

b) ■ + 113 + 2243 = 4755
428 + ■ + 1124 = 3248
917 + 133 + ■ = 2194
■ + 462 + 418 = 1999
673 + 1009 + 19 = ■

c) ■ − 2103 − 208 = 2308
9959 − 126 − ■ = 7194
4470 − ■ − 1175 = 2048
■ − 4251 − 155 = 576
7708 − 3277 − 1087 = ■

L 821 861 1075 1119 1144 1247
1696 1701 2132 2399 2639 3344
4221 4619 4982

13 a) Wo musst du zwischen den Zahlenkugeln die Pluszeichen setzen, damit die Addition der Zahlen die Summe 19 ergibt? Die Reihenfolge der Zahlen darf dabei nicht vertauscht werden.

 2 3 4 +  19

b) Die Zahlenkugeln 1 , 2 , 3 , 4 , 5 , 6 und 7 sind nebeneinander aufgebaut. Verteile mehrere Pluszeichen so dazwischen, dass die Addition der daraus entstehenden Zahlen die Summe 100 ergibt. Es gibt mehr als eine Lösung.

14 Frank und seine Schwester Iris spielen mit einem Computerspiel. Iris erzielt 15 466 Punkte und Frank 8373 Punkte. Franks Freund Christian schafft 9708 Punkte und dessen Schwester Judith 13 184 Punkte.
a) Mit wie viel Punkten Abstand zu jedem der drei anderen Mitspieler hat Iris gewonnen?
b) Welches Geschwisterpaar ist Sieger? Welchen Punktevorsprung hat es?

15 Setze nacheinander verschiedene Zahlen ein. Was fällt dir auf?

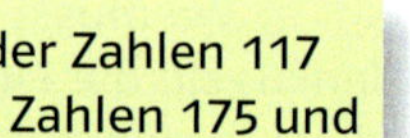

Addiere die Differenz der Zahlen 117 und 84 zur Summe der Zahlen 175 und 42.

$$(117 - 84) + (175 + 42)$$
$$= 33 + 217$$
$$= 250$$

• **16** a) Addiere zur Differenz der Zahlen 50 und 30 die Summe der Zahlen 25 und 75.
b) Subtrahiere von der Zahl 97 die Zahl 47 und die Summe der Zahlen 15 und 17.
c) Subtrahiere von der Summe der Zahlen 60 und 40 die Differenz dieser beiden Zahlen.
d) Addiere zur Summe der Zahlen 98 und 53 die Differenz der Zahlen 200 und 184.
e) Subtrahiere von der Differenz der Zahlen 100 und 53 die Differenz der Zahlen 200 und 184.

L 18 31 80 120 135

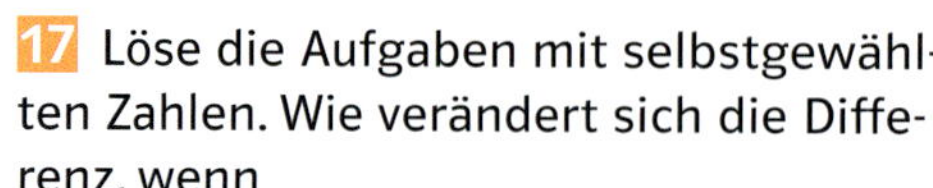

17 Löse die Aufgaben mit selbstgewählten Zahlen. Wie verändert sich die Differenz, wenn
a) der Subtrahend um 4 verkleinert wird?
b) der Minuend um 4 verkleinert wird?
c) der Minuend um 7 vergrößert wird?
d) der Subtrahend um 7 vergrößert wird?
e) der Subtrahend um 18 vergrößert wird?
f) der Minuend um 32 verkleinert wird?
g) der Minuend um 16 vergrößert wird?

18 Schreibe die Tabellen ab und fülle sie aus.

	x	500 – x	2 · x + 123	3 · x – 68
a)	75			
b)		417		
c)			213	

	x	4 · x + □	□ – x	5 · x – □
d)	55	288		
e)			27	
f)				332

38

19 In die Leerstellen gehören die Ziffern 2; 3; 5; 7; 8; 9.

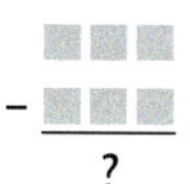

□□□
– □□□
?

a) Der Wert der Differenz soll möglichst groß sein.
b) Der Wert der Differenz soll möglichst klein sein.
c) Der Wert der Differenz soll 121 betragen.
d) Der Wert der Differenz soll 139 betragen.

20 Ergänze die fehlenden Ziffern.

a) 8 □ 4 – □ 3 1 = 6 6 □

b) 7 □ 7 2 – □ 3 2 □ = 3 3 □ 1

c) □ 1 3 – 4 □ 8 = 2 1 □

d) 3 □ 3 8 – □ 8 7 □ = 1 3 □ 3

e) 2 □ 4 □ 6 – □ 2 □ 4 7 = □ 0 4 6 □

f) □ 6 7 □ – 1 2 □ 4 = 6 □ 1 2

Aufgabe: 20 + (50 – 10)

Text: Addiere zur Zahl 20 die Differenz der Zahlen 50 und 10.

Aufgabe: (60 + 25) – 12

Text: Subtrahiere von der Summe der Zahlen 60 und 25 die Zahl 12.

21 Schreibe zu den folgenden Aufgaben einen Text.
a) 40 + (60 – 20)
b) (50 + 30) – 25
c) 98 – (62 – 15)
d) (88 + 20) + (45 – 30)
e) (101 – 71) + (35 + 58)
f) 79 – 47 – (15 + 17)
g) (45 + 35) + (62 – 16) – (56 +22)
h) (93 – 32) – (73 – 35) + 112

Sachaufgaben

• **1** Eine Schule hat in den fünften Klassen 27, 28, 29, 30 und 29 Schülerinnen und Schüler. Vor der Wahl der Arbeitsgemeinschaften soll jede Schülerin und jeder Schüler ein Informationsblatt erhalten. Wie viele Blätter müssen gedruckt werden, wenn zusätzlich 15 Exemplare als Reserve dienen?

• **2** Familie Wolter leiht sich für ihren Umzug einen Kleintransporter. Am ersten Tag werden 125 km zurückgelegt, am zweiten 97 km.

• **3** Lauras Schulweg beträgt 1200 m. Welche Strecke hat sie zurückgelegt, wenn sie in der Schule ankommt?

• **4** Der Rhein ist um 155 km länger als die Elbe. Die Elbe ist 1165 km lang. Wie lang ist der Rhein?

• **5** Die gesamte Miete eines Hauses beträgt 2560 €. Für das Erdgeschoss werden 510 €, für den ersten Stock 750 € und den zweiten Stock 620 € gezahlt. Wie viel Miete wird für den dritten Stock bezahlt?

• **6** Familie Schade kauft in einem Möbelhaus einen Schrank zum Sonderpreis von 2555 €. Der ursprüngliche Preis betrug 3470 €.

L (zu 1 bis 6) 222 2400 1320 158 680 915

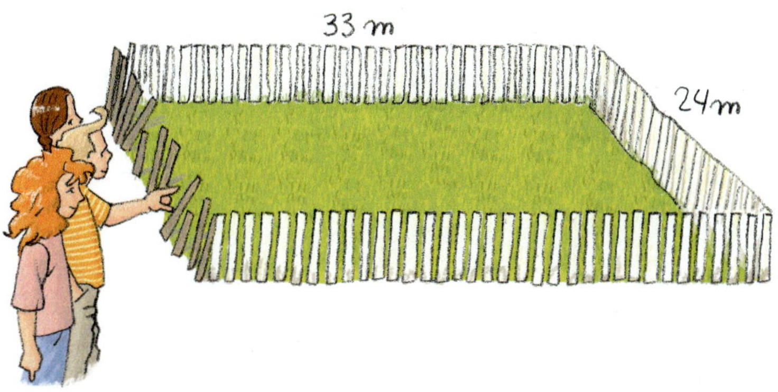

7 Familie Wenzek möchte um ihren Garten einen neuen Zaun ziehen. An einer der beiden kurzen Seiten soll der alte Zaun noch stehenbleiben.

8 Hendrik hat in seinem Portmonee eine 2-€-Münze, zwei 1-€-Münzen und sechs 10-Cent-Stücke. Er möchte sich drei Gelschreiber zu je 1, 60 € kaufen.

9 In einer Stadt stehen sechs Häuser dicht nebeneinander. Das erste ist 14 m lang, das zweite 7 m länger, das dritte 2 m kürzer als das zweite, das vierte ist 19 m lang, das fünfte 4 m länger als das vierte und das sechste 34 m lang. Wie lang ist die Häuserreihe?

 35

10 Die vier Päckchen, die Anja zur Post gebracht hat, wiegen zusammen 7183 g.

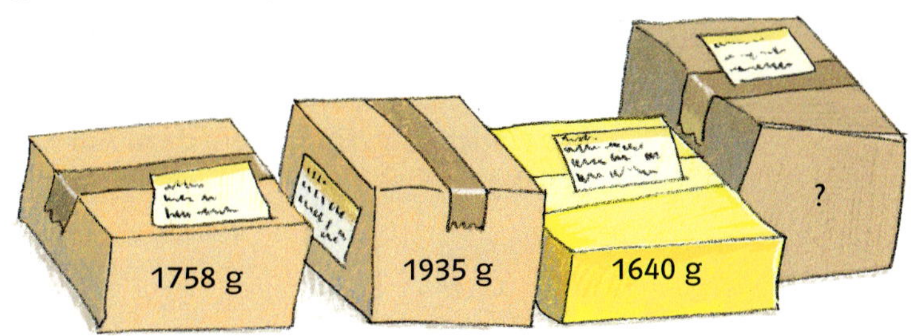

Porto für Päckchen (bis 2000 g) : 4,30 €

Jedes Zeichen steht für eine bestimmte Zahl.

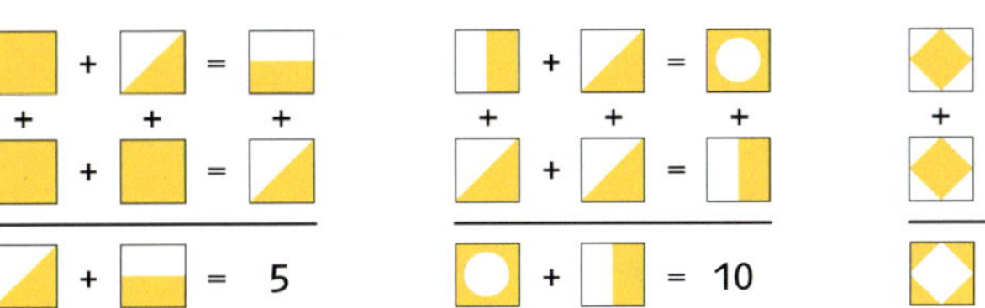

Mount Everest 8848 m

Mont Blanc 4807 m

Zugspitze 2963 m

Brocken

11 a) Die Zugspitze ist um 1821 m höher als der Brocken (Harz). Wie hoch ist der Brocken?
b) Berechne die Höhenunterschiede dieser Berge.

12 Familie Schminkat fährt mit dem Auto in den Urlaub. Der Urlaubsort liegt 950 km von ihrer Wohnung entfernt. Das Auto hat ein zulässiges Gesamtgewicht von 1250 kg und wiegt leer 800 kg. Der Vater wiegt 83 kg, die Mutter 68 kg, Martina 43 kg und Tobias 26 kg. Wie viel Kilogramm Gepäck darf höchstens noch zugeladen werden?

13 Henrietta bekommt eine neue Zimmereinrichtung. Formuliere dazu Aufgaben und löse sie.

14 Familie Bürger hat auf dem Konto 1310 €. Frau Bürger überweist davon 16 € für ein Zeitungsabonnement und 58 € für eine Versicherung. Wie viel Euro kann sie auf das Sparbuch überweisen, wenn auf dem Konto noch 500 € bleiben sollen?

15 Welche Textaufgabe passt zu der folgenden Rechnung?

36,00 − (16,50 + 7,50 + 8,80)

a) Arne hat zum Geburtstag 36 € bekommen. Er kauft davon eine CD für 16,50 € und ein Buch für 8,80 €. Wie viel Euro hat er noch zur Verfügung, wenn er sein Taschengeld von 7,50 € dazurechnet?
b) Laura hat zum Geburtstag 36 € bekommen. Sie kauft davon eine CD für 16,50 €, ein Buch für 8,80 € und geht für 7,50 € ins Kino. Kann sie sich noch eine Zeitschrift für 3,50 € leisten?
c) Nicole hat in ihrem Sparschwein 16,50 € und noch 8,80 € von ihrem Taschengeld. Von Oma bekommt sie 7,50 € geschenkt. Kann sie sich von dem Geld einen MP-3-Player für 36 € leisten?

16 Erfinde zu der vorgegebenen Rechnung eine Textaufgabe.
a) 16,00 − (4,50 + 2,95)
b) 248,00 − 150,00 − 30,00 − 25,00
c) 12,50 + 5,00 − 6,50 − 0,95

Vernetzen: Wir wiegen unsere Schultasche

Schultaschen sind häufig zu schwer

Das Gewicht der Schultasche soll ein Zehntel des Gewichts des Kindes nicht überschreiten. Ein 45 kg schweres Kind darf demnach nicht mehr als 4,5 kg …

Schultasche		1 2 0 0 g
Etui	+	4 0 0 g
Englisch	+	8 4 5 g
Mathematik	+	6 8 0 g
Technik	+	1 5 0 g
GL	+	1 0 0 g
Religion	+	1 0 0 g

1 a) Wie schwer darf Helens Schultasche höchstens sein?
b) Helen packt ihre Tasche neu. Mit der Haushaltswaage hat sie alle Unterrichtsmaterialien gewogen, die sie Freitag braucht. Ist die Schultasche immer noch zu schwer?

2 a) Sven wiegt 50 kg, Lisa 37 kg. Wie schwer dürfen ihre Schultaschen höchstens sein?
b) Wie schwer werden ihre Schultaschen am Montag (Dienstag), wenn die leere Schultasche 1400 g wiegt? Was stellst du fest?

33

Montag	Dienstag
Englisch	Mathematik
Mathematik	Mathematik
Kunst	Deutsch
Kunst	Musik
Biologie	Englisch
Deutsch	Religion
Pause	
Sport	–
Sport	–

Fach	Material
	Etui (400 g)
Mathematik	Buch (580 g), Heft (100 g)
Englisch	Buch (500 g), Vokabelheft (25 g), Heft (100 g), Workbook (100 g)
Deutsch	Heft (100 g), Lesebuch (560 g)
Musik	Mappe (100 g)
Religion	Heft (100 g)
Biologie	Heft (100 g)
Kunst	Farbkasten (200 g), Zeichenblock (300 g)
Sport	Turnbeutel (950 g)

3 a) Wie viel Kilogramm darf deine Schultasche höchstens wiegen?
b) Gibt es einen Schultag, an dem deine Schultasche für dich zu schwer ist?

1 Der Riegenführer hat die Leistungen markiert.
Wie viele Punkte haben Lena und Viktor jeweils?

Wettkampfkarte Mädchen

Name und Vorname: Schäfer, Lena

Gesamtpunkte:	SU	EU

Geburts-jahrgang	Klasse
Riege	**Tag d. Veranstaltung**

Die erreichte Leistung durchstreichen. Zwischenleistungen immer nach unten abrunden. Ungültige Versuche mit 0 Punkten vermerken. Leistungen oberhalb des Wertungsspielraums handschriftlich eintragen. Für die beste Leistung Punkte ablesen und am Rand eintragen.

50 m																									
	12,7	12,6	12,5	12,4	12,3	12,2	12,1	**12,0**	11,9	11,8	11,7	11,6	11,5	11,4	11,3	11,2	11,1	**11,0**	10,9	10,8	10,7	10,6	10,5	10,4	10,3
	3	10	18	26	35	43	51	**60**	69	78	87	96	105	115	124	134	144	**155**	165	176	186	198	209	220	232
	10,2	10,1	**10,0**	9,9	9,8	9,7	9,6	9,5	9,4	9,3	9,2	9,1	**9,0**	8,9	8,8	8,7	8,6	8,5	8,4	8,3	8,2	8,1	**8,0**	7,9	7,8
	244	256	**268**	281	294	309	325	342	359	376	394	412	**430**	449	468	488	508	529	550	572	594	617	**641**	665	689
	7,7	7,6	7,5	7,4	7,3	7,2	7,1	**7,0**	6,9	6,8	6,7	6,6	6,5	6,4	6,3	6,2	6,1	**6,0**	5,9	5,8	5,7	5,6			
	714	740	767	794	822	851	881	**911**	943	975	1008	1042	1078	1114	1152	1190	1231	**1272**	1315	1359	1405	1452			

Weitsprung																									
	2,65	2,67	2,69	2,71	2,73	2,75	2,77	2,79	2,81	2,83	2,85	2,87	2,89	2,91	2,93	2,95	2,97	2,99	**3,01**	3,03	3,05	3,07	3,09	3,11	3,13
	323	329	336	342	349	355	362	368	375	381	388	394	400	407	413	419	425	432	**438**	444	450	456	462	469	475
	3,15	3,17	3,19	3,21	3,23	3,25	3,27	3,29	3,31	3,33	3,35	3,37	3,39	3,41	3,43	3,45	3,47	3,49	**3,51**	3,53	3,55	3,57	3,59	3,61	3,63
	481	487	493	499	505	511	517	523	529	534	540	546	552	558	564	569	575	581	**587**	593	598	604	610	615	621
	3,65	3,67	3,69	3,71	3,73	3,75	3,77	3,79	3,81	3,83	3,85	3,87	3,89	3,91	3,93	3,95	3,97	3,99	**4,01**	4,03	4,05	4,07	4,09	4,11	4,13
	627	632	638	643	649	655	660	666	671	677	682	688	693	698	704	709	715	720	**725**	731	736	742	747	752	757
	4,15	4,17	4,19	4,21	4,23	4,25	4,27	4,29	4,31	4,33	4,35	4,37	4,39	4,41	4,43	4,45	4,47	4,49	**4,51**	4,53	4,55	4,57	4,59	4,61	4,63
	763	768	773	779	784	789	794	799	805	810	815	820	825	830	835	841	846	851	**856**	861	866	871	876	881	886

Schlagball 80 g																									
	15,5	16,0	16,5	17,0	17,5	18,0	18,5	19,0	19,5	**20,0**	20,5	21,0	21,5	22,0	22,5	23,0	23,5	24,0	24,5	25,0	25,5	26,0	26,5	27,0	27,5
	342	354	365	376	387	398	409	419	430	**440**	450	460	470	480	489	499	508	518	527	536	545	554	563	572	580
	28,0	28,5	29,0	29,5	**30,0**	30,5	31,0	31,5	32,0	32,5	33,0	33,5	34,0	34,5	35,0	35,5	36,0	36,5	37,0	37,5	38,0	38,5	39,0	39,5	**40,0**
	589	598	606	614	**623**	631	639	647	655	663	671	679	687	695	702	710	718	725	733	740	748	755	762	770	**777**
	40,5	41,0	41,5	42,0	42,5	43,0	43,5	44,0	44,5	45,0	45,5	46,0	46,5	47,0	47,5	48,0	48,5	49,0	49,5	**50,0**	50,5	51,0	51,5	52,0	52,5
	784	791	798	805	812	819	826	833	840	846	853	860	867	873	881	886	893	900	906	**912**	919	925	932	938	944

Bundesjugendspiele – Leichtathletik
Wettkampfkarte Jungen

Name und Vorname: Bauer, Viktor

Gesamtpunkte:	SU	EU

Geburts-jahrgang	Klasse
Riege	**Tag d. Veranstaltung**

Die erreichte Leistung durchstreichen. Zwischenleistungen immer nach unten abrunden. Ungültige Versuche mit 0 Punkten vermerken. Leistungen oberhalb des Wertungsspielraums handschriftlich eintragen. Für die beste Leistung Punkte ablesen und am Rand eintragen.

50 m																									
	12,6	12,5	12,4	12,3	12,2	12,1	**12,0**	11,9	11,8	11,7	11,6	11,5	11,4	11,3	11,2	11,1	**11,0**	10,9	10,8	10,7	10,6	10,5	10,4	10,3	10,2
	2	12	22	32	43	53	**64**	75	86	97	109	121	133	145	157	170	**182**	195	209	222	236	250	264	279	294
	10,1	**10,0**	9,9	9,8	9,7	9,6	9,5	9,4	9,3	9,2	9,1	**9,0**	8,9	8,8	8,7	8,6	8,5	8,4	8,3	8,2	8,1	**8,0**	7,9	7,8	7,7
	309	**325**	340	356	373	390	407	424	442	460	479	**498**	518	538	558	579	600	622	645	667	691	**715**	740	765	791
	7,6	7,5	7,4	7,3	7,2	7,1	**7,0**	6,9	6,8	6,7	6,6	6,5	6,4	6,3	6,2	6,1	**6,0**	5,9	5,8	5,7	5,6	5,5			
	818	846	873	902	932	963	**994**	1026	1060	1094	1129	1166	1203	1242	1282	1323	**1366**	1410	1456	1503	1552	1603			

Weitsprung																									
	3,19	3,21	3,23	3,25	3,27	3,29	3,31	3,33	3,35	3,37	3,39	3,41	3,43	3,45	3,47	3,49	**3,51**	3,53	3,55	3,57	3,59	3,61	3,63	3,65	3,67
	482	488	494	500	506	512	518	524	530	536	542	548	554	560	566	571	**577**	583	589	595	600	603	609	614	620
	3,69	3,71	3,73	3,75	3,77	3,79	3,81	3,83	3,85	3,87	3,89	3,91	3,93	3,95	3,97	3,99	**4,01**	4,03	4,05	4,07	4,09	4,11	4,13	4,15	4,17
	626	632	637	643	649	654	660	666	671	677	682	688	693	699	704	710	**716**	721	727	732	737	743	748	754	759
	4,19	4,21	4,23	4,25	4,27	4,29	4,31	4,33	4,35	4,37	4,39	4,41	4,43	4,45	4,47	4,49	**4,51**	4,53	4,55	4,57	4,59	4,61	4,63	4,65	4,67
	764	769	775	780	785	791	796	801	806	812	817	822	828	833	838	843	**848**	854	859	864	869	874	879	884	889
	4,69	4,71	4,73	4,75	4,77	4,79	4,81	4,83	4,85	4,87	4,89	4,91	4,93	4,95	4,97	4,99	**5,01**	5,03	5,05	5,07	5,09	5,11	5,13	5,15	5,17
	894	899	904	909	914	919	924	929	934	939	944	949	954	959	963	968	**973**	978	983	988	993	998	1003	1008	1013

Schlagball 80 g																									
	20,5	21,0	21,5	22,0	22,5	23,0	23,5	24,0	24,5	25,0	25,5	26,0	26,5	27,0	27,5	28,0	28,5	29,0	29,5	**30,0**	30,5	31,0	31,5	32,0	32,5
	314	324	333	343	353	362	372	381	390	400	409	418	426	435	444	453	461	470	478	**486**	495	503	511	519	527
	33,0	33,5	34,0	34,5	35,0	35,5	36,0	36,5	37,0	37,5	38,0	38,5	39,0	39,5	**40,0**	40,5	41,0	41,5	42,0	42,5	43,0	43,5	44,0	44,5	45,0
	535	543	551	558	566	574	581	589	596	604	611	619	626	633	**640**	647	655	662	669	676	683	690	696	703	710
	45,5	46,0	46,5	47,0	47,5	48,0	48,5	49,0	49,5	**50,0**	50,5	51,0	51,5	52,0	52,5	53,0	53,5	54,0	54,5	55,0	55,5	56,0	56,6	57,0	57,5
	717	724	730	737	744	750	757	763	770	**776**	782	789	795	802	808	814	820	826	833	839	845	851	857	863	869

2 a) Eine Schule führt die Sommer-Bundesjugendspiele durch. Die elfjährige Sophie erhält mit 1265 Punkten eine Siegerurkunde. Wie viele Punkte fehlen ihr, um eine Ehrenurkunde zu erhalten?
b) Paul (11 Jahre), Yasmin (10 Jahre) und Melanie (12 Jahre) haben ihre Leistungen aufgeschrieben. Welche Urkunden erhalten sie?

	Jungen		Mädchen	
Alter	Siegerurkunde	Ehrenurkunde	Siegerurkunde	Ehrenurkunde
10	1150	1600	900	1300
11	1300	1700	1050	1450
12	1400	1850	1200	1600

3 Bastian (11 Jahre) hat beim 50-m-Lauf schon 518 Punkte erreicht und ist 3,61 m weit gesprungen. Er hofft, jetzt eine Ehrenurkunde zu bekommen. Wie weit muss er dann mindestens werfen?

4 Die elfjährige Lara hat bei den Bundesjugendspielen in der Grundschule immer eine Siegerurkunde erhalten. Sie möchte auch in der 5. Klasse wieder eine Urkunde haben.
a) Wie müssten ihre sportlichen Leistungen aussehen? Stelle verschiedene Möglichkeiten in einer Tabelle zusammen.
b) Trage deine möglichen Leistungen auch in der Tabelle ein.

5 Die Schülerinnen und Schüler der Klassen 5 a und 5 b möchten gerne wissen, welche Klasse am besten abgeschnitten hat. Wie können sie das herausfinden?

Erreichte Punkte				
	Mädchen		Jungen	
	10 Jahre	11 Jahre	10 Jahre	11 Jahre
5 a	1975, 1834, 1658, 1202, 1045, 887, 780	1700, 1460, 1310, 1205, 1005, 900, 895	1745, 1472, 1278, 1045, 987,845	1598, 1580, 1448, 1355, 1154, 1049, 950, 935
5 b	1789, 1465, 1190, 1020, 995, 880, 864	2005, 1890, 1270, 1098, 1019, 1007, 996	1900, 1785, 1302, 1278, 1040, 980	2010, 1765, 1395, 1315, 1294, 1276, 1010, 659

Vernetzen: Zahlreiche Berechnungen

Trinkwasserverteilung im Haushalt (Liter pro Kopf und Tag)

1 a) Berechne den täglichen Verbrauch an Trinkwasser für eine Person.
b) Ein Schwimmbecken (15 m lang, 8 m breit und 1,5 m tief) fasst 180 000 l Trinkwasser. Kommt eine vierköpfige Familie damit ein Jahr aus?
c) Bestimme mithilfe der Wasseruhr den Wasserverbrauch bei dir zu Hause an drei verschiedenen Wochentagen.

2 a) Baue den Additionsturm so weiter, dass die Zahl in der Spitze gleich der Jahreszahl ist.

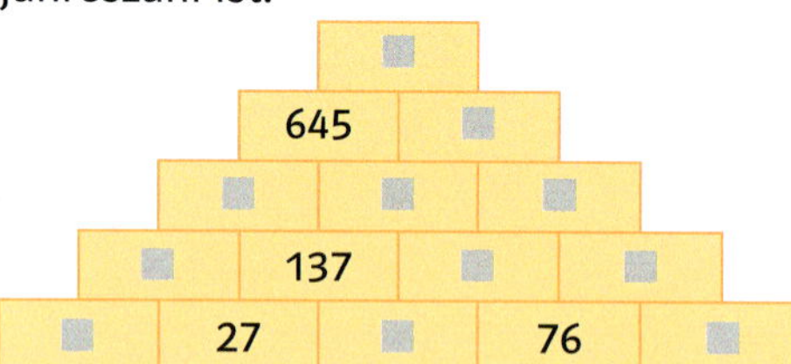

b) Hier musst du subtrahieren.

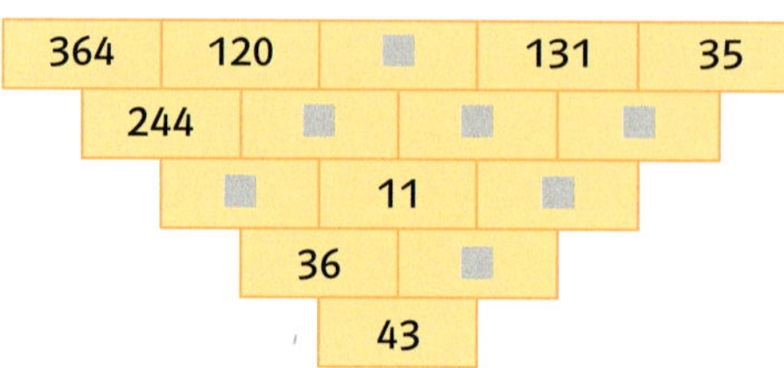

c) Kannst du Zahlen weglassen, sodass der Turm trotzdem noch eindeutig lösbar ist?

3 Leon möchte für seine Geburtstagsfeier einkaufen. Er hat dazu die Preise in zwei Geschäften miteinander verglichen.
a) Wie soll Leon einkaufen, wenn er möglichst wenig ausgeben will?
b) Wie viel Euro kann er sparen?

Kaufmarkt	
1 Kasten Mineralwasser	8,40 €
1 Kasten Cola	11,70 €
10 Flaschen Orangensaft	9,90 €
5 Tüten Chips	2,95 €
3 Dosen Erdnüsse	3,60 €
3 Tüten Weingummi	3,30 €
2 Tüten Schokoladenkekse	7,38 €
5 Girlanden	6,75 €

Centshop	
1 Kasten Mineralwasser	7,60 €
1 Kasten Cola	12,10 €
10 Flaschen Orangensaft	10,00 €
5 Tüten Chips	3,45 €
3 Dosen Erdnüsse	3,75 €
3 Tüten Weingummi	3,00 €
2 Tüten Schokoladenkekse	6,98 €
5 Girlanden	7,25 €

4

2	16	15	5
13	7	8	10
9	11	12	6
14	4	3	17

a) Bestimme die magische Zahl des Zauberquadrates.
b) Addiere zu jeder Zahl des Zauberquadrates die Zahl 4. Ist das neue Quadrat ebenfalls ein Zauberquadrat? Begründe deine Behauptung.
c) Kannst du noch andere Regeln angeben, wie man aus bestehenden Zauberquadraten neue Zauberquadrate macht?
d) Wie wirken sich diese Regeln auf die magische Zahl aus?

5 Familie Dietrich aus Düsseldorf hat für den Urlaub ein Ferienhaus in Schweden gemietet. Die Fahrstrecke beträgt 810 km. In Puttgarden auf Fehmarn wollen sie die Fähre nehmen. Die Fährstrecke ist 18,6 km lang.

Leergewicht (kg) 1680
Zul. Gesamtgewicht (kg) 2160

Herr Dietrich wiegt 85 kg, seine Frau 68 kg. Der Sohn Tobias wiegt 35 kg, die Tochter Nadine 51 kg. Der Kilometerstand zu Beginn der Fahrt beträgt 25 675 km.
Überlege dir aus den Informationen, die hier gegeben werden, eine Aufgabe. Notiere zunächst für dich eine Lösung. Stelle deine Aufgabe einem Partner und bearbeite selbst die Aufgabe deines Partners.

Routenplaner	
Bochum	35 min 48,6 km
Puttgarden	5 h 43 min 543,2 km
Schwedische Grenze	8 h 10 min 736,2 km
Hörby	9 h 02 min 810 km

6 Familie Vogt aus Bielefeld möchte am Gardasee in Italien Urlaub machen. Frau Vogt hat die Fahrstrecke notiert.

Bielefeld – Kassel – Würzburg –
Nürnberg – München –
Innsbruck – Bozen – Garda

a) Bestimme mit deinem Partner die Längen der Fahrstrecke und der einzelnen Etappen. Gibt es noch eine andere Route?
b) Formuliert zu den gefundenen Informationen eine Aufgabe und notiert dazu eine Lösung. Stellt die Aufgabe einem benachbarten Team und bearbeitet selbst deren Aufgabe.

Lernkontrolle 1

1 a) 416 688 + 42 365 + 964
b) 24 800 − 117− 98 − 8431
c) 149 355 + 48329 + 6788
d) 342 577 − 108 086 − 35 486

2 a) 723 − (169 + 86)
b) (783 − 299) − (343 − 121)
c) 485 − (379 − 51)
d) 1000 − (25 + 147 + 437)

3 a) 40 271 + ▢ = 51 218
b) ▢ + 19 288 = 28 110
c) 88 666 + ▢ = 123 456
d) ▢ − 5 657 898 = 22 234 444

4 Benutze zur Lösung der folgenden Aufgaben das Assoziativ- und das Kommutativgesetz.
a) 69 + 137 + 31 + 23
b) 198 + 76 + 24 + 102
c) 238 + 147 + 132 + 323
d) 915 + 138 + 95 + 677

5 a) Addiere die Zahl 543 zu der Summe von 234 und 456.
b) Subtrahiere die Zahl 341 von der Differenz aus 4434 und 433.
c) Addiere die Summe aus 45 und 81 zu der Differenz aus 2000 und 650.
d) Subtrahiere die Summe aus 211 und 483 von der Summe aus 376 und 318.

6 Ein Supermarkt bietet 5000 Tafeln Schokolade im Sonderangebot an. Davon werden von Montag bis Samstag täglich verkauft: 1317 Tafeln, 1005 Tafeln, 876 Tafeln, 519 Tafeln, 376 Tafeln, 619 Tafeln. Wie viele Tafeln bleiben am Ende der Woche übrig?

7 Ein Parkhaus hat 1352 Plätze. Während der Nacht waren 25 Autos eingestellt. Im Laufe des Vormittags fahren 1579 Autos hinein und 428 heraus. Wie viele Plätze sind noch frei?

8 Eine Kassiererin der Firma Bauer hat 247 € in ihrer Kasse. Im Laufe des Tages nimmt sie 1347 € ein, zahlt 745 € aus, zahlt 398 € aus, nimmt 1359 € ein, nimmt 68 € ein, zahlt 1056 € aus. Wie viel Euro hat sie jetzt in der Kasse?

9 Bauer Deepe liefert der Mühle vier Wagen Weizen. Die Wagen wiegen beladen 4475 kg, 4138 kg, 3951 kg und 3885 kg. Der leere Wagen wiegt 1940 kg. Wie viel Kilogramm Weizen liefert der Bauer insgesamt?

10 Die Summe dreier Zahlen beträgt 25 628. Die erste Zahl heißt 8949, die zweite ist um 1321 kleiner als die dritte Zahl.

Wiederholung

1 Wandle in die Einheit um, die in Klammern steht.
a) 6 cm (mm)
80 cm (mm)
b) 70 mm (cm)
190 mm (cm)
c) 60 cm (dm)
450 cm (dm)
d) 5 m (cm)
21 m (cm)

2 a) 600 cm (m)
1200 cm (m)
b) 54 000 m (km)
112 000 m (km)
c) 400 mm (dm)
1000 mm (dm)
d) 5 km (m)
23 km (m)
e) 56 000 mm (m)
135 000 mm (m)
f) 500 000 cm (km)
19 km (dm)

3 Wandle in die kleinste vorkommende Einheit um.
a) 6 m 8 dm
7 m 42 cm
b) 12 dm 6 mm
15 m 25 mm
c) 2 km 24 m
12 m 56 mm
d) 11 m 45 cm
13 m 7 mm
e) 11 m 7 cm 3 mm
21 m 15 cm 9 mm
f) 7 km 123 m 6 dm
19 m 6 dm 7 cm

4 Berechne.
a) 6 m + 250 cm
1 m + 56 dm
b) 4 dm + 130 mm
123 cm + 18 mm
c) 4 km + 1500 m
13 m + 1450 cm
d) 11 m + 235 dm
12 dm + 145 cm

Lernkontrolle 2

1 a) 357 980 + 6278 + 938 649
b) 400 555 678 − 8675 + 986 475 − 748
c) 6 432 840 − 71 064 − 509 867
d) 3 167 524 − 56 872 + 8135 − 600 360

2 a) 16 481 − (3648 + 7119)
b) 38 450 − (46 512 − 9107)
c) 24 646 − (5826 − 2057) +110
d) 365 008 − (8247 + 3812) − 85

3 Benutze zur Lösung der folgenden Aufgaben das Assoziativ- und das Kommutativgesetz.
a) 156 + 336 + 664 + 348
b) 1011 + 592 + 389 + 8
c) 1709 + 219 + 291 + 781
d) 1396 + 911 + 289 + 604

4 Bestimme die fehlenden Ziffern.

a)
```
  ■ 2 ■ 8 6 ■
+ 2 5 4 ■ ■ 2
  3 ■ 9 2 0 1
```
b)
```
  ■ 5 8 ■ 7
+ 5 ■ 8 7 ■
  8 2 ■ 7 4
```
c)
```
  ■ 5 6 ■ 8 6
− 3 6 ■ 7 4 ■
  3 ■ 8 1 ■ 1
```
d)
```
  ■ 1 2 2 ■ 1
−   ■ 9 ■ 5 ■
    2 ■ 5 6 5
```

5 Frau Herbst ist dreimal so alt wie ihre Tochter Kerstin, die vier Jahre jünger ist als ihr Bruder Christian. Christian ist 35 Jahre jünger als der 53 Jahre alte Herr Herbst. Wie alt sind alle zusammen?

6 a) Vervollständige den Additionsturm in deinem Heft.
b) Du kannst 999 nicht durch jede beliebige Zahl ersetzen. Kannst du die kleinste Zahl nennen?

7 Bauer Harms bringt mit seinem Trecker und zwei baugleichen Anhängern Zuckerrüben zur Zuckerfabrik. Der erste Anhänger wiegt beladen 7850 kg und leer 2500 kg. Der andere Anhänger steht gerade auf der Waage. Für einen Doppelzentner Zuckerrüben (1 dt = 100 kg) erhält Bauer Harms 3,60 €.

Wiederholung

1 Wandle in die Einheit um, die in Klammern steht.
a) 48 mm (cm)
6 mm (cm)
b) 706 dm (m)
12 dm (m)
c) 9 cm (dm)
17 cm (dm)
d) 4890 m (km)
754 m (km)

2
a) 4,876 km (m)
0,809 km (m)
b) 3,9 dm (cm)
12,1 dm (cm)
c) 7,8 cm (mm)
0,8 cm (mm)
d) 3,14 m (cm)
1,07 m (cm)

3 Gib in Metern an.
a) 2 m 36 cm
13 m 7 dm 3 mm
b) 6 m 5 dm 6 cm
7 dm 8 cm 8 mm
c) 8 m 12 cm 3 mm
18 dm 56 mm
d) 2 m 23 cm 8 mm
13 m 35 mm

4
Wandle in die größte vorkommende Einheit um.
a) 4 km 56 m
1 km 200 m 2 dm
b) 56 cm 1 mm
23 dm 79 mm
c) 9 m 12 cm 8 mm
7 m 1 dm 8 mm
d) 12 km 29 m 2 cm
3 km 16 m 3 mm

Betrachte die Figuren und beschreibe, was man an ihnen als regelmäßig bezeichnen könnte.
Kennst du den mathematischen Begriff für diese Regelmäßigkeit?

3 Symmetrie

Regelmäßige Figuren

Suche selbst regelmäßige Figuren (in deiner Klasse, in Büchern, Zeitschriften, in deiner Umwelt) und stelle sie deinen Mitschülern vor. Erkläre dabei jeweils, was an den Figuren oder Bildern regelmäßig ist.

Achsensymmetrische Figuren herstellen

1 Betrachte die beiden Klecksbilder. Wie kannst du sie herstellen? Fertige selbst Klecksbilder an.

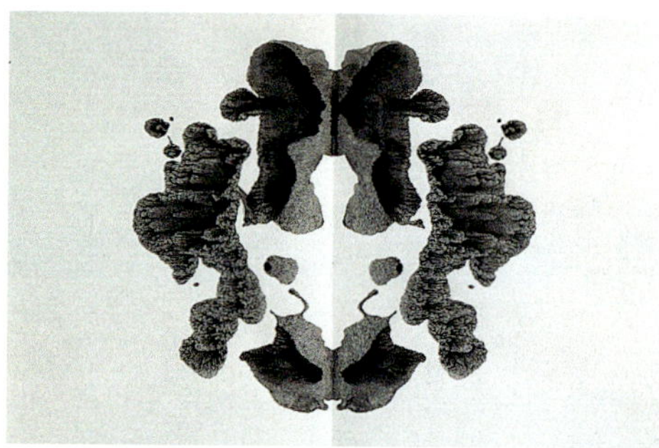

2 Erkläre, wie der Papierschmetterling entstanden ist.

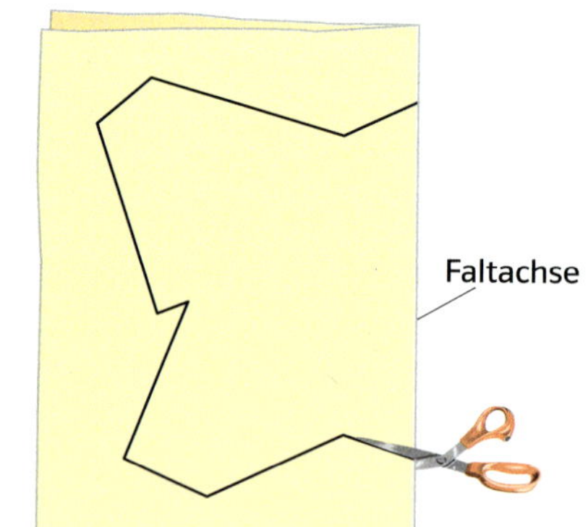

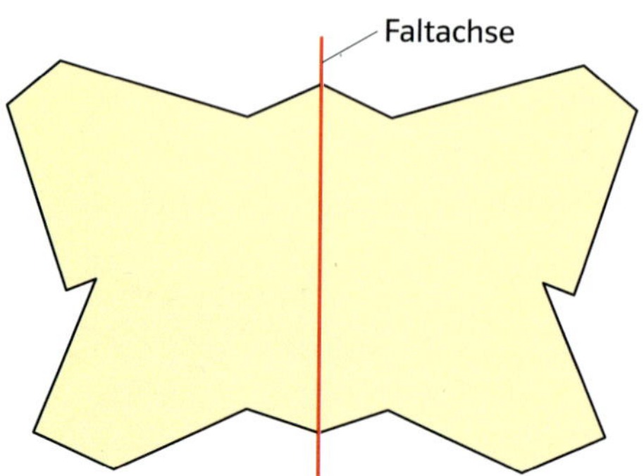

3 Zeichne eine Hälfte eines Blattes, eines Baumes, eines Autos, eines Hauses auf ein gefaltetes Blatt Papier. Lege die beiden Blatthälften aufeinander und schneide aus. Markiere die Faltachse farbig. Klebe alle Ergebnisse in dein Heft.
Du kannst die Ergebnisse auch auf Karton kleben und in der Klasse aushängen.

4 a) Schneide aus kariertem Papier ein 12 cm langes und 6 cm breites Rechteck aus. Falte das Rechteck so, dass beide Hälften genau aufeinander passen. Zeichne die Faltachse farbig nach. Überlege, ob es mehrere Möglichkeiten gibt.
b) Verfahre ebenso mit einem Quadrat, dessen Seite 10 cm lang ist. Wie viele Faltachsen hast du gefunden?

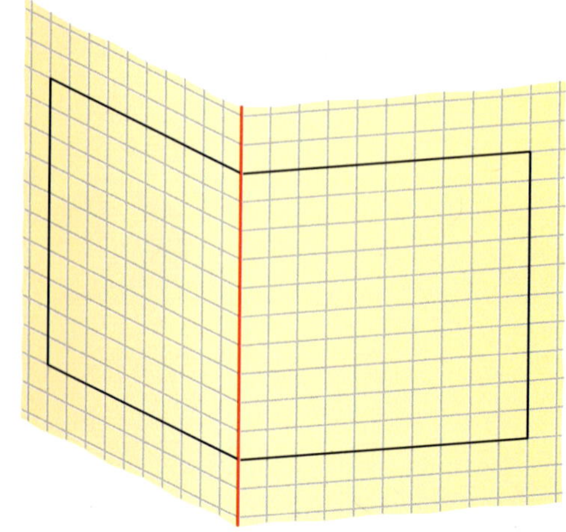

5 a) Schneide aus einem karierten DIN-A4- Blatt vier Quadrate mit der Seitenlänge 10 cm aus und stelle die abgebildeten Lochmuster her. Überlege dir dann eine oder mehrere Faltachsen und falte. Schneide aus, sodass die abgebildeten Muster entstehen.
b) Entwirf selbst Lochmuster mit zwei oder mehr Faltachsen. Markiere die Faltachsen jeweils farbig.

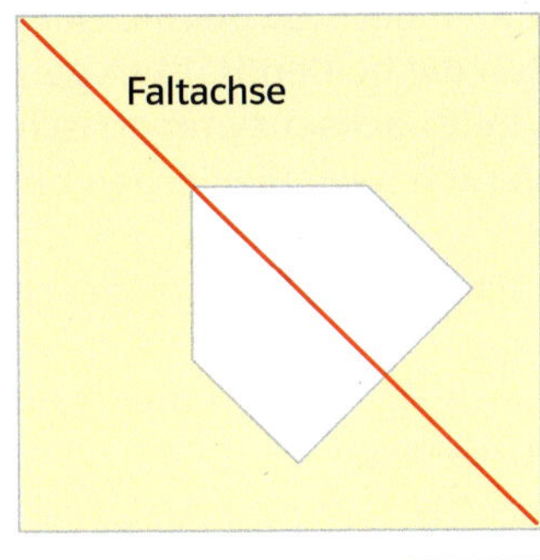

6 a) Stelle aus quadratischem Papier mit der Seitenlänge 10 cm die folgenden Faltmuster her.
b) Gestalte die Muster farbig, sodass ein achsensymmetrisches Muster entsteht. Zeichne die Symmetrieachsen farbig nach.

7 Fertige die folgenden Figuren in Partnerarbeit an. Zeichne alle Symmetrieachsen in die fertige Figur ein.

Figuren auf Achsensymmetrie überprüfen

1 a) Der Schmetterling hat seine schön gezeichneten Flügel ausgebreitet. Was passiert mit den einzelnen Punkten auf den Flügeln, wenn der Schmetterling seine Flügel zusammenfaltet?
b) Suche Blumen und Blätter, deren Hälften beim Zusammenfalten aufeinander treffen. Erkläre deinen Mitschülern, wo die Faltachse ist.

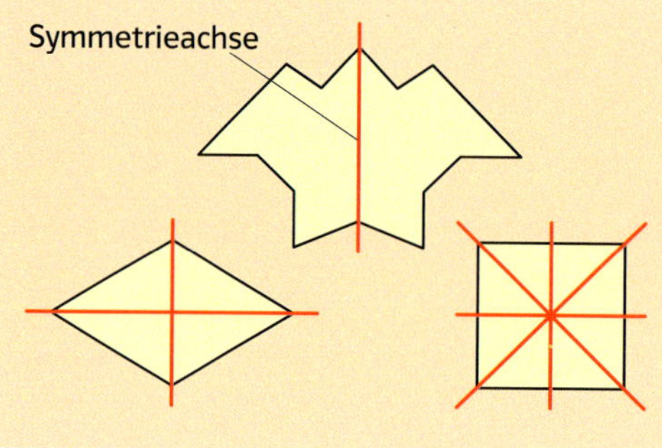

Eine Figur, in der sich beim Zusammenfalten die beiden Hälften genau decken, heißt **achsensymmetrisch.** Dabei werden auch die Farben berücksichtigt.
Die Faltachse heißt **Symmetrieachse** der Figur.
Es gibt auch Figuren mit **mehreren Symmetrieachsen.**

Vorfahrt gewähren

Gefahrenstelle

Haltestelle

Richtungstafel in Kurven

Kurve (rechts)

Schnee- oder Eisglätte

2 a) Welche der abgebildeten Verkehrszeichen sind achsensymmetrisch? Gibt es Zeichen mit mehr als einer Symmetrieachse? Begründe jeweils deine Meinung.
b) Zeichne fünf weitere achsensymmetrische Verkehrszeichen in dein Heft.

Gegenverkehr

Verbot der Einfahrt

3 a) Übertrage die Flaggen in dein Heft und zeichne jeweils alle Symmetrieachsen ein.

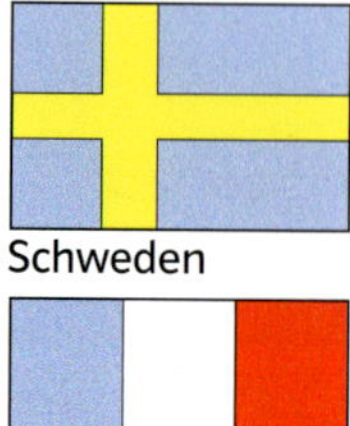
Schweden

Schweiz

Frankreich

Deutschland

b) Zeichne drei achsensymmetrische Flaggen anderer Länder mit allen Symmetrieachsen in dein Heft.

4 Einige Großbuchstaben in Blockschrift sind achsensymmetrisch. Schreibe sie auf und zeichne die Symmetrieachsen ein.
Es gibt Wörter, die achsensymmetrisch sind. Finde weitere Beispiele.

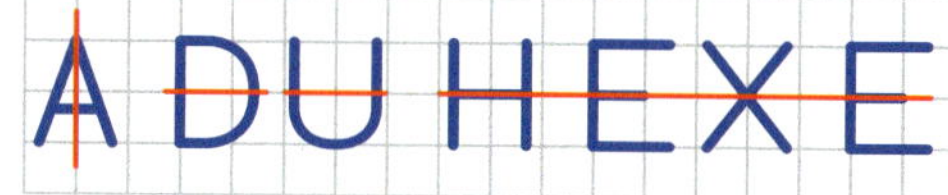

5 In Umwelt und Technik findest du Figuren mit mehreren Symmetrieachsen. Suche Figuren mit einer Symmetrieachse, zwei Symmetrieachsen, drei, vier, sechs Symmetrieachsen.

Werkzeug Geometriesoftware

DynaGeo ist ein Geometrieprogramm, mit dem du unter anderem auch achsensymmetrische Figuren erstellen kannst.
Dazu brauchst du folgende **Werkzeugpaletten:**

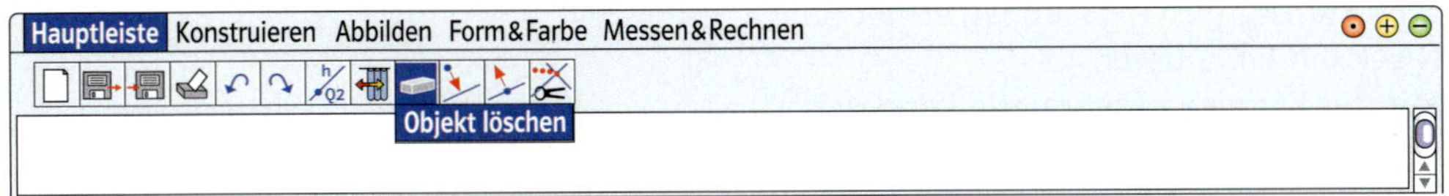

In der **Hauptleiste** kannst du speichern, eine neue Seite erstellen, löschen, rückgängig machen, drucken und vieles mehr.
Wenn du die Maus über ein Symbol bewegst, wird die jeweilige Funktion in einem Textfenster angezeigt (im Beispiel: **Objekt löschen**).

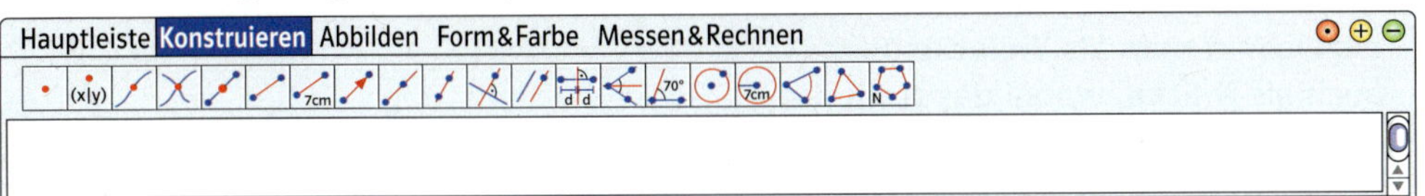

In der Leiste **Konstruieren** findest du die Symbole für das Konstruieren von Figuren. Bewege die Maus über die Symbole um deren Funktion zu erfahren.

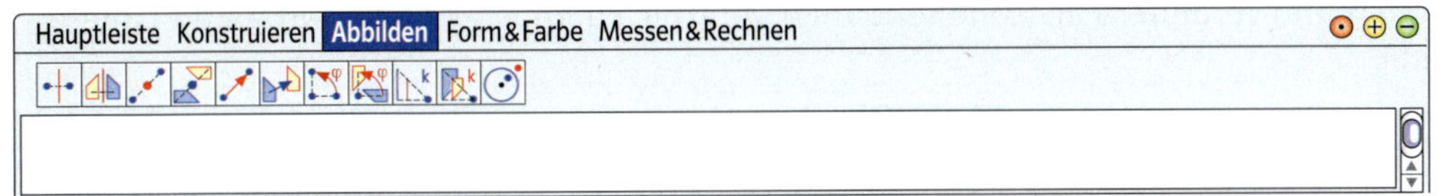

In der Leiste **Abbilden** findest du die Symbole für Spiegelungen, Drehungen und Verschiebungen von bereits konstruierten Figuren. Bewege auch hier die Maus über die Symbole um deren Funktion zu erfahren.

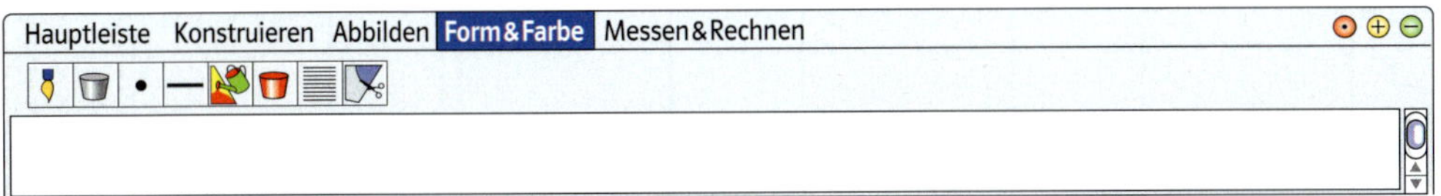

In der Leiste **Form & Farbe** findest du die Symbole um die Farbe von Flächen und Linien zu verändern.

1 a) In welcher Symbolleiste findest du dieses Symbol

und wie heißt der im Fenster angezeigte Name der Funktion?
b) In welcher Leiste findest du das Symbol um Objekte zu löschen?
c) Suche das Symbol um Objekte zu spiegeln. Nenne den Namen der Leiste und den genauen Funktionstext, der im Fenster angezeigt wird.
d) Du möchtest die Füllfarbe eines Objekts ändern. Suche das Symbol und nenne den angezeigten Funktionstext.
e) Wo findest du das Symbol um eine neue Zeichnung zu beginnen?
f) Suche das Symbol, um eine Zeichnung zu speichern, und nenne den Namen der Leiste.
g) Das abgebildete Symbol steht für eine wichtige Funktion des Programms. In welcher Symbolleiste findest du es und wozu kannst du es einsetzen?

Werkzeug Geometriesoftware

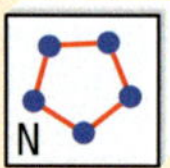

2 In DynaGeo musst du in der Leiste **Konstruieren** das Symbol **N-Eck** wählen um **Vielecke** zu zeichnen. Erst wenn der Streckenzug geschlossen ist, erhält das N-Eck ein Füllmuster.
Mit der **Zange** kannst du die Lage der einzelnen Eckpunkte oder die der ganzen Figur korrigieren.
Zeichne die abgebildeten Vielecke (N-Ecke) mit DynaGeo.

Dreiecke, Vierecke, Fünfecke … bezeichnet man als **Vielecke** oder auch als **N-Ecke,** wobei das **N** für die Anzahl der Ecken steht.

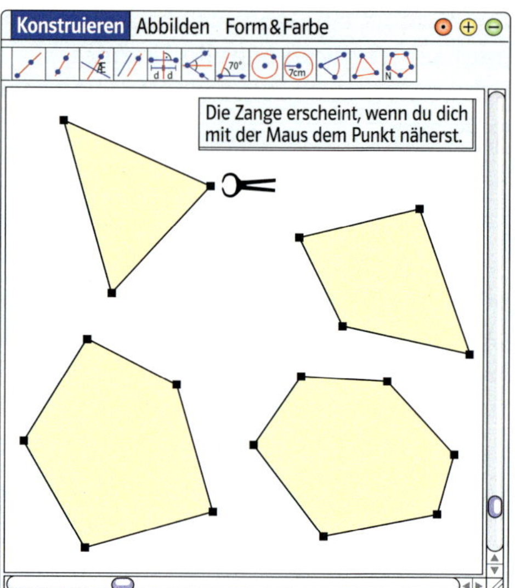

3 N-Ecke können farbig gestaltet werden. Zeichne vier Fünfecke wie in der Abbildung und verändere anschließend die Füllfarbe, Füllmuster, Linienfarbe und Linienstil.

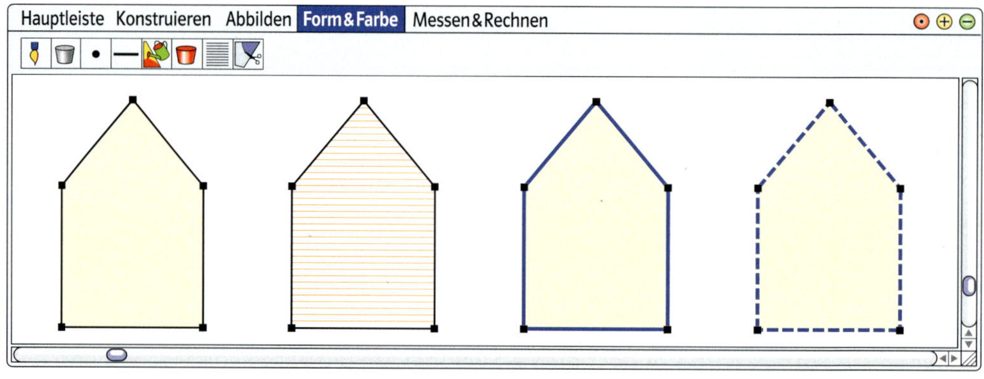

4 Zeichne die abgebildeten Figuren mit DynaGeo.

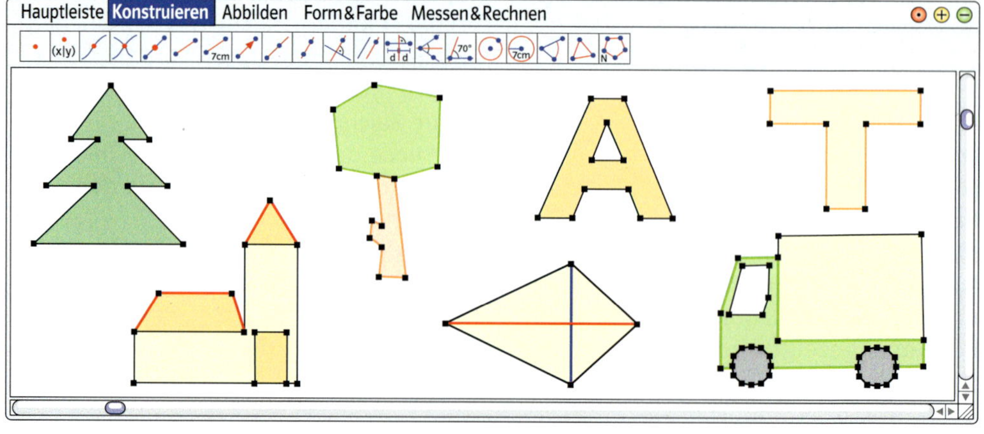

Geometriesoftware: Achsensymmetrische Figuren konstruieren

1 Wähle in der Leiste **Konstruieren** das Symbol **N-Eck** und zeichne ein Viereck ähnlich der Abbildung.

Benenne eine Seite des Vierecks mit s. Suche dazu die Funktion **Objekt benennen** in der Hauptleiste.

Um die zweite Hälfte der achsensymmetrischen Figur zu konstruieren, brauchst du die Funktion **Objekt an einer Achse spiegeln.** Als Spiegelachse dient unsere benannte Seite s.
Die Reihenfolge der Arbeitsschritte kannst du immer in einem Fenster unten links am Bildschirm ablesen.
Bewege anschließend mit der **Zange** die Punkte des linken Vierecks. Was stellst du fest?

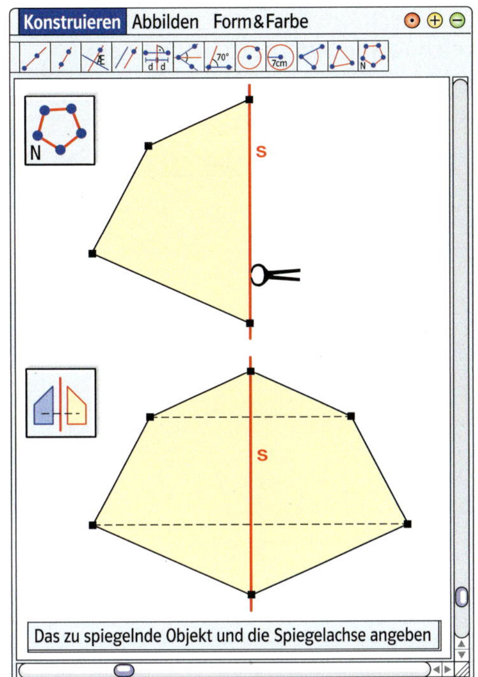

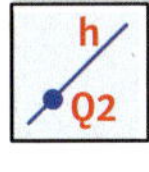

Achte auf die Reihenfolge

2 In den Abbildungen ist jeweils eine Hälfte einer achsensymmetrischen Figur dargestellt. Konstruiere ähnliche Vielecke und ergänze sie zu achsensymmetrischen Figuren. Die Symmetrieachse s ist jeweils angegeben.

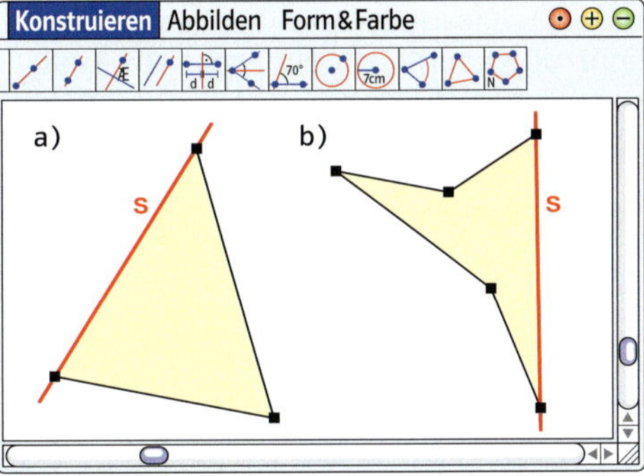

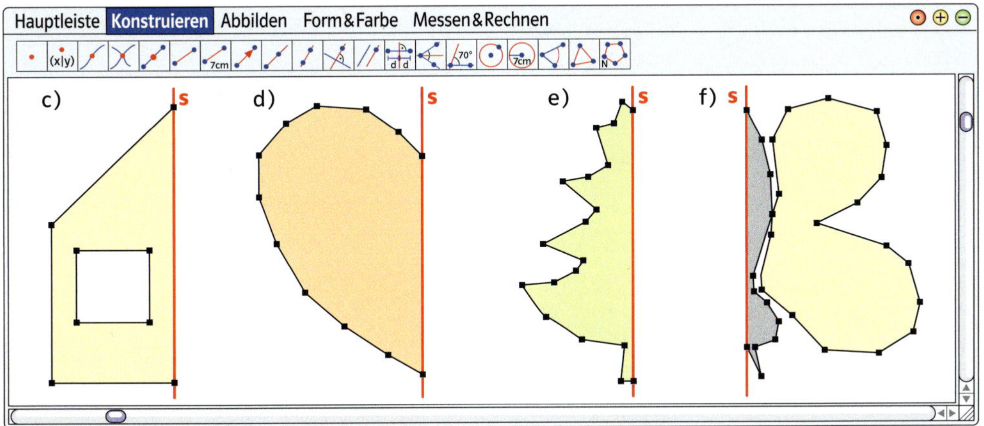

3 Konstruiere eigene achsensymmetrische Figuren mit deiner Geometriesoftware.

Üben und Vertiefen

1 Übertrage die Figur in dein Heft und zeichne alle Symmetrieachsen ein.

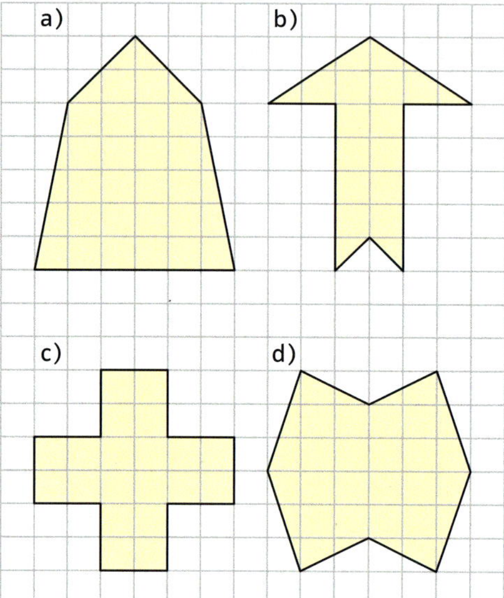

2 Gib an, welche der abgebildeten Figuren achsensymmetrisch sind. Zur Kontrolle kannst du die Figur auf Kästchenpapier übertragen und durch Falten mögliche Symmetrieachsen bestimmen.

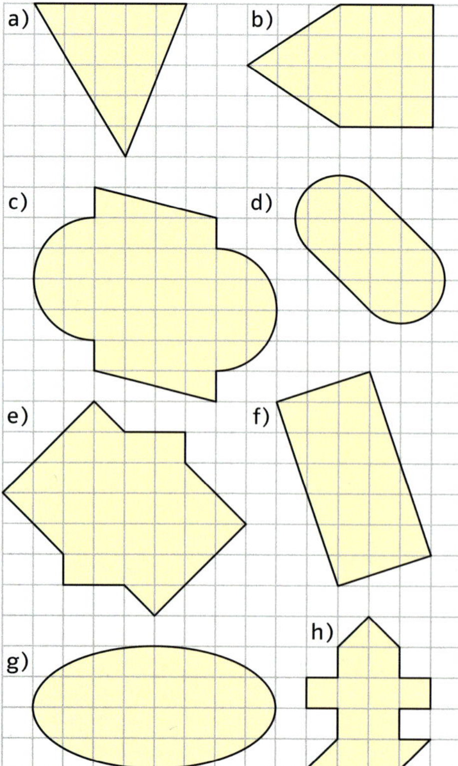

3 Übertrage die Zeichnung in dein Heft. Ergänze sie jeweils zu einer achsensymmetrischen Figur. Die rot eingezeichneten Geraden sollen Symmetrieachsen der vollständigen Figur sein.

4 Übertrage die Zeichnung und ergänze sie zu einer achsensymmetrischen Figur. Die rot eingezeichnete Gerade soll jeweils Symmetrieachse der vollständigen Figur sein.

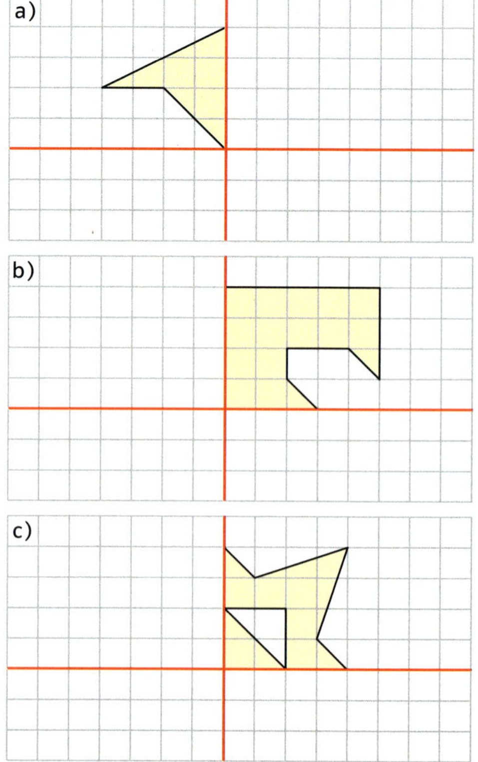

5

Kannst du diese Frage beantworten?

6 Übertrage die abgebildeten Symmetrieachsen ins Heft und zeichne jeweils verschiedene Figuren, die diese Symmetrieachsen haben.

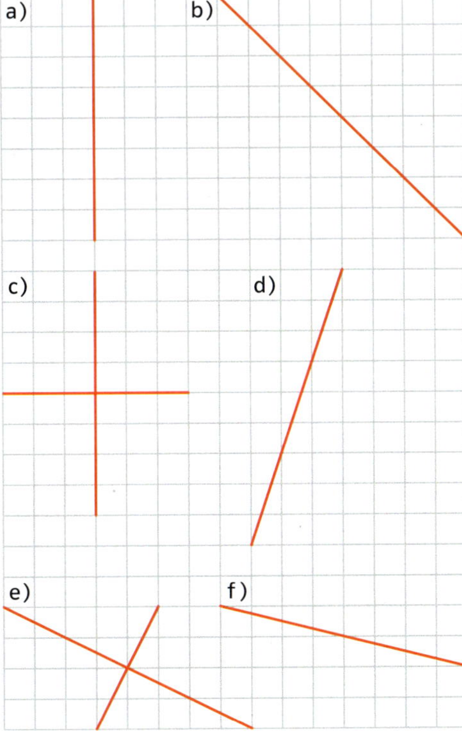

7 Ergänze die folgenden Figuren zu Figuren mit zwei Symmetrieachsen.

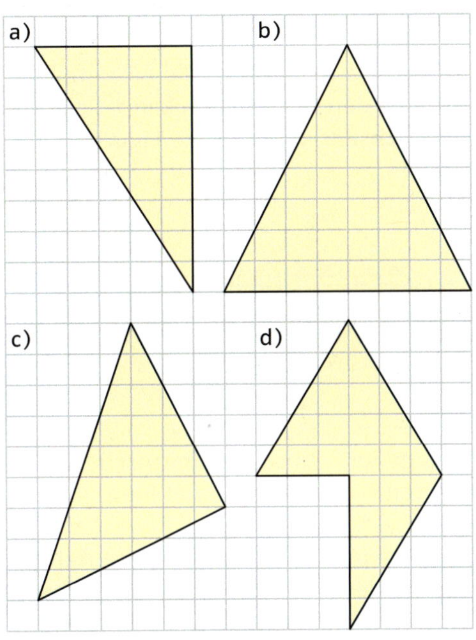

8 Wie viele Symmetrieachsen haben die abgebildeten Vielecke?
Kannst du eine Regelmäßigkeit entdecken?

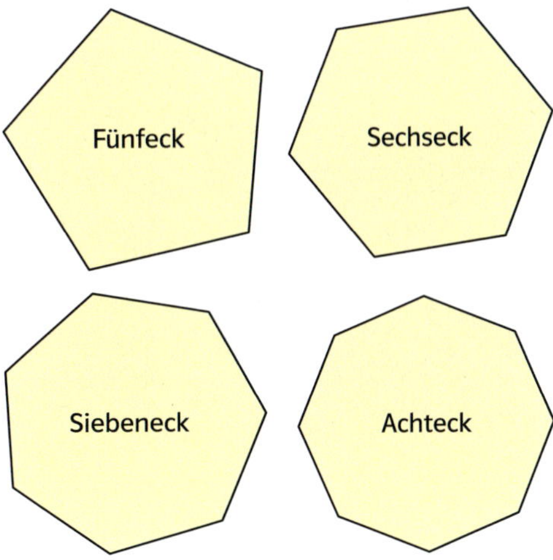

9 Zeichne drei Figuren mit jeweils zwei und drei Figuren mit jeweils vier Symmetrieachsen in dein Heft.

10 Kann es eine Figur geben, die genau zwei (und nicht mehr) Symmetrieachsen hat, die nicht senkrecht zueinander stehen? Begründe deine Meinung.

Vernetzen: Achsensymmetrische Figuren legen

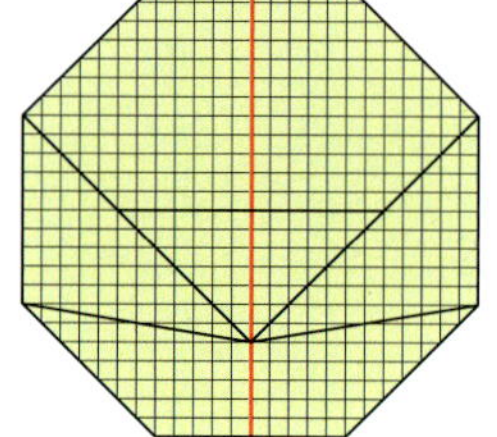

1 a) Zeichne das abgebildete Puzzle auf Kästchenpapier. Du musst dabei die Kästchen zählen und sehr genau arbeiten.
Schneide anschließend die Einzelteile aus. Aus den Puzzleteilen kannst du viele achsensymmetrische Figuren legen.

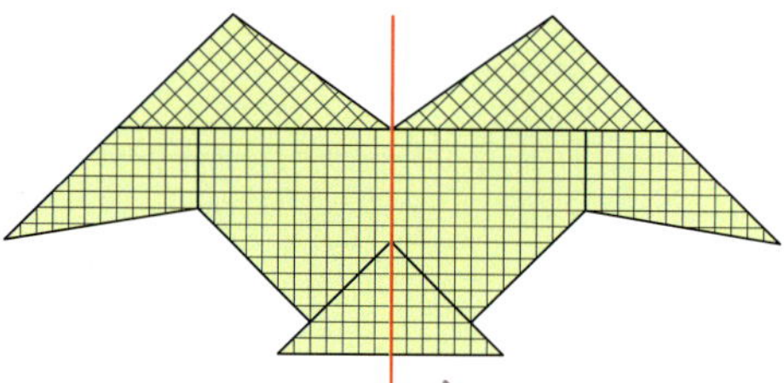

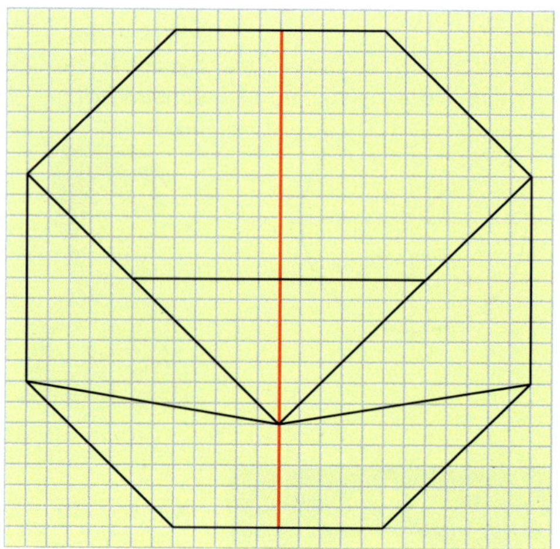

b) Lege fünf achsensymmetrische Figuren aus deinen Puzzleteilen.

2 Lege jeweils die abgebildete Hälfte des Puzzles und ergänze zu einer achsensymmetrischen Figur. Die Symmetrieachse ist rot eingezeichnet.

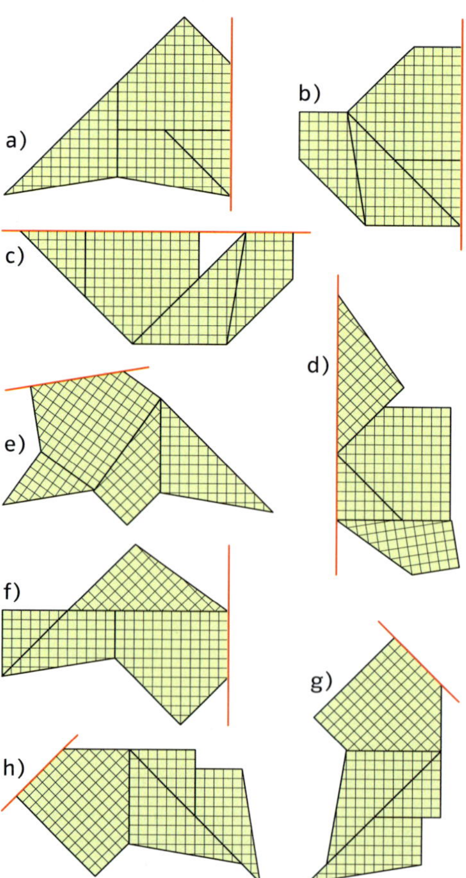

3 Lege die abgebildeten achsensymmetrischen Figuren.

a)

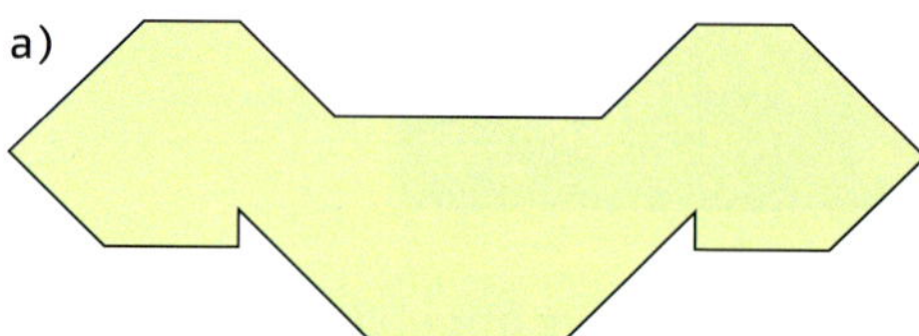

b)

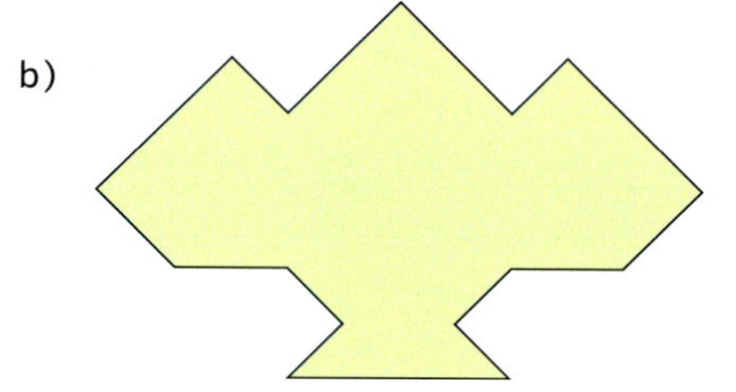

c)

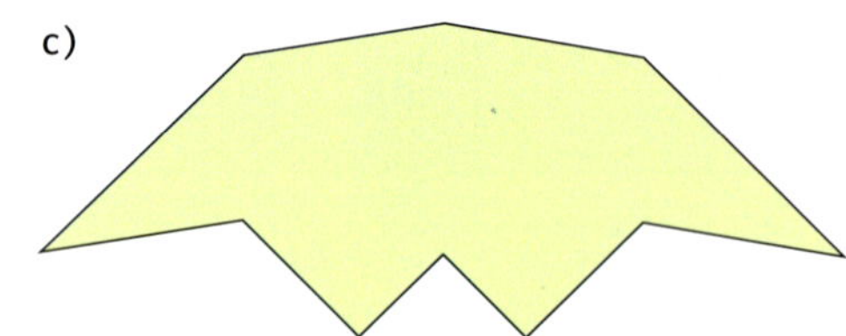

d)

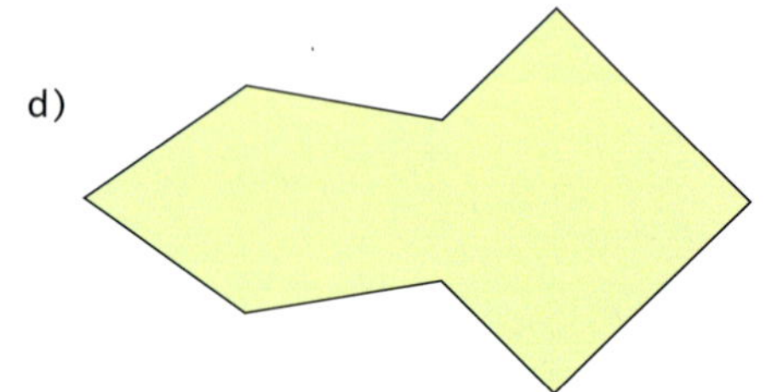

Wirklich symmetrisch?

1 a) Es gibt viele Dinge in deiner Umwelt, die als symmetrisch bezeichnet werden. Betrachte die abgebildeten Blätter. Sind sie wirklich symmetrisch?
b) Suche andere Beispiele für Gegenstände oder Figuren, die als symmetrisch bezeichnet werden, es aber im mathematischen Sinne nicht sind. Begründe deine Meinung.

2 a) Betrachte die drei Fotos genau. Was fällt dir auf? Ist das menschliche Gesicht symmetrisch?

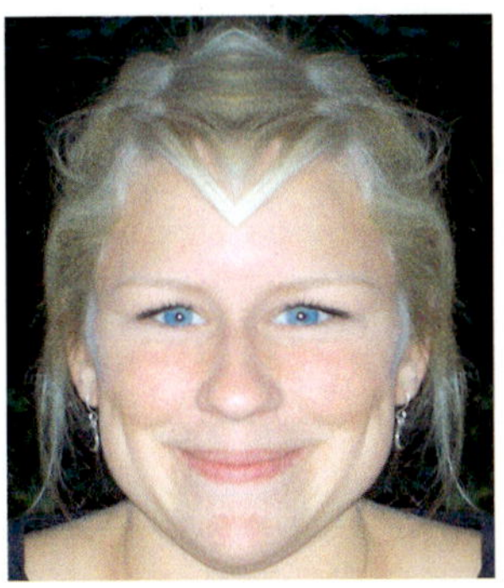

b) Auch hier ist gemogelt worden. Wie sind die Fotos entstanden? Welches Foto ist das Original? Bei welchen Fotos liegt Symmetrie vor?

c) Suche ein Bild von dir, auf dem du möglichst frontal abgebildet bist. Stelle mit einer Bildbearbeitungssoftware ein wirklich symmetrisches Bild her und vergleiche es mit dem Original. Hänge „Original" und „Fälschung" in der Klasse aus.

Vernetzen: Übungen zur Achsensymmetrie

1 a) Johannes wollte ein achsensymmetrisches Dreieck mit der Symmetrieachse s zeichnen. Ist ihm das gelungen?

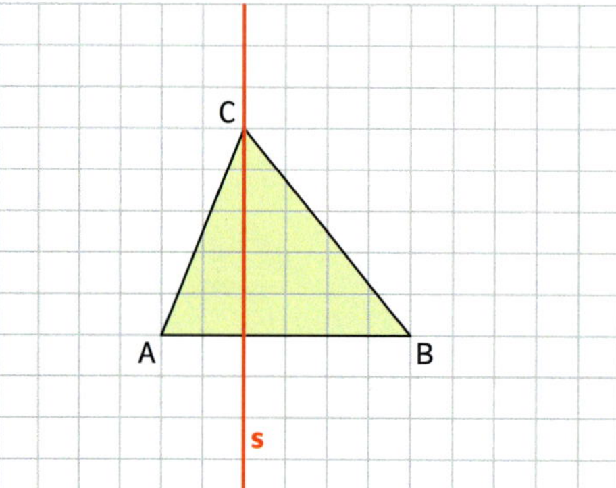

b) Welchen Punkt kann er verschieben, sodass s Symmetrieachse wird? Begründe schriftlich.

2 Sind die abgebildeten Figuren achsensymmetrisch?
Übertrage in dein Heft und zeichne alle möglichen Symmetrieachsen ein.
Begründe kurz, wenn keine Achsensymmetrie vorliegt.

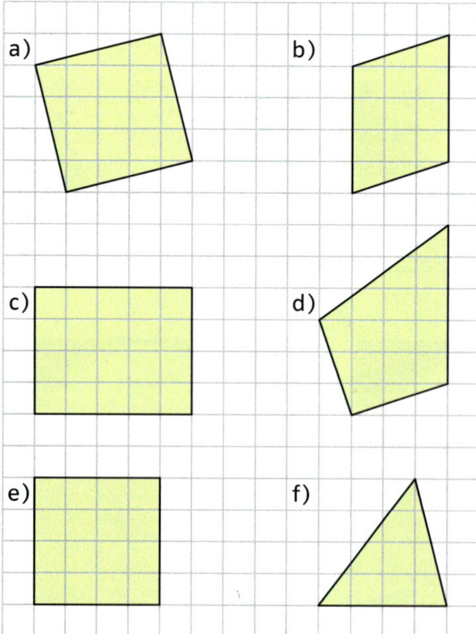

3 Wie viele Symmetrieachsen hat
a) ein Rechteck mindestens (höchstens),
b) ein Dreieck mindestens (höchstens),
c) ein Fünfeck mindestens (höchstens)?

4 a) Wie unterscheiden sich die abgebildeten Symmetrieachsen?
b) Zähle die Kästchen und übertrage jede Achse einzeln in dein Heft. Zeichne dann eine Figur, die diese Achse als Symmetrieachse hat. Alle Punkte dieser Figur sollen dabei auf Gitterpunkten des Karopapiers liegen.

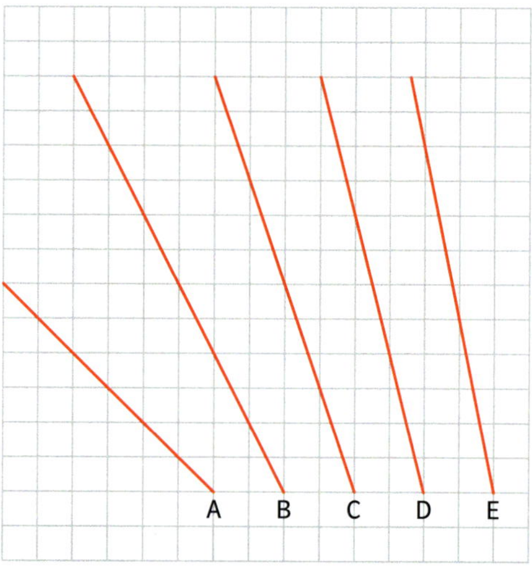

c) Erkläre, wie du dabei vorgegangen bist.

5 Ergänze das Quadrat zu einem achsensymmetrischen Achteck.

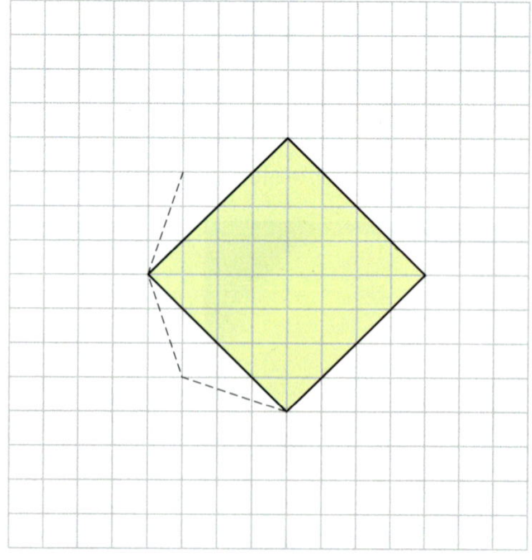

a) Wie viele Symmetrieachsen hat dieses Achteck?
b) Sind alle Seiten des Achtecks gleich lang? Begründe.

Lernkontrolle 1

1 Übertrage die Figuren in dein Heft und zeichne alle Symmetrieachsen ein.

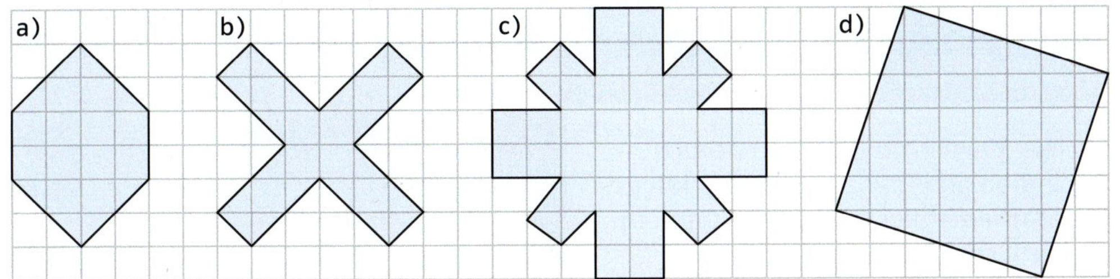

2 Welche der abgebildeten Figuren sind achsensymmetrisch?

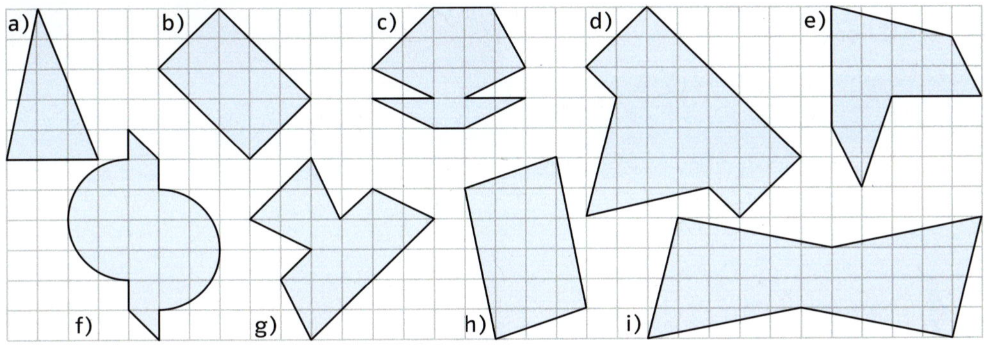

3 Übertrage die Figuren in dein Heft und ergänze jeweils zu einer achsensymmetrischen Figur. Die Symmetrieachse ist rot eingezeichnet.

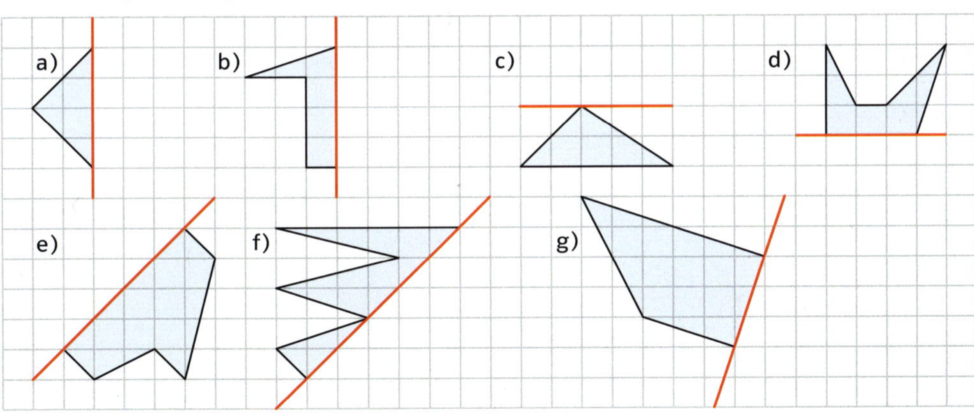

Wiederholung

1

a) 333 + 666

b) 345 + 206

c) 809 + 921

d) 409 + 631

e) 1729 + 451 + 4290 + 2777 + 921

f) 8559 + 512 + 59 + 406 + 2706 + 921

g) 8559 − 314

h) 8888 − 123 − 222

i) 8556 − 579

k) 7103 − 539 − 1698

l) 7000 − 555

m) 8000 − 999 − 4444

n) 1111 − 999

o) 6602 − 1796 − 3875

2 a) 2362 + 5782 b) 362 + 77132 + 12 c) 743 + 13 + 1221 + 5 d) 7 + 416 + 9921 + 8

e) 9921 − 438 f) 1121 − 387 g) 8899 − 387 − 2456 h) 5901 − 149 − 1738 − 3

Vor 900 Jahren lebten in Arabien, Indien und China besonders fähige Mathematiker. Diese Wissenschaftler lösten nicht nur schwierige mathematische Probleme, sondern entwickelten auch Verfahren, durch die das Rechnen einfacher und schneller wurde.

4 Multiplizieren und Dividieren

Wahrscheinlich aus Indien stammt die Idee, die Multiplikation von zwei Zahlen mithilfe eines Gitters durchzuführen. Die Beispiele zeigen, wie die Mathematiker vor 900 Jahren Multiplikationsaufgaben lösten.

Multiplikation mit Gittern

1 Löse die Multiplikationsaufgabe mithilfe des Gitters.

a) 52 · 34 = ▢ b) 87 · 93 = ▢

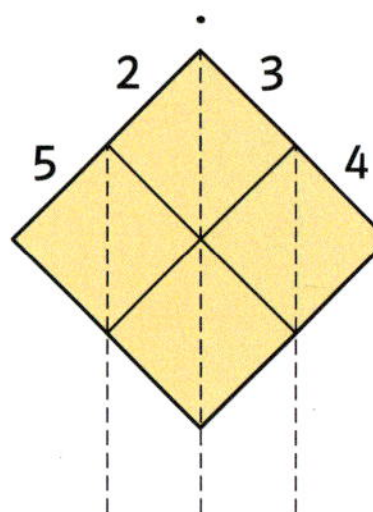

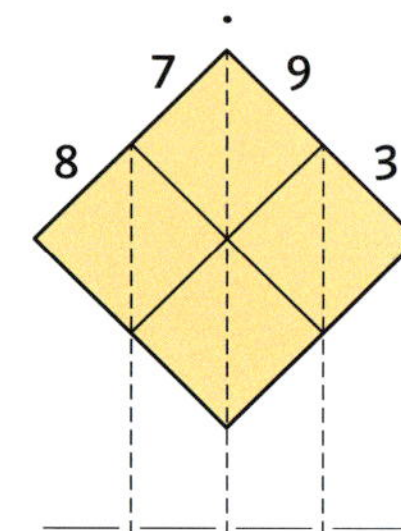

c) 47 · 88 = ▢ d) 92 · 56 = ▢

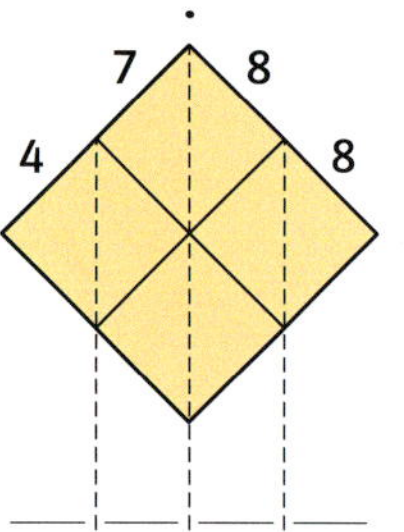

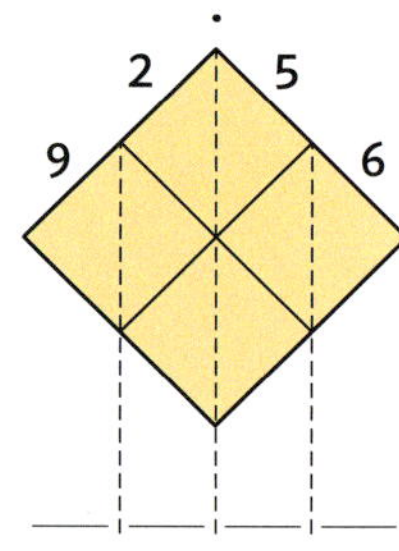

e) 42 · 357 = ▢

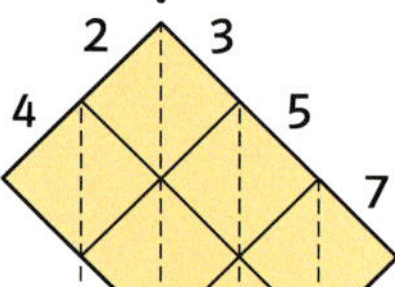

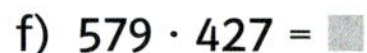
f) 579 · 427 = ▢

g) 213 · 652 = ▢

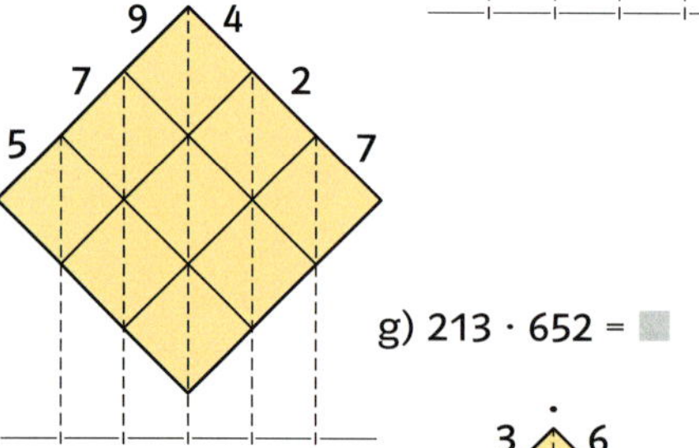

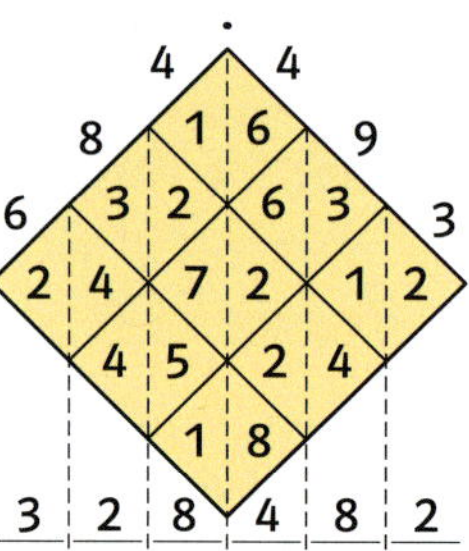

2 Bei der Multiplikation 684 · 493 wurden zwei Fehler gemacht. Schreibe das Gitter richtig in dein Heft.

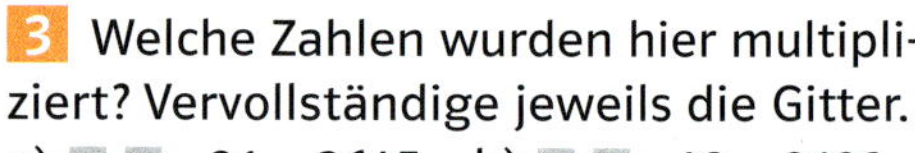
3 Welche Zahlen wurden hier multipliziert? Vervollständige jeweils die Gitter.

a) ▢ ▢ · 81 = 3645 b) ▢ ▢ · 43 = 2193

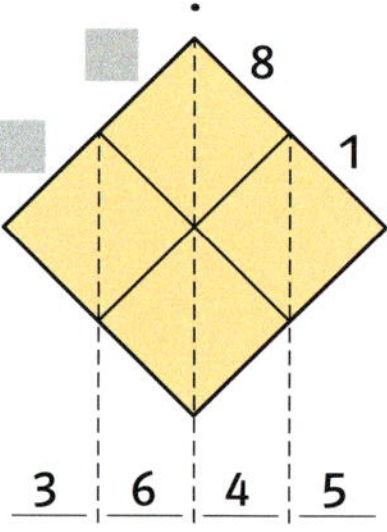

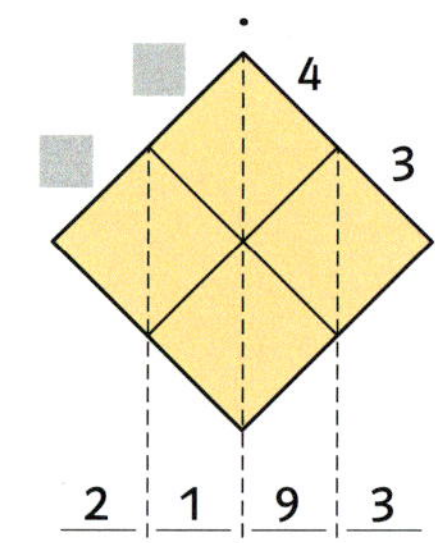

c) ▢ ▢ · 93 = 6789 d) ▢ ▢ · 37 = 1258

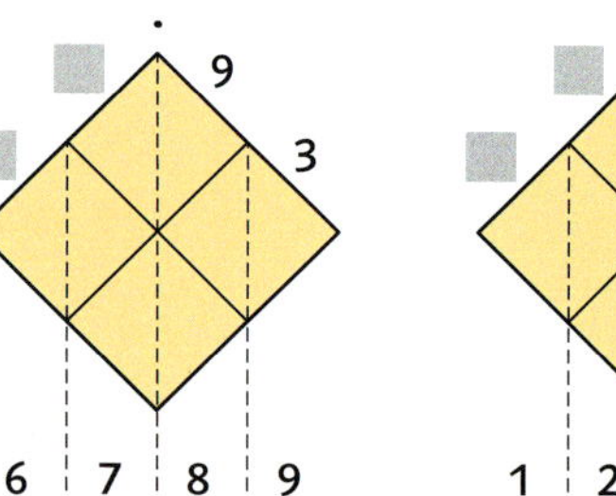

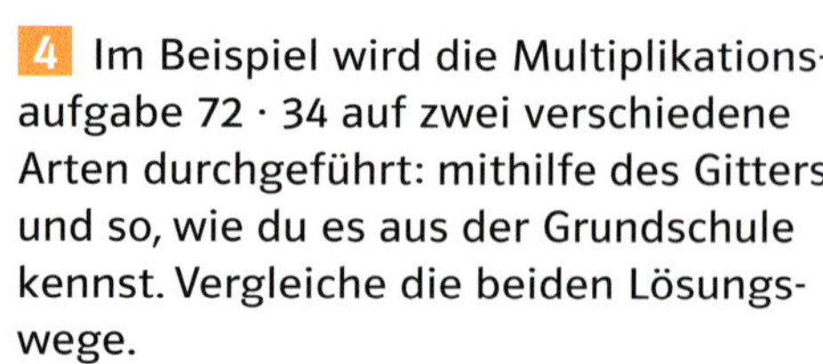
4 Im Beispiel wird die Multiplikationsaufgabe 72 · 34 auf zwei verschiedene Arten durchgeführt: mithilfe des Gitters und so, wie du es aus der Grundschule kennst. Vergleiche die beiden Lösungswege.

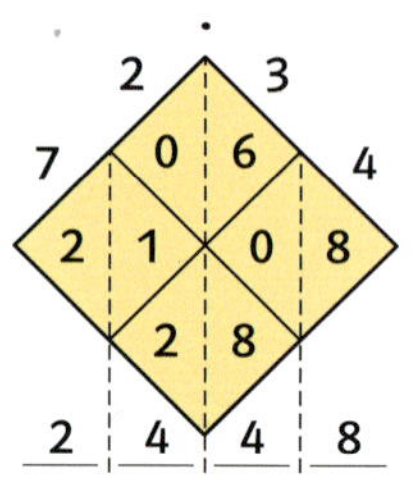

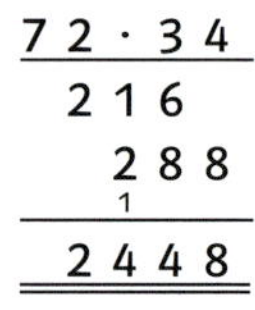

Produkt und Quotient

1 Am Wandertag besuchen die Klassen 5.2 und 5.3 das Neanderthalmuseum.
a) Die Klasse 5.2 besteht aus 16 Schülerinnen und 13 Schülern. Wie viel Euro kostet der Eintritt?
b) Der Klassenlehrer der 5.3 bezahlt für den Eintritt 78 €. Wie viele Schülerinnen und Schüler sind in der Klasse 5.3?

Eintritt für Schulklassen:
3 € pro Person
Begleiter frei

Faktor		**Faktor**		**Produkt**
25	·	8	=	200

Auch **25 · 8** wird als **Produkt** der Zahlen 25 und 8 bezeichnet.

2 a) Multipliziere 12 und 6.
b) Bestimme das Produkt aus 40 und 5.
c) Die beiden Faktoren sind 18 und 3. Berechne das Produkt.
d) Bestimme das Doppelte (Achtfache, Zehnfache) von 12.

3 a) Die drei Faktoren sind 11, 3 und 10. Berechne das Produkt.
b) Gib das Produkt aus 2, 7, 5 und 10 an.
c) Alle drei Faktoren eines Produkts sind gleich 5. Bestimme das Produkt.

4 a) Gib zwei Faktoren an, deren Produkt 15 (20, 23, 60) ist.
b) Gib drei Faktoren an, deren Produkt 24 (30, 40, 100) ist.

5 a) Ein Faktor ist 15, das Produkt ist 165. Wie lautet der zweite Faktor?
b) Ein Produkt aus drei Faktoren hat den Wert 135. Der erste Faktor ist 3, der zweite ist 9. Bestimme den dritten Faktor.
c) Ein Produkt aus zwei gleichen Faktoren ist 25 (64, 121). Bestimme die Faktoren.

Dividend		**Divisor**		**Quotient**
120	:	5	=	24

Auch **120 : 5** wird als **Quotient** der Zahlen 120 und 5 bezeichnet.

6 a) Dividiere 200 durch 50 (40, 20, 10, 5, 25, 4, 2).
b) Dividiere 80 (36, 48, 100, 120, 1000, 500, 280) durch 4.

7 a) Bestimme den Quotienten aus 48 und 8 (12, 2, 16).
b) Bestimme den Quotienten aus 20 (50, 100, 1000) und 5.

8 Der Quotient von zwei Zahlen ist 5 (10, 13). Wie groß ist der Dividend, wie groß der Divisor? Gib vier unterschiedliche Möglichkeiten an.

9 Ergänze die fehlenden Angaben.

	a)	b)	c)	d)	e)
Faktor	45	37	■	■	110
Faktor	12	■	11	15	20
Produkt	■	111	132	120	■

	a)	b)	c)	d)	e)
Dividend	72	120	■	168	176
Divisor	12	■	25	14	■
Quotient	■	24	11	■	16

L 3 5 6 8 11 12 16 275 540 2200

1 Berechne das Produkt im Kopf.

a) 80 · 70; 50 · 40; 90 · 30
b) 60 · 800; 90 · 300; 70 · 600
c) 60 · 400; 400 · 30; 30 · 800

d) 900 · 60; 700 · 80; 600 · 40
e) 80 · 9000; 70 · 700; 50 · 110
f) 2100 · 40; 320 · 300; 900 · 600

2 Berechne den Quotienten im Kopf.

a) 560 : 70; 5400 : 60; 6300 : 90
b) 360 : 40; 750 : 50; 4200 : 60
c) 6000 : 300; 6000 : 50; 3900 : 30

d) 45 000 : 9000; 45 000 : 500; 54 000 : 600
e) 120 000 : 12 000; 220 000 : 11 000; 720 000 : 24 000

3 Setze passende Aufgaben zusammen.

a)

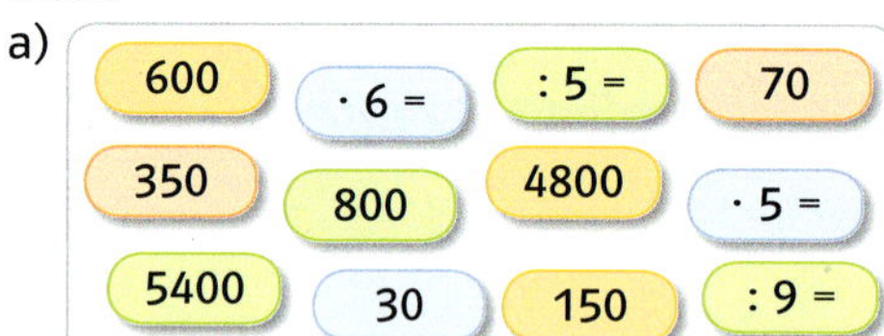

b)

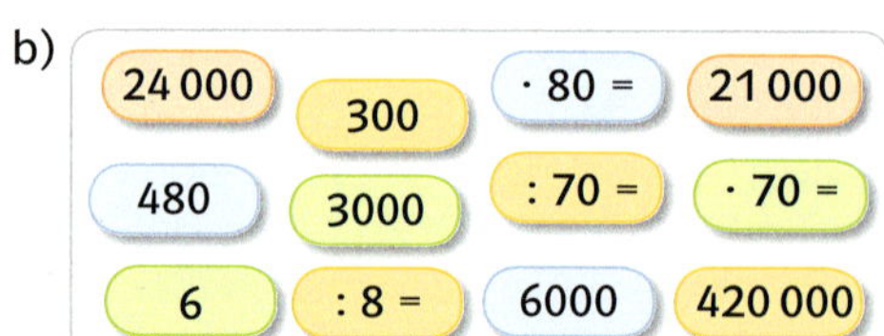

c)

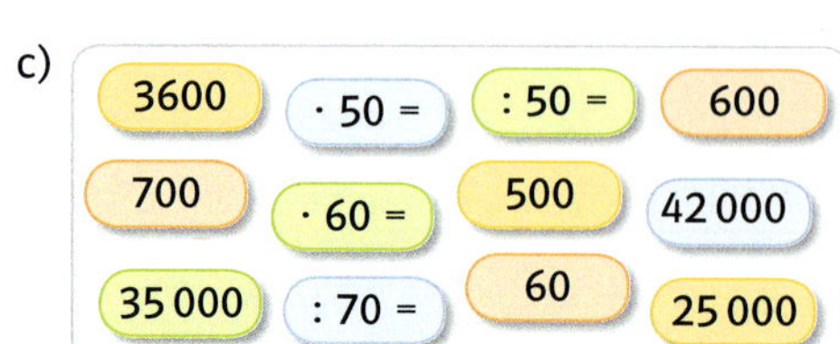

39
40

4 Multipliziere mit 10 (mit 100, mit 1000): 41 89 107 987 4300

5 a) Dividiere durch 10 (durch 100):
700 3400 44 900 710 000 4 500 000

6 Erkläre, wie du den Platzhalter bestimmen kannst.

a) 6 · ■ = 54; ■ : 7 = 4
b) ■ · 11 = 88; ■ : 12 = 6

c) ■ : 13 = 52; ■ · 4 = 48
d) ■ : 25 = 8; 20 · ■ = 900

> Multiplikation und Division sind Umkehrungen voneinander.
>
> 3 · 9 = 27
>
> 27 : 9 = 3
> 27 : 3 = 9

7 a) Gib zu jeder Divisionsaufgabe die entsprechende Multiplikationsaufgabe an.
24 : 8 60 : 15 120 : 24
b) Gib zu jeder Multiplikationsaufgabe die entsprechende Divisionsaufgabe an. Es gibt immer zwei Möglichkeiten.
5 · 7 3 · 12 15 · 11

8 Berechne. Was stellst du fest?

a) 12 · 1; 1 · 52; 23 · 1
b) 0 · 14; 0 · 11; 9 · 0
c) 8 : 1; 13 : 1; 19 : 1
d) 0 : 6; 0 : 17; 0 : 25

9 a) Bestimme jeweils den Platzhalter.

6 : 2 = ■, denn ■ · 2 = 6

14 : 7 = ■, denn ■ · 7 = 14

b) Überlege, welche Zahl den Platzhalter ersetzen kann.

6 : 0 = ■, denn ■ · 0 = 6

0 : 0 = ■, denn ■ · 0 = 0

> Durch 0 kann **nicht** dividiert werden.

Verbindung der Grundrechenarten

1 Tim und Kira haben dieselbe Aufgabe an der Tafel gerechnet. Beschreibe beide Rechenwege. Warum sind die Lösungen verschieden? Wer von beiden hat richtig gerechnet?

2 Beschreibe den richtigen Rechenweg und gib die Lösung an.

a) 10 + 7 · 8 b) 5 · 11 + 20
c) 30 − 8 · 3 d) 6 · 15 − 50

3 Vergleiche die beiden Aufgaben. Beschreibe jeweils den Rechenweg und gib die Lösung an.

a) (11 + 5) · 4 und 11 + 5 · 4
b) 8 · (7 + 13) und 8 · 7 + 13
c) (20 − 6) · 3 und 20 − 6 · 3

Enthält eine Aufgabe Punkt- und Strichrechnung, dann gilt:
Punktrechnung (**·** **und** **:**) geht vor Strichrechnung (**+** **und** **−**).

34 − 7 · 3
= 34 − 21
= 13

Enthält eine Aufgabe Klammern, dann gilt:
Die Klammer wird zuerst berechnet.

(15 + 7) · 4
= 22 · 4
= 88

4 Dominik hat drei Fehler gemacht. Überprüfe seine Rechnung und schreibe sie richtig in dein Heft.

45 − 10 · 4
= 35 · 4
= 140

37 + 7 · 6
= 37 + 42
= 79

5 · (14 + 6)
= 70 + 6
= 76

23 − 9 : 3
= 12 : 3
= 4

5 Bei einigen Aufgaben hat Sara vergessen Klammern zu setzen. Schreibe die Aufgaben richtig ins Heft.

5 · 19 − 12 = 35
168 − 120 : 24 = 2
188 + 12 · 2 = 212
100 : 20 + 5 = 4
7 · 16 − 11 · 9 = 13
3 · 15 − 11 · 2 = 24

• **6** Berechne.

a) 80 : (12 + 8)
75 : (38 − 23)
12 + 96 : 16

b) 5 · 7 + 29
6 · (93 − 68)
(19 + 16) · 4

c) 32 + 60 : 3
56 : (45 − 17)
84 : 7 − 11

d) 3 · (21 + 19)
4 · (46 − 5)
12 · (20 − 9)

e) (24 + 11) · 3
100 − 7 · 13
90 : (15 − 6)

f) 96 : 8 + 26
96 − 80 : 16
88 + 12 · 2

L 1 2 4 5 9 10 18 38 52 64 91 105 112 120 132 140 150 164

7 Schreibe den Rechenweg auf und bestimme die Lösung.

a) Addiere 22 und 18 und multipliziere das Ergebnis mit 6.
b) Dividiere 150 durch 6 und subtrahiere 12.
c) Multipliziere die Differenz von 26 und 18 mit 15.
d) Subtrahiere von 100 das Produkt aus 15 und 6.

Rechengesetze

1 Katharina rechnet: (8 · 7) · 5
= 56 · 5
= 280

Sascha rechnet: 8 · (7 · 5)
= 8 · 35
= 280

Findest du weitere Lösungswege?

> Bei der Multiplikation dürfen die Faktoren beliebig zusammengefasst werden.
>
> (8 · 5) · 4 = 8 · (5 · 4)
> 40 · 4 = 8 · 20
> 160 = 160
>
> Bei der Multiplikation darf die Reihenfolge der Faktoren vertauscht werden.
>
> 7 · 9 = 9 · 7
> 63 = 63

2 Vergleiche die beiden Rechenwege.
Welchen Weg würdest du wählen?
Begründe deine Entscheidung.

a)

17 · 20 · 5	17 · 20 · 5
= (17 · 20) · 5	= 17 · (20 · 5)
= 340 · 5	= 17 · 100
= 1700	= 1700

b)

5 · 23 · 2	5 · 23 · 2
= (5 · 23) · 2	= 5 · 2 · 23
= 115 · 2	= (5 · 2) · 23
= 230	= 10 · 23
	= 230

3 Rechne vorteilhaft.

a) 29 · 50 · 2
5 · 2 · 37
13 · 200 · 5
35 · 20 ·50

b) 18 · 4 · 25
42 · 5 · 20
82 · 250 · 4
200 · 5 · 57

c) 2 · 49 · 5
25 · 9 · 4
20 · 37 · 5
20 · 13 · 50

d) 5 · 20 · 17
250 · 19 · 4
50 · 32 · 20
500 · 45 · 2

e) 40 · 8 · 25
125 · 8 · 6
40 · 50 · 45
70 · 25 · 8

f) 4 · 3 · 7 · 25
25 · 9 · 2 · 2
5 · 4 · 34 · 5
25 · 17 · 5 · 8

4 a) Jenny und Robert kaufen drei Flaschen Orangensaft und drei Flaschen Multivitaminsaft. Wie viel Euro müssen sie bezahlen?

Jenny rechnet:
$3 \cdot 1,20\ € + 3 \cdot 1,80\ € = ▒\ €$
Robert rechnet:
$(1,20\ € + 1,80\ €) \cdot 3 = ▒$
Vergleiche beide Rechenwege.

b) Sarah kauft vier Flaschen Apfelsaft und vier Flaschen Orangensaft. Berechne den Preis auf zwei Wegen.

$(a + b) \cdot c = a \cdot c + b \cdot c$

$(5 + 6) \cdot 7 = 5 \cdot 7 + 6 \cdot 7$
$11 \cdot 7 = 35 + 42$
$77 = 77$

$(a - b) \cdot c = a \cdot c - b \cdot c$

$(17 - 9) \cdot 5 = 17 \cdot 5 - 9 \cdot 5$
$8 \cdot 5 = 85 - 45$
$40 = 40$

a, b und c sind Platzhalter für beliebige natürliche Zahlen.

5 Vergleiche die beiden Rechenwege. Welcher Weg ist einfacher? Begründe deine Entscheidung.

a)

$98 \cdot 6 + 2 \cdot 6$ $= 588 + 12$ $= 600$	$98 \cdot 6 + 2 \cdot 6$ $= (98 + 2) \cdot 6$ $= 100 \cdot 6$ $= 600$

b)

$57 \cdot 24 - 57 \cdot 14$ $= 1368 - 798$ $= 570$	$57 \cdot 24 - 57 \cdot 14$ $= 57 \cdot (24 - 14)$ $= 57 \cdot 10$ $= 570$

6 Berechne im Kopf.

a) $13 \cdot 96 + 13 \cdot 4$
$24 \cdot 7 + 24 \cdot 3$
$58 \cdot 8 + 58 \cdot 2$
$74 \cdot 3 + 74 \cdot 97$

b) $37 \cdot 56 - 36 \cdot 56$
$14 \cdot 28 - 4 \cdot 28$
$112 \cdot 77 - 12 \cdot 77$
$204 \cdot 15 - 4 \cdot 15$

c) $89 \cdot 77 + 89 \cdot 23$
$38 \cdot 29 - 28 \cdot 29$
$97 \cdot 65 + 3 \cdot 65$
$38 \cdot 109 - 9 \cdot 38$

d) $109 \cdot 51 - 9 \cdot 51$
$9 \cdot 78 + 91 \cdot 78$
$132 \cdot 17 - 32 \cdot 17$
$88 \cdot 17 + 17 \cdot 12$

7 a) Beschreibe, wie Rabea die Multiplikationsaufgabe im Kopf löst.

b) Rechne im Kopf.

$5 \cdot 78$	$4 \cdot 398$	$7 \cdot 102$
$7 \cdot 98$	$5 \cdot 197$	$6 \cdot 504$
$9 \cdot 69$	$9 \cdot 499$	$9 \cdot 803$

8 Zu Beginn seines Trainings läuft ein Marathonläufer 26 Runden über die 400-m-Bahn des Stadions, später noch weitere 14 Runden. Berechne die gesamte Laufstrecke des Sportlers.

9 Für den Getränkeautomaten der Schule werden täglich 135 Tüten Vanillemilch, 75 Tüten Erdbeermilch und 90 Tüten Kakao geliefert. Wie viele Tüten sind das insgesamt in einer Woche?

Schriftliches Multiplizieren

1 Felix fährt mit dem Rad zur Schule. Der Kilometerzähler des Fahrrads zeigt an, dass sein Schulweg 3921 m lang ist.
a) Wie viel Meter fährt er auf dem Weg zur Schule und zurück in einer Woche?
b) Schätze, wie viele Kilometer Felix in einem Jahr auf seinem Schulweg zurücklegt.

So kannst du mehrstellige Zahlen schriftlich multiplizieren:

1. Führe einen Überschlag durch.	238 · 612 = ▢
2. Multipliziere die einzelnen Stellen des zweiten Faktors nacheinander mit dem ersten Faktor. Beachte den Übertrag.	300 · 600 = 180 000
3. Schreibe die Zwischenergebnisse stellenrichtig untereinander und addiere sie.	2 8 3 · 6 1 2 1 6 9 8 2 8 3 1 2 5 6 6 1 7 3 1 9 6
	283 · 612 = 173 196

• **2** Multipliziere schriftlich.

a) 232 · 12
343 · 23
369 · 26

b) 534 · 56
762 · 31
612 · 47

c) 451 · 233
371 · 167
913 · 341

d) 6005 · 354
8720 · 142
5382 · 207

e) 35 431 · 295
13 488 · 354
54 078 · 911

L 2784 7889 9594 23 622 28 764
29 904 61 957 105 083 311 333
1 114 074 1 238 240 2 125 770
10 452 145 4 774 752 49 265 058

3 Prüfe durch einen Überschlag, welche Ergebnisse nicht richtig sein können.

4012 · 249 = 1 998 988
8158 · 190 = 45 570
2982 · 107 = 319 074

4 Welche Fehler hat Tim gemacht?

8 6 8 · 7 0
6 0 7 6

4 6 8 · 2 0 3
9 3 6
1 4 0 4
1 0 7 6 4

5 Vergleiche beide Rechenwege miteinander. Welcher ist einfacher? Warum?

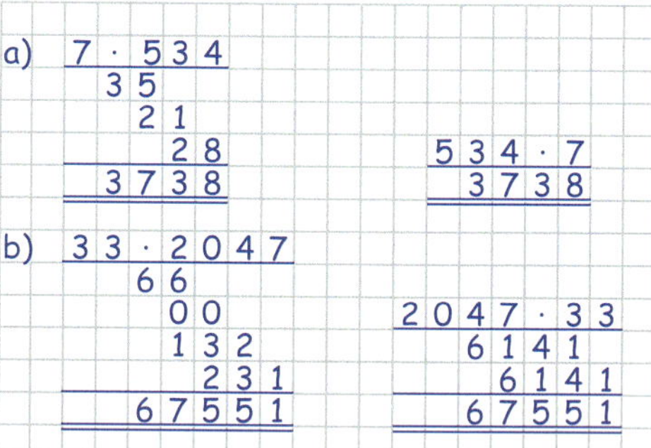

• **6** Berechne das Produkt schriftlich. Wähle den einfacheren Rechenweg.

a) 9 · 23 068
12 · 8945
42 · 6729

b) 66 · 7356
2478 · 133
222 · 5781

c) 20 879 · 44
122 · 7383
4004 · 635

d) 544 · 1862
8032 · 777
10 001 · 88

L 107 340 207 612 282 618 329 574
485 496 918 676 1 012 928 1 283 382
900 726 2 542 540 6 240 864 880 088

Schriftliches Dividieren

1 Marie fährt auch mit dem Fahrrad zur Schule. Mittags isst sie zu Hause und kommt dann in die Schule zurück. Dabei legt sie an jedem Schultag 5372 m zurück. Wie lang ist ihr Schulweg?

2 Im Beispiel wird eine große Zahl dividiert. Erläutere die einzelnen Schritte.

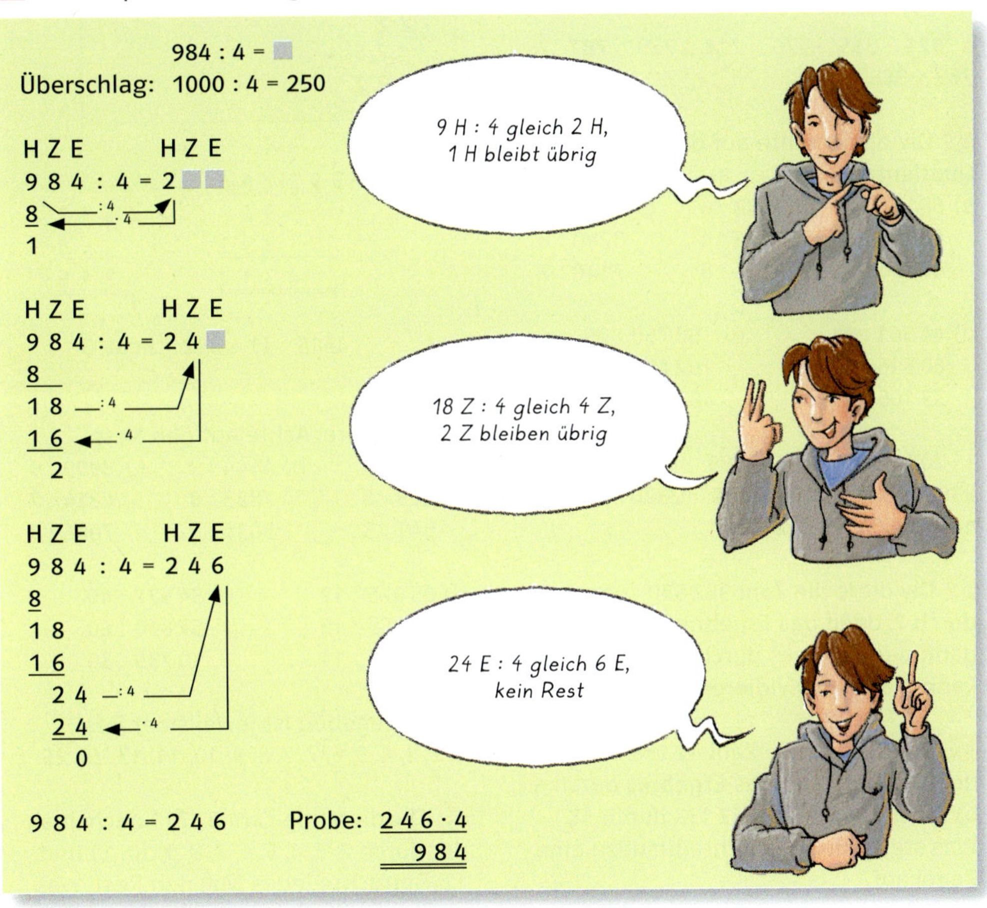

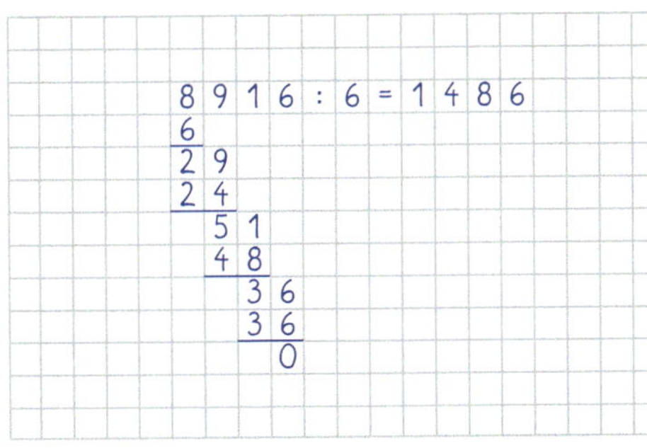

• **3** Dividiere.

a) 924 : 6
994 : 7
912 : 8

b) 888 : 6
745 : 5
868 : 7

c) 536 : 4
882 : 6
771 : 3

d) 49 911 : 3
95 792 : 8
97 556 : 4

e) 62 895 : 5
57 936 : 4
88 774 : 7

L 114 124 134 142 147 148 149 154 257 11 974 12 579 12 682 14 484 16 637 24 389

```
1368 : 3 = 4■■
12
 1
 ⋮
```

4 Bestimme den Quotienten.

a) 4995 : 5	b) 1089 : 9	c) 3935 : 5
6312 : 8	5744 : 8	5453 : 7
3195 : 9	3456 : 6	7904 : 8

L 121 355 576 718 779 787 789 988 999

```
3650 : 5 = 730
35
 15
 15
  00
   0
   0
```

5 Dividiere. Achte auf die Ziffer 0 im Quotienten.

a) 6840 : 9	b) 1242 : 6	c) 1830 : 6
5810 : 7	2036 : 4	3240 : 8
4900 : 5	4816 : 8	7140 : 7

d) 44 561 : 11	e) 58 750 : 25
60 516 : 12	162 400 : 70
33 105 : 15	483 150 : 15

L 207 305 405 509 602 760 830 980 1020 2207 2320 2350 4051 5043 32 210

```
1824 : 6 = 304
18
 02
  0
  24
  24
   0
```

6 Dividiere die Zahl 362 880 zuerst durch 2, dann das Ergebnis durch 3, dann das Ergebnis durch 4 usw. Wie weit kannst du das Dividieren fortsetzen?

7 a) Dividiere die Zahl 42 138 zuerst durch 3 und dann das Ergebnis durch 6.
b) Dividiere die Zahl 42 138 durch 18.
Was stellst du fest? Schreibe dazu eine Regel auf.

8 a) Dividiere die Zahl 19 250 zuerst durch 5, dann das Ergebnis durch 7 und schließlich das Ergebnis durch 11.
b) Verändere die Reihenfolge der Divisoren 5, 7 und 11. Was stellst du fest? Schreibe dazu eine Regel auf.

9 So kannst du schriftlich dividieren, wenn bei der Division ein Rest übrig bleibt:

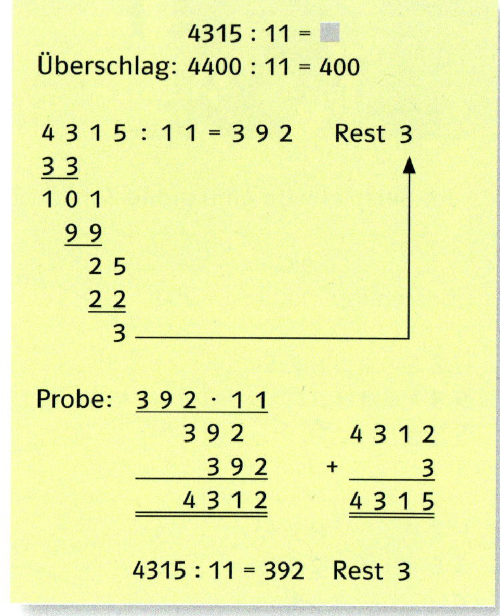

```
4315 : 11 = ■
Überschlag: 4400 : 11 = 400

4315 : 11 = 392   Rest 3
33
101
 99
  25
  22
   3

Probe: 392 · 11
       392          4312
        392       +    3
       4312         4315

4315 : 11 = 392   Rest 3
```

10 Dividiere. Achte auf den Rest.

a) 233 : 5	b) 4444 : 9	c) 8999 : 9
628 : 6	7823 : 8	4814 : 7
941 : 3	5634 : 7	7006 : 3

d) 65 075 : 12	e) 34 577 : 40
69 355 : 15	57 860 : 60
29 566 : 11	10 735 : 30

L (Angegeben ist jeweils der Rest)
1, 2, 3, 4, 5, 6, 7, 7, 8, 9, 10, 11, 17, 20, 25

11 Dividiere die Zahl 27 719 nacheinander durch 2, 3, 4, 5, 6, 7, 8, 9, 10, 11 und 12. Betrachte jedes Mal den Rest. Was stellst du fest?

12 Bestimme den Platzhalter.

a) ■ : 5 = 10 Rest 4	b) ■ : 4 = 25 Rest 2
c) ■ : 6 = 22 Rest 1	d) ■ : 7 = 17 Rest 6
e) ■ : 9 = 15 Rest 8	f) ■ : 8 = 21 Rest 6

13 Eine Reisegruppe mit 97 Personen überquert den Rhein mit der Seilbahn. Jede Kabine hat Platz für 4 Personen. Wie viele Kabinen sind nötig, um die ganze Reisegruppe zu transportieren?

1 Nach der Befruchtung teilt sich die menschliche Eizelle. Bei der ersten Zellteilung werden aus einer Zelle zwei Zellen, bei der zweiten Teilung aus zwei Zellen vier, bei der dritten Teilung aus vier Zellen acht usw.

	Anzahl der Zellen
1. Teilung	2
2. Teilung	$2 \cdot 2 = 4$
3. Teilung	$2 \cdot 2 \cdot 2 = 8$
⋮	
7. Teilung	▒

Aus wie vielen Zellen besteht der menschliche Embryo nach der siebten Zellteilung?

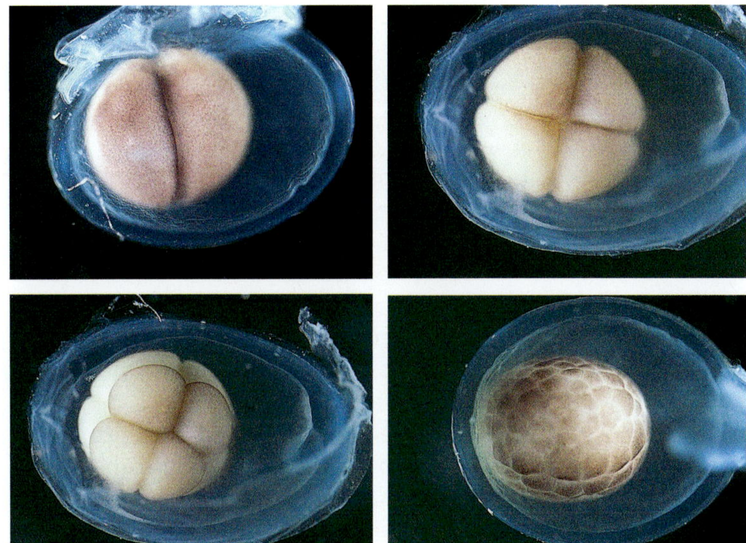

Ein Produkt aus gleichen Faktoren kann als Potenz geschrieben werden.

Potenz

Basis (Grundzahl) 4^6 Exponent (Hochzahl)

lies: 4 hoch 6

$4^6 = 4 \cdot 4 \cdot 4 \cdot 4 \cdot 4 \cdot 4$

$2^7 = 2 \cdot 2 \cdot 2 \cdot 2 \cdot 2 \cdot 2 \cdot 2$

$11^2 = 11 \cdot 11$

2 Schreibe die Produkte als Potenzen.
a) $7 \cdot 7 \cdot 7 \cdot 7 \cdot 7 \cdot 7 \cdot 7 \cdot 7$
b) $23 \cdot 23 \cdot 23 \cdot 23 \cdot 23 \cdot 23 \cdot 23 \cdot 23$
c) $17 \cdot 17 \cdot 17 \cdot 17 \cdot 17 \cdot 17 \cdot 17 \cdot 17 \cdot 17$
d) $101 \cdot 101 \cdot 101 \cdot 101 \cdot 101 \cdot 101 \cdot 101$
e) $51 \cdot 51 \cdot 51 \cdot 51 \cdot 51 \cdot 51$

3 Schreibe als Produkt und berechne.

a) 7^2	b) 4^3	c) 5^4	d) 10^3
9^2	5^3	3^4	10^5
12^2	4^4	3^5	10^9

4 Schreibe als Potenz mit der Basis 10.
a) 100 b) 1 000 000
c) 1000 d) 1 000 000 000

5 Schreibe als Potenz mit der Basis 2.
a) 8 b) 16 c) 32
d) 2 e) 256 f) 1024

6 a) Wie viele Eltern, Großeltern, Urgroßeltern, Urgroßeltern hast du?
b) Wie viele Vorfahren waren es vor zehn Generationen?
c) Vor wie vielen Jahren sind deine Urgroßeltern geboren, wenn zwischen der Geburt der Eltern und der Kinder immer 30 Jahre liegen?

7 Für Papier gibt es in Deutschland festgelegte Größen und Bezeichnungen. Ein Blatt A0 ist 1189 mm lang und 841 mm breit.
Wird ein Blatt A0 in der Mitte der längeren Seite geteilt, entsteht ein Blatt A1, teilt man dieses wieder in der Mitte, so entsteht ein Blatt A2 usw. Ein Blatt A6 hat die Größe einer Postkarte. Wie viele Postkarten passen auf ein Blatt der Größe A0?

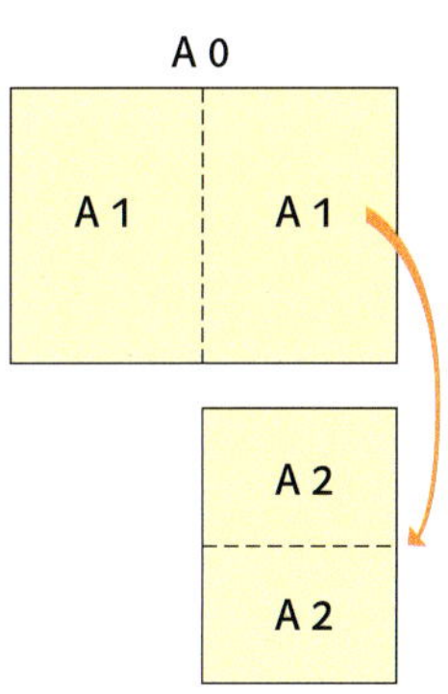

Grundwissen: Multiplizieren und Dividieren

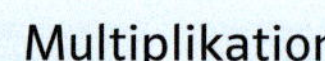

Multiplikation						Division				
Faktor		Faktor		Produkt		Dividend		Divisor		Quotient
15	·	11	=	165		96	:	12	=	8

Multiplikation und Division sind Umkehrungen voneinander.

$7 \cdot 13 = 91$

$91 : 7 = 13$
$91 : 13 = 7$

Wird eine Zahl mit 1 multipliziert, ist das Produkt gleich der Zahl.
$13 \cdot 1 = 13$
$1 \cdot 5 = 5$

Wird eine Zahl durch 1 dividiert, ist der Quotient gleich der Zahl.
$17 : 1 = 17$

Wird eine Zahl mit 0 multipliziert, ist das Produkt gleich 0.
$0 \cdot 3 = 0$
$21 \cdot 0 = 0$

Wird 0 durch eine Zahl (außer 0) dividiert, ist der Quotient gleich 0.
$0 : 9 = 0$

Durch 0 kann **nicht** dividiert werden.
~~8 : 0~~

Rechengesetze

Kommutativgesetz
$a \cdot b = b \cdot a$
$12 \cdot 5 = 5 \cdot 12$

Assoziativgesetz
$(a \cdot b) \cdot c = a \cdot (b \cdot c)$
$6 \cdot (2 \cdot 9) = (6 \cdot 2) \cdot 9$

Distributivgesetz
$(a + b) \cdot c = a \cdot c + b \cdot c$
$(a - b) \cdot c = a \cdot c - b \cdot c$
$(11 + 3) \cdot 6 = 11 \cdot 6 + 3 \cdot 6$
$(23 - 5) \cdot 8 = 23 \cdot 8 - 5 \cdot 8$

Ein Produkt aus gleichen Faktoren kann als Potenz geschrieben werden.
$3 \cdot 3 \cdot 3 \cdot 3 \cdot 3 = 3^5$

schriftliche Multiplikation
379 · 513 = ☐
Überschlag : 400 · 500 = 20 000

```
3 7 9 · 5 1 3
  1 8 9 5
      3 7 9
    1 1 3 7
    1 1 1
  1 9 4 4 2 7
```

379 · 513 = 194 427

schriftliche Division
2568 : 12 = ☐
2400 : 12 = 200

```
2 5 6 8 : 1 2 = 2 1 4
2 4
  1 6
  1 2
    4 8
    4 8
      0
```

2568 : 12 = 214

Üben und Vertiefen: Schriftliches Multiplizieren

1 Löse die Aufgaben möglichst vorteilhaft. Du erhältst bei jeder Aufgabe ein Lösungswort, wenn du beim Ergebnis die Ziffer durch die angegebenen Buchstaben ersetzt.

a) 67 079 · 4
28 003 · 20
145 351 · 6

b) 118 957 · 80
623 739 · 90
2 089 049 · 40

c) 4645 · 18
6667 · 54
17 605 · 32

d) 26 173 · 320
3869 · 216
240 · 239

0	1	2	3	4	5	6	7	8	9
N	I	B	T	D	R	E	A	S	F

2 Diese Aufgaben haben auffallende Ergebnisse.

a) 481 · 273
259 · 546
273 · 777

b) 1929 · 64
3367 · 99
1626 · 41

c) 10 631 · 72
31 893 · 24
685 871 · 18

d) 1716 · 259
271 · 246
643 · 192

e) 10 201 · 121
627 · 537
2002 · 202

f) 99 · 3367
1365 · 370
1309 · 481

g) 35 · 10 101
481 · 1386
429 · 1036

h) 481 · 462
189 · 5291
154 · 1313

3 Sarina hat drei Aufgaben falsch gerechnet. Welche Fehler hat sie gemacht?

```
234 · 234
  468
   702
    936
  54756
```

```
6912 · 89
 48296
  62208
 545168
```

```
392 · 504
 1960
   1568
 21168
```

```
753 · 57
 3765
   5271
 42911
```

4 Ordne die Ergebnisse der Größe nach. Du erhältst ein Lösungswort.

477 · 222	H	248 · 199	C
177 · 808	A	584 · 74	S
567 · 49	R	386 · 386	G
792 · 31	E	298 · 444	L
816 · 28	B	889 · 22	Ü

5 Überprüfe die Ergebnisse. Die Kennbuchstaben ergeben ein Lösungswort, wenn du sie richtig zusammensetzt.

a)

	richtig	falsch
438 · 827 = 362 226	X	Z
697 · 970 = 676 190	E	A
568 · 298 = 169 364	U	I
1009 · 907 = 915 163	T	S

b)

	richtig	falsch
2098 · 7605 = 15 955 290	S	T
965 · 807 = 778 755	E	O
3108 · 978 = 3 039 524	B	A
888 · 678 = 602 164	R	N

• **6** Bestimme jeweils das Produkt.

a) 425 · 37
812 · 46
348 · 29

b) 1007 · 749
6034 · 205
5108 · 134

c) 220 · 9407
746 · 453
6204 · 246

d) 3287 · 3006
4386 · 315
796 · 4008

e) 743 · 809
4682 · 453
6678 · 329

f) 1364 · 125
7342 · 244
34 132 · 279

L 601 087 2 069 540 170 500 9 880 722
684 472 15 725 1 236 970, 1 791 448
1 526 184 1 381 590 754 243 2 120 946
37 352 337 938 1 236 970 3 190 368
2 197 062 9 522 828 10 092

13

Schriftliches Dividieren

● **1** Bestimme jeweils den Quotienten.

a) 142 686 : 6
233 436 : 3
548 555 : 7

b) 206 776 : 8
231 669 : 9
234 848 : 4

c) 957 860 : 20
2 925 920 : 80
2 749 720 : 40

d) 281 136 : 12
720 181 : 11
347 130 : 15

e) 608 875 : 25
639 996 : 12
309 862 : 14

f) 4 888 980 : 90
4 635 470 : 70
1 953 420 : 60

L 36 574 65 471 66 221 25 847
54 322 23 781 53 333 32 557 77 812
23 142 68 743 47 893 78 365 24 355
25 741 58 712 22 133 23 428

2 Dividiere. Achte auf den Rest.

a) 626 165 : 7
628 410 : 9
199 649 : 6

b) 459 298 : 8
111 274 : 5
437 702 : 8

c) 496 233 : 11
186 740 : 30
110 355 : 25

d) 358 024 : 11
614 685 : 12
664 841 : 15

e) 114 970 : 20
103 115 : 15
388 814 : 12

f) 1 314 828 : 20
2 501 880 : 70
2 654 292 : 40

3 Setze aus den Angaben in den Kästen passende Aufgaben zusammen und schreibe sie in dein Heft.

560 | : 9 = | : 8 = | 1500
810 | 70 | 2000 | 50
40 | 80 | : 30 =
: 12 = | 90 | : 50 = | 960

: 20 = | 3000 | 500 | 1500
: 11 = | 25 | 660
4000 | 75 | 200 | : 15 =
750 | 60 | : 30 = | : 8 =

13

4 Bestimme die Platzhalter.

a)

4	·	■	=	48
·		·		·
■	·	■	=	■
=		=		=
■	·	72	=	2016

b)

■	:	9	=	25
·		·		·
15	:	■	=	■
=		=		=
■	:	45	=	■

5 Überprüfe die Ergebnisse. Wenn du die Buchstaben richtig zusammensetzt, erhältst du ein Lösungswort.

a)

	richtig	falsch
21 213 : 9 = 2357	S	T
62 414 : 11 = 5674	E	O
60 416 : 8 = 7542	B	A
52 170 : 15 = 3476	R	N

b)

	richtig	falsch
45 675 : 7 = 6525	U	A
34 992 : 6 = 5823	H	M
26 796 : 12 = 2233	D	I
89 350 : 25 = 3575	S	N

6 Thomas hat zwei Fehler gemacht. Findest du sie?

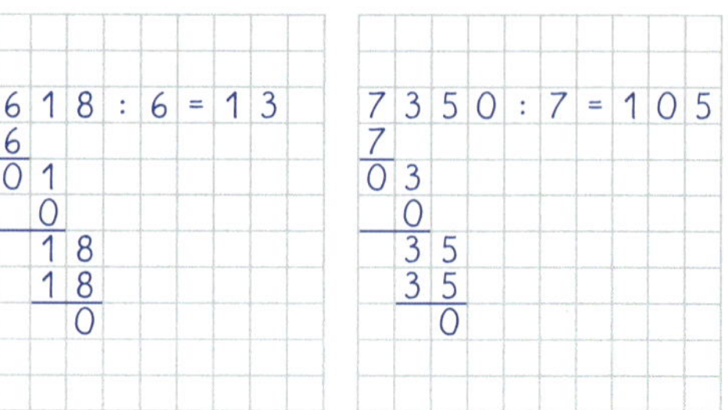

1 Beachte die Regeln: Punktrechnung vor Strichrechnung, Klammern zuerst. Bei richtiger Lösung erhältst du die Namen von sieben großen Städten in Europa.

a) 40 : (12 − 8)
(31 + 9) : 8
(51− 9) : 6
36 : (24 − 20)
(18 + 7) : 5
28 : (61 − 57)

b) (12 + 15) : 9
(36 + 19) : 11
6 · (4 + 8)
15 + 5 · 3
14 − 4 · 3
6 · 11 − 63

c) (64 − 4) : 6
(32 − 7) · 8
37 − 5 · 6
(18 + 7) · 6
7 · 4 − 17
(18 + 27) : 15

d) 4 · (33 + 17)
(24 + 18) : 7
6 · 7 − 25
5 · (38 + 2)
48 : 12 − 2
(39 + 38) : 11

e) 12 · (31 − 25)
(29 + 36) : 13
(41 + 49) : 15
3 · (31 − 3)
65 − 9 · 6
35 · (11 − 4)

f) (75 + 69) : 2
132 : (19 − 7)
37 − 4 · 7
(65 − 17) : 16
7 · 30 − 10
12 · 7 − 75

10	L	30	B
7	N	84	K
200	I	6	S
2	E	5	O
150	P	72	M
9	D	11	A
3	R	245	U
17	W		

Wenn man ein Blatt Papier mit einem Locher locht, erhält man zwei kleine Papierkreise. Wie viele Papierkreise erhält man, wenn man das dreimal gefaltete Papier locht?

2 Überprüfe die Ergebnisse. Die Kennbuchstaben der richtigen Antworten ergeben von oben nach unten gelesen ein Lösungswort.

a)

	richtig	falsch
72 : 8 + 3 · 5 = 24	K	T
4 · 5 + 7 · 3 = 41	L	R
13 · 4 + 19 = 81	E	A
200 − 5 · 16 = 120	S	T
22 · 2 + 22 : 2 = 56	R	S
100 − 4 · 18 = 28	E	I

b)

	richtig	falsch
81 + 12 · 6 = 153	P	K
65 + 35 · 4 = 215	R	H
99 − 54 : 9 = 93	Y	A
56 − 9 · 4 = 10	N	S
7 · 6 + 8 · 6 = 90	I	O
9 · 8 + 8 · 8 = 126	S	K

3 Ersetze die Platzhalter.

a) (37 + ▒) · 5 = 200
18 + 11 · ▒ = 40
100 − 7 · ▒ = 51

b) 150 : (22 + ▒) = 5
(109 − 13) : ▒ = 16
▒ − 4 · 12 = 95

c) 150 : 25 + ▒ = 15
(109 − ▒) : 9 = 12
6 · ▒ − 4 · 12 = 0

4 Schreibe die Rechenwege auf und gib die Lösung an.

a) Multipliziere 16 und 12 und subtrahiere 54.
b) Dividiere die Summe von 23 und 47 durch 10.
c) Multipliziere die Differenz von 69 und 54 mit 11.
d) Subtrahiere von 123 das Produkt aus 28 und 4.
e) Addiere 63 zum Quotienten aus 108 und 12.
f) Subtrahiere vom Produkt aus 13 und 11 den Quotienten aus 200 und 8.

41

Üben und Vertiefen

5 Berechne mithilfe der Rechengesetze.

a) 4 · 299
2 · 89 · 5
197 · 3

b) 2 · 38 · 50
111 · 4 − 11 · 4
25 · 79 · 4

c) 101 · 23
20 · 31 · 50
250 · 3 · 8

d) 87 · 8 + 13 · 8
37 · 69 − 37 · 68
4 · 7 · 5 · 5

6 Ordne die Ergebnisse der Größe nach, beginne mit dem kleinsten Ergebnis. Du erhältst ein Lösungswort.

a)

211 · 13	Ä	1100 − 365	I
56 · 54	R	2352 : 3	S
698 + 877	B	4662 : 7	E

b)

27 · 203	E	9877 − 8512	B
68 497 : 11	L	1488 + 1933	F
43 · 119	F	17 176 : 8	Ü

c)

16 499 : 7	G	5744 − 3587	J
23 · 157	A	5478 − 2944	U
5687 + 1177	R	13 464 : 6	A

7 Das Ergebnis jeder Aufgabe führt dich zur nächsten Aufgabe. Zum Schluss erhältst du eine runde Zahl.

a) Start:

87 · 44 − 3800	84 · 123 − 10 300
56 · 88 + 5072	32 · 272 − 8610
94 · 105 − 9814	28 · 28 − 700

b) Start:

85 · 88 − 7421	59 · 102 − 5900
118 · 66 − 7731	57 · 202 − 11 480
71 · 87 − 6077	34 · 92 − 3057

8 a) Bestimme bei diesem Zahlenturm immer die Summe zwischen zwei benachbarten Zahlen und schreibe sie in das Feld darüber. Die oberste Zahl besteht nur aus gleichen Ziffern.

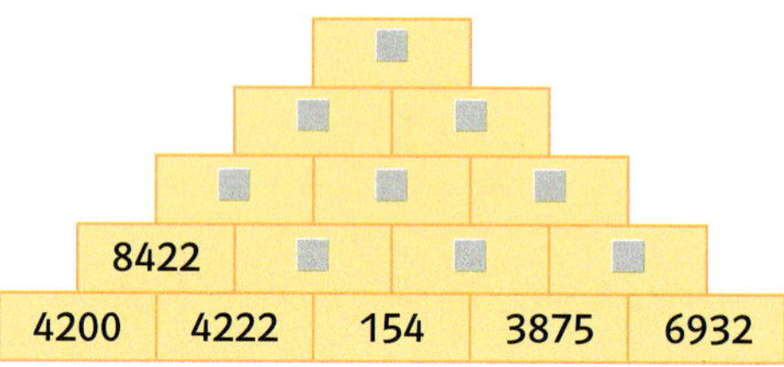

b) Subtrahiere bei diesem Zahlenturm von zwei benachbarten Zahlen immer die kleinere von der größeren. Die oberste Zahl besteht nur aus gleichen Ziffern.

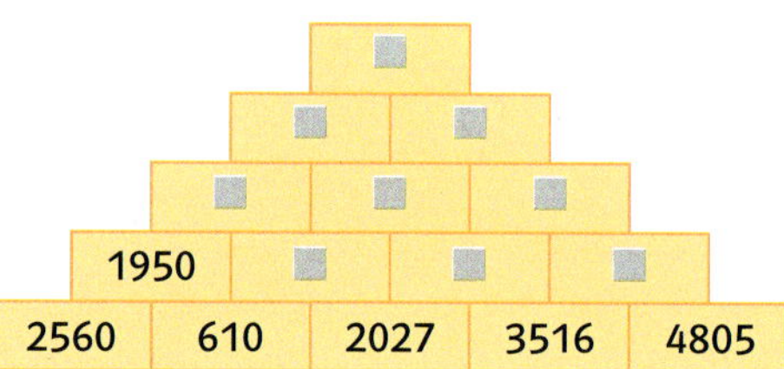

9 Rechne zuerst die innere (runde) Klammer aus, dann die äußere (eckige) Klammer.

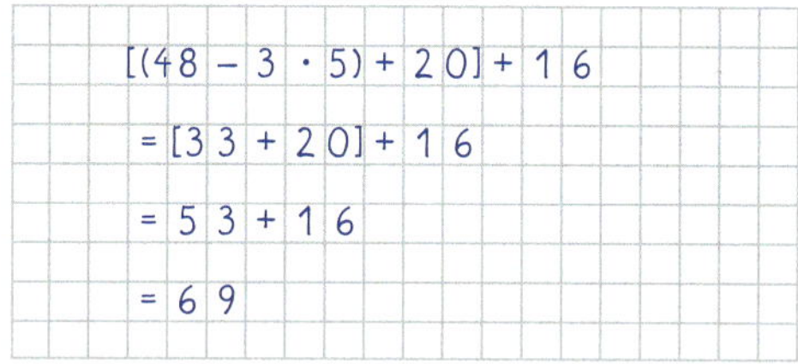

a) 100 − [200 − (80 + 11) − 99] · 3
204 + [38 + (100 − 91) + 29] · 2

b) [800 − (1000 − 250) − (40 − 11)] + 56
[140 − (27 − 15) · 5] + 114

c) (635 − 125) − [(25 + 35) − 30 : 5]
[(8 · 7 + 44) : 10 + (64 − 4 · 16)] − 9

d) 24 + [(720 − 580) − (980 − 850)]
[(567 − 322) : 5 + 88] · (12 + 88)

e) [14 · (57 + 243) + 54] : 3
[(45 + 155) · 5] · [38 − (67 − 52) · 2]

Sachaufgaben

1 Familie Rudloff zahlt monatlich 512 € Miete, dazu vierteljährlich 198 € Wasser- und Müllabfuhrgebühren. Welche Kosten hat Familie Rudloff in einem Jahr?

2 Sebastian fährt an 187 Tagen im Jahr mit dem Bus zur Schule. Er wohnt 11 km vom Schulort entfernt.

3 Der Petronas Tower in Kuala Lumpur, Malaysia, ist 452 m hoch. Seine 90 Stockwerke haben 13 500 Fenster.
a) Wie viele Fenster hat jedes Stockwerk im Durchschnitt?
b) Ein Fensterputzer benötigt für jedes Fenster durchschnittlich eine Minute. Wie viele Stunden braucht er, um alle Fenster des Gebäudes zu putzen?

4 Bei einer siebentägigen Radtour legen Jan und Alex insgesamt 364 km zurück. Wie viele Kilometer sind sie durchschnittlich an einem Tag gefahren?

5 Für den Wandertag kauft Michael eine Ein-Liter-Pfandflasche Orangensaft für 1,49 €. Benjamin kauft fünf Trinkpäckchen Orangensaft (0,2 *l*) zu je 0,35 €.
a) Wer kauft preiswerter ein?
b) Wer kauft umweltfreundlicher ein?

6 Sieben Freunde haben gemeinsam 17 759 € im Lotto gewonnen. Jeder erhält gleich viel.

7 Cagla sammelt in ihrer Klasse jede Woche das Geld für Kakao, Milch und Vanillemilch ein.
Wie viel Euro müssen in der Kasse sein?

Klasse 5,5		30. Woche
Kakao	(1,15 €)	𝍸 𝍸 ||
Milch	(1,15 €)	
Vanille	(1,35 €)	𝍸

8 Die 13 Mädchen und 12 Jungen der Klasse 5 a fahren für vier Tage in die Jugendherberge. Für Fahrt, Unterkunft und Verpflegung zahlt die ganze Klasse 1825 €. Welchen Betrag muss jedes Kind bezahlen?

9 Bei einer Klassenfahrt kostet die Busfahrt 7,50 € für jeden Schüler, wenn 24 Schüler mitfahren. Ein weiterer Schüler fährt mit.

10 An einem Wochenende kommen insgesamt 313 074 Zuschauer zu den neun Spielen der ersten Fußballbundesliga. Wie viele Zuschauer sind durchschnittlich in jedem Stadion?

11 Ein Hühnerei wiegt 50 g, ein Straussenei wiegt 1500 g. Vergleiche.

12 a) Eine Ameise wiegt 5 mg. Sie kann das Zwanzigfache ihres Körpergewichts tragen. Welches Gewicht ist das?
b) Bestimme das Zwanzigfache deines eigenen Körpergewichts. Kannst du ein solches Gewicht tragen?

Supermarkt	
Apfelsaft	0,99 €
Orangensaft	1,15 €
Multi-vitaminsaft	1,29 €

1 Zum Abschluss des Schuljahres feiern die Schülerinnen und Schüler des 5. Jahrgangs mit ihren Eltern und Lehrern ein Jahrgangsstufenfest.
a) Peter und Soumaya besorgen die Getränke: 24 Flaschen Orangensaft, 12 Flaschen Apfelsaft und 10 Flaschen Multivitaminsaft.
b) Im 15 km entfernten Getränkehandel ist eine Flasche Orangensaft 13 ct preiswerter, eine Flasche Apfelsaft ist 9 ct preiswerter und eine Flasche Multivitaminsaft 14 ct. Für das Bringen der Getränke müssen sie 5 € bezahlen. Wo sollen sie die Getränke einkaufen?

2 Christina, Salima, Nils und Nicole wollen Waffeln backen. Sie rechnen damit, dass sie 120 Waffeln verkaufen können.

Rezept für 15 Brüsseler Waffeln

4 Eier
125 g Zucker
$\frac{1}{4}$ *l* Milch
1 Prise Salz
1 Päckchen Vanillezucker
150 g Butter
500 g Mehl
1 Päckchen Backpulver

3 Für das Jahrgangsfest sammelt Jonas von allen Schülerinnen und Schülern seiner Klasse 2,50 € ein. Am Montag hat er 42,50 € in seiner Kasse, am Freitag sind es 67,50 €. Wie viele Schülerinnen und Schüler haben am Montag (am Freitag) ihren Beitrag bezahlt?

1 kg: 1,99 € 1 kg: 1,60 €

Stück: 0,79 € Stück: 0,39 € 1 kg: 1,69 €

4 Die Klasse 5.2 möchte Obstsalat zubereiten. Annika und Dominik kaufen ein: 10 kg Apfelsinen, 4 kg Äpfel, 20 Kiwis, 10 Zitronen und 7 kg Bananen.
a) Wie viel Euro müssen sie bezahlen?
b) Sie wollen 100 Portionen verkaufen. Welchen Preis müssen sie für eine Portion verlangen, um einen Gewinn von 50 € zu erzielen?

Vernetzen: Kombinationsmöglichkeiten

1 Jennys Fußballmannschaft hat vier verschiedene Trikots und dazu helle und dunkle Hosen. Mit wie vielen unterschiedlichen Spielkleidungen kann die Mannschaft spielen?

2 Max hat drei leichte Sommerjeans und acht verschiedene T-Shirts. Auf wie viele Arten kann er sich im Sommer anziehen?

3 a) Martin kauft im Schülercafé ein Brötchen mit Belag. Aus wie vielen Möglichkeiten kann er auswählen?
b) Wie viele Möglichkeiten hat Martin, wenn er zu dem belegten Brötchen noch ein Getränk wählt?
c) Patrizia möchte zwei verschiedene Riegel und dazu ein Getränk haben. Bestimme die Anzahl der Möglichkeiten.
d) Wähle selbst aus dem Angebot des Schülercafés etwas aus und überlege, wie viele Möglichkeiten du hast.

Kürbiskern- oder Mehrkornbrötchen
mit Käse, Schinken oder Salami
0,50 €

Vanillemilch
Erdbeermilch 0,45 €
Kakao

Knusperriegel
Müsliriegel 0,30 €
Fruchtriegel

4 In der Klasse 5.3 sind 12 Jungen und 17 Mädchen. Ein Mädchen und ein Junge sollen den Ordnungsdienst im Klassenraum übernehmen. Wie viele verschiedene Paare sind möglich?

5 Am Eingang des Freizeitparks steht ein Eiswagen.

a) Robert kauft ein Hörnchen mit zwei Kugeln. Wie viele Möglichkeiten hat er, sein Eis zusammenzustellen, wenn er eine Kugel Milcheis und eine Kugel Fruchteis (zwei verschiedene Sorten Milcheis) haben möchte?
b) Sara möchte einen Becher mit vier verschiedenen Sorten Fruchteis kaufen. Wie viele Möglichkeiten gibt es?

Vernetzen: Einkaufen im Supermarkt

1 Alana hat auf einen Zettel geschrieben, was sie einkaufen will. Wie viel Euro muss sie bezahlen?

2 kg Weintrauben
6 Kiwis
1 Honigmelone
3 Tafeln Schokolade
10 Schokoriegel
8 Becher Jogurt
300 g Fruchtquark
2 Haushaltsrollen

2 Wähle selbst aus dem Angebot des Supermarkts aus, was du kaufen möchtest, schreibe einen Einkaufszettel und berechne, was du bezahlen musst.

3 Paul zählt sein Geld. Er hat noch zwei Ein-Euro-Münzen, eine 50-Cent-Münze und vier 20-Cent-Münzen. Reicht das Geld für zehn Schokoriegel?

4 Linda möchte einen Obstsalat herstellen. Sie hat bereits 1 kg Weintrauben, 500 g Äpfel und zwei Orangen ausgewählt. Wie viele Kiwis kann sie noch mitnehmen, wenn sie mit 5 € auskommen muss?

5 Lars stellt für verschiedene Produkte jeweils eine Preisliste her.

Ananas

Anzahl	Preis (€)
1	3
2	▒
3	▒
4	▒
5	▒
6	▒
7	▒
8	▒

Weintrauben

Gewicht (kg)	Preis (€)
1	1,50
2	▒
3	▒
4	▒
5	▒
6	▒
7	▒
8	▒

Vervollständige die Preislisten in deinem Heft.

6 Stelle eine Preisliste auf
a) für Milch von einem Liter bis acht Litern,
b) für Äpfel von einem Kilogramm bis acht Kilogramm,
c) für Haushaltsrollen von einem Stück bis zehn Stück,
d) für Müllsäcke von einem Stück bis zehn Stück.

7 Stelle eine Preisliste für Schokolade von einer Tafel bis zehn Tafeln auf. Nutze dabei das Sonderangebot.

Gorilla

Höhe (stehend)	1,90 m
Gewicht	220 kg
Tragezeit	8–9 Monate
Gewicht bei der Geburt	2200 g

Giraffe

Höhe	5,70 m
Gewicht	650 kg
Tragezeit	14–15 Monate
Gewicht bei der Geburt	65 kg

Flusspferd

Länge	3,50 m
Schulterhöhe	1,50 m
Gewicht	1500 kg
Tragezeit	8 Monate
Gewicht bei der Geburt	50 kg

Spitzmaulnashorn

Länge	3,50 m
Schulterhöhe	1,80 m
Gewicht	1400 kg
Tragezeit	15–16 Monate
Gewicht bei der Geburt	70 kg

1 a) Vergleiche die Größe der Tiere mit der Größe eines erwachsenen Menschen.
b) Vergleiche das Gewicht des neugeborenen mit dem Gewicht des erwachsenen Tieres. Wie viel Mal so schwer wie das neugeborene Tier ist das erwachsene Tier?
c) Wie viele erwachsene Männer wiegen etwa so viel wie ein Flusspferd (ein Nashorn, ein Gorilla, eine Giraffe)?
d) Welche der Tiere sind schwerer als alle Schülerinnen und Schüler deiner Klasse zusammen?
e) Vergleiche das Gewicht der Tiere bei der Geburt mit dem Gewicht eines neugeborenen Kindes.
f) Suche weitere Informationen zu einem der Tiere und stelle sie auf einem Plakat zusammen.

Beachte die Hinweise auf den Seiten 36 und 189.

Vernetzen: Der afrikanische Elefant

Elefanten sind die größten und schwersten auf dem Land lebenden Säugetiere. Es gibt zwei verschiedene Arten: den indischen Elefanten, der in Indien und Südostasien lebt, und den afrikanischen Elefanten, der die Steppen und lichteren Waldgebiete Afrikas südlich der Wüste Sahara bewohnt. An den Ohren sind beide Arten gut zu unterscheiden, die des afrikanischen Elefanten sind größer, sie erreichen eine Länge von 1,50 m.

Elefanten schlafen nachts etwa 2–4 Stunden, während der Mittagshitze ruhen sie aus, vom Nachmittag bis in die Nacht hinein suchen sie nach Blättern und Früchten, von denen sie sich ernähren. Elefanten nehmen pro Tag etwa 300 kg Nahrung und 80 l Wasser zu sich. Sie baden gerne im Wasser oder suhlen sich im Schlamm. Elefanten können gut schwimmen, aber nicht springen.

Der afrikanische Elefant wird bis zu 8 m lang und bis zu 4 m hoch. Ein ausgewachsenes Tier kann mehr als 6 t wiegen. Trotz ihres großen Gewichts laufen Elefanten fast geräuschlos, denn an der Unterseite des Fußes besteht ein dickes federndes Polster, das den massigen Körper beim Gehen auffängt. Elefanten bewegen sich normalerweise mit einer Geschwindigkeit von $6\ \frac{km}{h}$, beim Angreifen können sie aber $40\ \frac{km}{h}$ schnell sein.

Elefantenkühe paaren sich von ihrem 15. oder 16. Lebensjahr an alle vier Jahre. Nach einer Tragezeit von 22–24 Monaten wird ein Kalb geboren. Das Neugeborene wiegt 100 kg und wird 2–3 Jahre von der Mutter gesäugt. Im Laufe ihres Lebens kann eine Elefantenkuh zwölf Kälber zur Welt bringen. Mit zwölf Jahren wird ein Elefant geschlechtsreif, dann werden die Jungbullen aus der Herde verjagt.

Elefanten sind gesellige Tiere. Sie leben in Herden von 20 bis 30 Tieren, die meistens miteinander verwandt sind. Zu einer Herde gehören mehrere Weibchen, Jungtiere und ein oder zwei Bullen. Eine alte Kuh führt die Herde. Elefantenbullen schließen sich zu Junggesellenherden zusammen oder leben als Einzelgänger. Elefanten haben eine Lebenserwartung von 60 Jahren.

1 a) Übertrage den Steckbrief des afrikanischen Elefanten in dein Heft. Füge die fehlenden Größen ein.
b) Im Text werden weitere Zahlen und Größen zum afrikanischen Elefanten angegeben. Ergänze damit den Steckbrief.

2 Eine Elefantenherde wandert 11 Stunden. Welche Strecke hat sie in dieser Zeit zurückgelegt?

3 Ein elfjähriges Kind wiegt ungefähr 40 kg. Sind alle Schülerinnen und Schüler eurer Klasse (eurer Jahrgangsstufe) zusammen so schwer wie ein ausgewachsener Elefant?

4 Eine Elefantenkuh hat 9 Kälber zur Welt gebracht. Wie alt ist sie?

5 Passt ein ausgewachsener Elefant in euren Klassenraum?

6 Überlege dir weitere Rechenaufgaben zum Elefanten. Gib sie einem Mitschüler oder einer Mitschülerin zum Lösen.

7 Welche Strecke legt eine Elefantenherde an einem Tag zurück?
Schreibe auf, wie du zu deiner Lösung gelangt bist.

Argumentieren und Kommunizieren

Einem Text Informationen entnehmen

1. Lies den Text im Ganzen durch. Schreibe in einem Satz auf, wovon der Text handelt.
2. Lies jeden einzelnen Abschnitt des Textes langsam und konzentriert.
   Schreibe zu jedem Abschnitt eine Überschrift auf.
3. Schreibe die Aussagen des Textes auf, die du für besonders wichtig hältst.
4. Schreibe die Wörter auf, die du nicht kennst. Kläre ihre Bedeutung, indem du ein Lexikon benutzt oder deinen Lehrer fragst.
5. Berichte einem Mitschüler oder einer Mitschülerin, was du gelesen hast.

Lernkontrolle 1

1 Multipliziere schriftlich.

a) 347 · 35 b) 1308 · 46
c) 1434 · 82 d) 3002 · 133
e) 4902 · 105 f) 8721 · 435

2 Dividiere schriftlich.

a) 965 : 5 b) 8550 : 6
c) 9352 : 4 d) 24 094 : 7
e) 55 456 : 8 f) 22 154 : 11

3 a) Die drei Faktoren sind 5, 12 und 3. Bestimme das Produkt.
b) Gib zwei Faktoren an, deren Produkt 42 ist.
c) Ein Produkt aus zwei gleichen Faktoren hat den Wert 81. Gib die Faktoren an.
d) Ein Faktor ist 9, das Produkt ist 135. Berechne den zweiten Faktor.
e) Berechne den Quotienten aus 132 und 12.

4 Berechne.

a) (13 + 47) · 11
b) 12 · (77 − 69)
c) 7 · 12 + 3 · 10
d) 96 : (39 − 27)

5 Rechne vorteilhaft.

a) 50 · 87 · 2
b) 25 · 4 · 29
c) 153 · 8 + 153 · 2
d) 172 · 18 − 72 · 18

6 Bei einigen Aufgaben hat Karim vergessen, Klammern zu setzen. Schreibe die Aufgaben richtig in dein Heft.

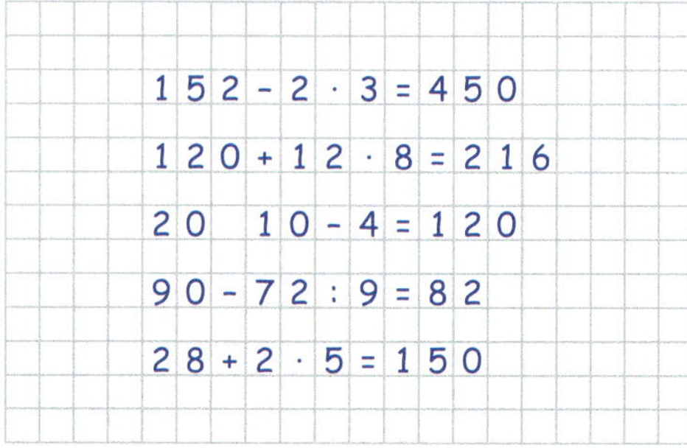

7 Ein Telefonbuch hat 793 Seiten. Jede Seite hat vier Spalten. In jeder Spalte stehen durchschnittlich 100 Telefonnummern.

8 Im vergangenen Schuljahr ist Samira an 180 Tagen mit dem Fahrrad zur Schule gefahren. Ihr Schulweg beträgt 2750 m. Wie viele Kilometer hat sie auf dem Weg zur Schule und zurück insgesamt zurückgelegt?

9 Frau Werthmann hat in einem Jahr 15 084 km mit ihrem Auto zurückgelegt. Wie viele Kilometer ist sie durchschnittlich in einem Monat gefahren?

Wiederholung

1 Ordne jedem Tier das richtige Gewicht zu.

2 t 35 kg 110 g 700 mg

2 Wandle in die angegebene Einheit um.

a) 5000 g (kg)
12 000 kg (t)

b) 13 t (kg)
7 kg (g)

c) 17 g (mg)
3 kg (mg)

d) 4 t 350 kg (kg)
1 kg 80 g (g)

e) 1,5 kg (g)
2,65 t (kg)

f) 2 kg 530 g (kg)
4 t 347 kg (t)

3 Mit einem Gewicht von 180 t ist der Blauwal das schwerste Meerestier. Der Elefant wiegt 6 t und ist das schwerste Tier auf dem Land. Wie viele Elefanten wiegen so viel wie ein Blauwal?

Lernkontrolle 2

1 Multipliziere schriftlich.

a) 1473 · 32 b) 5270 · 73
c) 34 711 · 19 d) 475 · 455
e) 20 071 · 105 f) 20 472 · 224

2 Dividiere schriftlich.

a) 29 205 : 9 b) 62 414 : 11
c) 65 184 : 12 d) 71 428 : 7
e) 19 243 : 6 f) 39 820 : 15

3 a) Das Produkt aus zwei Zahlen ist 48. Wie lauten die beiden Faktoren? Gib drei Möglichkeiten an.
b) Der Quotient von zwei Zahlen ist 12. Wie groß ist der Dividend, wie groß der Divisor? Gib drei Möglichkeiten an.
c) Der erste Faktor ist 15, das Produkt ist 180. Gib den zweiten Faktor an.
d) Ein Produkt aus drei Faktoren hat den Wert 120. Der erste Faktor ist 4, der zweite ist 6. Bestimme den dritten Faktor.

4 a) Multipliziere die Summe von 27 und 13 mit 8.
b) Dividiere die Differenz von 142 und 37 durch 5.
c) Addiere zu 400 das Produkt aus 12 und 25.
d) Subtrahiere von 95 den Quotienten aus 150 und 3.

5 a) Erkläre, welchen Fehler Louis gemacht hat.

```
371 · 102
 371
   742
 4452
```

b) Schreibe die Aufgabe richtig in dein Heft.

6 Berechne die Potenzen.

a) 11^2 b) 5^3 c) 3^5

7 Schreibe als Potenz mit der Basis 2.

a) 32 b) 256 c) 1024

8 100 000 Bleistifte werden in Schachteln zu jeweils acht Stück verpackt. Jeweils 50 Schachteln werden in einem Karton verschickt. Wie viele Kartons sind notwendig?

9 Die 14 Schülerinnen und 15 Schüler der Klasse 5.4 fahren für drei Tage in die Jugendherberge. Übernachtung und Verpflegung für eine Person kosten 24 € pro Tag. Wie viel muss die Klasse 5.4 insgesamt bezahlen?

Wiederholung

1 Wandle in die gleiche Einheit um und addiere.

a) 5 kg + 750 g + 1 kg
b) 2,5 kg + 1,8 kg + 450 g
c) 4,8 t + 342 kg + 2 t
d) 1,2 t + 675 kg + 0,5 t

2 Ordne der Größe nach.

720 g; 2,5 kg; 4500 g; 0,4 kg; 1 kg 250 g

3 Buchhändler Lang will einem Kunden fünf Bücher schicken. Die Bücher wiegen 510 g, 397 g, 284 g, 324 g und 409 g. Kann er die Sendung noch als Päckchen (bis 2 kg) abschicken?

4 Schreibe mit Komma.

a) 2300 g (kg)
1450 g (kg)
500 g (kg)

b) 4700 kg (t)
1345 kg (t)
50 kg (t)

5 Für eine Flugreise packt Lara ihren Koffer. Mit allen Kleidungsstücken wiegt er bereits 18 kg. Der Tischtennisschläger wiegt 250 g, der MP3-Player 360 g, der Teddybär 180 g, die Schwimmflossen 950 g und drei Taschenbücher wiegen jeweils 270 g. Das Fluggepäck darf 20 kg nicht überschreiten.
Kann sie alle Gegenstände einpacken? Welche könnte sie zu Hause lassen?

Bei CDs und DVDs findest du verschiedene Verpackungen. Warum werden digitale Datenträger verpackt? Nenne Vor- und Nachteile der einzelnen Verpackungsarten. Sind alle Verpackungen notwendig?

5 Körper und Flächen

Verpackungen

TDK
DVD

Verpackungen

1 Verpackungen kommen in den unterschiedlichsten Formen vor. In vielen Fällen erkennst du geometrische Körper oder Teile geometrischer Körper. Vergleiche sie mit den abgebildeten geometrischen Körpern.

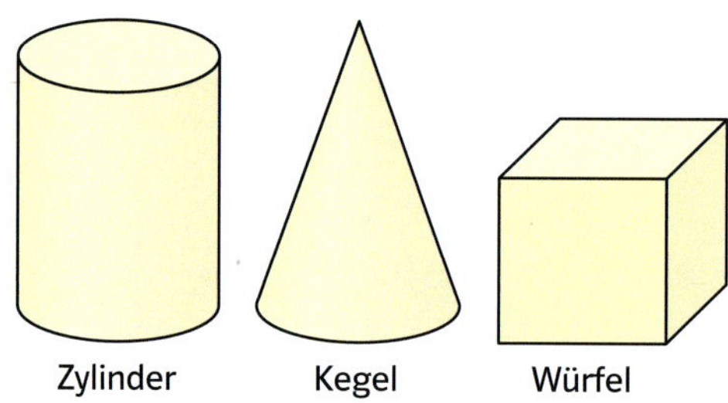

Zylinder Kegel Würfel

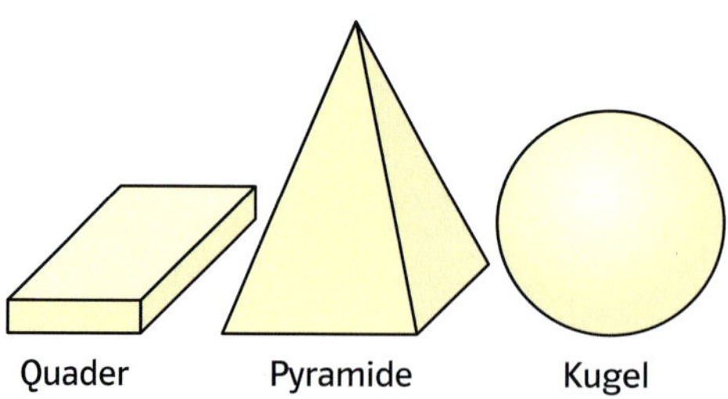

Quader Pyramide Kugel

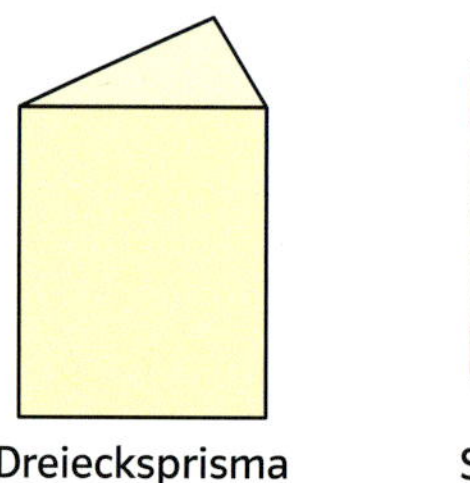

Dreiecksprisma

Sechseckprisma

2 Nenne weitere Beispiele für Verpackungen oder Gegenstände aus deinem Umfeld, die die folgenden Formen haben:
a) Quader, b) Würfel, c) Zylinder,
d) Pyramide, e) Kegel, f) Kugel,
g) Prisma.

3 Ordne den folgenden Gegenständen einen geometrischen Körper zu. Manchmal gibt es mehrere Möglichkeiten.

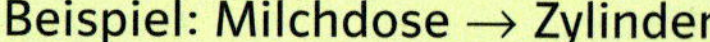

Beispiel: Milchdose → Zylinder

Schuhkarton, Schultüte, Fruchtsaftpackung, Blechtonne, Pralinenschachtel, Paket, Geschenkverpackung, Pizzakarton

4 Es gibt viele Gründe, warum Verpackungen so unterschiedliche Formen haben.
a) Welche Verpackungen kann man gut stapeln?
b) Bei welchen Verpackungen entstehen Lücken, wenn man sie in einen großen Behälter füllt, bei welchen nicht?
c) Warum wählt man manchmal sehr ausgefallene Formen für Verpackungen, obwohl sie eher unpraktisch sind?
d) Nennt weitere Vor- und Nachteile von Verpackungen. Überlegt, warum unterschiedliche Materialien eingesetzt werden. Was geschieht mit Verpackungen, wenn man sie nicht mehr braucht?

Körper und Flächen

1 Körper werden durch Flächen begrenzt, manche Körper haben Ecken und Kanten.
a) Wie viele Ecken hat ein Quader?
b) Durch wie viele Flächen wird er begrenzt?
c) Wie viele Kanten zählst du?

Körperkanten entstehen, wenn Begrenzungsflächen aneinander stoßen. Kanten treffen sich in einer **Ecke**.

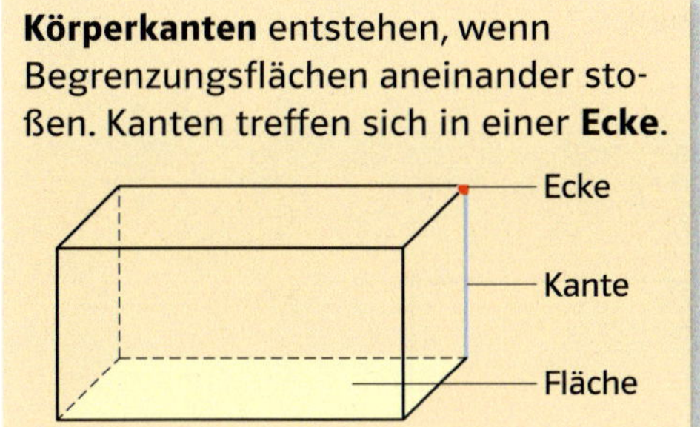

2 Begrenzungsflächen von Körpern können verschiedene Formen haben. Bei welchen Körpern findest du
a) dreieckige Begrenzungsflächen,
b) runde Begrenzungsflächen,
c) sechseckige Flächen,
d) achteckige Flächen,
e) quadratische Flächen,
f) rechteckige Flächen?

3 a) Welche Körper haben gekrümmte Kanten?
b) Gibt es Körper ohne Kanten?
c) Nenne Körper mit gewölbten Begrenzungsflächen.

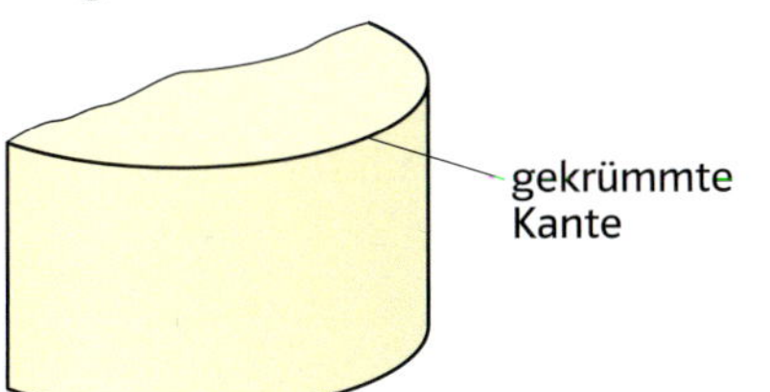

4 Zähle die Kanten, Ecken und Flächen des abgebildeten Körpers. Welchen Körper kennst du? Gib seinen Namen an.

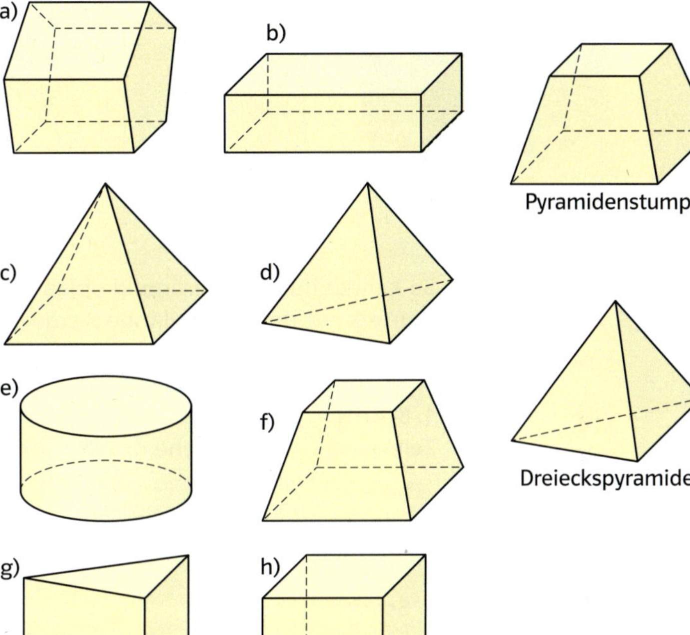

5 Welcher Körper hat
a) sechs gleich große Quadrate als Begrenzungsflächen?
b) zwei dreieckige Begrenzungsflächen und drei rechteckige Begrenzungsflächen?
c) keine Ecken, aber zwei Kanten?
d) keine Kanten?
e) vier Dreiecke als Begrenzungsflächen?
f) sechs viereckige Begrenzungsflächen, die nicht alle Quadrate sind?
g) nur drei Begrenzungsflächen?

Manchmal gibt es mehrere Möglichkeiten.

6 Suche Körper mit
a) 12 Kanten
b) 8 Kanten
c) 8 Ecken
d) 5 Ecken
e) keiner Ecke
f) einer Kante

7 Suche dir 5 Körper aus. Fertige für jeden dieser Körper einen Steckbrief an.

Schrägbilder

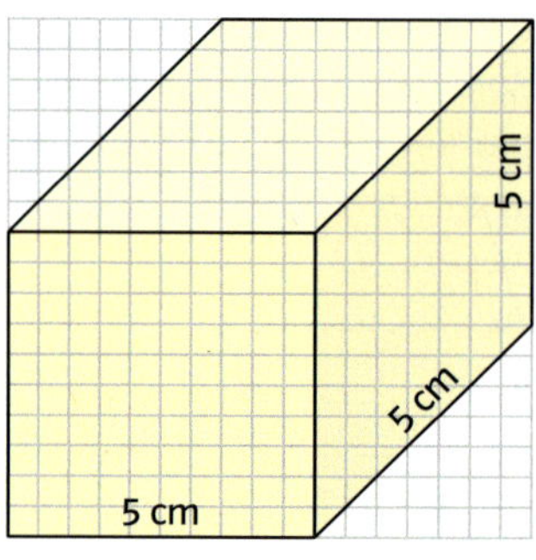

1 Olga hat einen Papierwürfel in Origamitechnik gebastelt. Für ein Präsentationsplakat möchte sie ein Schrägbild des Würfels zeichnen. Warum ist sie mit ihrer Zeichnung nicht zufrieden? Diskutiere das Problem mit deinem Nachbarn. Versuche selbst, das Schrägbild eines Würfels mit 5 cm Kantenlänge zu zeichnen.

So kannst du das Schrägbild eines Würfels mit der Kantenlänge 3 cm zeichnen:

1. Schritt:
Zeichne die Vorderfläche des Würfels.

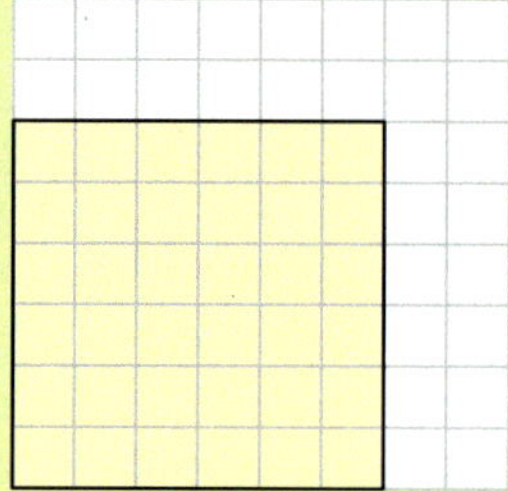

2. Schritt:
Zeichne die nach hinten laufenden Kanten durch die Gitterpunkte. Dabei wird das Originalmaß auf die Hälfte gekürzt.
Aus 3 cm werden 1,5 cm

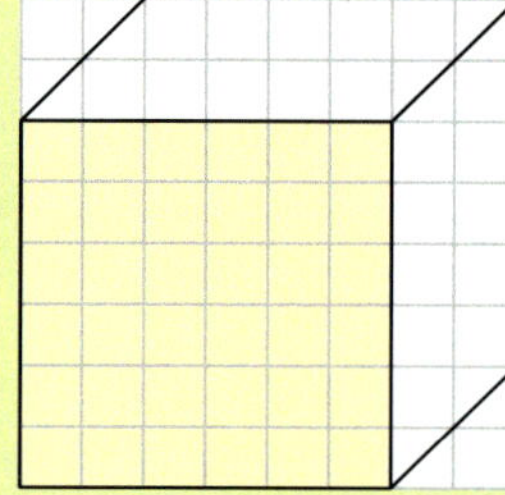

Tipp:
Beim Zeichnen der schrägen Linien darfst du als Endpunkt den nächstliegenden Gitterpunkt nehmen.

3. Schritt:
Verbinde die Eckpunkte. Zeichne alle unsichtbaren Kanten gestrichelt.

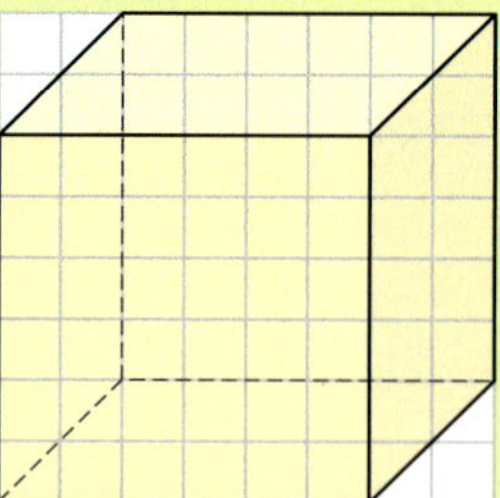

Bemaßung:
Beim Bemaßen von Schrägbildern werden nur die Originalmaße verwendet.
Die nach hinten laufenden schrägen Linien erhalten 3 cm als Bemaßung.

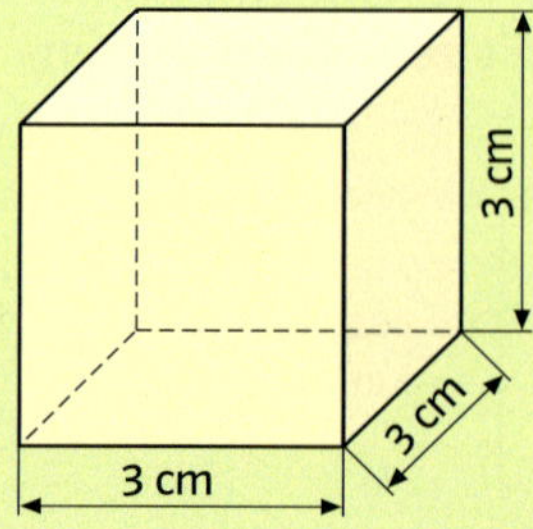

2 Zeichne die Schrägbilder der beiden Quader in dein Heft. Gib in der Zeichnung die Originalmaße für die Seiten a, b und c an.

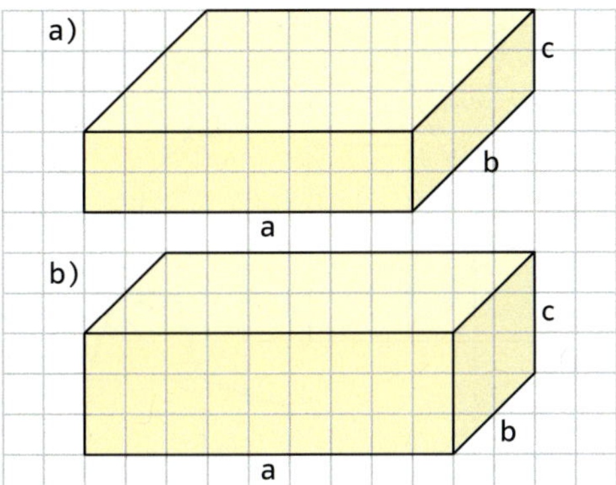

3 Zeichne das Schrägbild eines Würfels mit 7 cm (10 cm) Kantenlänge.

4 a) Wodurch unterscheiden sich die Abbildungen der Verpackung?

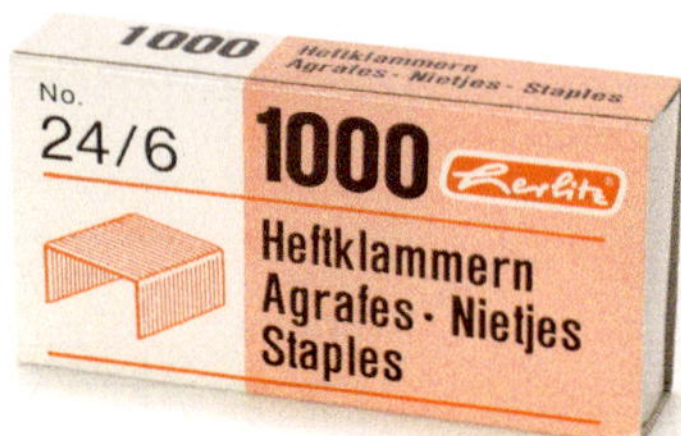

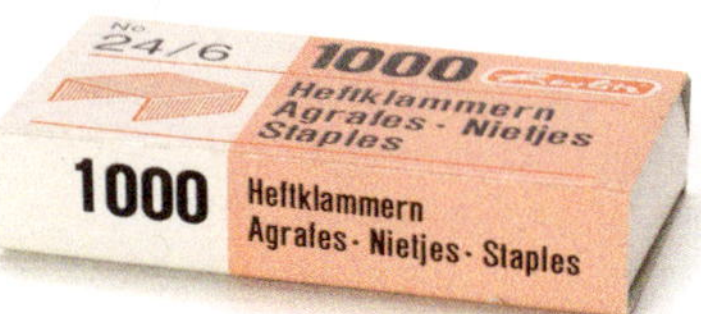

b) Zeichne vier unterschiedliche Schrägbilder eines Quaders mit den Kantenlängen 3 cm, 4 cm und 7 cm in dein Heft.

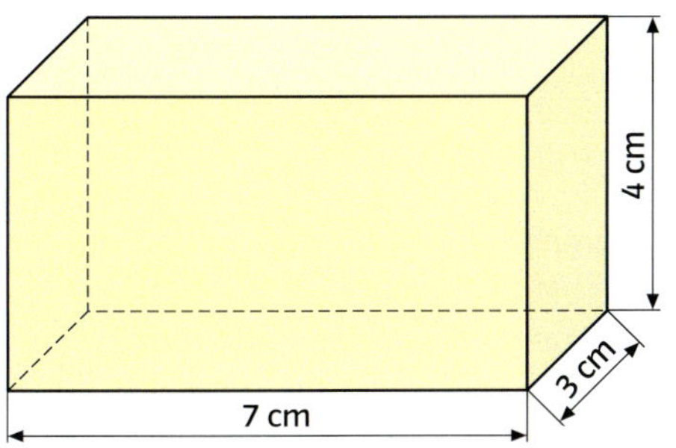

5 Zeichne die Schrägbilder in dein Heft. Worin unterscheiden sich die einzelnen Darstellungen? Gibt es noch andere Möglichkeiten den Körper darzustellen?

14

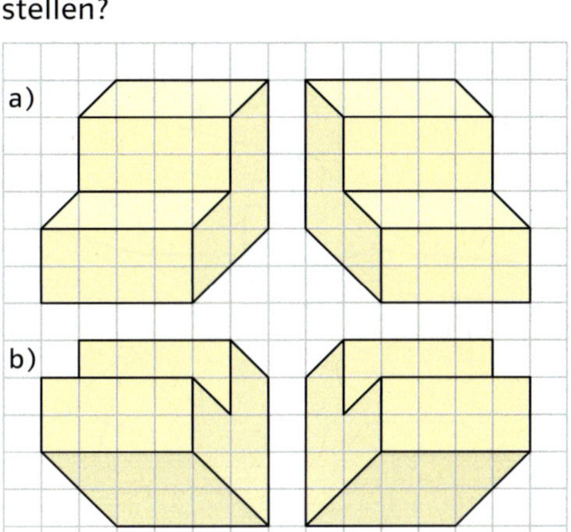

6 Zeichne das Schrägbild des abgebildeten Körpers in dein Heft.

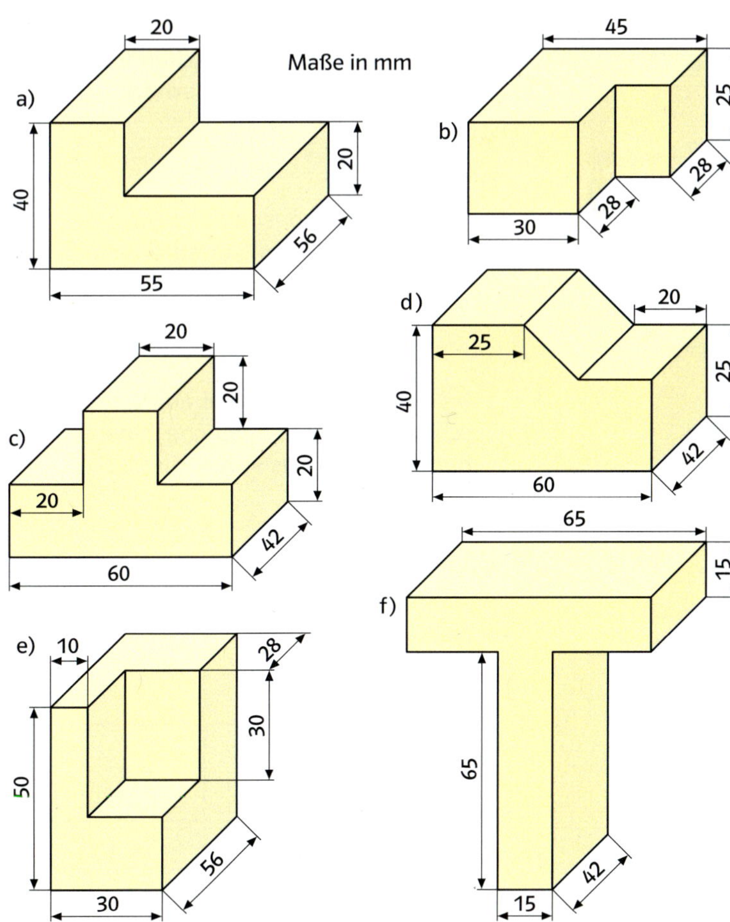

Netze

1 Luca hat verschiedene Verpackungen aufgetrennt und sie dann flach ausgebreitet. Kannst du erkennen, was zusammengehört? Begründe deine Meinung.

A B C D E

1 2 3 4 5

Quader

Wenn du eine quaderförmige Verpackung löst und die Klebelaschen entfernst, erhältst du ein Quadernetz.

Quadernetz

Würfel

Der Würfel ist ein besonderer Quader. Sein Netz besteht aus 6 Quadraten.

Würfelnetz

2 Übertrage die Netze auf Karopapier, schneide aus und versuche, einen Quader zu falten. Was stellst du fest?

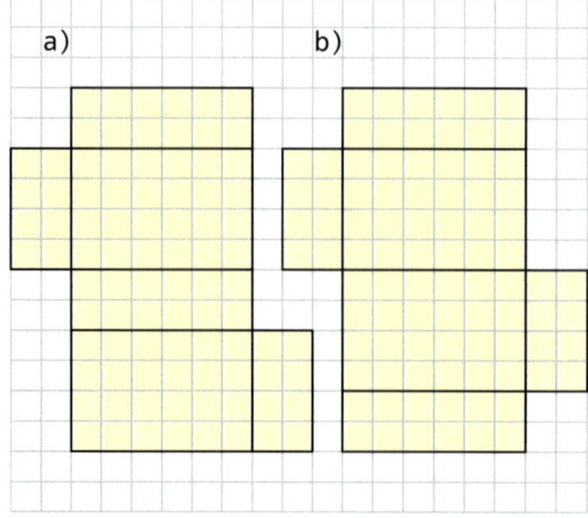

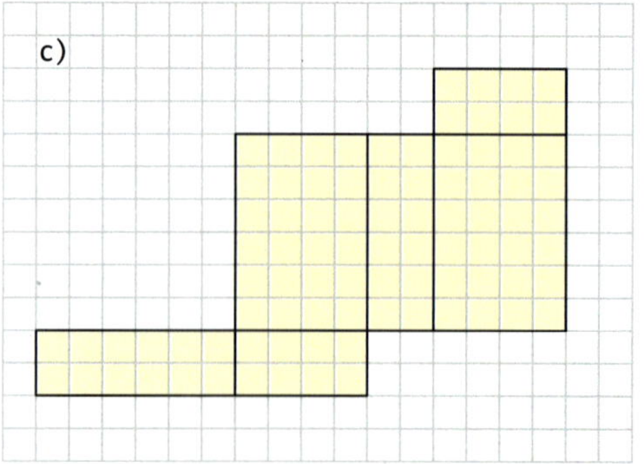

3 Sammle kleine Verpackungen mit möglichst unterschiedlichen Formen und trenne sie auf. Schneide die Klebelaschen ab und klebe die restliche, flach ausgebreitete Verpackung in dein Heft.

4 Welche Netze können zu quaderförmigen Verpackungen gefaltet werden?

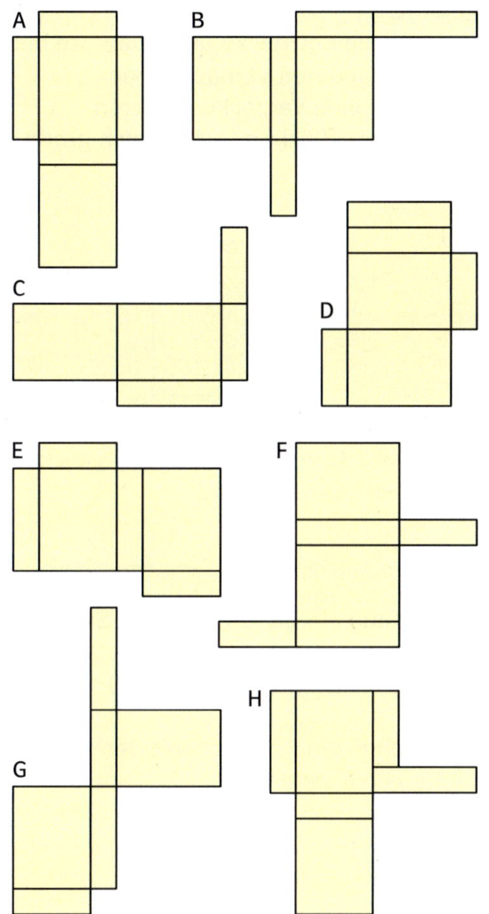

5 Vervollständige die Quadernetze auf Kästchenpapier. Schneide aus und überprüfe durch Falten, ob ein Quader entsteht.

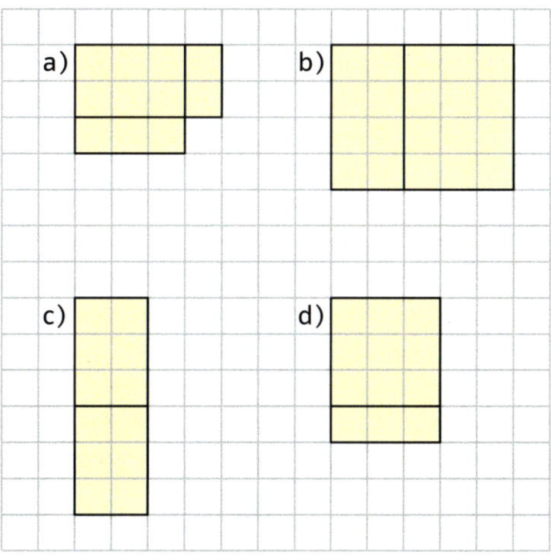

6 Welche der abgebildeten Netze sind Würfelnetze? Überprüfe deine Antwort, indem du einzelne Netze auf kariertes Papier überträgst und ausschneidest. Versuche anschließend, das Netz zu einem Würfel zu falten.

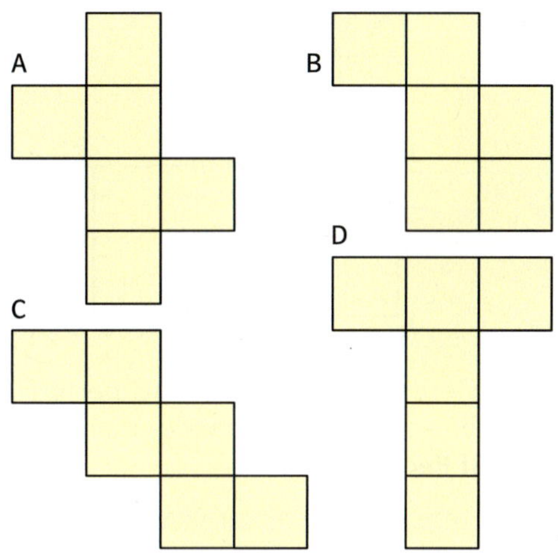

7 Zeichne die abgebildeten Würfelnetze in dein Heft. Stelle dir vor, du faltest die Netze zu einem Würfel. Färbe jeweils die gegenüber liegenden Flächen des Würfels mit der gleichen Farbe.

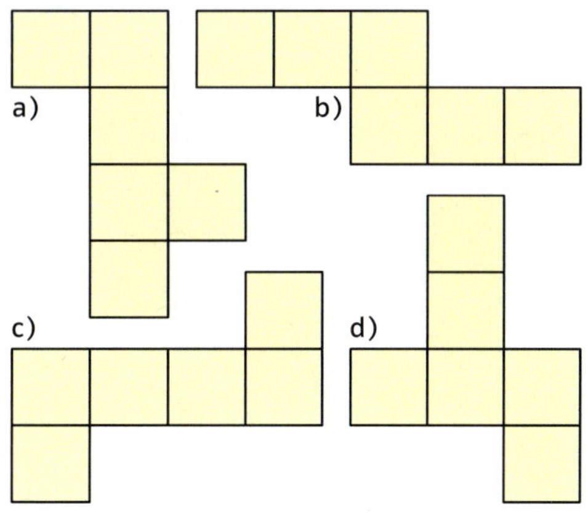

8 a) Ein Würfel hat eine Kantenlänge von 3 cm. Zeichne 4 verschiedene Würfelnetze in dein Heft.
b) Zeichne ein weiteres Würfelnetz (Kantenlänge 4 cm) auf dünne Pappe, ergänze Klebelaschen und schneide aus. Färbe gegenüberliegende Seiten mit der gleichen Farbe und klebe zu einem Würfel zusammen.

14

Rechteck und Quadrat

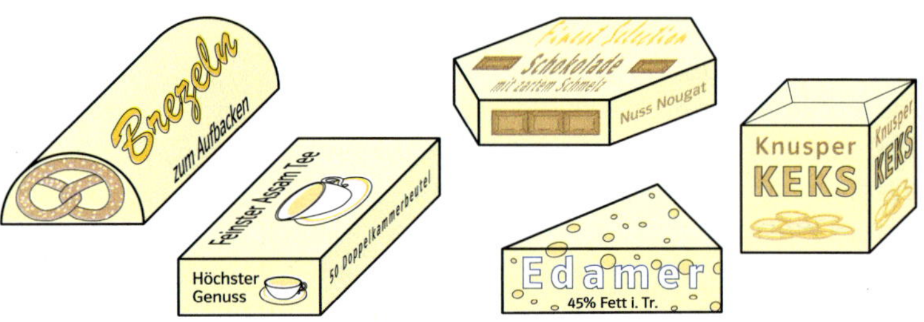

1 Bei den Verpackungen hast du unterschiedliche Begrenzungsflächen kennen gelernt.
a) Zähle die Rechtecke und Quadrate bei den abgebildeten Verpackungen.
b) Gibt es eine Verpackung, deren Begrenzungsflächen sechs gleich große Rechtecke sind?

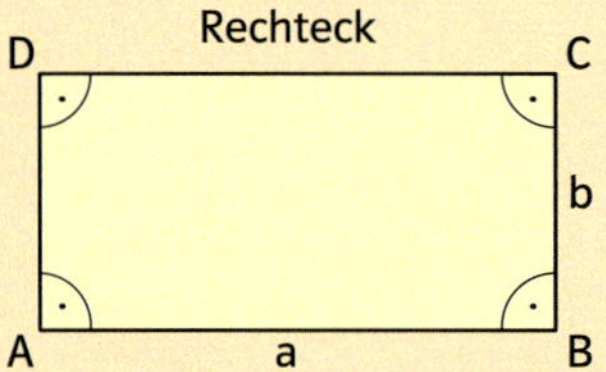

Ein Viereck, in dem die benachbarten Seiten senkrecht zueinander stehen, heißt **Rechteck.**

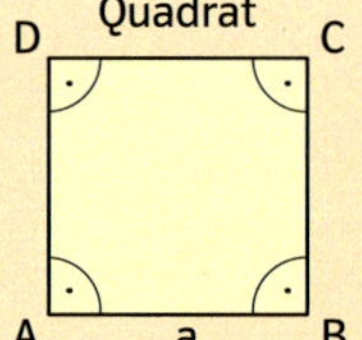

Ein Rechteck, in dem alle Seiten gleich lang sind, heißt **Quadrat.**

So kannst du ein Rechteck mit den Seitenlängen 5 cm und 3 cm zeichnen:

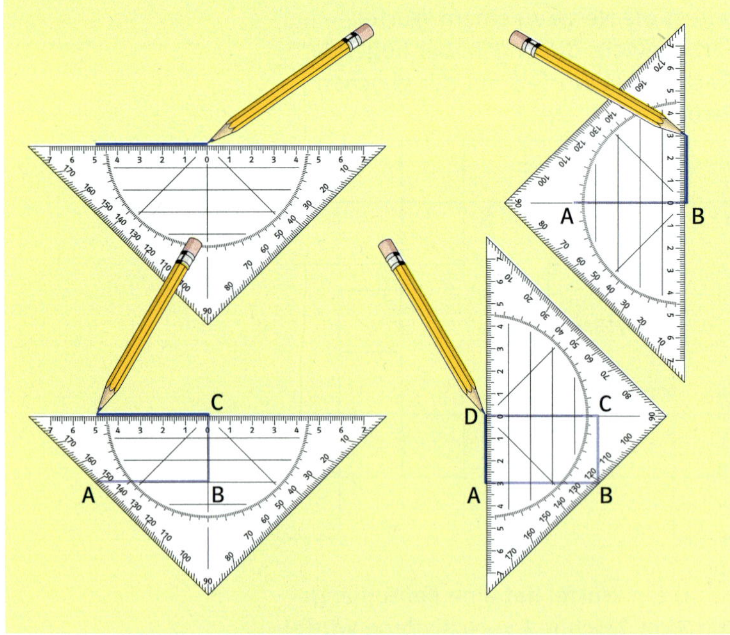

2 Zeichne folgende Rechtecke.

	a)	b)	c)	d)
Breite	4 cm	5 cm	4,5 cm	4,2 cm
Länge	3 cm	2 cm	4,5 cm	2,8 cm

3 Zeichne ein Quadrat mit der Seitenlänge
a) 4 cm b) 2,5 cm c) 5,8 cm d) 10,1 cm

4 Zeichne ein Rechteck mit den Seitenlängen 6 cm und 4 cm. Zeichne die **Diagonalen** ein. Verbinde die gegenüberliegenden Seitenmitten. Die beiden Strecken heißen **Mittellinien**.

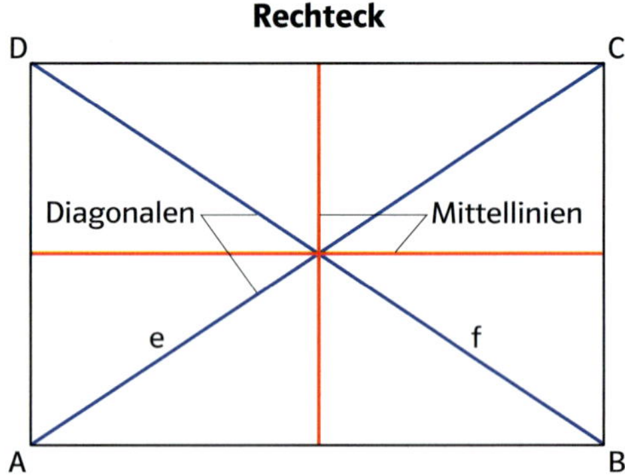

5 Zeichne in die folgenden Rechtecke Diagonalen und Mittellinien ein. Was stellst du fest?

	a)	b)	c)
Länge	8 cm	9 cm	6 cm
Breite	6 cm	2 cm	6 cm

Parallelogramm und Raute

1 Bevor Daniel seine gesammelten Verpackungen in die Altpapiersammlung gibt, reißt er Deckel und Boden heraus und faltet den Rest zusammen.
a) Betrachte die beiden gefalteten Verpackungen. Welche Körperform hatten sie vor dem Falten?
b) Wie verändert sich die Öffnung beim Zusammenfalten?

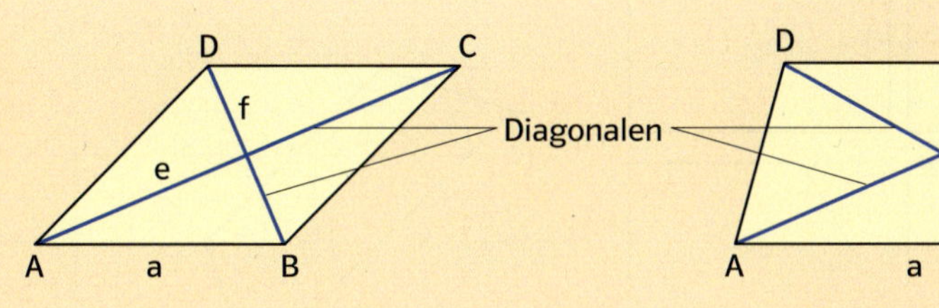

Ein Viereck mit vier gleich langen Seiten heißt **Raute**.

Ein Viereck, bei dem die gegenüberliegenden Seiten parallel sind, heißt **Parallelogramm**.

2 Übertrage die Tabelle in dein Heft und kreuze das Zutreffende an.

Eigenschaften	Parallelogramm	Raute	Rechteck	Quadrat
Die gegenüberliegenden Seiten sind parallel.	■	■	■	■
Die gegenüberliegenden Seiten sind gleich lang.	■	■	■	■
Die Nachbarseiten sind senkrecht zueinander.	■	■	■	■
Die Figur hat vier rechte Winkel.	■	■	■	■
Die Diagonalen sind senkrecht zueinander.	■	■	■	■
Die Diagonalen sind gleich lang.	■	■	■	■
Die Diagonalen halbieren sich.	■	■	■	■

3 Übertrage die Figuren in dein Heft und ergänze sie jeweils zu einem Parallelogramm.

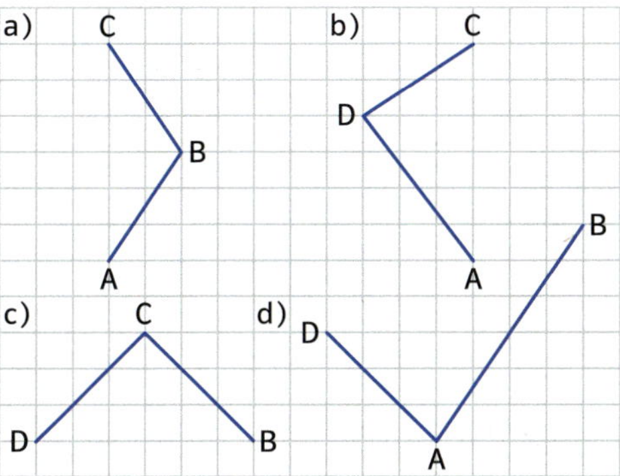

4 Zeichne zwei Rauten und zwei Parallelogramme auf Kästchenpapier. Prüfe mit dem Geodreieck, ob die Bedingungen für die jeweiligen Figuren erfüllt sind.

5 Welche Aussagen sind richtig?
a) Jede Raute ist ein Quadrat.
b) Jedes Quadrat ist eine Raute.
c) Jedes Parallelogramm ist eine Raute.
d) Jede Raute ist ein Parallelogramm.
e) Jedes Quadrat ist ein Parallelogramm.
f) Jedes Rechteck ist ein Parallelogramm.

Trapez

1 Bei einem Körpernetz fehlen zwei Flächen.
Diskutiere in deiner Tischgruppe.
a) Welche Seitenteile passen zum Netz?
b) Wie können die Flächen an das Netz angefügt werden?
c) Wie sieht der Körper nach dem Zusammenbau aus?

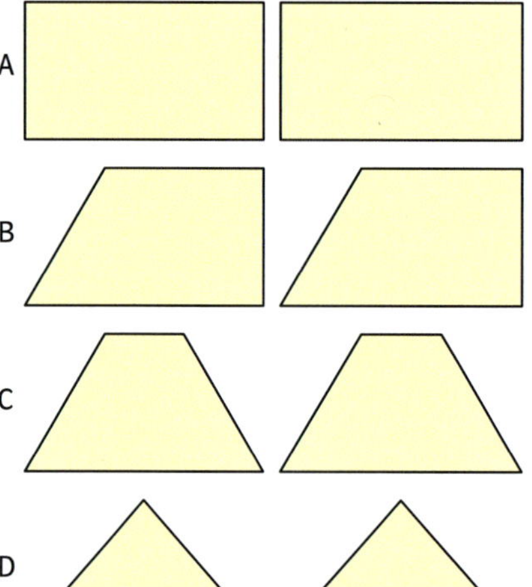

2 Welche Eigenschaften haben alle Flächen gemeinsam?

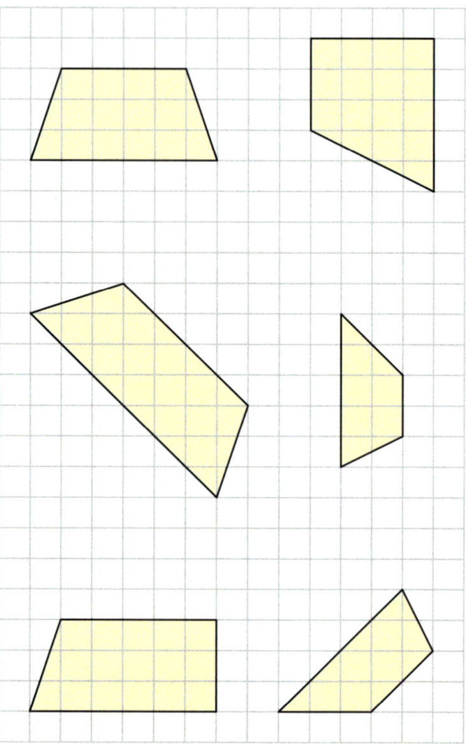

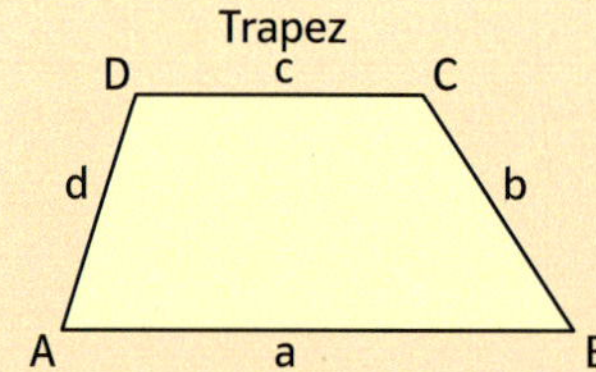

Ein Viereck mit zwei parallelen Seiten heißt **Trapez**.

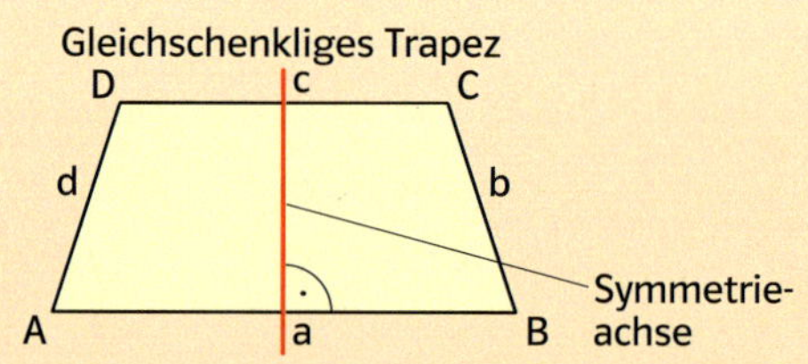

Ein Trapez mit einer Symmetrieachse, die senkrecht auf den beiden parallelen Seiten steht, heißt **gleichschenkliges Trapez**.

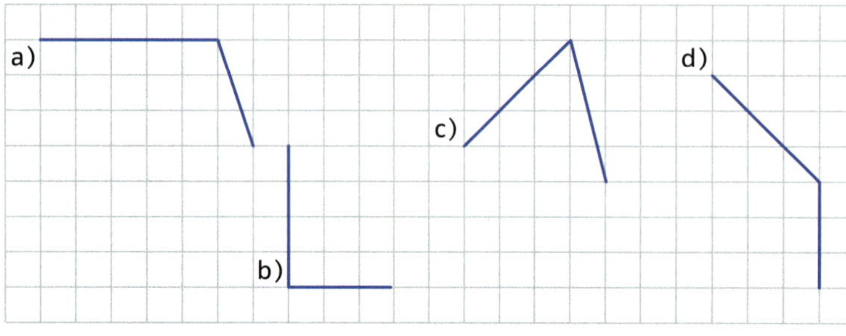

3 Ergänze in deinem Heft zu einem Trapez.

4 Wo kommen Trapeze in deiner Umgebung vor?

Drachen

1 Aus einem gefalteten Blatt Papier kannst du durch zwei Schnitte einen Drachen ausschneiden. Beschreibe seine Eigenschaften.

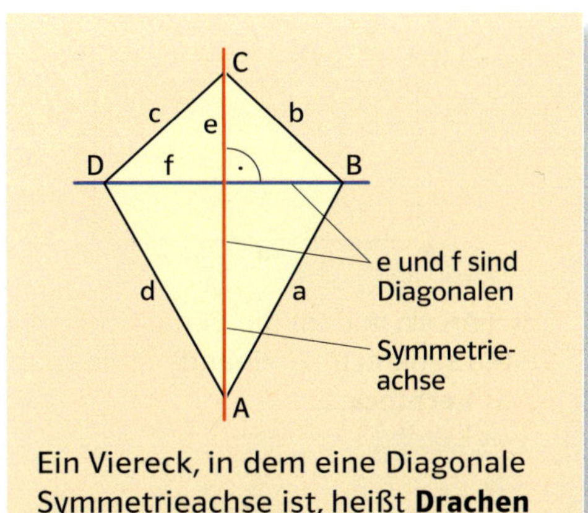

Ein Viereck, in dem eine Diagonale Symmetrieachse ist, heißt **Drachen** (Drachenviereck).

Ich bin ein Drache!

2 Welches Viereck ist ein Drachen?

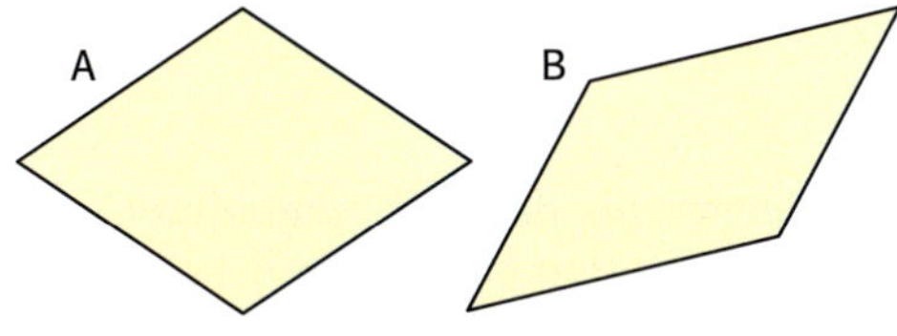

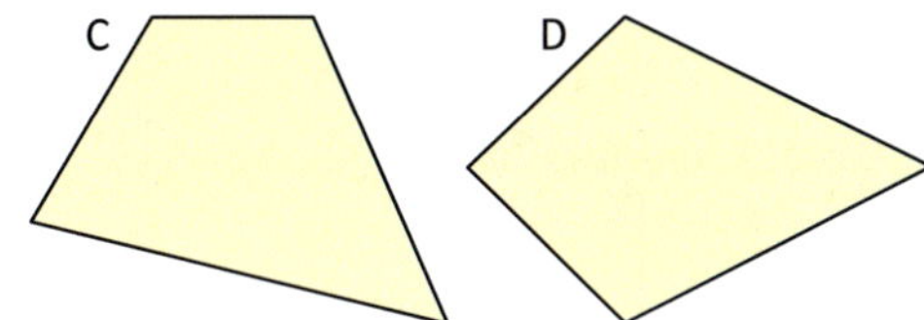

3 Ergänze im Heft zu einem Drachenviereck.

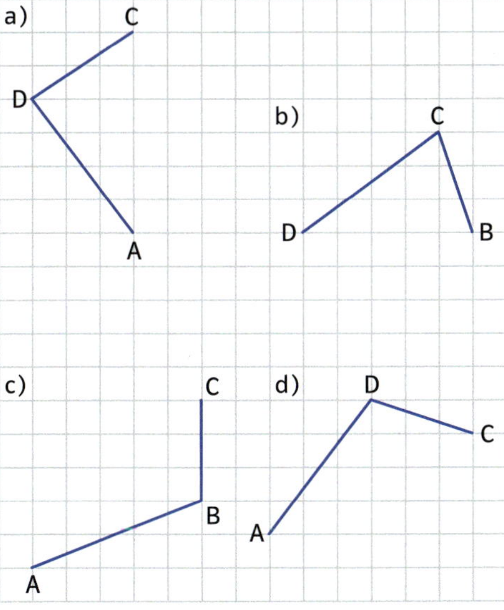

4 Zeichne Drachenvierecke mit den folgenden Diagonalen.
a) e = 3 cm; f = 2 cm
b) e = 8 cm; f = 6 cm
c) e = 7,6 cm; f = 4,8 cm
Gibt es jeweils nur eine Lösung?

5 Welche Vierecke sind keine Drachen? Begründe deine Meinung.

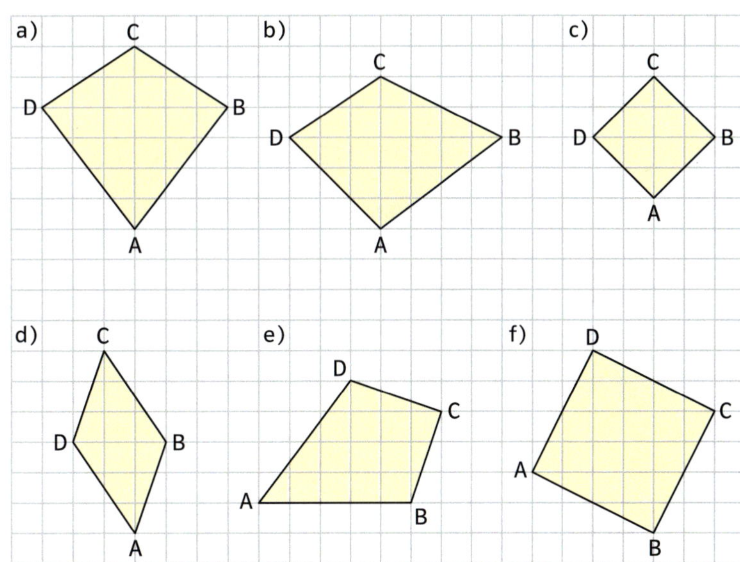

6 Welche Aussagen sind wahr?
a) Jede Raute ist ein Drachen.
b) Jeder Drachen ist eine Raute.
c) Jedes Quadrat ist ein Drachen.
d) Jeder Drachen ist ein Parallelogramm.

Grundwissen: Flächen

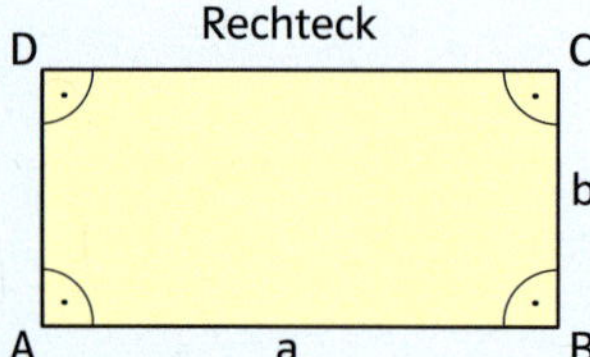

Ein Viereck, in dem die benachbarten Seiten senkrecht zueinander stehen, heißt **Rechteck**.

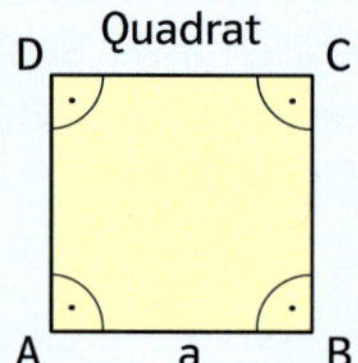

Ein Rechteck, in dem alle Seiten gleich lang sind, heißt **Quadrat**.

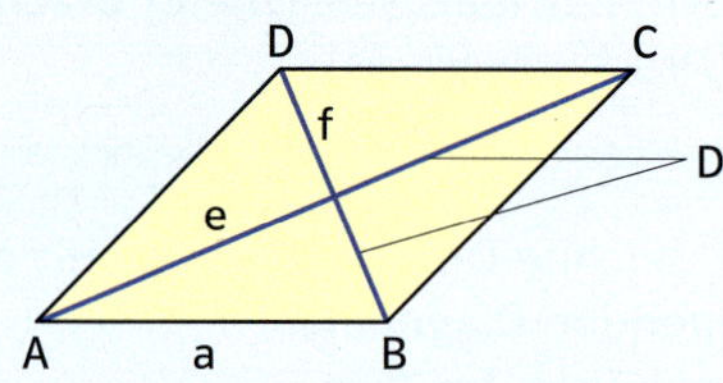

Ein Viereck mit vier gleich langen Seiten heißt **Raute**.

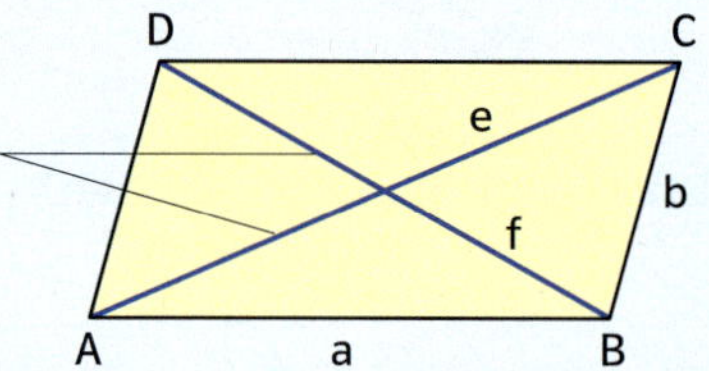

Ein Viereck, bei dem alle gegenüber liegenden Seiten parallel sind, heißt **Parallelogramm**.

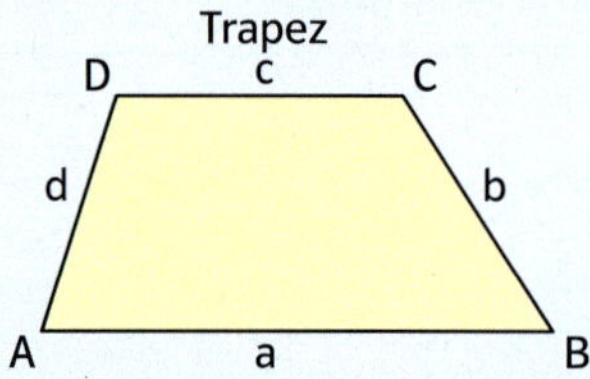

Ein Viereck mit zwei parallelen Seiten heißt **Trapez**.

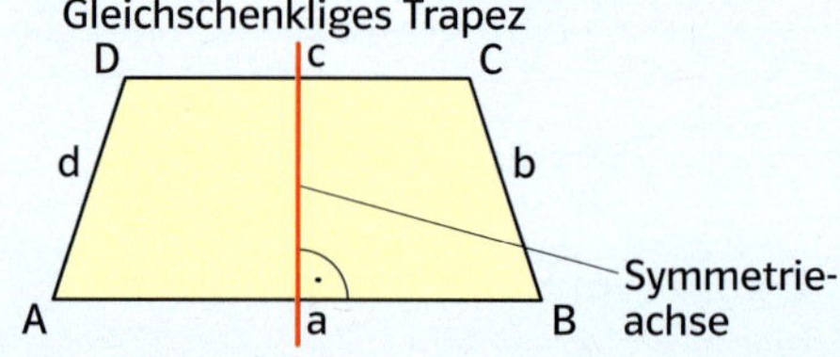

Ein Trapez mit einer Symmetrieachse, die senkrecht auf den beiden parallelen Seiten steht, heißt **gleichschenkliges Trapez**.

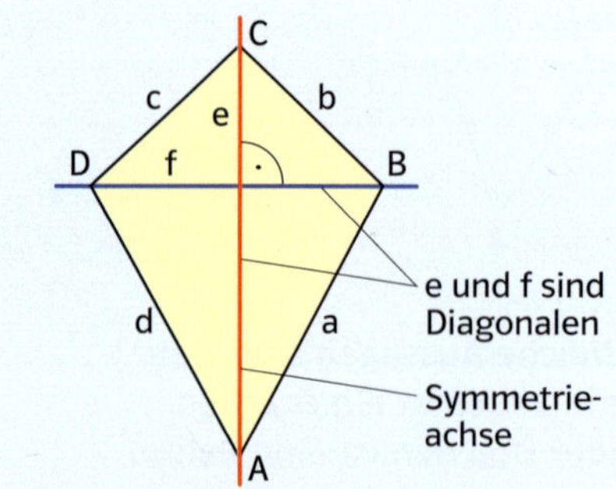

Ein Viereck, in dem die Diagonale Symmetrieachse ist, heißt **Drachen** (Drachenviereck).

Üben und Vertiefen

1 Zeichne die Rechtecke.

	a)	b)	c)	d)
Länge	7,5 cm	12,2 cm	2,5 cm	6,3 cm
Breite	4,3 cm	8,9 cm	2,5 cm	6,3 cm

2 Zeichne ein Quadrat mit der Seitenlänge 6 cm. Zeichne die Diagonalen und Mittellinien ein. Überprüfe, welche Strecken senkrecht zueinander stehen.

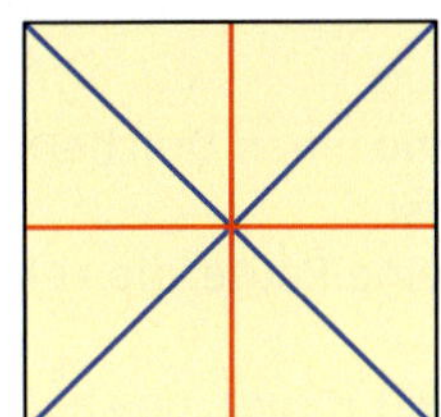

3 a) Wie viele Rechtecke (Quadrate) siehst du im abgebildeten Muster?
b) Vervollständige das Muster in deinem Heft, bis acht Quadrate zu sehen sind.

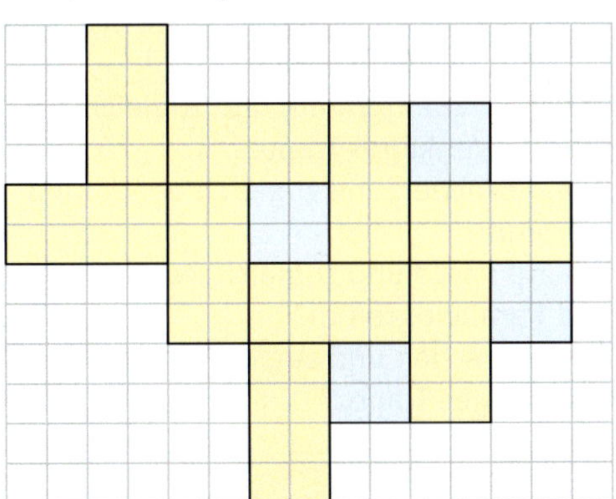

c) Denke dir eigene Muster mit Rechtecken und Quadraten aus und gestalte sie farbig.

4 Zeichne ein Rechteck.
a) Die Mittellinien sind 6 cm und 4 cm lang.
b) Die Seite $\overline{AB}$ ist 3 cm und die Diagonale 5 cm lang.
c) Die Diagonalen sind 5,4 cm lang.

5 Zeichne ein Quadrat.
a) Die Mittellinie ist 5 cm (4,6 cm; 3,8 cm) lang.
b) Die Diagonale ist 4,6 cm (3,4 cm; 6,2 cm) lang.

6 In der Abbildung siehst du die Teilfigur eines Rechtecks (Quadrats). Sie ist durch Schnitte längs der Diagonalen (Mittellinien) entstanden. Übertrage die Teilfigur in dein Heft und vervollständige sie zu einem Rechteck (Quadrat).

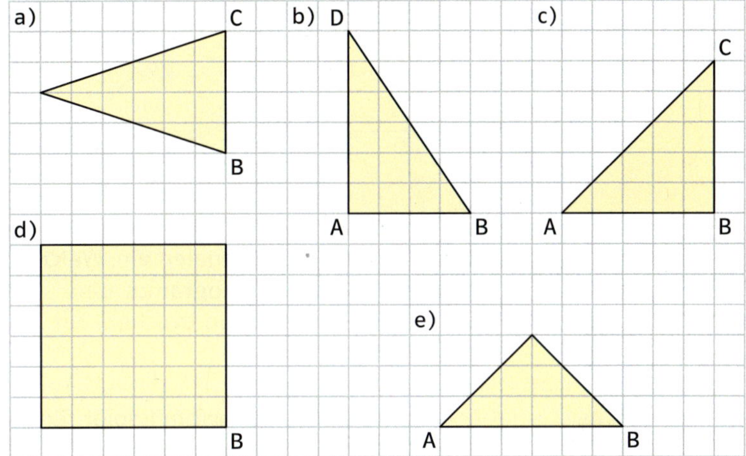

7 Übertrage die Tabelle in dein Heft und kreuze das Zutreffende an.

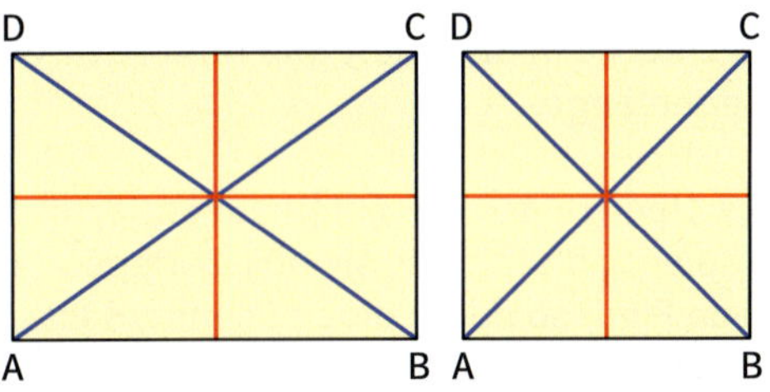

Eigenschaft	Quadrat	Rechteck
Die Diagonalen sind senkrecht zueinander.		
Die Diagonalen sind gleich lang.		
Die Diagonalen halbieren sich.		
Die Mittellinien sind senkrecht zueinander.		
Die Mittellinien sind gleich lang.		
Die Mittellinien halbieren sich.		

8 a) Wie viele Symmetrieachsen hat ein Rechteck mindestens (höchstens)?
b) Wie viele Symmetrieachsen hat ein Quadrat?

43

Üben und Vertiefen

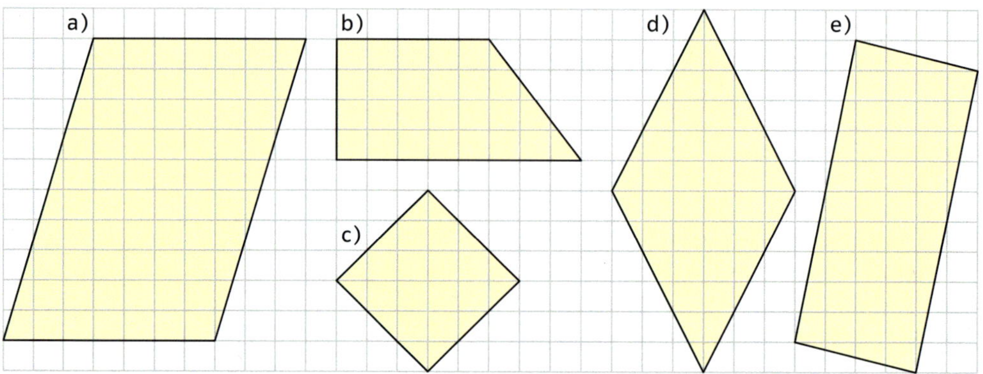

1 Übertrage die Vierecke in dein Heft und zeichne die Diagonalen ein. Welches Viereck ist ein Parallelogramm, eine Raute, ein Rechteck, ein Drachen, ein Quadrat?

2 Schneide aus kariertem Papier fünf jeweils 5 cm lange und 3 cm breite Rechtecke aus. Lege zwei (drei, vier, fünf) dieser Rechtecke zu einem neuen Rechteck zusammen. Wie viele Möglichkeiten gibt es? Zeichne die jeweiligen Rechtecke in dein Heft und notiere ihre Seitenlänge.

3 Übertrage die Figuren auf kariertes Papier und schneide sie aus. Zerlege jede Figur so durch einen Schnitt, dass du die beiden Teile zu einem Rechteck zusammenfügen kannst.

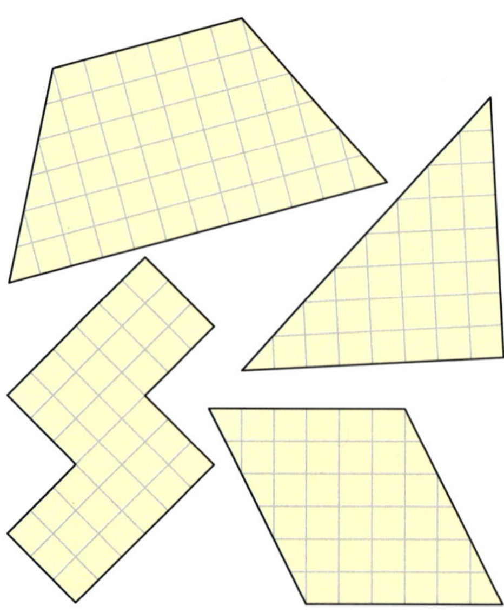

4 a) Zeichne einen Drachen, der auch eine Raute ist.
b) Zeichne eine Raute, die kein Quadrat ist.
c) Zeichne ein Trapez, das auch ein Parallelogramm ist.
d) Zeichne ein Viereck, bei dem sich die Diagonalen im rechten Winkel schneiden, bei dem aber nur zwei Seiten einen rechten Winkel miteinander bilden.

5 Welches Viereck ist
a) ein Parallelogramm und zugleich ein gleichschenkliges Trapez?
b) ein Drachen und zugleich ein Parallelogramm?
c) eine Raute und zugleich Rechteck und Parallelogramm?
d) ein Drachen und zugleich ein gleichschenkliges Trapez?

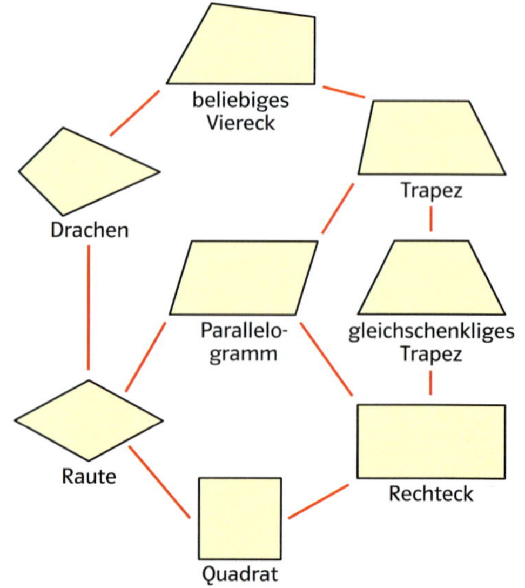

Vernetzen: Verpackungen selbst herstellen

Tipps zum Anfertigen von Geschenkverpackungen

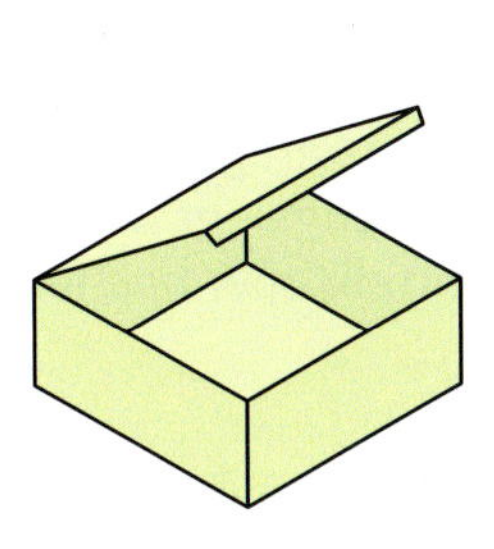

Entwirf ein Netz deiner Verpackung auf Kästchenpapier und übertrage es auf farbigen Karton. Du musst sehr genau arbeiten.

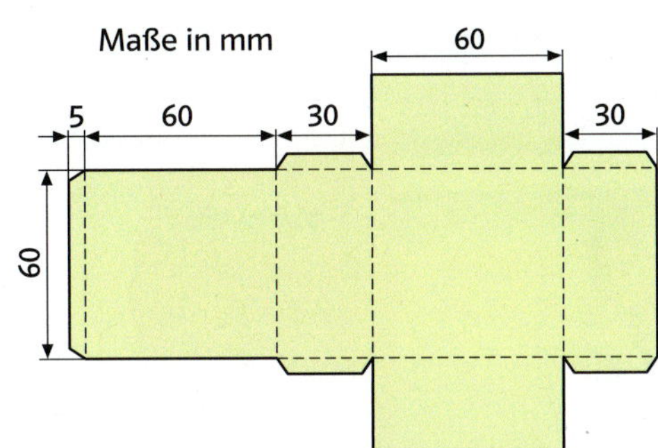

Knicklinien sollten vorher mit einem spitzen Gegenstand angeritzt werden.

1 Lukas möchte seinem Freund einen Füllfederhalter schenken. Die Verpackung dafür will er selbst herstellen und gestalten.

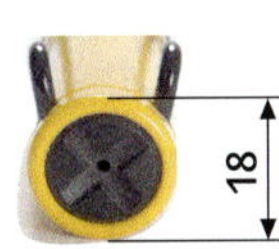

Nachdem er die Maße des Füllers genommen hat, überlegt er, welche Form für die Verpackung in Frage kommt.
Er entscheidet sich für die quaderförmige Verpackung und entwirft ein Netz auf Karopapier. Dieses Netz dient Lukas als Prototyp für die spätere Verpackung.

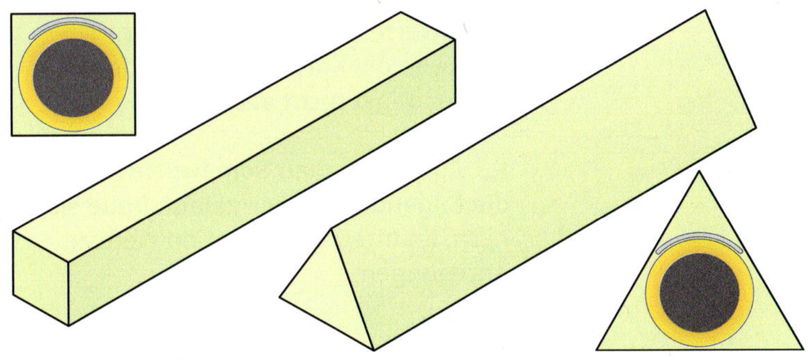

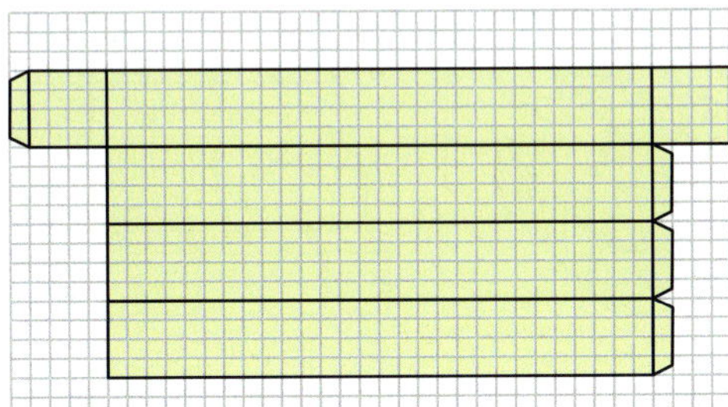

Anschließend überträgt er den Entwurf auf dünne Pappe und gestaltet die Oberfläche, bevor er mit der Verklebung beginnt.

a) Entwirf eine quaderförmige Verpackung für deinen Füllfederhalter und gestalte sie farbig.
b) Überlegt in eurer Tischgruppe, welche anderen Verpackungsformen für einen Füller in Frage kommen. Diskutiert über Materialverbrauch, Arbeitsaufwand, Schwierigkeitsgrad, Verwendbarkeit für andere Schreibgeräte und Aussehen. Entscheidet euch dann für eine Form, die ihr in Partnerarbeit anfertigt.
c) Präsentiert eure Ergebnisse an der Pinnwand in der Klasse.

2 Entwirf eine Schutzverpackung für dein Geodreieck und fertige sie aus Kunststofffolie oder Pappe an.

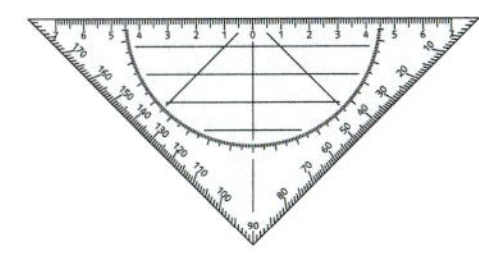

Vernetzen: Soma-Würfel

Der dänische Wissenschaftler Piet Hein setzte 1936 Würfel zu unregelmäßigen Formen zusammen. Aus drei Würfeln lässt sich eine neue Form bilden. Vier Würfel können zu sechs unregelmäßigen Körpern zusammengelegt werden. Die abgebildeten Würfelkörper heißen Somawürfel.

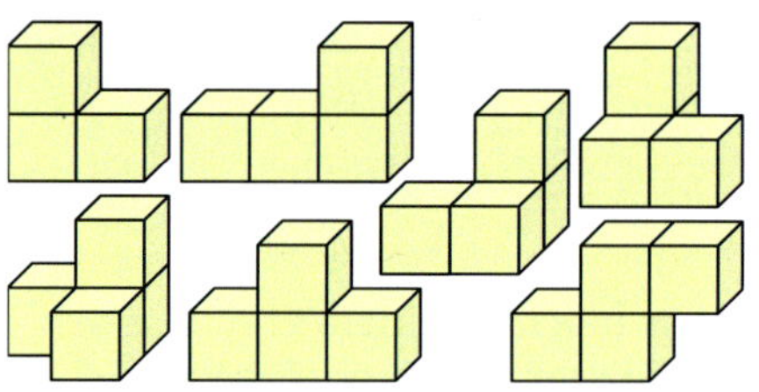

1 Stellt im Werkunterricht die Würfelkörper (auch Steine genannt) her. Versucht, diese sieben Steine zu einem 3 x 3 x 3-Würfel zusammenzusetzen. Es gibt 240 Möglichkeiten.

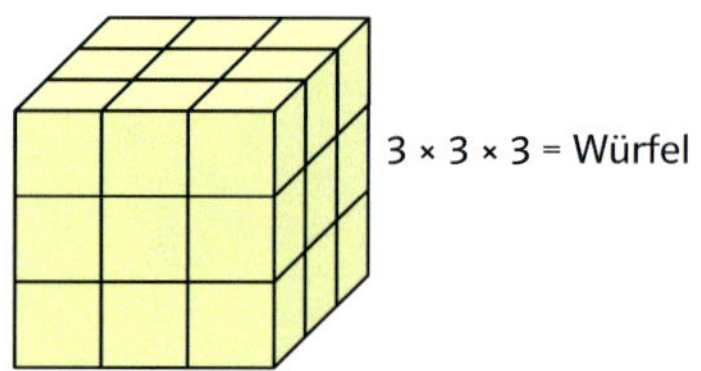

2 Die abgebildeten Körper sind aus Somawürfeln zusammengefügt. Versuche die Körper nachzubauen. Du benötigst nicht alle Steine.

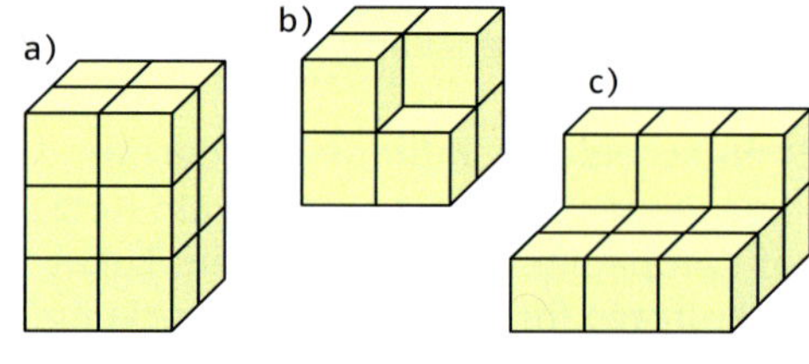

3 Aus den sieben Somawürfeln sind die folgenden Körper gelegt. Baue sie nach. Im Internet findest du weitere Anregungen.

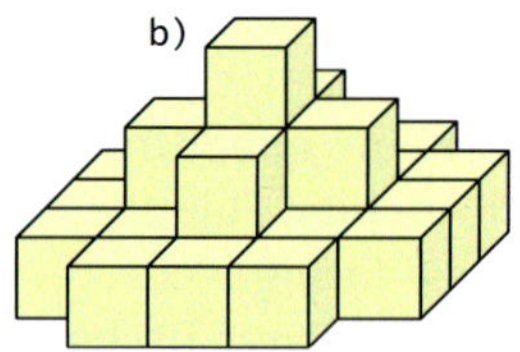

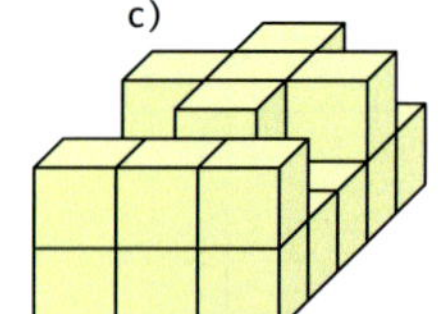

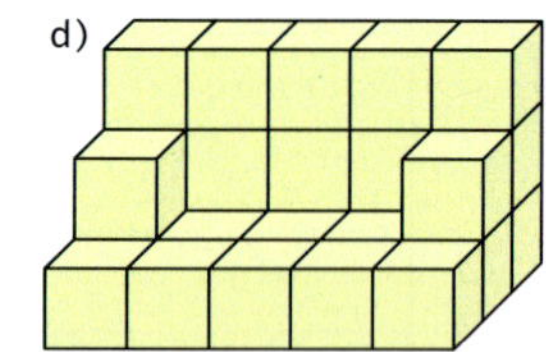

4 Die Schüler der 5.3 haben einen großen Somawürfel für den Klassenraum angefertigt. Jeder hatte die Aufgabe, einen Einzelwürfel mit der Seitenlänge 9 cm aus stabilem DIN-A4-Papier (160 g) anzufertigen. Die sieben Somakörper wurden dann aus den gefertigten Würfeln zusammengeklebt. Stellt auch für eure Klasse einen Riesen-Somawürfel her.

Vernetzen: Würfel aus Würfeln

1 Tim möchte einen stabilen Karton für seine Spielsteine anfertigen. Er besitzt 60 würfelförmige Spielsteine mit einem Zentimeter Kantenlänge. Diskutiert die folgenden Fragen mit eurem Nachbarn.
a) Welche Kantenlängen kommen bei einer quaderförmigen Verpackung in Frage?
b) Ist eine würfelförmige Verpackung möglich?
c) Wie hoch müsste eine Verpackung sein, die eine quadratische Grundfläche hat?

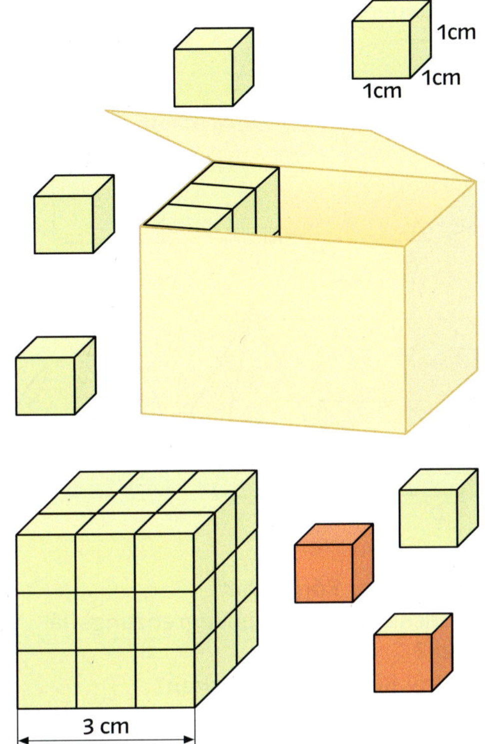

2 Aus wie vielen kleinen Würfeln mit der Kantenlänge 1 cm setzt sich der abgebildete Würfel zusammen? Der nebenstehende Würfel wird an seiner Außenfläche rot angestrichen. Wie viele kleine Würfel haben danach zwei rote Seitenflächen?
Gibt es auch kleine Würfel, die ungefärbt bleiben?

3 Lara besitzt viele Würfel mit der Kantenlänge 1 cm. Sie möchte damit größere Würfel bauen.
a) Wie viele kleine Würfel benötigt sie zum Bau eines Würfels mit der Kantenlänge von 2 cm (4 cm, 6 cm)?
b) Sie hat einen Würfel aus 125 kleinen Würfeln zusammengesetzt. Wie groß ist die Kantenlänge dieses Würfels?

4 Iris will aus 24 (36) Würfeln mit der Kantenlänge 1 cm einen Quader bauen. Welche Kantenlänge (Länge, Breite, Höhe) kann der Quader haben? Notiere fünf verschiedene Möglichkeiten.

5 Ein Holzstück mit den angegebenen Maßen soll so durchgesägt werden, dass Würfel mit der größtmöglichen Kantenlänge entstehen.
a) Wie groß wird die Kantenlänge der einzelnen Würfel?
b) Gib die Anzahl der Würfel an.

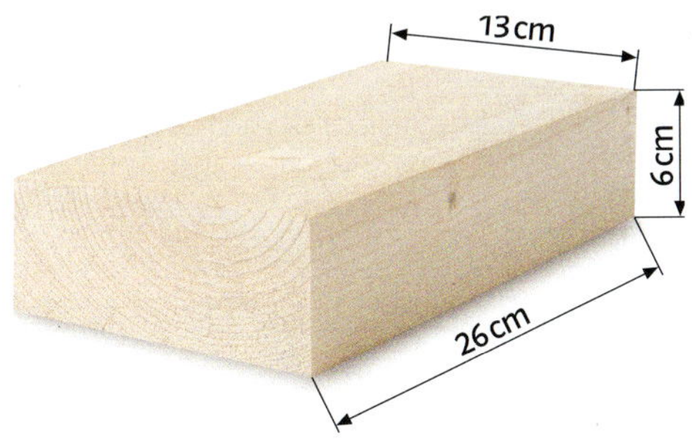

Lernkontrolle 1

1 Benenne die abgebildeten Körper.

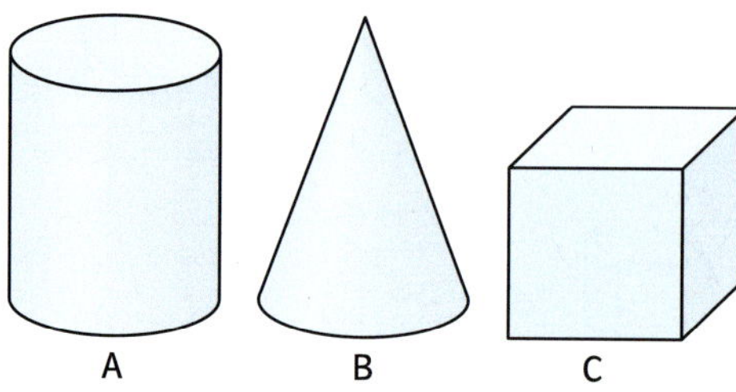

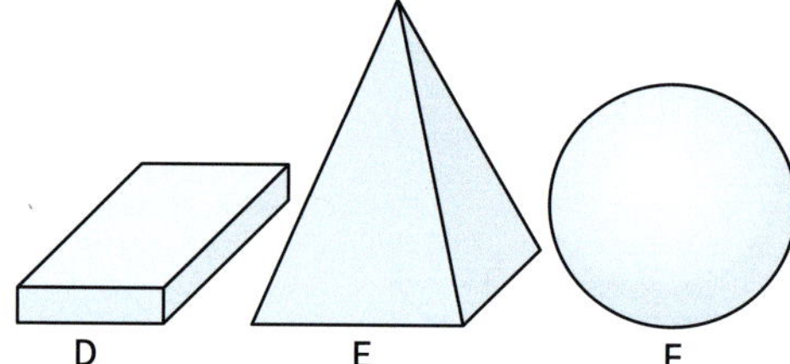

2 Welcher Körper hat
a) sechs Quadrate als Begrenzungsflächen?
b) drei Begrenzungsflächen?
c) fünf Ecken?

3 Zeichne das Schrägbild eines Würfels mit 4 cm Kantenlänge.

4 Zeichne zwei unterschiedliche Schrägbilder eines Quaders mit den Kantenlängen 6 cm, 4 cm und 3 cm.

5 Zeichne das Schrägbild des Körpers.

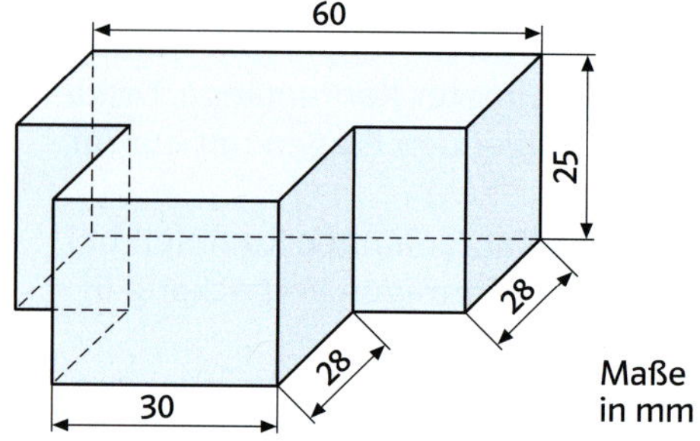

6 Zeichne das Netz
a) eines Würfels mit 3cm Kantenlänge,
b) des abgebildeten Quaders.

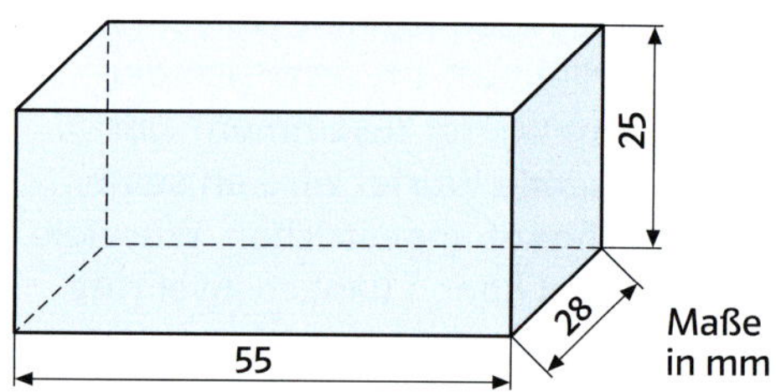

Wiederholung

1 Berechne.
a) 4 + 5 · 8
b) 25 − 3 · 6
c) 60 : 5 − 2 · 3
d) 45 + 15 : 3
e) 120 − 5 · 7 + 13 · 4

2 Berechne.
a) 25 − (80 : 20)
b) 3 · (6 + 37)
c) 2 + 3 · (77 − 61)
d) 15 : 3 + (187 − 71)
e) (12 − 7) · 13 − 9 · 4

3 Berechne.
a) 51 + 122 − (34 − 2)
b) 74 · (56 : 8) + 11
c) 3 · (112 − 98) : 2 + (5 + 7) : 6
d) 140 − (27 − 15) · 5 + 114
e) 37 : (42 − 5) · 1158

4 Multipliziere die Summe aus 17 und 81 mit 12.

5 Kannst du in einer Woche bis 2 Millionen zählen, wenn du jede Sekunde um 1 weiter zählst und acht Stunden pro Tag gezählt werden?

Lernkontrolle 2

1 Welche Netze gehören nicht zu Quadern? Begründe jeweils deine Antwort.

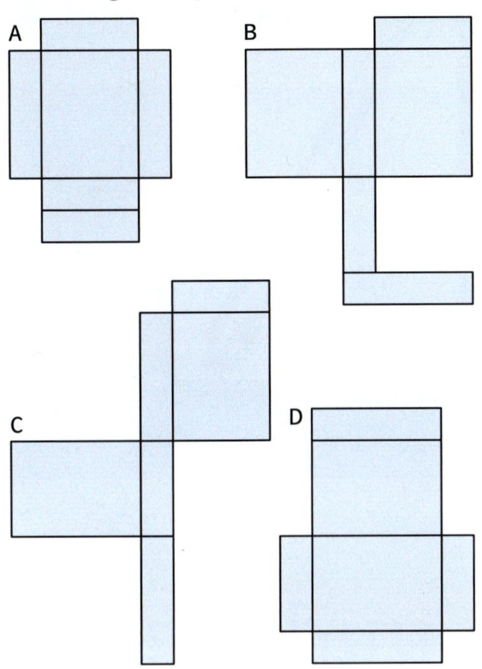

2 Zeichne ein Rechteck mit den Seitenlängen 4,8 cm und 8,2 cm. Zeichne alle Diagonalen und Mittellinien ein.

3 Zeichne ein Quadrat mit 5,4 cm Seitenlänge.

4 Ergänze
a) zu einem Parallelogramm

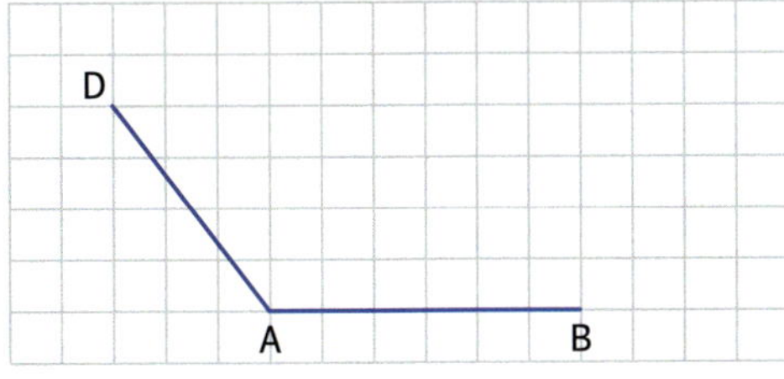

b) zu einem Drachen

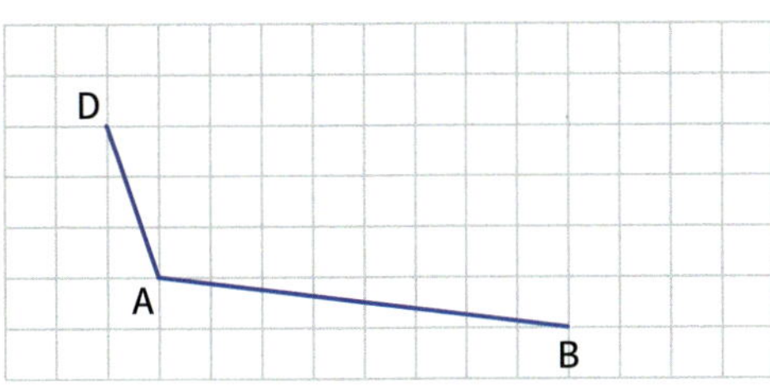

5 a) Bei welchen Vierecken schneiden sich die Diagonalen im rechten Winkel?
b) Welche Vierecke haben vier gleich lange Seiten?

6 Zeichne eine Raute, deren Diagonalen 5 cm und 6,5 cm lang sind.

7 Nenne alle Vierecksarten, die Parallelogramme sind. Schreibe für jedes Viereck eine kurze Begründung.

8 a) Zeichne das Schrägbild des abgebildeten Körpers.

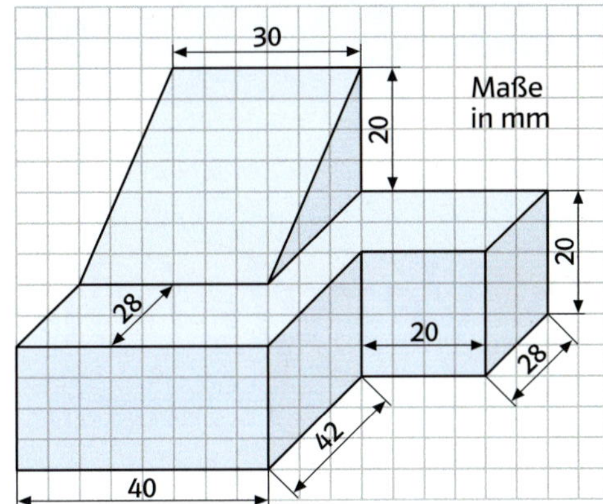

b) Der Körper soll verpackt werden. Entwirf das Netz für eine quaderförmige Verpackung, in die dieser Körper hineinpasst. Die Verpackung soll möglichst klein sein. Zeichne auch die Klebelaschen ein.

9 Entwirf eine Verpackung für den abgebildeten Körper. Der Materialverbrauch soll möglichst gering sein.

Skizziere die fertige Verpackung als Schrägbild. Gib dabei auch die Maße an. Skizziere das Netz deiner Verpackung mit den notwendigen Maßangaben.

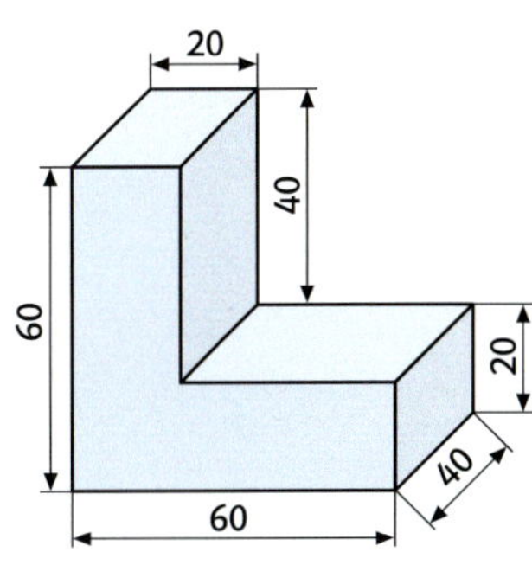

Ende des 18. Jahrhunderts wurde in Frankreich der zehnmillionste Teil der Entfernung zwischen Äquator und Pol als neue Längeneinheit festgelegt. Das neue Längenmaß erhielt die Bezeichnung **1 Meter**.
Nach dieser Vorschrift wurde ein Maßstab aus Platin hergestellt.
Der **Urmeterstab** wird in Paris aufbewahrt.
Wie wird heute die Länge eines Meters festgelegt?

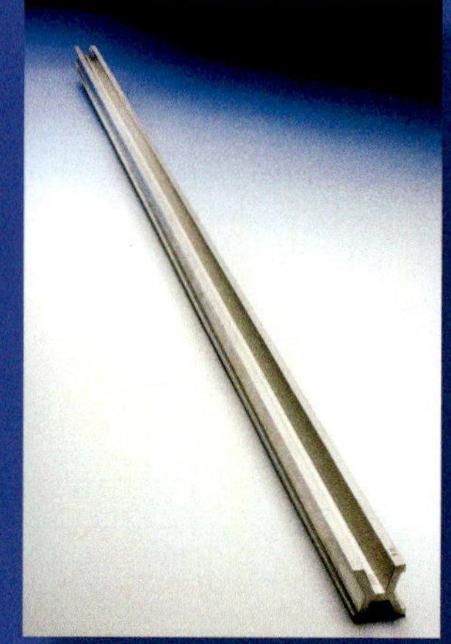

6 Vergleichen und Messen

Alte Längen- und Flächenmaße

Elle und **Fuß** gehören zu den ältesten Längenmaßen. Es sind Körpermaße.
Ihre Festlegung erfolgte durch die Herrscher (Könige, Fürsten, ...) in den einzelnen Reichen. In diesem Gebiet waren die Längenmaße absolut gültig.
Welche Nachteile hat dieses Recht?

Informiere dich über weitere Maße, die vom menschlichen Körper abgeleitet wurden.

Ein **Morgen** ist ein altes Flächenmaß. Ursprünglich bezeichnete er die Größe einer Fläche, die mit einem Ochsen an einem Vormittag umgepflügt werden konnte.

Diese Fläche war in den einzelnen Gegenden Deutschlands unterschiedlich groß.

Hofgrößen wurden in **Hufen** angegeben. Eine Hufe hatte meist eine Größe von 30 Morgen.

Informiere dich im Lexikon oder im Internet über die verschiedenen Größen eines Morgens.

Die neue Wohnung

1 Laura und Kim beziehen mit ihren Eltern eine neue Wohnung. Beide Kinder bekommen ein eigenes Zimmer. Ihre Mutter hat in den Grundriss der Zimmer einige Maße eingetragen. Lies die Maße aus der Zeichnung ab. Welche Maßeinheiten werden benutzt?

2 a) An den Fenstern ihres Zimmers will Laura Rollos anbringen.
Überlege, wie sie die Breite der Fenster bestimmen kann.
b) An der Wand gegenüber der Tür möchte Laura den Schrank, den Schreibtisch und das Bett nebeneinander aufstellen. Der Schrank ist 1,65 m breit, der Schreibtisch 95 cm und das Bett 1,90 m. Ist das möglich?
c) Laura möchte an der Wand zu Kims Zimmer ein Regal aufstellen, das die Länge der ganzen Wand einnimmt. Es gibt Regalteile von 60 cm, 75 cm und 90 cm Breite. Welche Möglichkeiten hat sie?

3 a) Kim überlegt, wie er sein neues Zimmer einrichten soll.
Dazu möchte er einen Grundriss seines Zimmers auf ein Blatt Papier zeichnen.

Um die Länge in der Zeichnung zu berechnen, hat Kim die wirklichen Längenmaße durch 20 geteilt.
Vervollständige die Tabelle in deinem Heft.

Länge in der Wirklichkeit	Länge in der Zeichnung
3,60 m = 360 cm	360 cm : 20 = 18 cm
3 m = 300 cm	300 cm : 20 =
1 m = 100 cm	
1,40 m = 140 cm	
80 cm	

Zeichne einen Grundriss von Kims Zimmer auf ein DIN-A4-Blatt.

b) Als Nächstes will Kim Grundrisse seiner Möbel im Maßstab 1 : 20 auf Karton zeichnen und ausschneiden. Dazu hat er jeweils die Länge und Breite seiner Möbel ausgemessen und die Maße notiert.

Maße der Möbel

Schrank	1,60 m lang, 60 cm breit
Bett:	2 m lang, 80 cm breit
Schreibtisch:	1,20 m lang, 60 cm breit
Tisch (quadratisch): 80 cm	

Kims Schrank ist 1,60 m lang und 60 cm breit. Welche Maße muss der Schrank in der Zeichnung haben?

Zeichne einen Grundriss des Schrankes und schneide ihn aus.

Zeichne weitere Möbelgrundrisse im Maßstab 1 : 20 und schneide sie aus. Überlege, wie Kim sein Zimmer einrichten könnte.

1 a) Schätze die Länge (Höhe, Breite) der abgebildeten Gegenstände.
Warum benutzt du dazu verschiedene Längeneinheiten?
b) In welchen Einheiten werden die folgenden Längen gemessen:
Länge und Breite der Tafel,
Breite eines Schulheftes,
Länge einer Schraube,
Weite beim Weitsprung,
Höhe und Tiefe von Schränken,
Stärke von Kunststofffolien,
Entfernung zweier Städte,
Dicke eines Haares,
Entfernung Mars – Erde,
Länge eines Pantoffeltierchens?

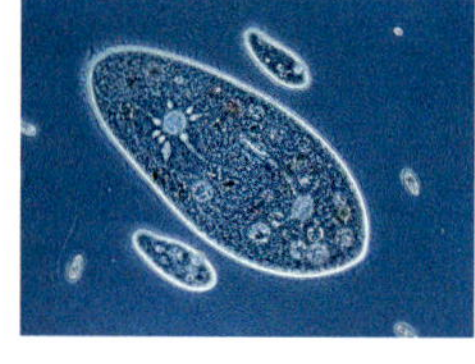

2 Schätze zuerst und miss dann die Länge und Breite verschiedener Gegenstände im Klassenraum sowie im Schulgebäude. Überlege zunächst, welche der abgebildeten Messgeräte du für die Messungen benötigst.

Die Aufgabe sollte als Partner- oder Gruppenarbeit durchgeführt werden.

3 Die Klasse 5c führt in Gruppenarbeit Messungen auf dem Schulhof durch.

Marius will die Länge der einzelnen Messstrecken durch Abschreiten bestimmen. Was meinst du dazu?

4 Früher wurden Längen mit Körpermaßen gemessen. Benutzt wurden zum Beispiel die Maße „Fuß", „Spanne" oder „Elle".
Diese Längeneinheiten waren in den einzelnen Ländern sehr unterschiedlich.

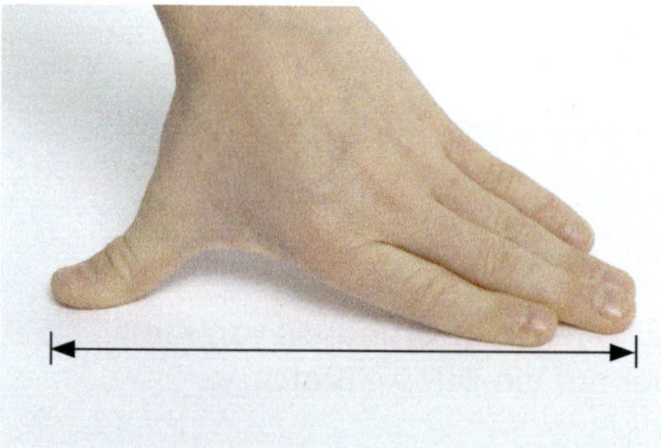
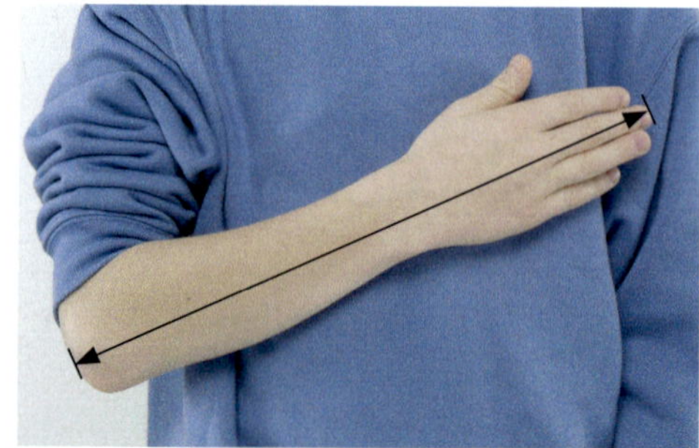

Miss mit deiner „Spannweite" („Ellenlänge") Länge, Breite und Höhe verschiedener Gegenstände im Klassenzimmer. Miss mit dem Metermaß nach und vergleiche.

Längeneinheiten umwandeln

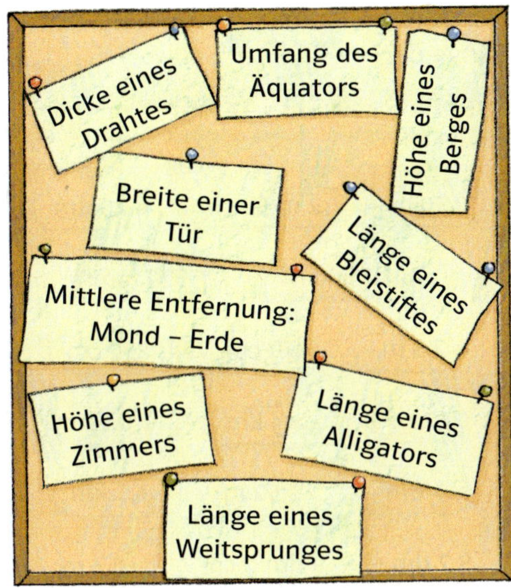

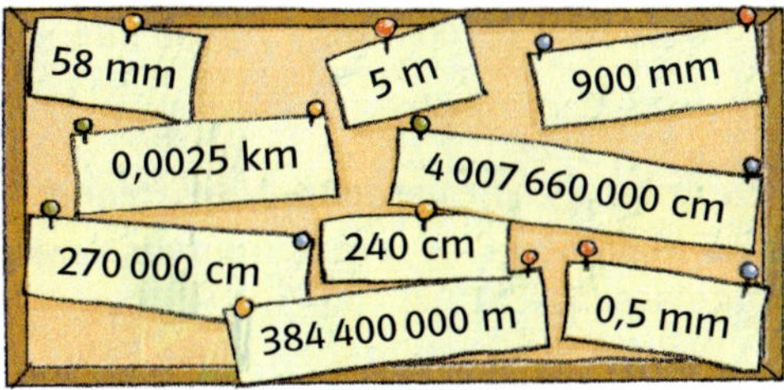

1 Ordne zu. Überlege, ob für die angegebenen Längen jeweils eine sinnvolle Einheit gewählt wurde.
Wandle einzelne Längeneinheiten zweckmäßig um. Begründe die Umwandlung.

Die Längeneinheit ist ein Meter (1 m).

Wir messen Längen auch noch in Kilometern (km), Dezimetern (dm), Zentimetern (cm) und Millimetern (mm).

1 km = 1000 m
1 m = 10 dm
1 dm = 10 cm
1 cm = 10 mm

25 **cm**

Maßzahl **Einheit**

Größe

2 Wandle in die Einheit um, die in Klammern steht.

a) 4 cm (mm)
70 cm (mm)
8 dm (cm)
42 m (dm)

b) 65 km (m)
22 m (cm)
15 m (dm)
180 km (m)

c) 50 mm (cm)
6000 mm (m)
560 cm (dm)
7200 cm (m)

d) 8000 m (km)
700 mm (dm)
84 m (cm)
47 km (m)

Die Umwandlungszahl für Längen ist 10.

3

km			m		
H	Z	E	H	Z	E
		7	3	7	6
	4	5	0	9	0
		3	0	0	7
			4	2	6
				1	8
					3

7 km 376 m = 7,376 km
45 km 90 m = 45,090 km
3 km 7 m = 3,007 km
426 m = 0,426 km
18 m = 0,018 km
3 m = 0,003 km

Gib in Kilometern an. Benutze dazu die Tabelle.

a) 5 km 874 m
2 km 500 m
11 km 40 m
8 km 3 m

b) 5460 m
625 m
57 m
8 m

4,123
Sprich:
vier
Komma
eins
zwei
drei

4 Familie Holtkötter steht am Sonntag auf der Autobahn im Stau. Lisa will ausrechnen, wie viele Autos in der Schlange stehen. Ihr Vater schlägt vor, 7 m für einen Wagen einschließlich Abstand zum Vordermann zu rechnen.

m			dm	cm	mm
H	Z	E			
5	1	2	8	0	
	3	6	5	2	5
		7	4	4	
		8	0	9	
		2	0	0	5

512 m 80 cm = 512,80 m
36 m 5 dm 2 cm 5 mm = 36,525 m
7 m 4 dm 4 cm = 7,44 m
8 m 9 cm = 8,09 m
2 m 5 mm = 2,005 m

5 Gib in Metern an. Benutze dazu die Tabelle.

a) 2 m 36 cm
16 m 5 dm
4 m 17 cm
11 cm 3 mm

b) 3 m 7 cm
12 m 6 mm
25 m 3 dm 7 cm
4 m 45 cm 3 mm

6 Beim diesjährigen Berlin-Marathon gingen fast 40 000 Läuferinnen und Läufer auf die 42,195 km lange Strecke. Die schnellste Läuferin benötigte für die Strecke 2:19:12 Stunden, der schnellste Läufer 2:07:41 Stunden. Auf dem Sportplatz ist eine Runde 400 m lang. Wie viele Runden müsstest du laufen, um dieselbe Strecke zurückzulegen?

123 mm (cm, dm, m)
123 mm = 12,3 cm
123 mm = 1,23 dm
123 mm = 0,123 m

7 Wandle in die Einheit um, die in Klammern steht.

a) 45 mm (cm)
500 mm (cm)
73 cm (m)
3570 cm (m)

b) 4,563 km (m)
0,063 km (m)
2,4 cm (mm)
0,8 cm (mm)

34

8 Jannis fährt mit dem Rad zur Schule. Sein Schulweg ist 2700 m lang. Wie viele Kilometer legt er in einer Woche, in einem Schuljahr zurück?

9 Welche Angaben stellen die gleiche Länge dar?

3600 m = 3,600 km = 3,6 km = 3 km 600 m

10 Anfang 2005 waren in Deutschland 49,5 Millionen Pkw und Kombifahrzeuge zugelassen.
a) Welche Strecke ergeben diese Fahrzeuge, wenn sie direkt hintereinander aufgestellt werden? Ein Wagen ist durchschnittlich 5 m lang.
b) Wie oft reicht diese „Autobahn" um den Äquator (40 076,6 km)?
c) Informiere dich über die neusten Zulassungszahlen. Löse dann mit diesen Zahlen die Aufgaben.

11 In deinem Mathematikbuch findest du Hinweise über historische Längenmaße. Sammle weitere Informationen. Entwerft zu diesem Thema ein Plakat. Schau dazu nach auf den Seiten 36 und 189.

Maßstab

1 Auf einem Lageplan ist das Haus eingezeichnet, in dem Lauras und Kims neue Wohnung liegt.

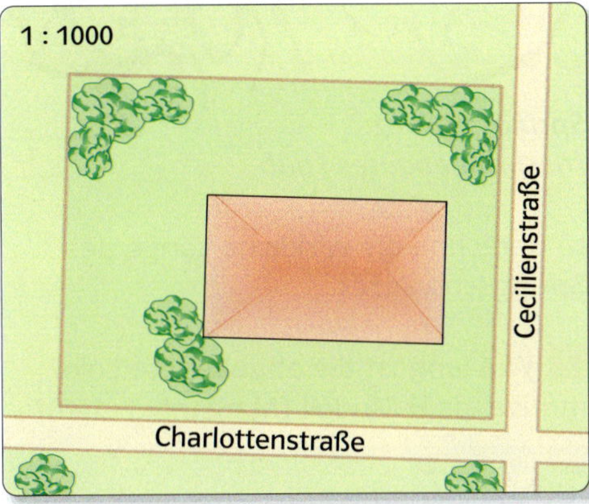

a) Erkläre, wie Laura die wirkliche Länge und Breite des Hauses berechnet.

Länge in der Zeichnung	Länge in der Wirklichkeit
2,5 cm = 25 mm	25 mm · 1000 = 25000 mm = 25 m
1,5 cm = 15 mm	15 mm · 1000 = 15000 mm = 15 m

b) Miss auf dem Lageplan die Länge und Breite des Grundstücks.
Berechne die Maße des Grundstücks in Wirklichkeit.

2 Laura hat im Stadtplan die Lage ihrer Wohnung, ihrer Schule und des Hallenbades jeweils mit einem Kreuz markiert.

a) Wie lang ist ihr Schulweg?

b) Wie viele Meter muss sie von ihrer Wohnung bis zum Hallenbad zurücklegen?

3 Die Familie hat den Einstellplatz ⑤ in der Tiefgarage gemietet. Das Auto ist 4,10 m lang und 2,00 m breit.
Kann hinter dem Auto noch ein 1,60 m breiter und 1,90 m langer Anhänger auf dem markierten Platz abgestellt werden?

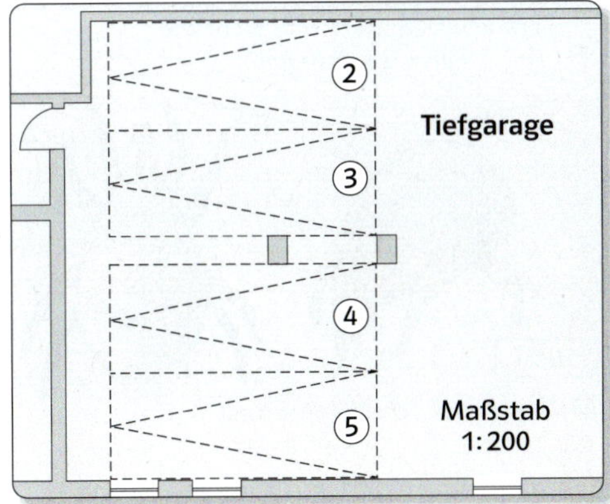

Der Maßstab einer Karte gibt an, wie viel mal so groß die Strecken in Wirklichkeit sind.
Der Maßstab 1 : 1000 bedeutet:

1 cm in der Karte entspricht 1000 cm in der Wirklichkeit.

1 cm ≙ 1000 cm = 10 m

4 Ergänze die Tabelle in deinem Heft. Gib deine Ergebnisse in Meter an.

	Maßstab	Länge in der Zeichnung	Länge in der Wirklichkeit
a)	1:10	2,6 cm	▪
b)	1:100	4,8 cm	▪
c)	1:200	56 mm	▪
d)	1:500	7,2 cm	▪
e)	1:1000	34 mm	▪

5 Welcher Weg zum Freibad ist kürzer? Gib seine Länge in Kilometer an.

Maßstab 1:30 000

Milbe: frisst feuchtes Laub

6 a) In der Abbildung ist die Milbe in zehnfacher Vergrößerung dargestellt.

Maßstab 10:1	
Länge in der Zeichnung	Länge in der Wirklichkeit
10 cm	10 cm : 10 = 1 cm
1 cm = 10 mm	10 mm : 10 = 1 mm

Berechne die wirkliche Länge der abgebildeten Milbe.

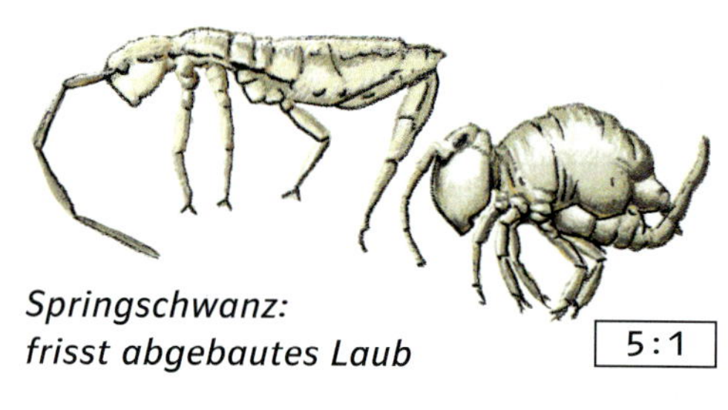

Springschwanz: frisst abgebautes Laub

b) Berechne die wirkliche Länge des Springschwanzes.

7 Wie lang ist die abgebildete Lokomotive als H-Modell (Maßstab 1:160)?

Baureihe: 152, seit 1996 in Betrieb
Länge: 20 m
Gewicht: 88 t
Höchstgeschwindigkeit: 140 km/h

8 Die Abbildungen zeigen die wirkliche Größe und eine Vergrößerung einer Schraube.
Welcher Maßstab wurde für die Vergrößerung benutzt?

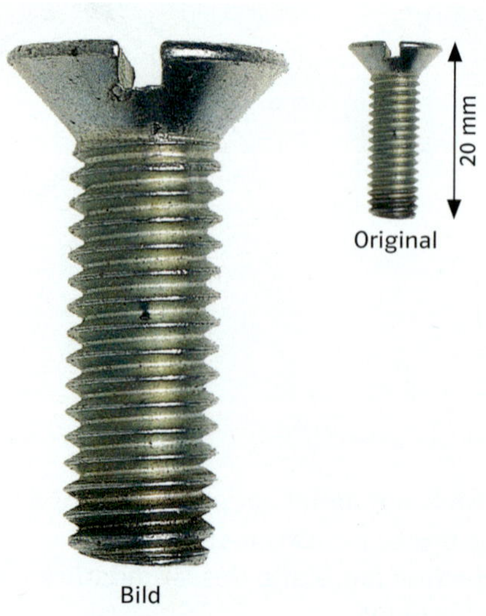

1 a) Führe die abgebildete Messung bei einer Mitschülerin oder bei einem Mitschüler durch.
Messt mit einem Maßband auch den Umfang des Handgelenks (des Oberarms, der Taille, des Daumens).
b) In der Liste stehen Sätze, in denen das Wort „Umfang" vorkommt.
Welche Bedeutung hat das Wort „Umfang" in den einzelnen Sätzen?

Jeder Band des Lexikons hat einen Umfang von 780 Seiten.

Der Umfang eines Baumstammes beträgt 152 cm.

Der Umfang der Schäden lässt sich noch nicht überblicken.

Der Angeklagte war in vollem Umfang geständig.

Der Umfang der Fläche war leicht zu bestimmen.

2 Öslem hat mit einem Zollstock die folgenden Figuren gelegt.
Bestimme bei jeder Figur den Umfang.
Was stellst du fest?

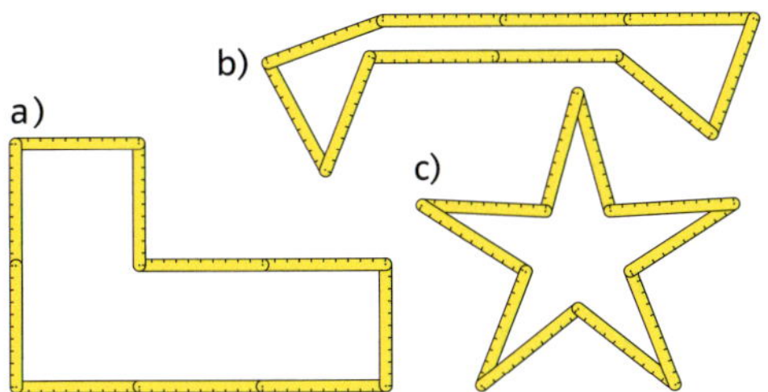

3 Wie groß ist der Umfang der abgebildeten Buchstaben?

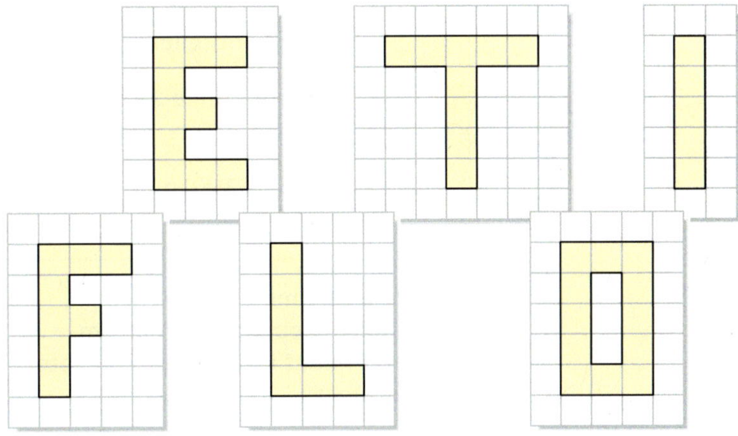

4 a) Beschreibe, wie Sarah den Umfang des abgebildeten Vielecks bestimmt.

Umfang: 2,0 cm + 3,0 cm + 1,5 cm + 4,0 cm + 2,5 cm = 13,0 cm

b) Bestimme jeweils den Umfang der abgebildeten Flächen. Bei welcher Figur ist der Umfang nicht so einfach zu ermitteln? Begründe.

In einem Stall sind Kaninchen und Hühner. Sie haben zusammen 24 Köpfe und 68 Füße. Wie viele Kaninchen sind es?

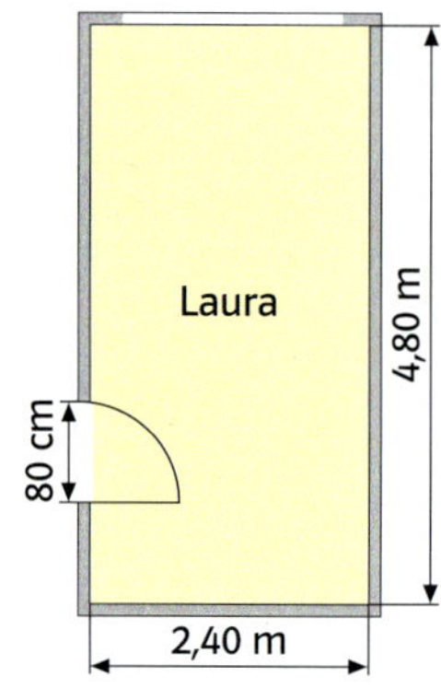

Aus unserem aktuellen Angebot

Laminat-Sockelleiste

22 x 40 mm; Länge 2,70 m
Preis: 6,30 €; Dekor: Eiche

22 x 50 x 2500 mm
Preis: 5,80 €; Dekor: Buche

1 In Lauras Zimmer sollen neue Fußleisten angebracht werden. Im Baumarkt findet Laura zwei Angebote. Laura rechnet:

2,40 m + 4,80 m + 2,40 m +

Erläutere ihren Rechenweg. Finde eine weitere Möglichkeit, den Umfang der rechteckigen Fußbodenfläche zu berechnen.

2 Yannick möchte für seine Kaninchen einen quadratischen Auslauf bauen. Jede Seite soll 3,50 m lang werden.

Wie viel Meter Draht muss er für die Umzäunung mindestens kaufen?

3 Berechne den Umfang des abgebildeten Rechtecks. Entscheide dich für einen Lösungsweg.

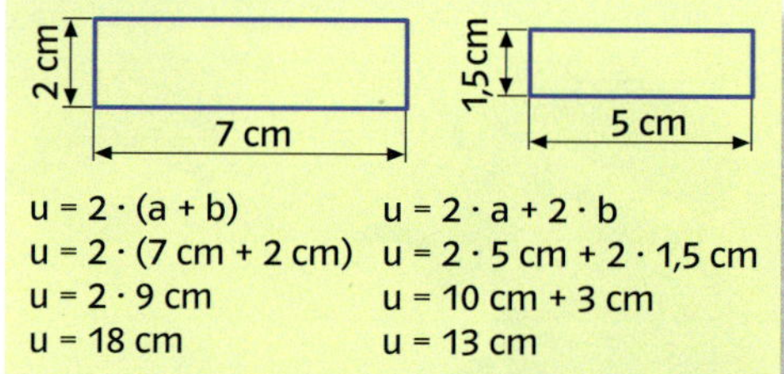

u = 2 · (a + b)	u = 2 · a + 2 · b
u = 2 · (7 cm + 2 cm)	u = 2 · 5 cm + 2 · 1,5 cm
u = 2 · 9 cm	u = 10 cm + 3 cm
u = 18 cm	u = 13 cm

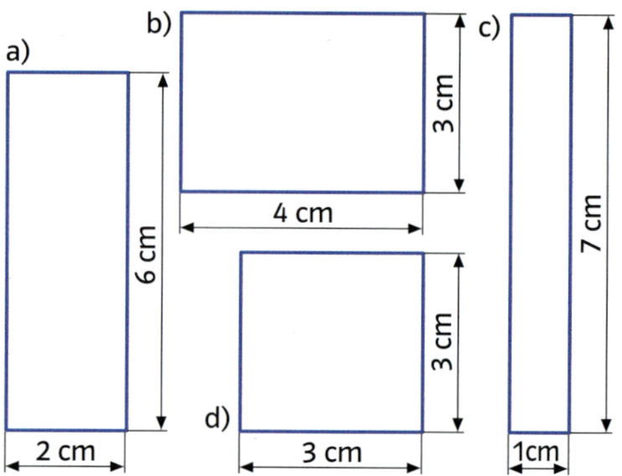

4 Wie groß ist der Umfang folgender Rechtecke? Achte auf die Einheiten.

	a)	b)	c)
Seitenlänge a	25 cm	81 mm	1,50 m
Seitenlänge b	35 cm	15 cm	45 cm

5 Berechne den Umfang eines Quadrates mit der Seitenlänge 30 cm (75 dm).

6 a) Zum Training laufen Spieler achtmal um das 105 m lange und 75 m breite Spielfeld.
b) Wie viele Runden müssen sie für 3600 m laufen?

Umfang eines Rechtecks

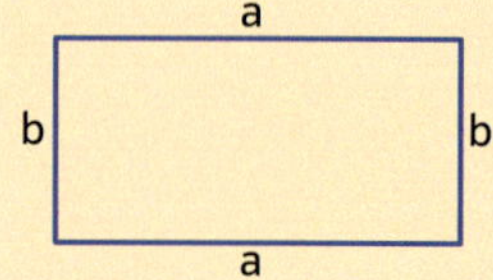

u = a + b + a + b
oder **u = 2 · a + 2 · b**
oder **u = 2 · (a + b)**

Umfang eines Quadrats

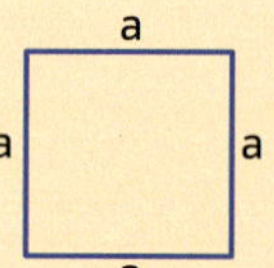

u = a + a + a + a
oder **u = 4 · a**

Flächeninhalte vergleichen

1 Die Diele in Kims neuer Wohnung wird mit quadratischen Korkfliesen ausgelegt.

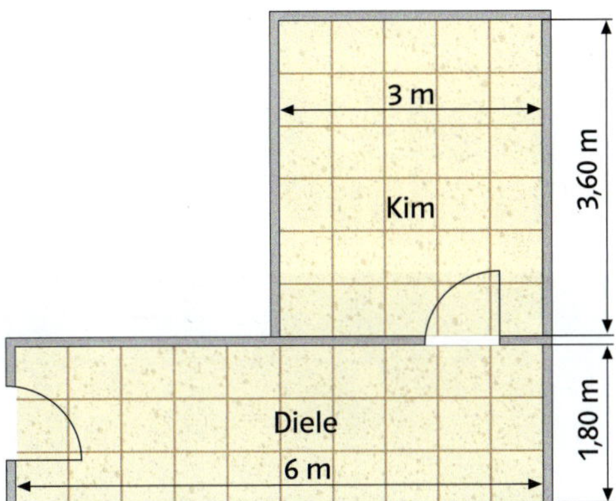

Was meinst du zu Kims Aussage?

2 Welche Flächen sind gleich groß?

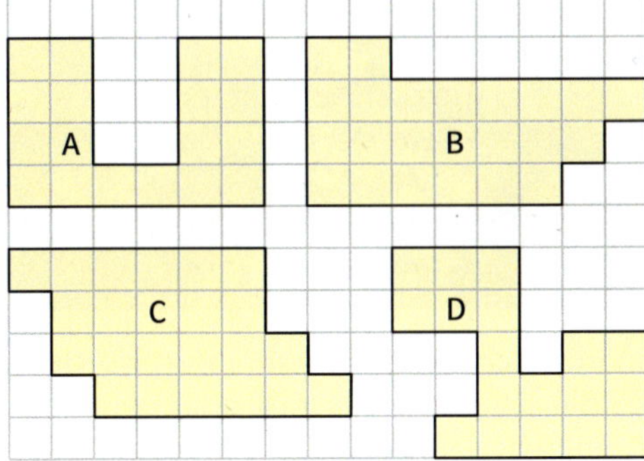

3 Das Tangramspiel ist ein altes chinesisches Legespiel.
Welche Figur bedeckt die größte Fläche?
a) b) c)

4 Bestimme den Flächeninhalt der abgebildeten Figuren. Ermittle dazu die Anzahl der Gitterquadrate.

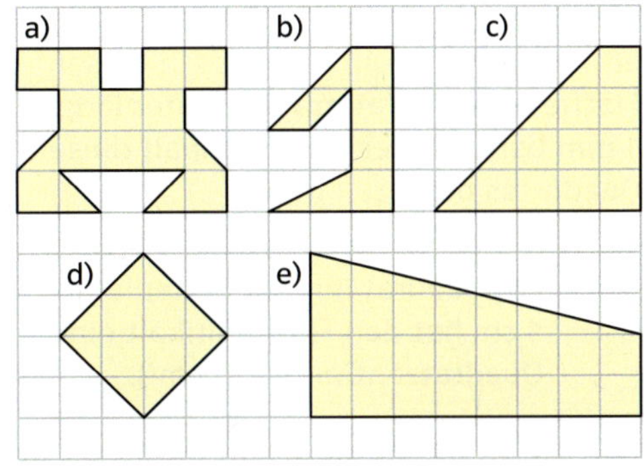

5 Übertrage die Figuren in gleicher Größe in dein Heft. Entnimm die Seitenlängen aus der Abbildung.
Welche Figur hat den größten Flächeninhalt? Beschreibe, wie du den Flächeninhalt der einzelnen Rechtecke ermittelst.

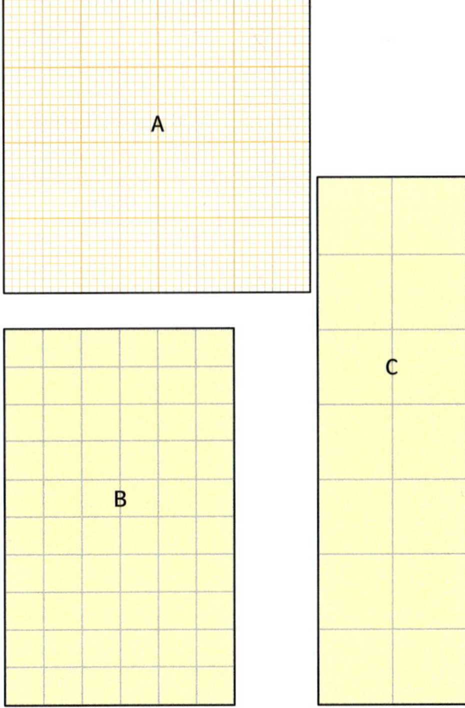

Tangram

Schneide zunächst ein Quadrat mit 10 cm Seitenlänge aus Pappe aus. Zerlege es anschließend wie abgebildet in sieben Teile.

Flächen, die man mit gleichen Flächenstücken auslegen kann, sind gleich groß. Sie haben den gleichen Flächeninhalt.

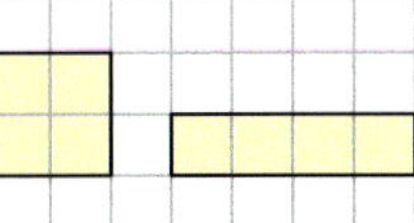

Flächeneinheiten

1 Zum Messen von Flächeninhalten werden Quadrate mit festgelegten Flächeneinheiten verwendet. Um zum Beispiel den Inhalt einer kleinen Fläche zu ermitteln, wird zum Ausmessen dieser Fläche ein Quadrat mit der Seitenlänge 1 mm benutzt. Der Flächeninhalt dieses Quadrates beträgt 1 mm².

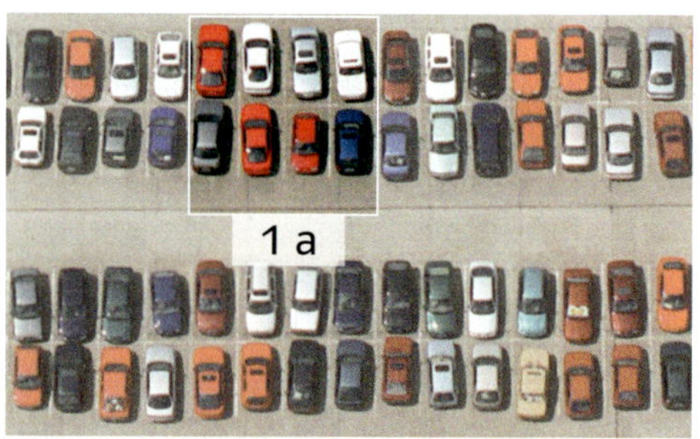

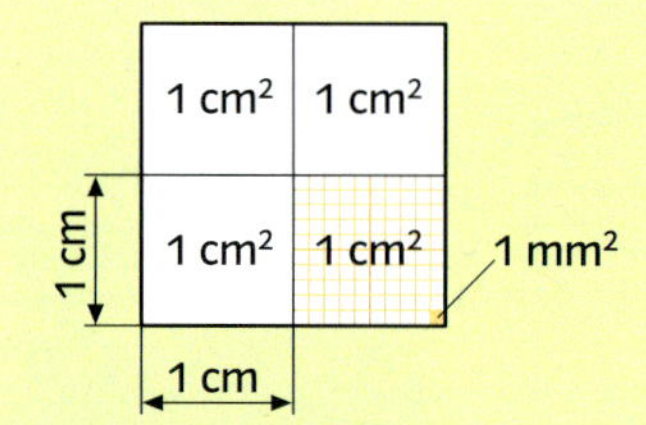

Ein Quadrat mit der Seitenlänge 1 cm hat den Flächeninhalt ein Quadratzentimeter (1 cm²).

a) Übertrage die Tabelle in dein Heft und bestimme die Platzhalter. Die Abbildungen auf dieser Seite können dir dabei helfen.

Quadrat mit der Seitenlänge	Flächeninhalt	Name
1 mm	1 mm²	Quadratmillimeter
■	■	Quadratzentimeter
1 dm	■	■
■	1 m²	■
■	■	Ar
■	■	Hektar
■	1 km²	■

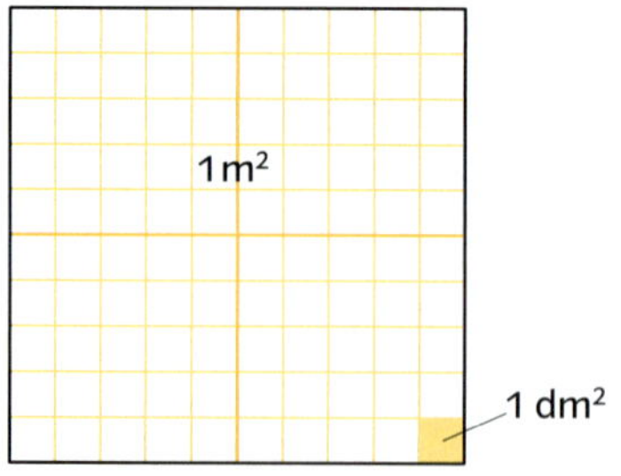

b) In welchen Flächeneinheiten würdest du die folgenden Flächen angeben: Teppichboden, Schulhof, Postkarte, Briefmarke, Mikrochip, Familienfoto, Ackerfläche, Baugrundstück, Fläche von Nordrhein-Westfalen?

1 km² = 100 ha
1 ha = 100 a
1 a = 100 m²
1 m² = 100 dm²
1 dm² = 100 cm²
1 cm² = 100 mm²

2 Ordne den Flächen eine passende Einheit zu. Bei der richtigen Zuordnung ergeben die zugehörigen Buchstaben einen Sinn.

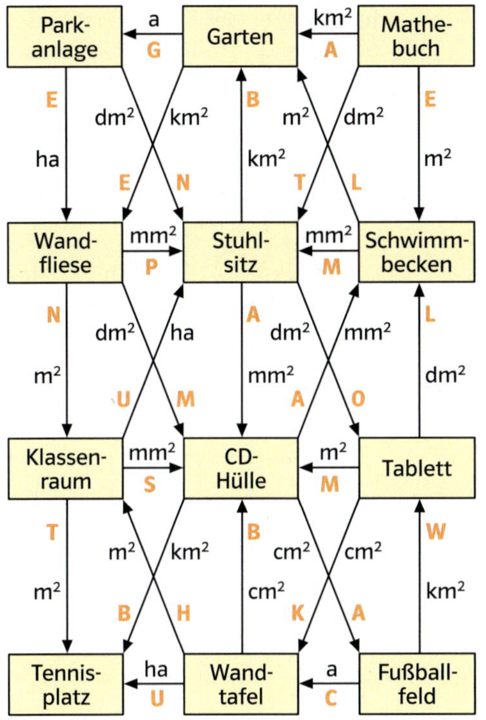

3 Wandle um in die nächstkleinere Einheit.

a) 5 m²
8 dm²
17 m²
23 ha
14 dm²

b) 6 km²
60 dm²
81 a
34 ha
75 cm²

c) 83 km²
60 ha
99 dm²
19 cm²
52 km²

4 Wandle um in die nächstgrößere Einheit.

a) 2100 cm²
6700 m²
900 a
7200 ha
8700 m²

b) 1500 m²
49 000 a
300 dm²
100 ha
4100 cm²

c) 3900 ha
7800 dm²
540 000 m²
24 700 mm²
1900 a

5 Folgende Grundstücke sollen versteigert werden:

1) Flurstück 25/113 zu 15 a 25 m²
2) Flurstück 35/115 zu 77 a 53 m²
3) Flurstück 35/124 zu 2 a 3 m²

Wie groß sind jeweils die angegebenen Grundstücke in Quadratmetern?

6 Herr Werner soll von seinem Land (46 a 82 m²) für den Bau einer Straße 1127 m² abgeben.

a) Wie viel Quadratmeter Land bleiben übrig?

b) Für einen Quadratmeter Land erhält er 24 € Entschädigung.

a	m²		dm²		cm²		mm²	
E	Z	E	Z	E	Z	E	Z	E
						2	8	5
			5	3	7	9		
	1	9	3	0				
7	5	0						
						5		
			7	3				

2 cm²	85 mm²	=	2,85 cm²
53 dm²	79 cm²	=	53,79 dm²
19 m²	30 dm²	=	19,30 m²
7 a	50 m²	=	7,50 a
5 cm²		=	0,05 dm²
73 dm²		=	0,73 m²

7 Schreibe mit Komma in der größten genannten Einheit.

a) 5 m² 42 dm²
9 dm² 15 cm²
79 ha 26 a
41 m² 75 dm²

b) 7 a 65 m²
18 m² 13 dm²
20 a 50 m²
34 ha 25 a

8 Schreibe mit Komma in der nächstgrößeren Einheit.

a) 340 mm²
980 ha
485 m²

b) 1750 m²
4580 cm²
1015 ha

c) 40 mm²
30 dm²
6 cm²

9 Vergleiche (>, <, =)

a) 230 cm² ■ 23 dm²
2500 mm² ■ 25 cm²
10 000 a ■ 1 km²
1200 a ■ 12 ha

b) 34 000 dm² ■ 34 a
57 000 ha ■ 57 km²
43 400 a ■ 43 km² 400 ha
51 000 mm² ■ 5 dm² 10 cm²

10 Seide wird aus den winzigen Kokons der Seidenraupen gewonnen. Ein Kokongehäuse besteht aus einem Seidenfaden von etwa 3 km Länge.
Nach der Bearbeitung gewinnt man aus einem Kokon einen Webfaden bis zu 1500 m Länge. Für ein Seidenkleid von 400 g werden 3000 Kokons benötigt.

1 Im Wohnzimmer von Laura und Kims neuer Wohnung soll ein Parkettboden verlegt werden.
Dafür muss der Inhalt der Fußbodenfläche in Quadratmetern bestimmt werden.

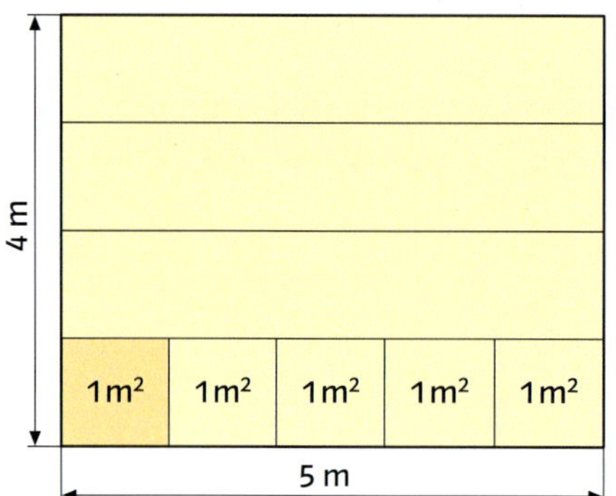

Wie wird Laura rechnen?

2 a) Im folgenden Beispiel wird der Flächeninhalt eines Rechtecks mit den Seitenlängen 6 cm und 3 cm berechnet. Erläutere den Lösungsweg.

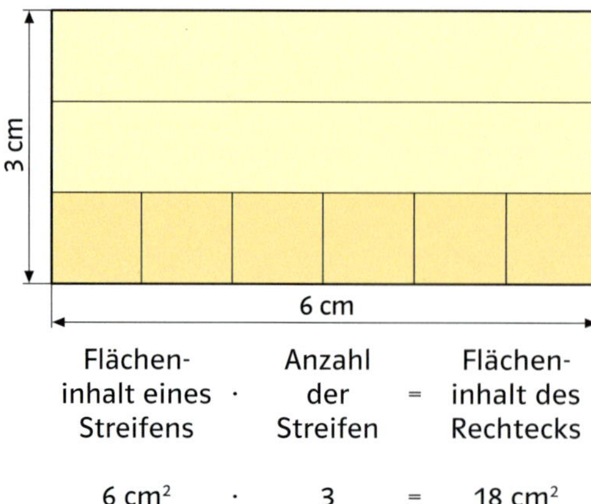

b) Bestimme jeweils den Flächeninhalt der abgebildeten Rechtecke (I – V). Ergänze dazu die Tabelle im Heft.

Figur	Flächeninhalt eines Streifens	Anzahl der Streifen	Flächeninhalt des Rechtecks
I	9 cm²	4	▒ cm²

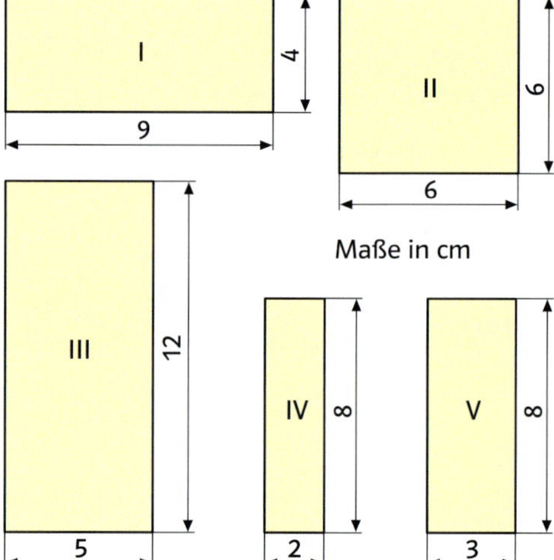

3 a) Beschreibe, wie in dem Beispiel der Flächeninhalt A eines Rechtecks aus den gegebenen Seitenlängen a und b berechnet wird.

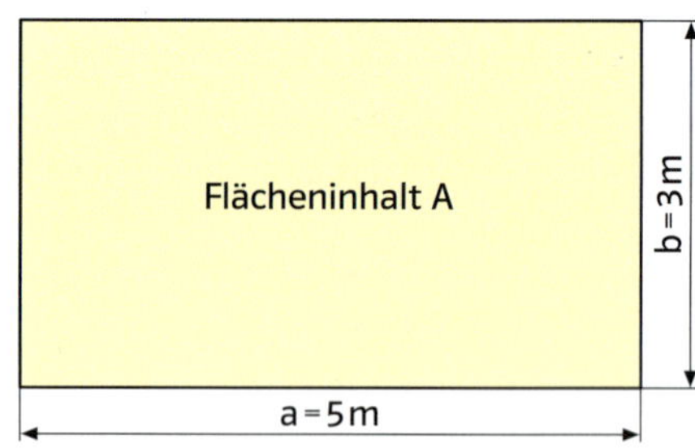

Flächeninhalt A des Rechtecks:
$A = 5\,m \cdot 3\,m$
$A = 5 \cdot 3\,m^2$
$A = 15\,m^2$

b) Berechne den Flächeninhalt eines Rechtecks. Achte auf die Einheiten.

	I	II	III	IV	V
a	12 m	14 dm	22 m	0,9 dm	50 m
b	8 m	11 dm	50 dm	12 cm	50 m

Flächeninhalt eines Rechtecks
mit den Seitenlängen a und b

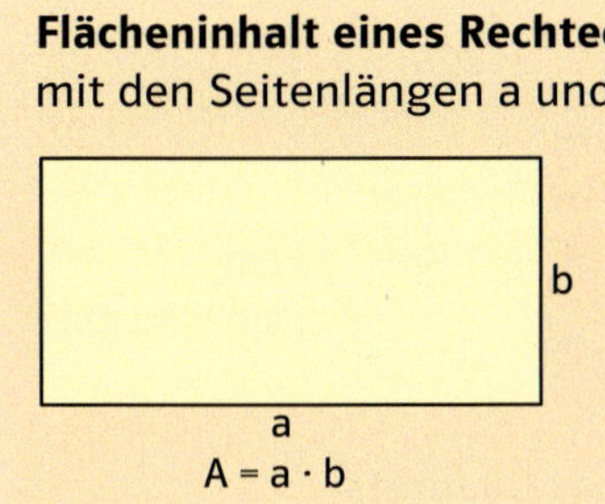

$A = a \cdot b$

Flächeninhalt eines Quadrats
mit der Seitenlänge a

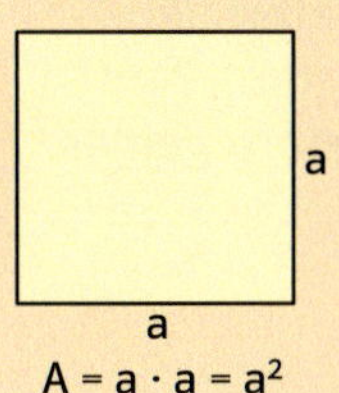

$A = a \cdot a = a^2$

Der Buchstabe **A** (von engl.: area) ist das Formelzeichen des Flächeninhalts.

4 Berechne die Größe des Spielfeldes in Quadratmetern (m^2) und in Ar (a).

a) Fußball (105 m lang, 70 m breit)
b) Basketball (26 m lang, 14 m breit)
c) Korbball (60 m lang, 25 m breit)
d) Tennisplatz (ca. 23,80 m lang, 8,20 m breit)

5 Frau Klimmer soll eine neue Wohnung bekommen. Sophia und Lars helfen ihr beim Berechnen. Sie entnehmen die Maße der Zeichnung.

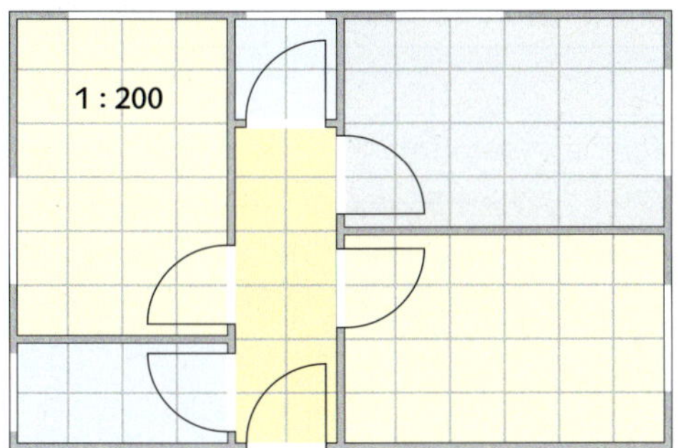

a) Wie lang und wie breit ist jedes Zimmer?
b) Wie groß ist die Wohnfläche der einzelnen Zimmer?
c) Wie groß ist der Umfang jedes Wohnraums?

6 Eine neue Straße von 8,5 km Länge und 18 m Breite wird gebaut.
a) Wie groß ist die Straßenfläche (in km^2, in ha, in a)?
b) Bei einem Sturzregen fallen 4 Liter Wasser auf 1 Quadratmeter. Wie viel Liter Wasser müssen von den Gullys aufgenommen werden?

7 Berechne den Flächeninhalt der abgebildeten Figur. Übertrage zunächst die Figur im Maßstab 1 : 100 in dein Heft.
Beschreibe anschließend deinen Lösungsweg. Es gibt mehrere Möglichkeiten.

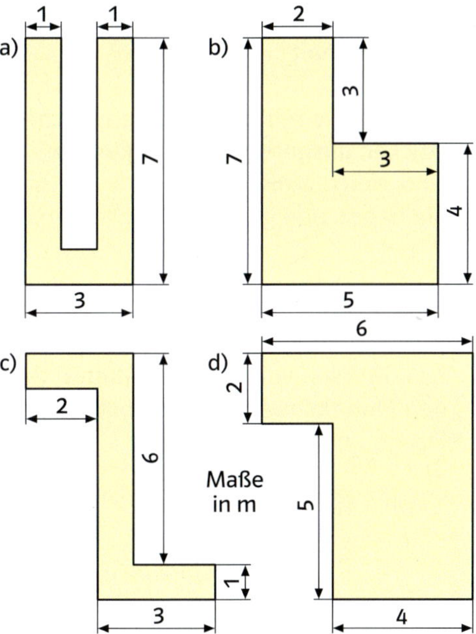

8 Die Parkwege sollen mit Platten belegt werden. Alle Wege sind 1 m breit. Wie viele Quadratmeter müssen verlegt werden?

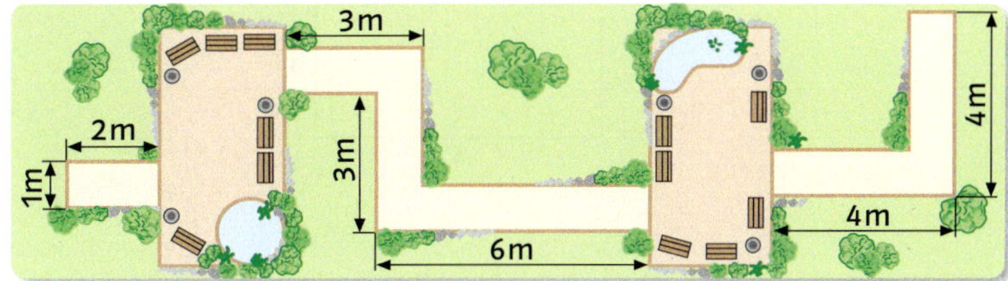

Grundwissen: Längen und Flächen

Längeneinheiten

Längen werden in Kilometern (km), Metern (m), Dezimetern (dm), Zentimetern (cm) und Millimetern gemessen.

1 km = 1000 m
1 m = 10 dm
1 dm = 10 cm
1 cm = 10 mm

Umfang eines Rechtecks

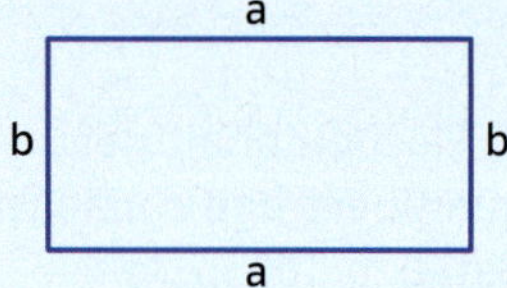

$u = a + b + a + b$

oder $u = 2 \cdot a + 2 \cdot b$

oder $u = 2 \cdot (a + b)$

Umfang eines Quadrats

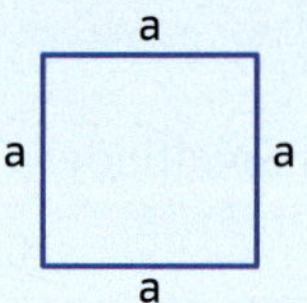

$u = a + a + a + a$

oder $u = 4 \cdot a$

Flächeninhalt

Flächen, die mit den gleichen Flächenstücken ausgelegt werden können, sind gleich groß.
Sie haben den gleichen Flächeninhalt.

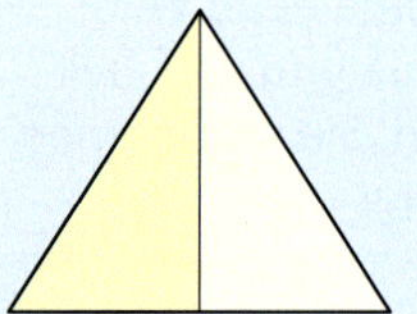

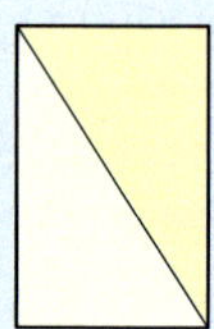

Flächeneinheiten

Zum Messen von Flächeninhalten werden Einheitsquadrate mit festgelegten Flächeninhalten verwendet.

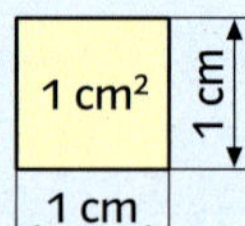

$1\ km^2 = 100\ ha$
$1\ ha = 100\ a$
$1\ a = 100\ m^2$
$1\ m^2 = 100\ dm^2$
$1\ dm^2 = 100\ cm^2$
$1\ cm^2 = 100\ mm^2$

Flächeninhalt eines Rechtecks

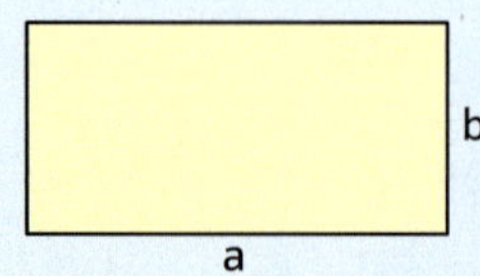

$A = a \cdot b$

Flächeninhalt eines Quadrats

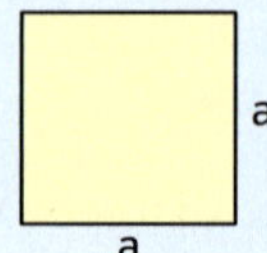

$A = a \cdot a = a^2$

Üben und Vertiefen

1 Ordne der Größe nach. Benutze das Zeichen <.

a) 557 cm
1 m 3 dm 6 cm
2 m 87 cm
26 dm 4 cm
3,58 m
256 cm 60 mm

b) 5 km 39 m
5122 m
48 624 dm
5 887 000 m
5,040 km
4 km 630 m

2 Von einer Rolle Teppichboden sind Stücke mit den folgenden Längen verkauft worden:
2,50 m; 65 cm; 12,30 m und 6,70 m. Die Rolle enthielt 50 m.

3 Eine noch heute gebräuchliche alte Maßeinheit für Rohrdurchmesser und Gewinde ist der Zoll (Daumenbreite).

Umrechnungstabelle von Zoll in Meter 1 Zoll (1″) = 25,4 mm				
Zoll	0	1	2	3
0	0,0000	0,0254	0,0508	0,0762
10	0,2540	0,2794	0,3048	0,3302
20	0,5080	0,5334	0,5588	0,5842
30	0,7620	0,7874	0,8128	0,8382
40	1,0160	1,0414	1,0668	1,0922
50	1,2700	1,2954	1,3208	1,3462
60	1,5240	1,5494	1,5784	1,6002
70	1,7780	1,8034	1,8288	1,8542
80	2,0320	2,0574	2,0828	2,1082
90	2,2860	2,3114	2,3368	2,3622

Wandle mithilfe der Tabelle in die Einheit um, die in Klammern steht.

a) 2″ (m)
3″ (cm)
1″ (mm)

b) 12″ (m)
11″ (m)
23″ (m)

c) 30″ (m)
17″ (cm)
38″ (mm)

4 Berechne den Umfang der Figur.

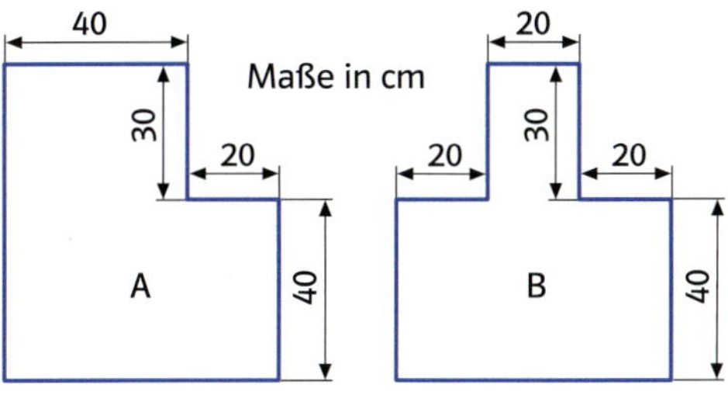

5 Ein rechteckiger Spielplatz ist 45 m lang und 28 m breit. Wie lang ist der Zaun?

6 In 5 m Entfernung vom Spielfeldrand wird ein Zaun vor den Zuschauerplätzen errichtet. Berechne seine Länge.

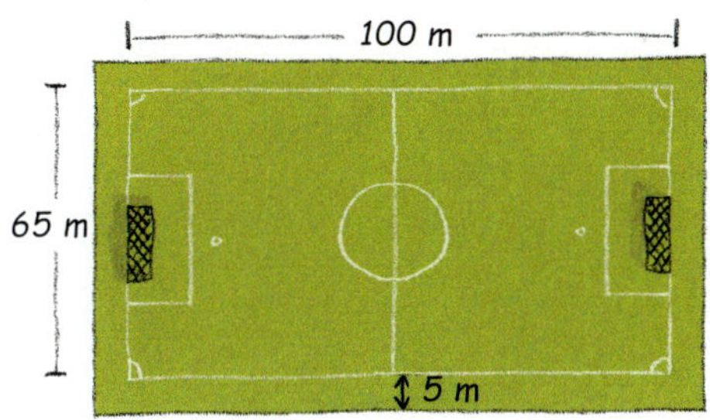

7 a) Finde drei weitere Rechtecke mit dem Umfang u = 24 cm. Gib jeweils Länge und Breite an.

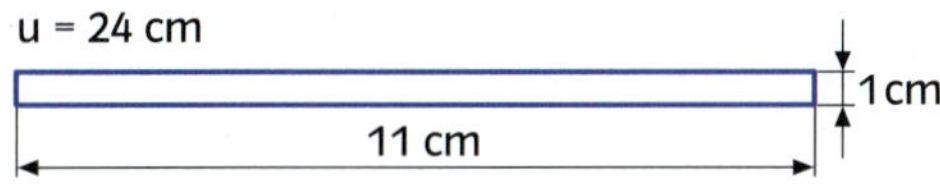

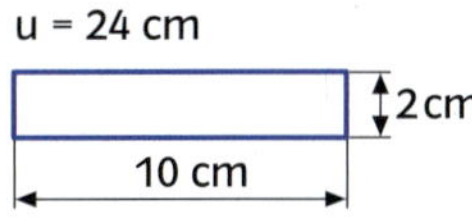

b) Zeichne vier verschiedene Rechtecke mit dem Umfang u = 18 cm.
c) Welche Rechtecke kannst du mit einer 60 m langen Leine abgrenzen? Die Seitenlängen sollen nur ganzzahlige Werte annehmen.

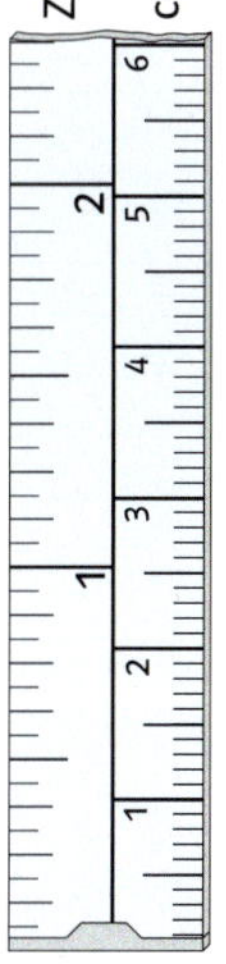

8 a) Ein Rechteck hat einen Umfang von 100 cm. Eine Seitenlänge beträgt 40 cm (30 cm, 25 cm, 18 cm).
b) Ein Quadrat hat einen Umfang von 80 m (200 dm, 36 cm, 112 mm).

9 Drei quaderförmige Pakete sollen wie abgebildet mit Klebeband zugeklebt werden. Alle Pakete sind gleich groß. Auf der Rolle sind noch 11 m Klebeband.

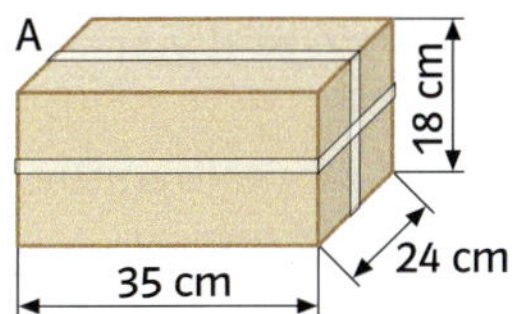

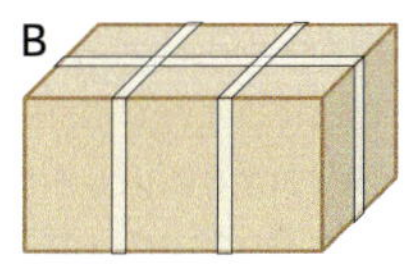

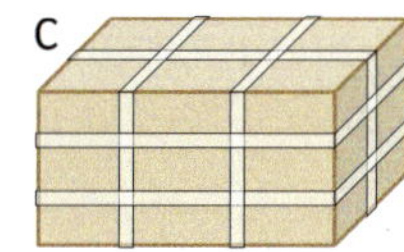

Üben und Vertiefen

10 In der neuen Wohnung erhält Anne ein Zimmer, das sie selbst einrichten darf.

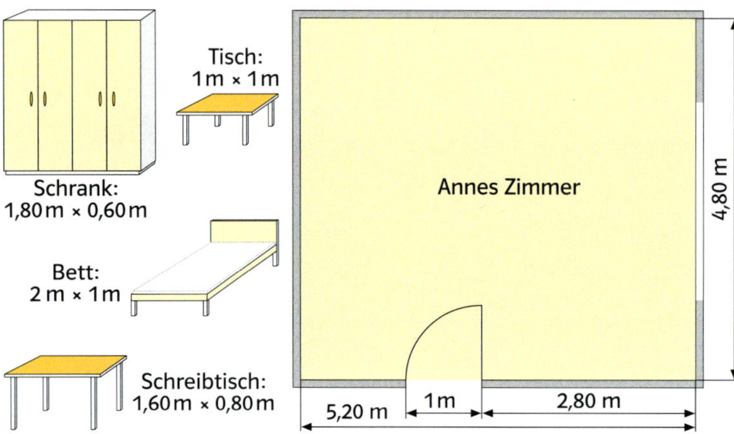

a) Zeichne einen Grundriss von Annes Zimmer im Maßstab 1 : 50.
b) Zeichne Grundrisse der abgebildeten Möbel im gleichen Maßstab und schneide sie aus.
Überlege, wie Anne ihr Zimmer einrichten könnte.
c) Stelle aus dem Angebot eines Möbelhauses eine Zimmereinrichtung zusammen und berechne den Preis.

11 a) Bestimme anhand der Abbildung, die Größe der befestigten und bebauten Fläche.
b) Wie groß ist die restliche Fläche?

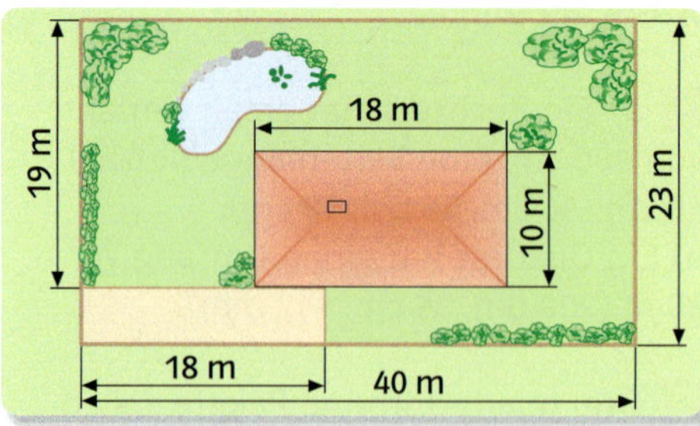

12 Förster Bär will ein rechtwinkliges Brachland (Länge: 480 m, Breite: 230 m) aufforsten. Auf je zehn Quadratmeter Fläche werden zwei Buchen und vier Eichen gepflanzt.
Berechne jeweils die Anzahl der benötigten Buchen- und Eichenpflanzen.

13 Berechne den Flächeninhalt der abgebildeten Figuren.

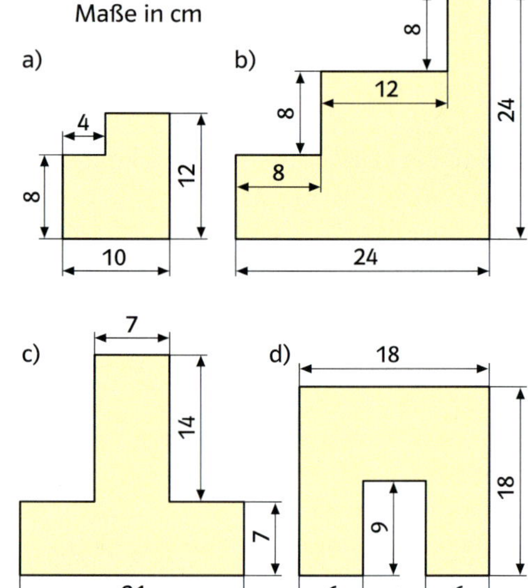

14 Berechne den Bedarf an blauem und gelbem Stoff.

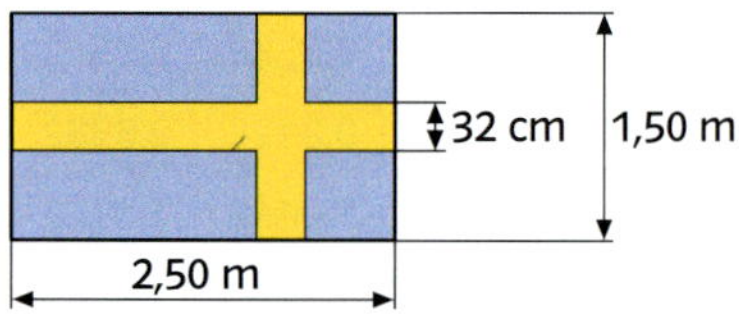

15 Ein quadratisches Rosenbeet mit der Seitenlänge 6 m wird gedüngt. Auf einem Quadratmeter werden 120 g Dünger gestreut.
Wie viel Kilogramm Rosendünger müssen für das Beet eingekauft werden?

16 Ein 25 m langes und 16 m breites rechteckiges Grundstück soll gegen ein quadratisches Grundstück mit gleich großem Flächeninhalt getauscht werden. Wie lang muss eine Seite des Quadrats sein?

17 Berechne die fehlende Seitenlänge eines Rechtecks.

	a)	b)	c)
A	160 m²	340 m²	5459 m²
a	8 m	20 m	53 m

Vernetzen: Ein Platz für Fahrräder

1 Auf dem Schulhof soll für die Fahrräder der Schülerinnen und Schüler ein rechteckiger Platz eingezäunt werden. Für diese Einfassung stehen 23 der abgebildeten Zaunelemente zur Verfügung. Ein Zaunelement ist 2 m breit.

a) Eine Arbeitsgruppe der Klasse 5b schlägt vor, mithilfe einer Schnur einen Platz für die Fahrräder abzustecken. Welche Länge muss die Gruppe für die Schnur gewählt haben? Was hältst du von diesem Vorschlag?

Als Zufahrt ist eine 2 m breite Öffnung vorgesehen.

b) Beschreibe anhand der Abbildung, wie eine andere Arbeitsgruppe die Aufgabe lösen will.

1 : 200

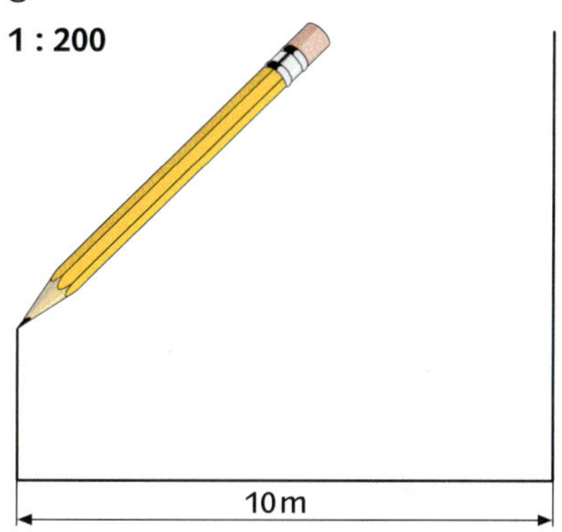

Bearbeitet diese Aufgabe in Gruppen.

Beachte die Hinweise auf den Seiten 36, 167 und 189.

1 In den folgenden Abbildungen siehst du, wie von einem quadratischen Blatt Papier jeweils Rechtecke abgeschnitten worden sind. Bestimme jeweils Flächeninhalt und Umfang.

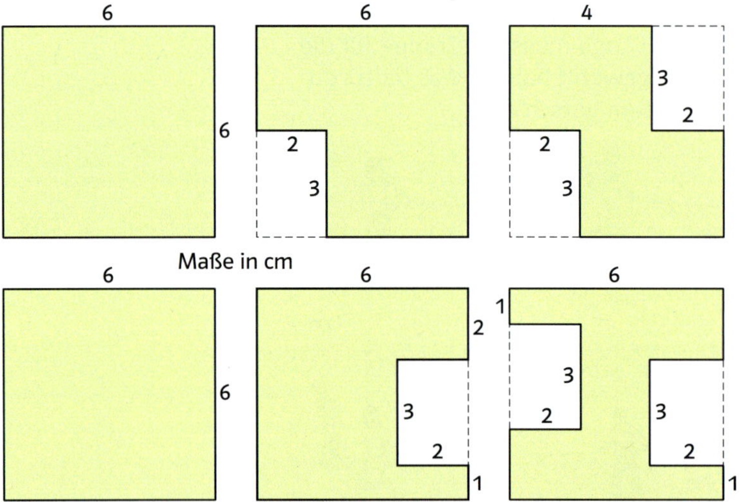

2 a) Ein Quadrat hat die Seitenlänge 3 cm. Gib Umfang und Flächeninhalt an.
b) Die Seitenlängen des Quadrats werden verdoppelt. Wie ändert sich der Umfang, wie der Flächeninhalt?

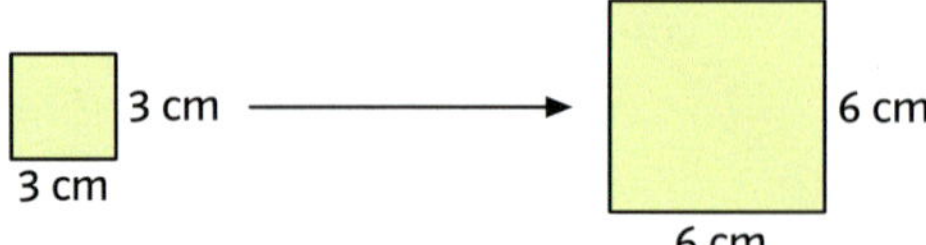

c) Alle Seitenlängen des Quadrats werden verdreifacht.
Was vermutest du über die Veränderung des Umfangs (des Flächeninhalts)? Rechne nach.

3 a) Ein Rechteck hat den Umfang 20 cm. Welche Längen können die Seiten des Rechtecks haben? Gib verschiedene ganzzahlige Längen an.

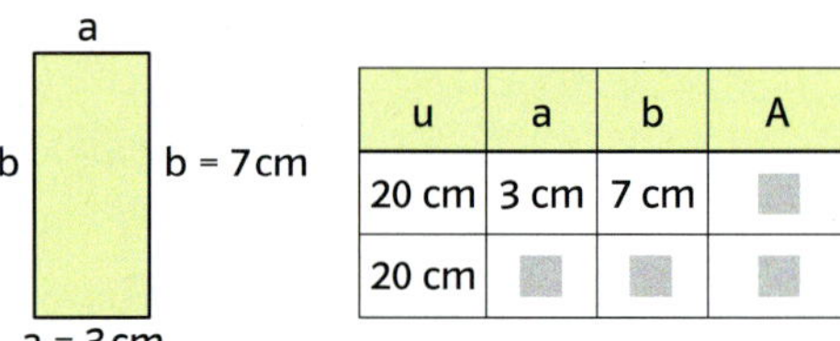

u	a	b	A
20 cm	3 cm	7 cm	
20 cm			

b) Ein Rechteck hat einen Flächeninhalt von 24 cm^2. Welche Längen können die Seiten des Rechtecks haben? Gib verschiedene ganzzahlige Längen an.

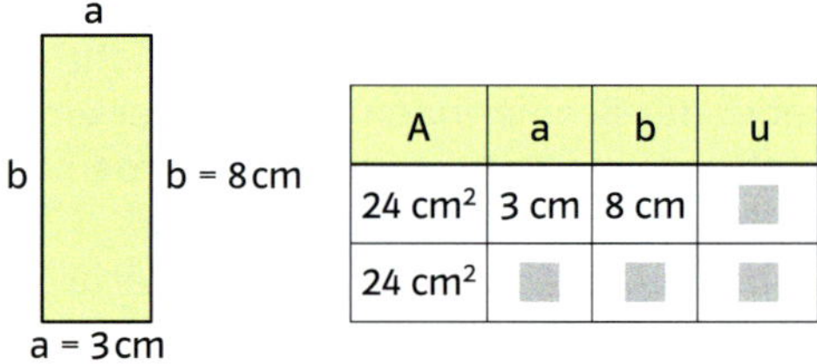

A	a	b	u
24 cm^2	3 cm	8 cm	
24 cm^2			

4 Die abgebildeten Rechtecke haben jeweils den Umfang 28 cm.

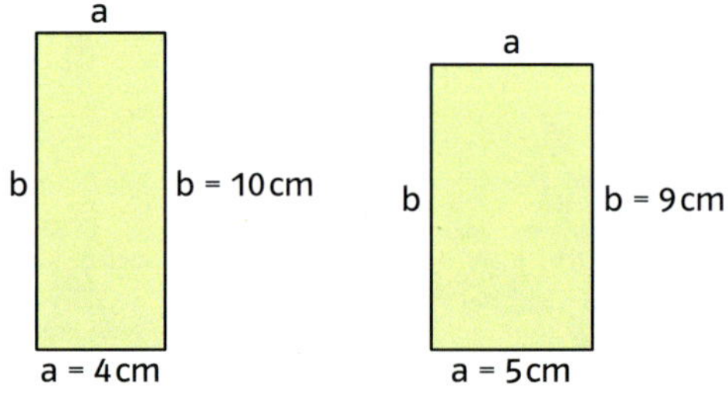

a) Berechne den Flächeninhalt der abgebildeten Rechtecke.
b) Ermittle weitere Seitenlängen. Wähle die Seitenlängen so, dass der Flächeninhalt so groß wie möglich wird. Was stellst du fest?
c) Ein Rechteck hat einen Umfang von 32 m (44 m, 52 cm, 100 m). Bestimme die Seitenlängen, sodass der Flächeninhalt des Rechtecks so groß wie möglich wird.

5 Auf dieser Seite hast du in den Aufgaben Beziehungen zwischen Umfang und Flächeninhalt erarbeitet. Notiere, was du dabei festgestellt hast.

1 Regenwürmer sind im Ackerboden sehr wertvoll, weil sie mit ihrem Kot einen natürlichen Dünger liefern.

a) Landwirt Bruns schätzt, dass in einem Quadratmeter seines Ackers im Herbst etwa 50 Regenwürmer leben.
Wie viele Regenwürmer befinden sich demnach auf einer 2500 m² (9a, 1 km²) großen Fläche?

b) In den drei Herbstmonaten „verarbeiten" die Regenwürmer auf einer 1 m² großen Fläche etwa 1 kg Stoppeln zu 500 g Dünger.
Wie viel Kilogramm Kunstdünger kann der Landwirt dadurch auf einer 4900 m² (25 a, 16 ha) großen Ackerfläche sparen?

2 Durch ein Waldgebiet wird für eine gerade Straße von 8 km Länge eine 15 m breite Schneise geschlagen. Wie viel Quadratmeter (Ar, Hektar) müssen für die Straße gerodet werden?

3 Eine quadratische Waldfläche soll mit Bergahorn bepflanzt und mit Maschendraht umzäunt werden. Die Seitenlänge der Fläche beträgt 180 m.

1 Ahornpflanze (4 Pflanzen auf 10 m²)	*0,40 €*
1 m Maschendraht	*1,40 €*
1 Zaunpfahl (alle 6 m)	*4,50 €*

a) Bestimme die Anzahl der benötigten Ahornpflanzen und berechne ihren Preis.

b) Wie viel Euro müssen insgesamt für den Maschendraht und für die Pfähle bezahlt werden?

4 Die abgebildeten Waldflächen sollen mit Buchen und Eichen aufgeforstet werden.

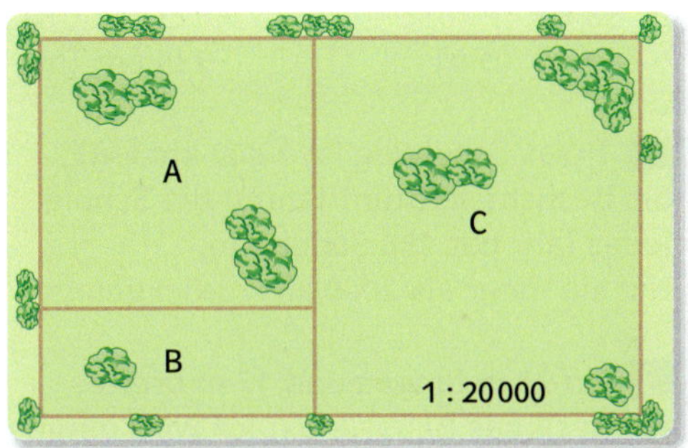

6 Pflanzen auf 10 m²

5 Innerhalb des Projektes „Der Wald" stellt eine Arbeitsgruppe die Buche vor. Die Gruppe hat bereits einige Informationen auf einem Plakat festgehalten.

Eine ausgewachsene Buche hat über 200 000 Blätter.
Ein Buchenblatt ist etwa 20 cm² groß.
An einem Sommertag filtern die Blätter aus der Luft etwa 10 000 Liter Kohlenstoffdioxid.
Gleichzeitig geben die Blätter fast 8000 Liter Sauerstoff ab.

Die Gruppe sammelt weitere Fragen.

- *Wie viele Quadratmeter Wald bedeckt die Buche?*
- *Sind die Buchen auch vom Waldsterben betroffen?*
- *Welche Ursachen gibt es für das Waldsterben?*

Das menschliche Atemorgan ist die Lunge mit ihren 350 Millionen Lungenbläschen. Ihre gesamte Oberfläche ist etwa 150 m² groß.

Formuliert zusätzliche Fragen. Präsentiert eure Ergebnisse durch Fotos, Zeichnungen, Texte, Berechnungen, Tabellen und Diagramme.

Lernkontrolle 1

1 Wandle in die Einheit um, die in Klammern steht.

a) 71 dm (cm)
38 cm (mm)
60 cm (dm)

b) 5,32 m (cm)
0,613 km (m)
235 cm (m)

2 Tirzas Schulweg ist 1,800 km lang. Sie besucht seit fünf Jahren die Schule. Jedes Jahr hat 198 Schultage.
Hat sie mehr als 2000 km zurückgelegt?

3 Ein 23 m langes und 17 m breites rechteckiges Baugrundstück wird eingezäunt. Wie lang ist der Zaun?

4 a) Der Umfang eines Quadrats beträgt 56 cm. Berechne die Seitenlänge.
b) Der Umfang eines Rechtecks beträgt 84 m. Eine Seite ist 32 m lang. Wie lang ist die andere Seite?

5 Wandle in die Einheit um, die in Klammern steht.

a) 8 m^2 (dm^2)
24 dm^2 (cm^2)
3500 m^2 (a)

b) 84 500 a (ha)
6,31 cm^2 (mm^2)
48 cm^2 (dm^2)

6 Ein Ballen Düngetorf reicht für eine Gartenfläche von 48 m^2.
Wie viele Ballen müssen für eine 2,88 a große Fläche eingekauft werden?

7 a) Ein Rechteck ist 70 m lang und 42 m breit. Berechne den Flächeninhalt.
b) Die Seitenlänge eines Quadrats beträgt 25 cm. Wie groß ist der Flächeninhalt?

8 Zwei Dörfer werden durch eine gerade Straße verbunden, die 1,800 km lang und 6 m breit werden soll.
Wie viel Hektar Land werden gebraucht?

9 a) Die Fläche eines Quadrats beträgt 81 cm^2. Berechne seine Seitenlänge.
b) Ein rechteckiger Bauplatz von 768 m^2 hat eine Länge von 32 m. Wie breit ist er?

10 Zeichne ein Rechteck mit den Seitenlängen 12 cm und 4 cm. Teile es in möglichst große Quadrate auf.
Wie groß ist der Flächeninhalt eines Quadrats?

Wiederholung

1 Welcher Bruchteil der Gesamtfläche ist farbig dargestellt?

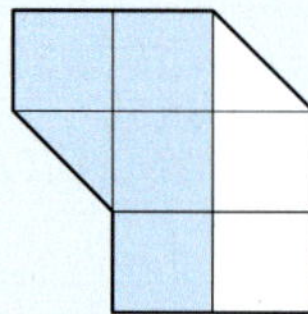

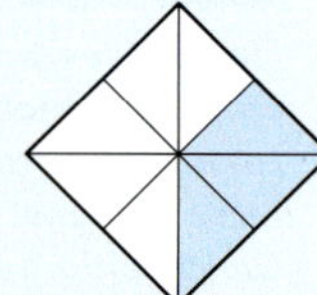

2 Zeichne zu jeder Aufgabe ein Rechteck (4 cm lang, 3 cm breit) und färbe den angegebenen Bruchteil.

a) $\frac{3}{8}$ b) $\frac{5}{6}$ c) $\frac{13}{24}$

3 Welcher Bruchteil fehlt hier am Ganzen?

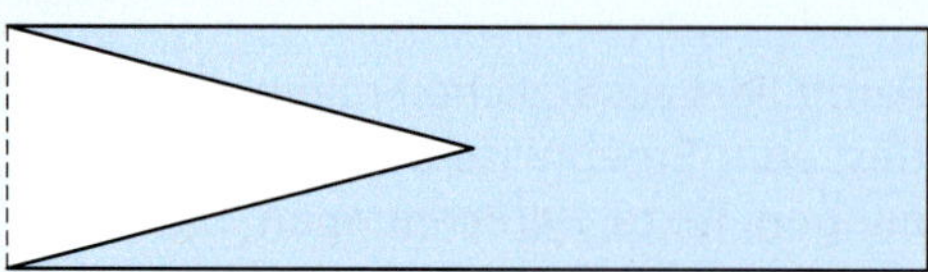

4 Bestimme die Platzhalter.

a) $\frac{6}{\square} = \frac{54}{63}$ b) $\frac{3}{4} = \frac{\square}{24}$ c) $\frac{\square}{72} = \frac{9}{18}$

5 Kürze so weit wie möglich.

a) $\frac{36}{72}$ b) $\frac{21}{28}$ c) $\frac{48}{54}$ d) $\frac{126}{144}$

6 Ordne die folgenden Brüche der Größe nach. Beginne mit dem kleinsten Bruch.

a) $\frac{1}{2}, \frac{7}{8}, \frac{3}{4}$ b) $\frac{3}{4}, \frac{5}{8}, \frac{9}{16}, \frac{15}{32}$

7 Eine Klasse hat 27 Schülerinnen und Schüler. Bei der Wahl zur Schülervertretung erhielt Svenja $\frac{1}{3}$ und Rabia $\frac{4}{9}$ der Stimmen. Tim erhielt den Rest.
Wie viele Stimmen erhielt jeder?

Lernkontrolle 2

1 Durch ein 5 km langes Waldstück wird für eine Straße eine 15 m breite Schneise geschlagen. Wie viel Quadratmeter (Ar, Hektar) Waldfläche müssen für die Straße gerodet werden?

2 Berechne den Flächeninhalt.

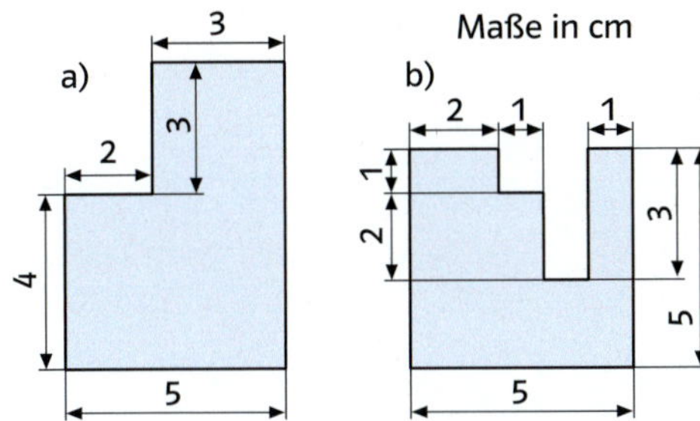

3 a) Der Flächeninhalt eines Rechtecks beträgt 192 m², eine Rechteckseite ist 16 m lang. Berechne den Umfang des Rechtecks.
b) Ein Rechteck hat den Umfang 128 cm. Gib die Seitenlängen an, sodass der Flächeninhalt so groß wie möglich wird.

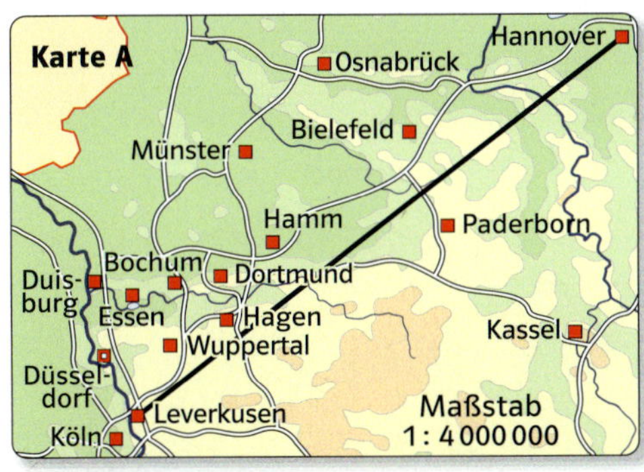

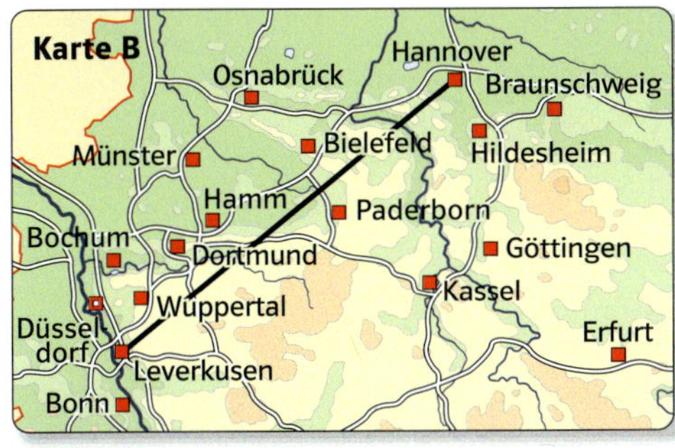

4 a) Bestimme die Entfernung (Luftlinie) zwischen Leverkusen und Hannover aus der Karte A.
b) Welcher Maßstab wurde für die Karte B verwendet?

5 Welche Abmessungen müssen die folgenden Rechtecke haben? Alle sind doppelt so lang wie breit.
a) 50 cm² b) 200 dm² c) 800 m²

6 Welchen Umfang haben die folgenden Quadrate?
a) A = 81 m² b) A = 121 cm²

7 Stimmt der Preis pro Quadratmeter?

8 Der Tennisplatz soll eingezäunt werden. Der Zaun soll von den Grundlinien jeweils 6,50 m und von den Seitenlinien 4,50 m entfernt sein. Wie viel Meter Maschendraht werden benötigt?

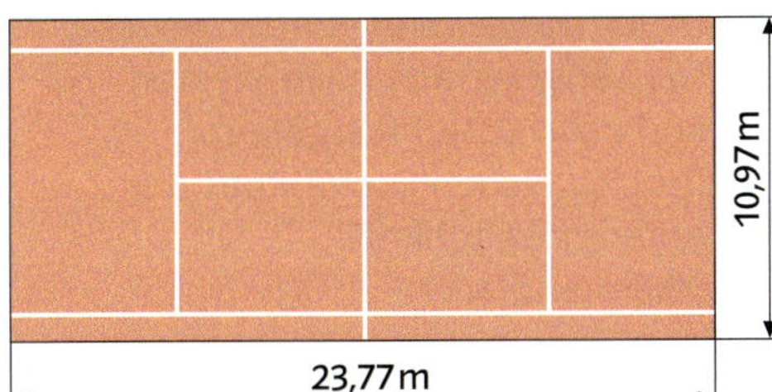

9 Tobias besitzt ein Bild, das 40 cm lang und 30 cm breit ist. Für dieses Bild möchte er aus einer 3 cm breiten Holzleiste den abgebildeten Rahmen basteln.

Lange Zeit glaubten die Menschen, die Erde sei eine Scheibe.
Heute zeigen dir Bilder aus dem Weltall sehr deutlich, dass die Erde die Gestalt einer Kugel hat.

7 Beziehungen im Raum

Gradnetz der Erde

Längengrade

Längengrade (Meridiane) sind Halbkreise, die wie abgebildet die geographischen Pole verbinden. Sie verlaufen senkrecht zum Erdäquator. 1885 wurde von 25 Ländern ein Anfangslängenkreis (Nullmeridian) bestimmt. Davon ausgehend wurden jeweils 180 Längengrade nach Westen und nach Osten festgelegt.
Durch welchen Ort verläuft der Anfangslängenkreis (Nullmeridian)?

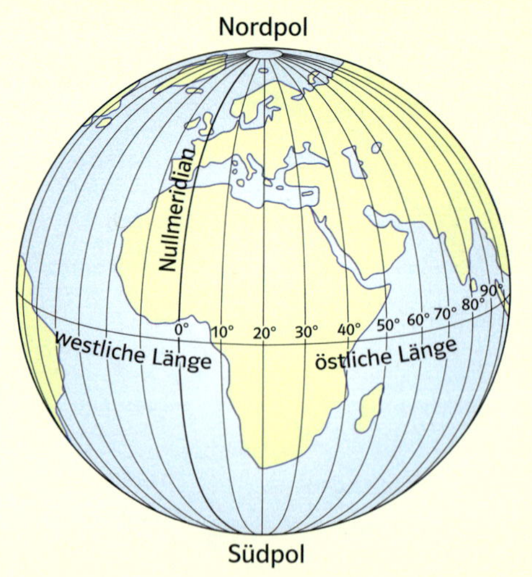

Breitengrade

Der Äquator teilt die Erde in die nördliche und die südliche Halbkugel. Parallel zum Äquator verlaufen nach Norden und nach Süden jeweils 90 Breitenkreise (Breitengrade), die alle den gleichen Abstand zueinander haben.

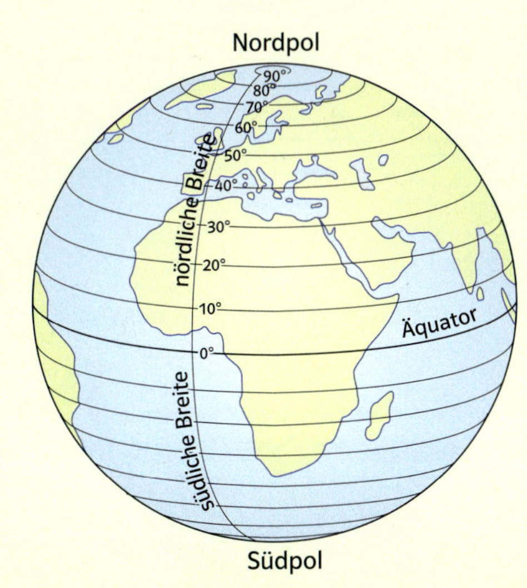

Geographische Koordinaten

Jeder Punkt der Erdoberfläche ist durch die Angabe der Längen- und Breitengrade und deren Unterteilung in Gradminuten und Gradsekunden genau bestimmt (1 Grad = 60 Minuten, 1 Minute = 60 Sekunden). Die Werte des Längen- und Breitengrades eines Ortes werden als seine geographischen Koordinaten bezeichnet.

Versuche die geographischen Koordinaten deines Wohnortes zu bestimmen. Notiere zunächst die geographische Breite, danach die geographische Länge.

Leverkusen liegt auf 51° nördlicher Breite und 7° östlicher Länge: 51°N 7°O

Orientieren im Autoatlas

1 a) Maiks Onkel wohnt in Leverkusen. Er möchte mit seinem Auto zu einem Kuraufenthalt nach Bad Salzuflen fahren.
Wie kann er in einem Atlas den Kurort schnell finden?
b) Beschreibe mithilfe der abgebildeten Karte eine mögliche Fahrtroute von Leverkusen nach Bad Salzuflen. Suche eine weitere Fahrtroute.
c) Bestimme die Entfernung von Leverkusen nach Bad Salzuflen. Beschreibe, wie du dabei vorgehst.

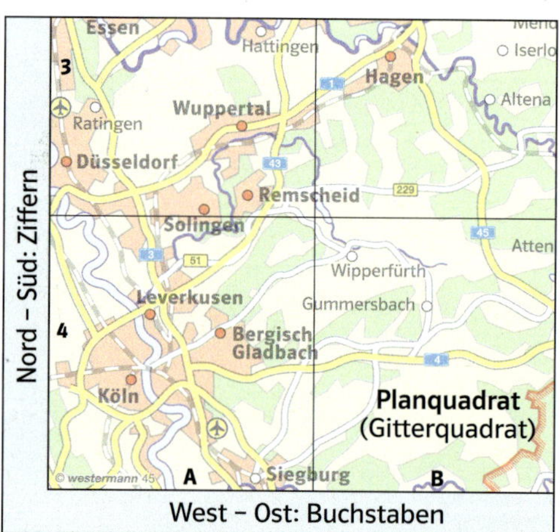

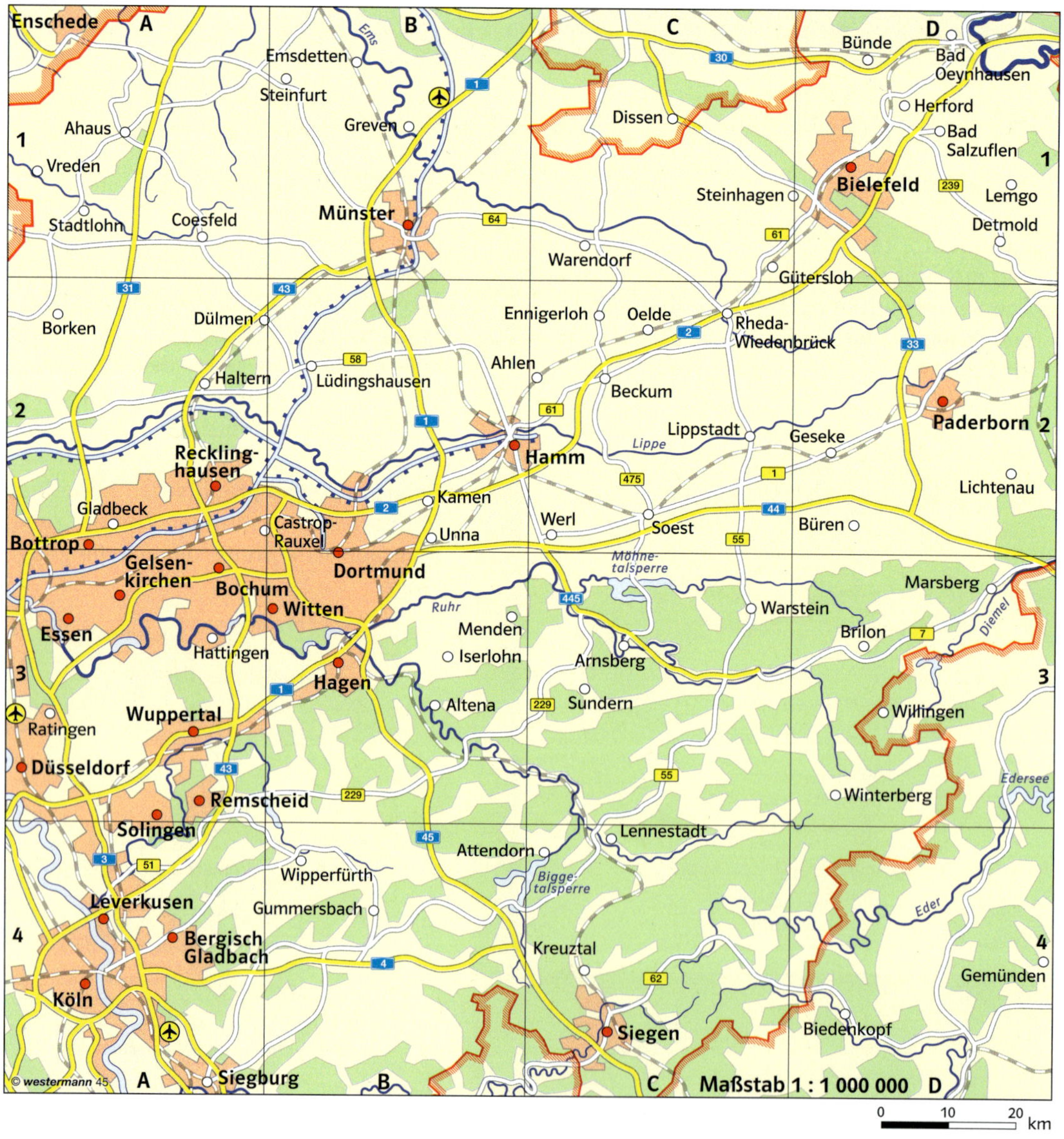

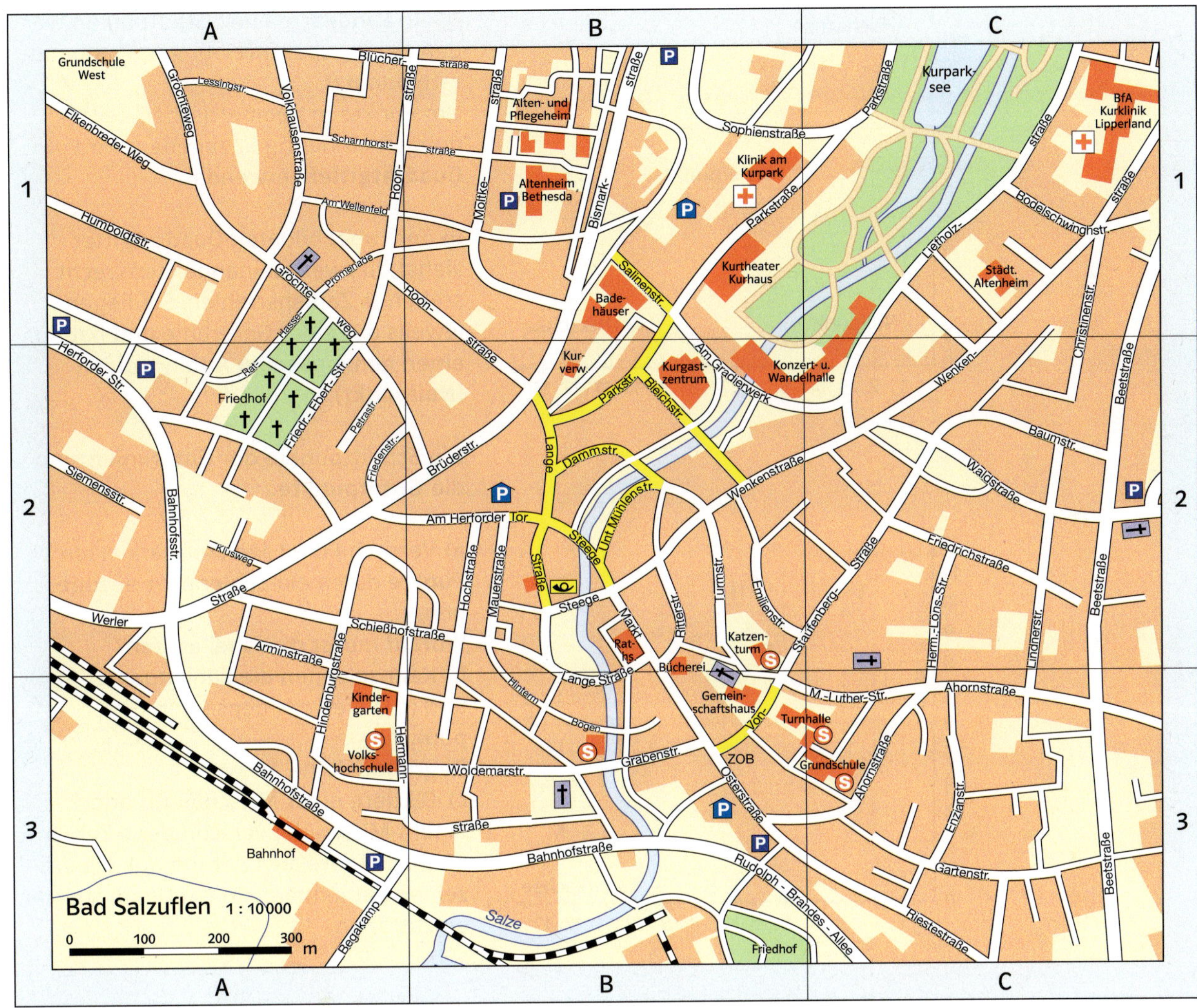

2 Maik besucht seinen Onkel Peter. Auf der Fahrt nach Bad Salzuflen schaut sich Maik den Stadtplan an.

a) Suche im Gitterquadrat C1 die Kurklinik (im Quadrat B2 das Kurgastzentrum, im Quadrat A3 den Bahnhof).

b) In welchem Gitterquadrat liegt das Kurhaus (die Post, die Volkshochschule)?

3 Maik möchte mit seinem Onkel von der Kurklinik Lipperland zum Katzenturm (B2) wandern.

a) Beschreibe mithilfe des Stadtplans den Weg, den Maik zurücklegen muss.

b) Bestimme mithilfe des Maßstabs die Weglänge.

4 a) Beschreibe einen Weg vom Parkhaus „Am Herforder Tor" zum Kurparksee. Bestimme die Weglänge. Es gibt mehrere Möglichkeiten.

b) Ein Weg vom Bahnhof zur Klinik am Kurpark ist ungefähr 1,5 km lang. Beschreibe eine mögliche Wegstrecke.

5 a) Bestimme mithilfe des Stadtplans eurer Stadt (Gemeinde) die Entfernung von deinem Wohnort zu deiner Schule. Überprüfe dein Ergebnis mit einem Fahrradtachometer.

b) Sucht auf einem Stadtplan eurer Stadt (Gemeinde) das Rathaus (die Post, die Feuerwehr, eine Kirche, eine Polizeidienststelle). Beschreibt mögliche Wege und bestimmt ihre Länge.

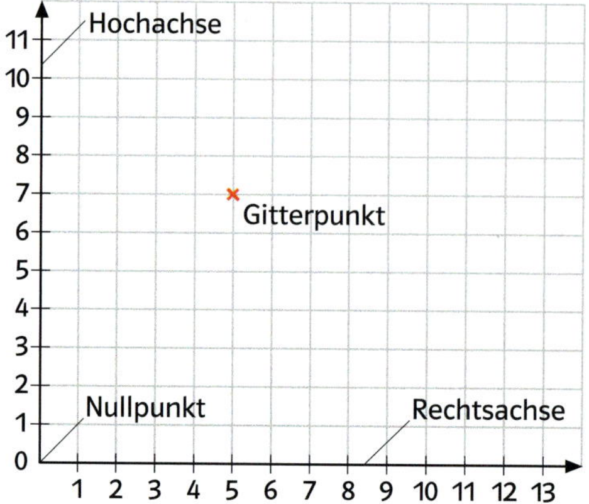

1 In Landkarten und Stadtplänen werden für Lagebeschreibungen Planquadrate benutzt.
Um Punkte in geometrischen Zeichnungen eindeutig anzugeben, wird ein **Quadratgitter** verwendet.

In dem abgebildeten Quadratgitter siehst du zwei zueinander senkrecht stehende Zahlenstrahlen. Sie liegen jeweils auf einer Gitterlinie und haben einen gemeinsamen Anfangspunkt **(Nullpunkt)**.

Die Schnittpunkte der Gitterlinien sind die **Gitterpunkte.**

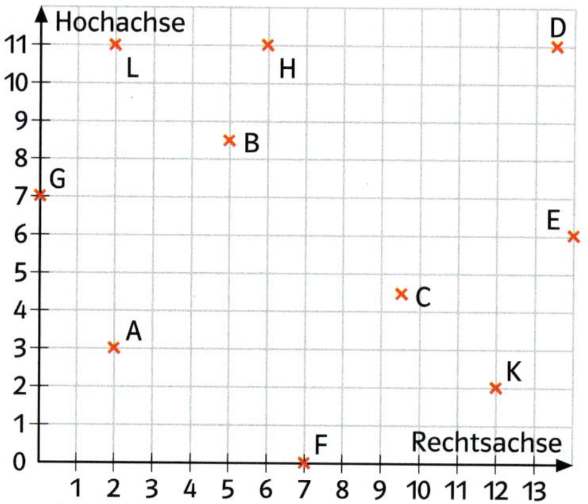

a) Versuche die Lage der markierten Punkte durch ein Zahlenpaar anzugeben.
Worauf musst du dabei achten?
b) Kennzeichnen die Zahlenpaare (5 | 4) und (4 | 5) jeweils denselben Gitterpunkt?
Begründe deine Antwort.
c) Diktiere einer Mitschülerin oder einem Mitschüler verschiedene Zahlenpaare. Fordere sie oder ihn auf, die einzelnen Zahlenpaare in ein Quadratgitter einzutragen.

In einem Quadratgitter kann die Lage eines Punktes durch ein Zahlenpaar festgelegt werden. Dazu wird von einem Punkt (Nullpunkt) ein Zahlenstrahl nach rechts und ein Zahlenstrahl nach oben gezeichnet.
Die waagerechte **x-Achse** (Rechtsachse) und die senkrechte **y-Achse** (Hochachse) bilden ein **Koordinatensystem.**

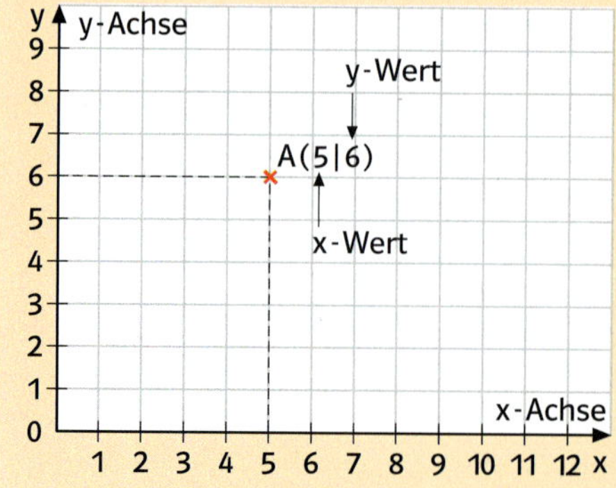

Der Punkt A hat den x-Wert 5 und den y-Wert 6.

Man sagt auch: Der Punkt A hat die **Koordinaten 5** und **6.**
Man schreibt: **A (5 | 6)**

Da bei dieser Schreibweise die Reihenfolge der Koordinaten wichtig ist, wird das Zahlenpaar (5 | 6) auch als geordnetes Zahlenpaar bezeichnet.

Figuren im Koordinatensystem

1 a) Lies für jeden Punkt die Koordinaten ab und notiere zuerst den x-Wert und dann den y-Wert.
Beispiel: A (2 | 3)

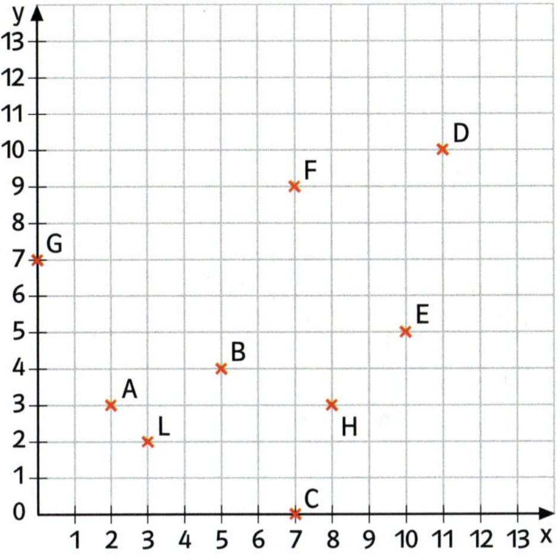

b) Zeichne ein Koordinatensystem und trage die folgenden Punkte ein:
A (12 | 8), B (7 | 15), C (1 | 14), D (4 | 4), E (0 | 9), F (11 | 5), G (5 | 11), H (9 | 0)

2 a) Gib die Koordinaten der Eckpunkte an.

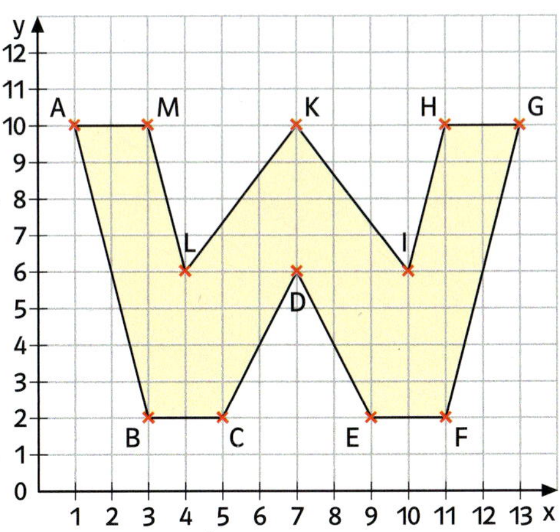

b) Zeichne ein Koordinatensystem und trage die folgenden Punkte ein:
A (2 | 1), B (10 | 1), C (10 | 3), D (4 | 3), E (4 | 6), F (8 | 6), G (8 | 8), H (4 | 8), I (4 | 11), K (10 | 11), L (10 | 13), M (2 | 13).

Verbinde die Punkte in der Reihenfolge A, B, C, D, E, F, G, H, I, K, L, M, A zu einer Figur.

3 Zeichne ein Koordinatensystem. Trage die Punkte ein und verbinde sie in der angegebenen Reihenfolge. Welche Figur erhältst du?

a)

Punkte	Reihenfolge
A (6 | 1), B (8 | 1), C (8 | 4), D (13 | 4), E (8 | 6), F (12 | 6), G (8 | 8), H (11 | 8), I (7 | 11), K (3 | 8), L (6 | 8), M (2 | 6), N (6 | 6), O (1 | 4), P (6 | 4)	A, B, C, D, E, F, G, H, I, K, L, M, N, O, P, A

b)

Punkte	Reihenfolge
A (6 | 1), B (13 | 1), C (12 | 3), D (15 | 7), E (6 | 7), F (7 | 9), G (7 | 14), H (5 | 16), I (1 | 12), K (5 | 12), L (5 | 10), M (3 | 8), N (3 | 4)	A, B, C, D, E, F, G, H, I, K, L, M, N, A

c)

Punkte	Reihenfolge
A (2 | 2), B (10 | 2), C (10 | 8), D (6 | 12), E (2 | 8)	A, E, D, C, E, B, A, C, B

d)

Punkte	Reihenfolge
A (1 | 5), B (3 | 2), C (6 | 1), D (12 | 2), E (17 | 5), F (20 | 2), G (20 | 8), H (12 | 8), I (6 | 9), K (3 | 4)	A, B, C, D, E, F, G, E, H, I, K, A

e)

Punkte	Reihenfolge
A (1 | 6), B (3 | 3), C (11 | 2), D (20 | 6), E (7 | 6), F (7 | 7), G (15 | 7), H (7 | 14)	F, G, H, E, A, B, C, D, E

4 Entwirf selbst eine Figur im Koordinatensystem und schreibe die Koordinaten der Eckpunkte auf.

Lege drei Streichhölzer so, dass aus den sechs Dreiecken vier gleich große Vierecke entstehen.

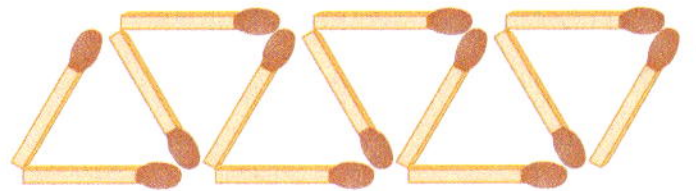

Mit einem Laserstrahl werden in einem Tunnel Messungen durchgeführt.

1 Überall in deiner Umgebung findest du gerade Linien.
Frau Müller schneidet eine Hecke. Zu welchem Zweck hat sie eine Schnur gespannt?

2 Jeweils drei der abgebildeten Punkte sollen auf einer geraden Linie liegen. Wie kannst du das überprüfen? Beschreibe dein Vorgehen.

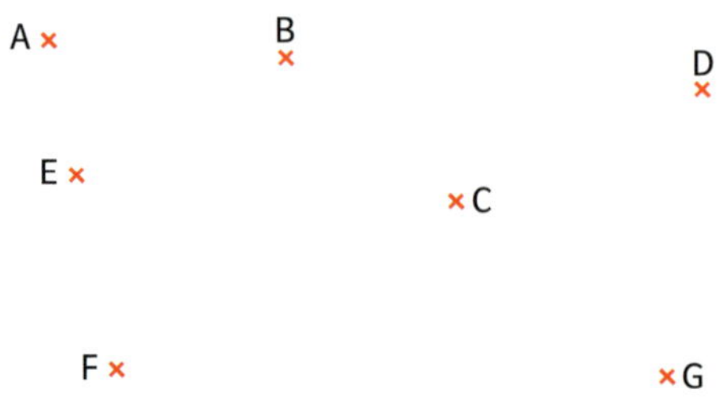

3 Versuche aus freier Hand, fünf gerade Linien zu zeichnen. Überprüfe anschließend, ob die Linien gerade sind.

4 Stelle mithilfe der abgebildeten Karte einen Rundflug zusammen. Es gibt mehrere Möglichkeiten.

1. Preis:
Rundflug über Deutschland!
*Sie können insgesamt **2000 km** fliegen.*
Stellen Sie sich Ihren eigenen Rundflug zusammen.
Freie Wahl aus den angegebenen Flugstrecken. Jede Stadt kann nur einmal angeflogen werden.
Start- und Zielort: Köln

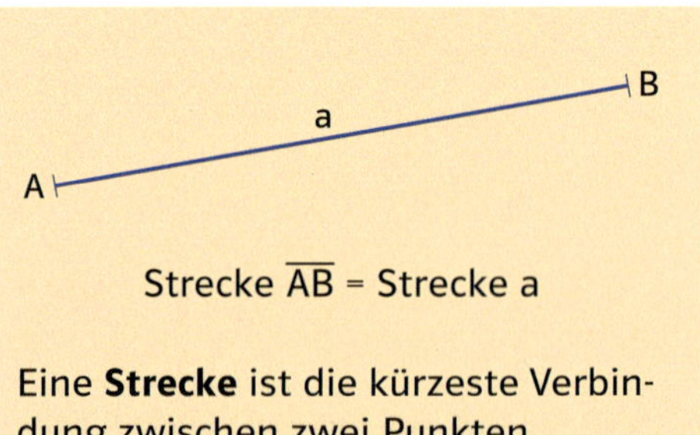

Strecke $\overline{AB}$ = Strecke a

Eine **Strecke** ist die kürzeste Verbindung zwischen zwei Punkten.

Eine Strecke wird durch ihre Endpunkte oder mit kleinen lateinischen Buchstaben bezeichnet.

Die Länge einer Strecke kannst du messen.

5 Zeichne jeweils eine Strecke mit der angegebenen Länge in dein Heft.

Strecke	$\overline{AB}$	$\overline{CD}$	$\overline{EF}$	$\overline{GH}$	$\overline{KL}$
Länge	3 cm	4 cm	3,5 cm	56 mm	4,6 cm

Strecke	$\overline{MN}$	$\overline{OP}$	$\overline{RS}$	$\overline{TU}$
Länge	29 mm	8,5 cm	92 mm	0,6 dm

6 Denke dir eine Strecke $\overline{AB}$ jeweils über die Endpunkte A und B hinaus beliebig weit verlängert, es entsteht eine Gerade. Begründe, warum du immer nur einen Ausschnitt der Geraden zeichnen kannst.

7 Gib an, ob es sich in der Abbildung um eine Gerade, einen Strahl oder eine Strecke handelt. Miss die Länge der einzelnen Strecken.

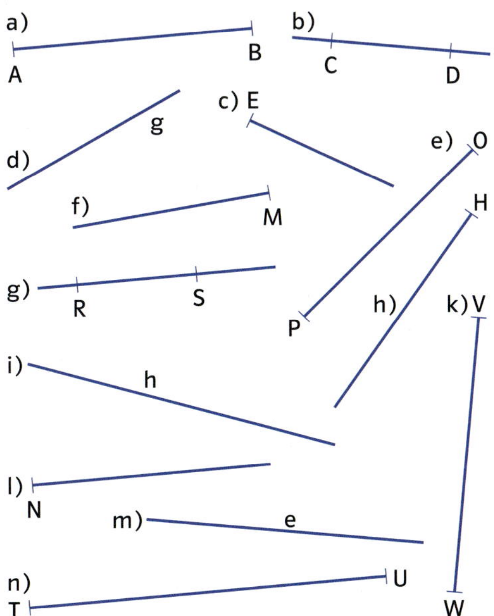

8 Trage die Punkte A (2 | 2), B (10 | 2), C (12 | 7), D (10 | 11), E (10 | 8), F (6 | 2), G (12 | 11), H (4 | 11), I (6 | 4) und K (6 | 8) in ein Koordinatensystem ein. Zeichne, wenn möglich, durch drei der angegebenen Punkte eine gerade Linie.

9 Zeichne die Strecke mit den angegebenen Endpunkten in ein Koordinatensystem. Gib die Koordinaten von drei Punkten an, die auf der Strecke liegen.

	Koordinaten der Endpunkte	
a)	A (1 | 3)	B (7 | 15)
b)	C (4 | 4)	D (14 | 9)
c)	E (0 | 0)	F (16 | 4)
d)	G (2 | 11)	H (14 | 7)
e)	M (16 | 15)	N (21 | 5)
f)	O (2 | 0)	P (12 | 10)

10 Wie viele Geraden, Strahlen und Strecken findest du in der Abbildung?

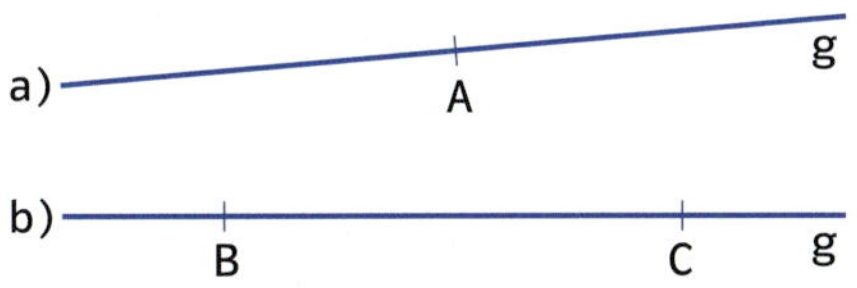

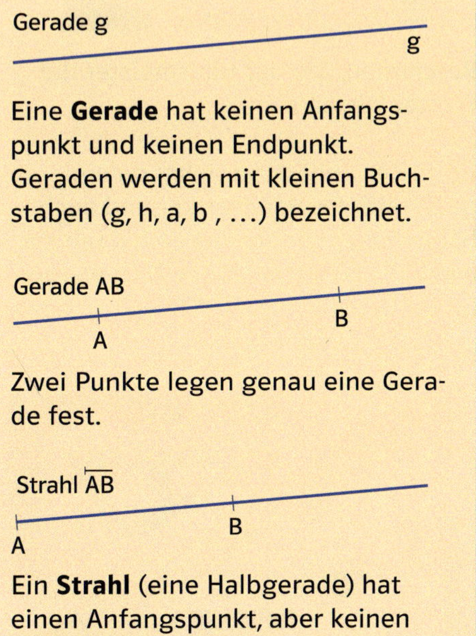

Eine **Gerade** hat keinen Anfangspunkt und keinen Endpunkt. Geraden werden mit kleinen Buchstaben (g, h, a, b , …) bezeichnet.

Zwei Punkte legen genau eine Gerade fest.

Ein **Strahl** (eine Halbgerade) hat einen Anfangspunkt, aber keinen Endpunkt.

Senkrechte Geraden

1 a) Der Hausmeister hat im Klassenraum der 5 a ein Regal aufgestellt. Wie können die Schülerinnen und Schüler feststellen, ob der Hausmeister das Regal richtig zusammengebaut und aufgestellt hat?
b) In das Regal sollen noch zwei weitere Bretter eingesetzt werden.

Beschreibe, wie der Hausmeister die Bretter kürzen kann.

2 In der Abbildung siehst du einige Geräte, die Handwerker und auch Heimwerker benutzen. Wie heißen sie und wie können sie eingesetzt werden? Informiere dich bei Handwerkern oder in einem Baumarkt.

3 Falte wie in den folgenden Abbildungen ein Stück Papier zweimal nacheinander. Du hast durch das Falten Kanten hergestellt, die **senkrecht zueinander** stehen, sie bilden einen **rechten Winkel.**

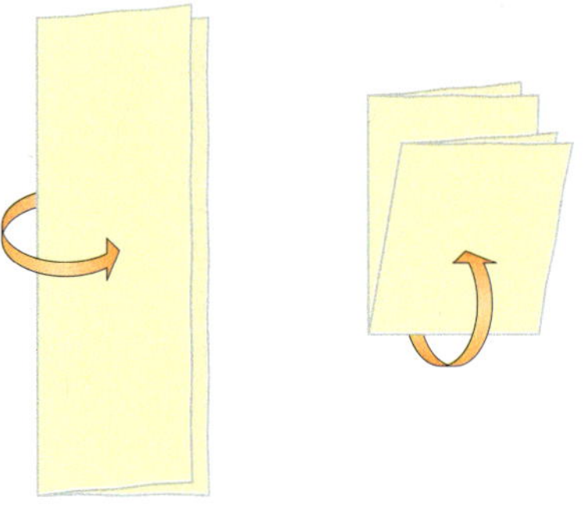

Faltest du das Blatt wieder auseinander, siehst du zwei senkrecht zueinander verlaufende Faltlinien.

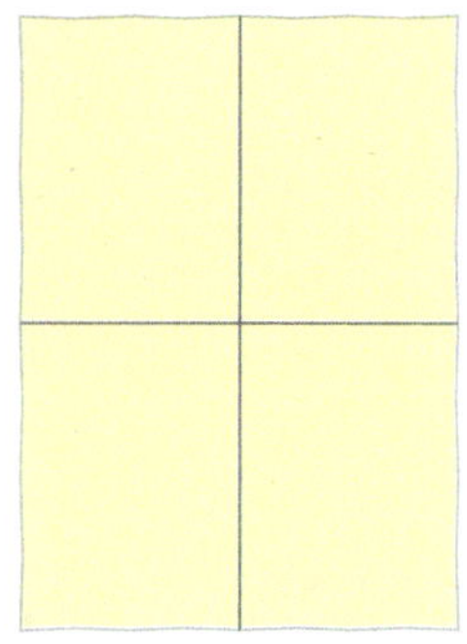

a) Wo vermutest du in deinem Klassenraum rechte Winkel? Überprüfe deine Vermutung mit dem Faltwinkel.

b) Findest du auch an deinem Geodreieck Linien, die senkrecht zueinander sind?

Senkrechte Geraden

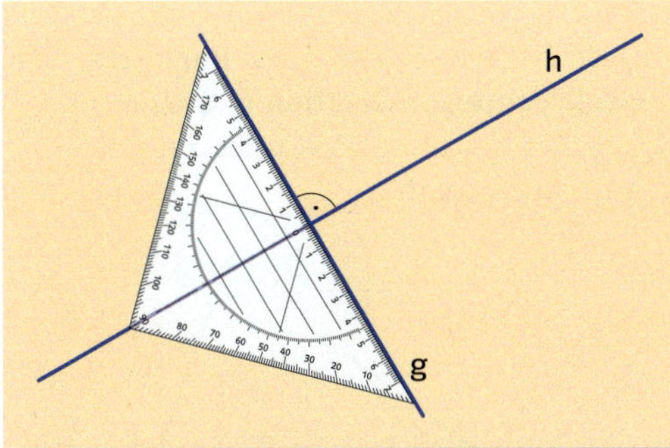

Die Geraden g und h stehen **senkrecht zueinander,** sie bilden **rechte Winkel.**

Man schreibt: $g \perp h$
Man sagt: g senkrecht zu h

In einer Zeichnung wird ein rechter Winkel durch das Symbol ⊾ gekennzeichnet.

1 Prüfe, ob die Geraden g und h senkrecht zueinander sind. Schreibe so:
$g \perp h$ oder $g \not\perp h$ (nicht senkrecht).

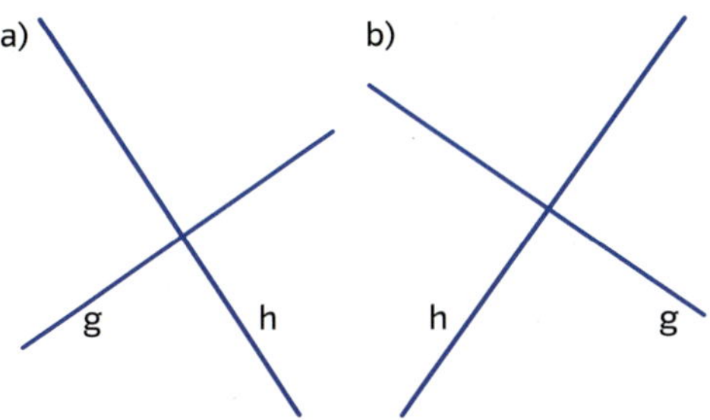

2 Überprüfe, welche Geraden senkrecht zueinander sind. Schreibe so: $e \perp f$

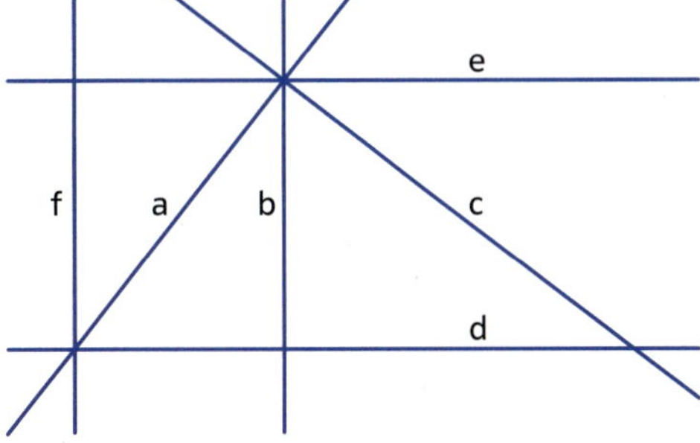

3 Zeichne in einem Koordinatensystem durch die beiden angegebenen Punkte eine Gerade. Überprüfe, welche Geraden zueinander senkrecht sind.

Gerade g	Gerade h	Gerade e
A (2 | 2)	C (1 | 14)	E (3 | 10)
B (3 | 7)	D (6 | 3)	F (13 | 6)

Gerade f	Gerade k	Gerade m
G (7 | 8)	I (11 | 1)	M (13 | 7)
H (8 | 13)	K (17 | 3)	N (15 | 1)

4 Die Abbildungen zeigen dir, wie du mit dem Geodreieck eine Senkrechte zu einer Geraden g durch einen Punkt P zeichnen kannst.

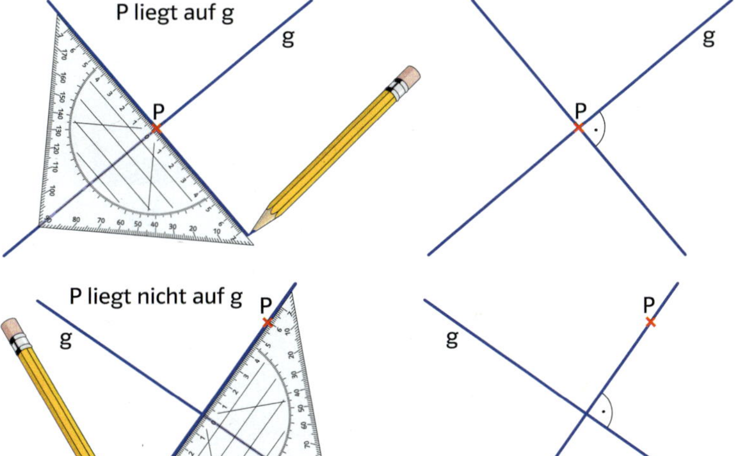

Übertrage die Abbildung in dein Heft. Zeichne durch P die Senkrechte zu g.

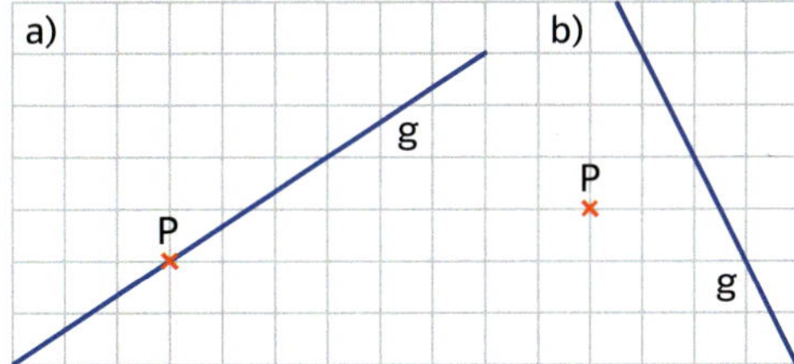

5 Trage die Punkte A (1 | 3), B (12 | 2), C (5 | 1), D (13 | 7), E (2 | 7), F (11 | 10), G (13 | 4), H (6 | 11) und P (6 | 6) in ein Koordinatensystem ein. Zeichne von P aus jeweils die Senkrechte zu der Geraden AB, CD, EF und GH.

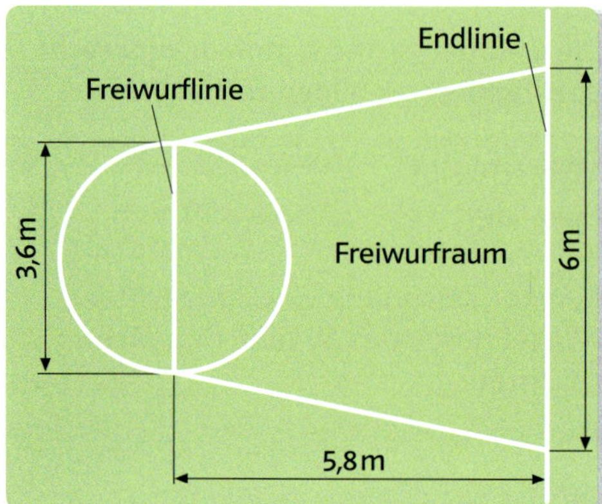

1 Auf dem Schulhof soll während einer Projektwoche der Freiwurfraum eines Basketballspielfeldes markiert werden. Die 5 b will den Verlauf der Freiwurflinie festlegen. Wie kann sie vorgehen?

2 In der Abbildung ist der Punkt P jeweils mit den Punkten A, B, C, D und E der Geraden g verbunden. Bestimme die kürzeste Verbindungsstrecke und beschreibe ihre Lage zur Geraden g.

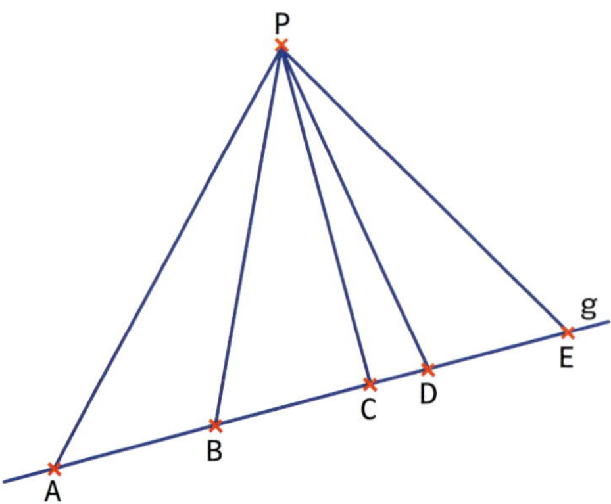

3 Übertrage die Abbildung in dein Heft. Zeichne durch jeden Punkt die Senkrechte zur Geraden g. Bestimme anschließend die Abstände der einzelnen Punkte von g.

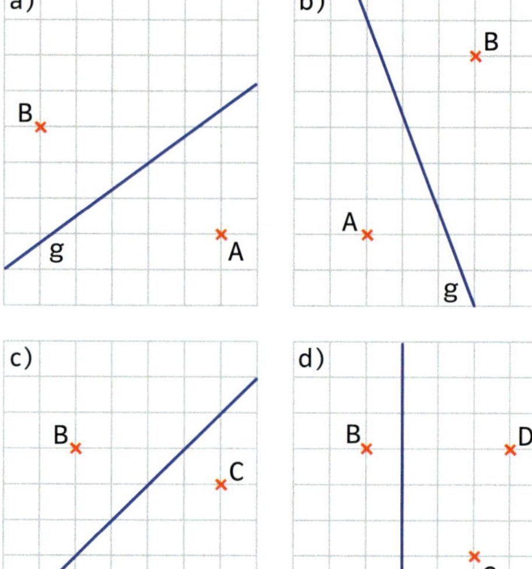

4 Zeichne eine Gerade g in dein Heft. Die Gerade g soll nicht auf einer Gitterlinie liegen. Markiere fünf Punkte A, B, C, D und E so, dass Punkt A 4,5 cm, Punkt B 38 mm, Punkt C 2,8 cm, Punkt D 54 mm und Punkt E 1,8 cm Abstand zur Geraden g hat.

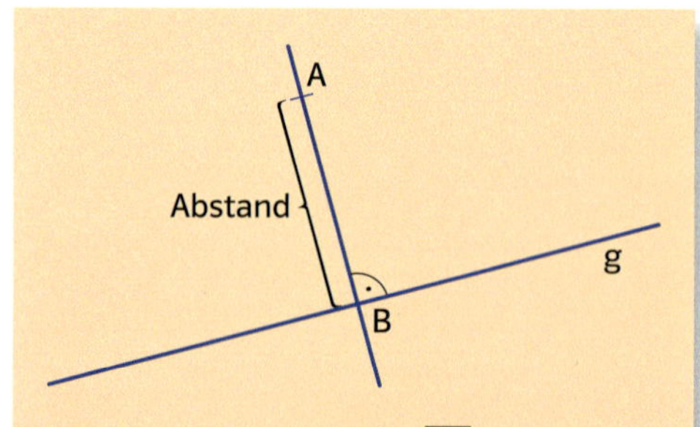

Die Länge der Strecke $\overline{AB}$ ist der **Abstand** des Punktes A von der Geraden g.

Der Abstand wird auf der Senkrechten zur Geraden g durch Punkt A gemessen.

Parallele Geraden

1 Auf dem Foto siehst du einen Abschnitt einer geraden Gleisstrecke. Die einzelnen Schienen haben überall den gleichen Abstand. Sie sind zueinander parallel.
Wo findest du in deiner Umwelt gerade Linien (Strecken, Kanten), die zueinander parallel sind?

2 Falte aus einem Stück Papier zunächst einen rechten Winkel. Falte noch einmal so, dass die Abschnitte der ersten Faltlinie genau aufeinander liegen.

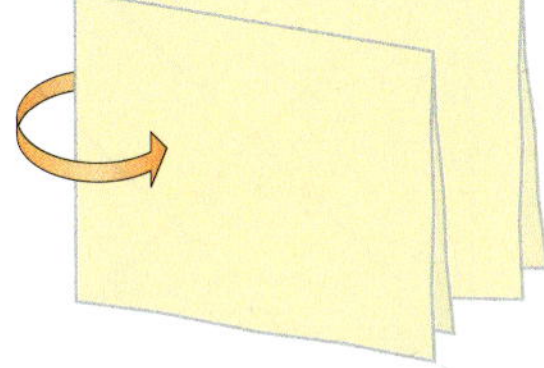

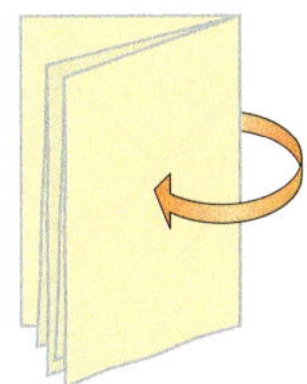

Falte das Blatt wieder auseinander.
Wie liegen die Faltlinien zueinander?
Beschreibe ihren Verlauf.

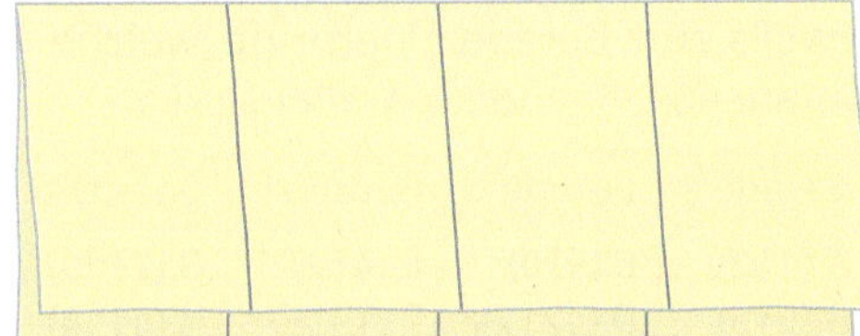

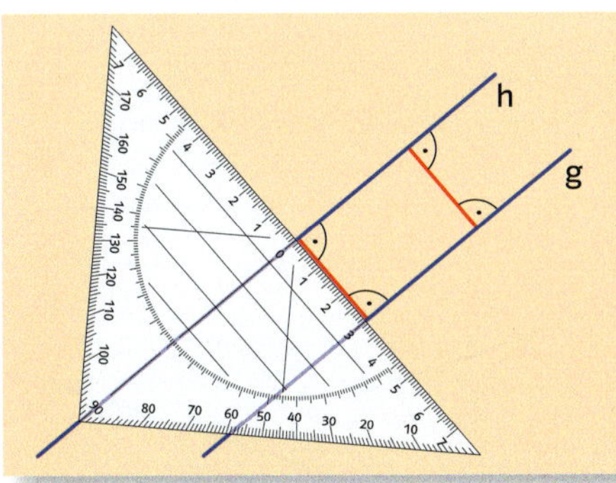

Zwei Geraden g und h, die zu einer dritten Geraden senkrecht stehen, heißen **zueinander parallel.**

Man schreibt: $g \parallel h$
Man sagt: g parallel zu h

Zueinander **parallele Geraden** haben überall den **gleichen Abstand.**

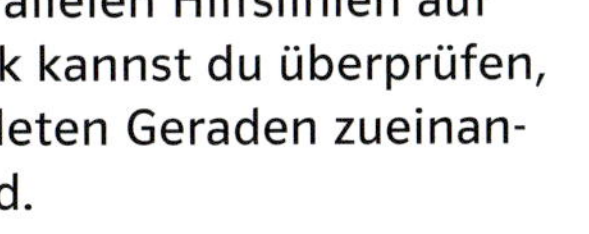

3 Mit den parallelen Hilfslinien auf dem Geodreieck kannst du überprüfen, ob die abgebildeten Geraden zueinander parallel sind.

Welche Geraden sind zueinander parallel? Schreibe so: $a \parallel b$.

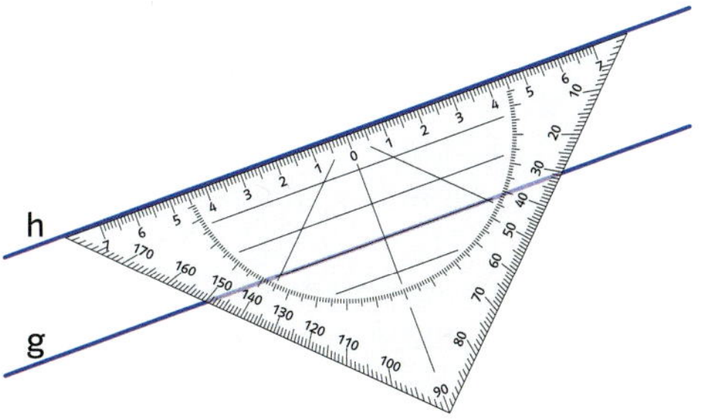

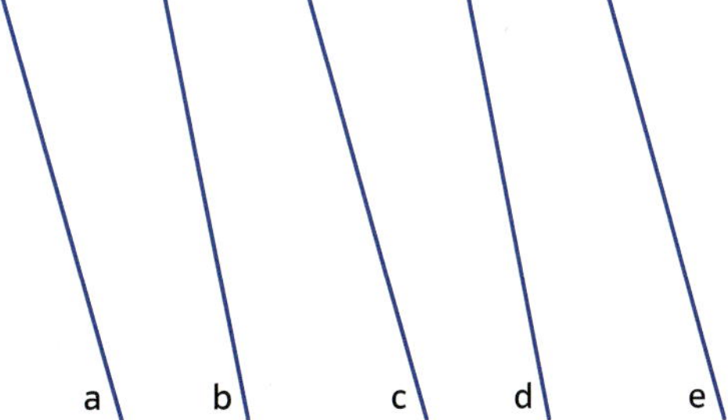

4 Peter prüft, ob die Geraden g und h zueinander parallel verlaufen. Beschreibe anhand der Abbildungen, wie er dabei vorgegangen ist.

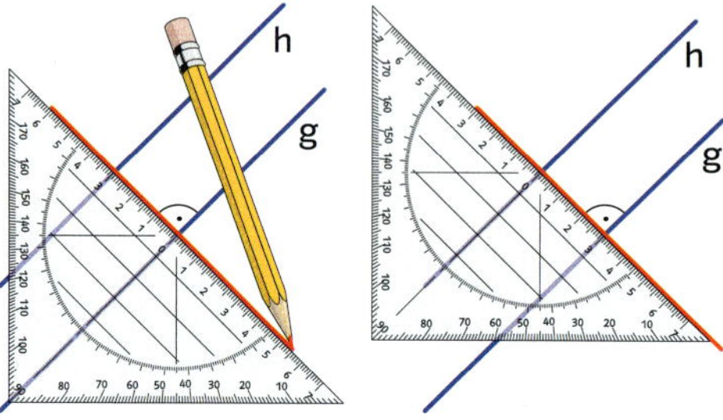

5 Zeichne in einem Koordinatensystem durch die beiden angegebenen Punkte jeweils eine Gerade. Überprüfe, welche Geraden zueinander parallel sind.

Gerade a	Gerade b	Gerade c	Gerade d
A (1 | 2) B (9 | 6)	C (5 | 0) D (12 | 7)	E (4 | 2) F (13 | 5)	G (2 | 10) H (1 | 14)

Gerade e	Gerade f	Gerade g	Gerade h
K (3 | 5) L (9 | 11)	M (2 | 6) N (12 | 11)	O (5 | 6) P (11 | 8)	R (8 | 1) S (14 | 3)

So kannst du durch einen Punkt P eine Parallele zu einer Geraden g zeichnen:

1. Zeichne durch den Punkt P die Senkrechte zu g.
   Bezeichne die Senkrechte mit s.

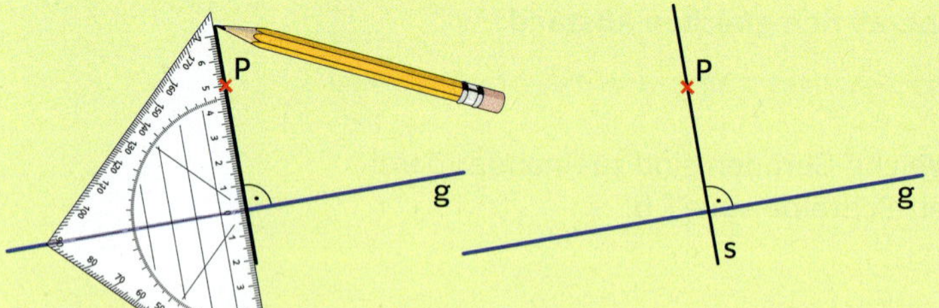

2. Zeichne durch den Punkt P die Senkrechte zu s.
   Du erhältst die Parallele h zur Geraden g.

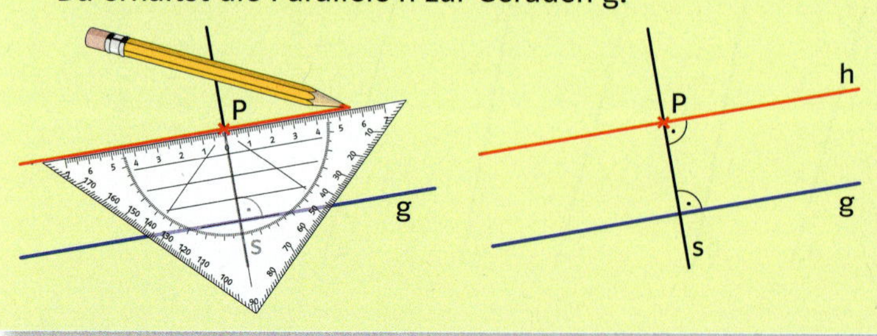

6 Übertrage Punkte und Geraden in ähnlicher Lage in dein Heft. Zeichne jeweils die Parallelen zu g durch die vorgegebenen Punkte.

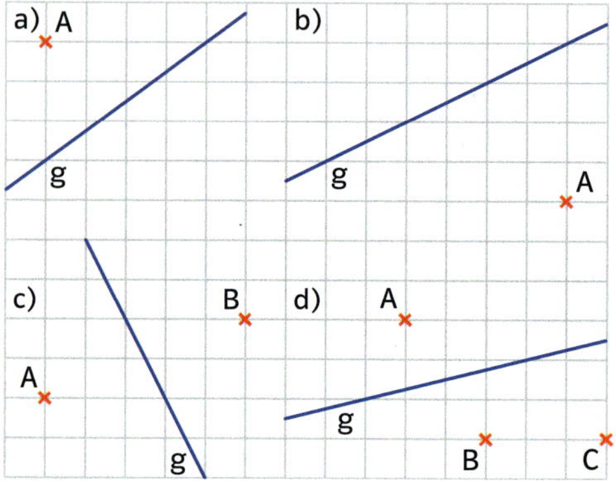

7 Übertrage die Punkte und Geraden in dein Heft. Zeichne jeweils die Parallelen zu g durch die vorgegebenen Punkte.
Miss anschließend die Abstände der einzelnen Parallelen von der Geraden g.

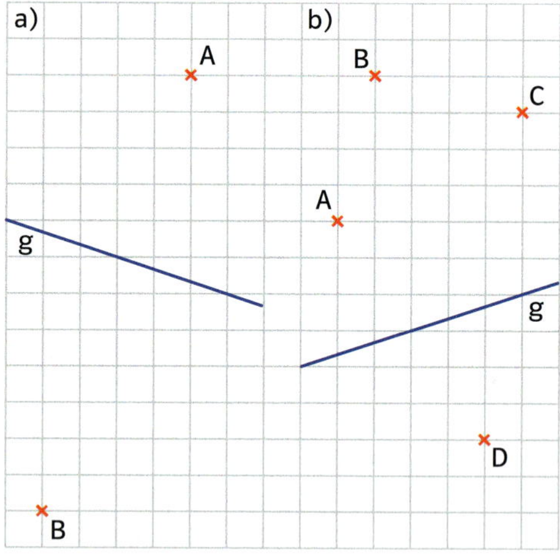

8 Zeichne eine Gerade g schräg in dein Heft. Zeichne zu g eine Parallele mit dem folgenden Abstand:
a) 4 cm b) 5 cm c) 35 mm d) 2,5 cm
e) 4,3 cm f) 58 mm g) 6,8 cm h) 0,43 dm

In einer Schublade liegen 8 weiße, 5 blaue und 6 rote Strümpfe. Wie viele Strümpfe muss man im Dunkeln herausnehmen, um ein gleichfarbiges Paar zu haben?

Grundwissen: Geometrische Grundbegriffe

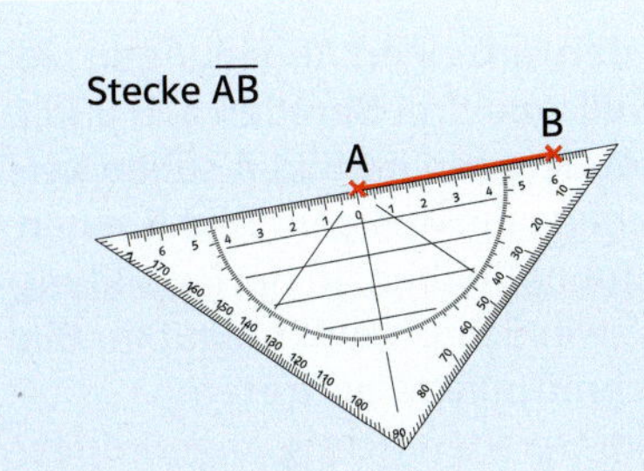

Eine Strecke ist die kürzeste Verbindung zwischen zwei Punkten.

Eine Strecke wird durch ihre Endpunkte oder mit kleinen Buchstaben bezeichnet.
Die Länge einer Strecke kannst du messen.

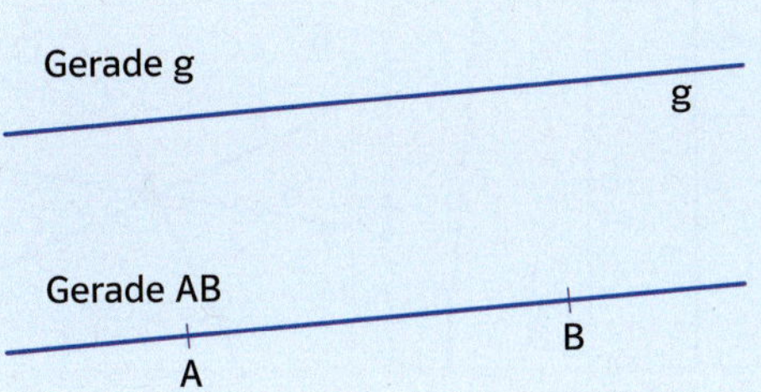

Eine Gerade hat keinen Anfangspunkt und keinen Endpunkt.

Geraden werden mit kleinen Buchstaben (g, h, a, b, ...) bezeichnet.
Zwei Punkte legen genau eine Gerade fest.

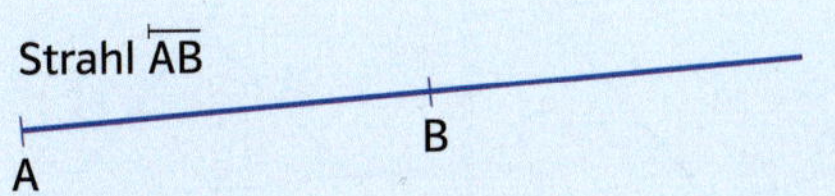

Ein Strahl (eine Halbgerade) hat einen Anfangspunkt, aber keinen Endpunkt.

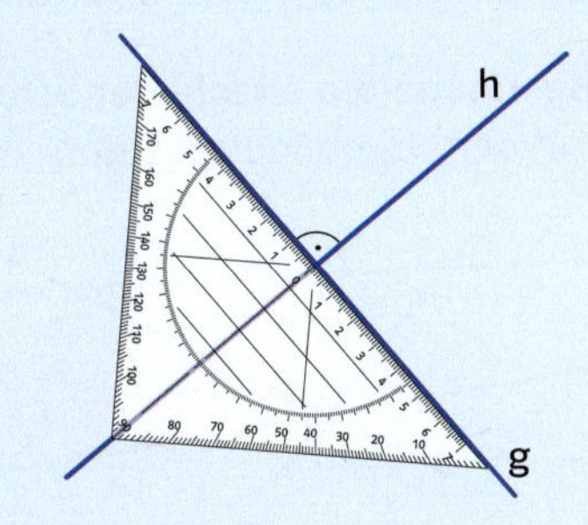

Die Geraden g und h stehen senkrecht zueinander, sie bilden rechte Winkel.

Man schreibt: $g \perp h$
Man sagt: g senkrecht zu h

In einer Zeichnung wird ein rechter Winkel durch das Symbol ⊾ gekennzeichnet.

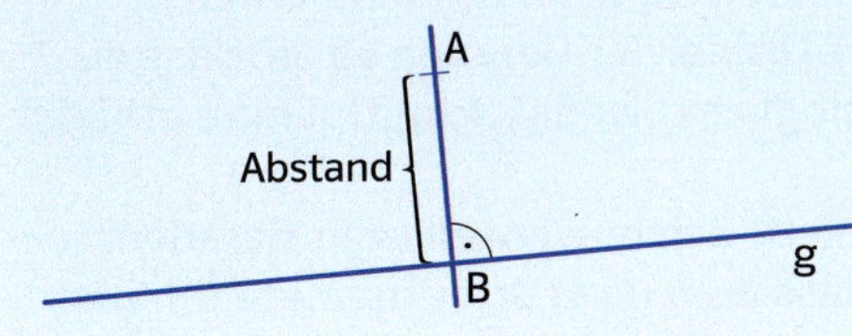

Die Länge der Strecke $\overline{AB}$ ist der Abstand des Punktes A von der Geraden g.

Der Abstand wird auf der Senkrechten zur Geraden g durch Punkt A gemessen.

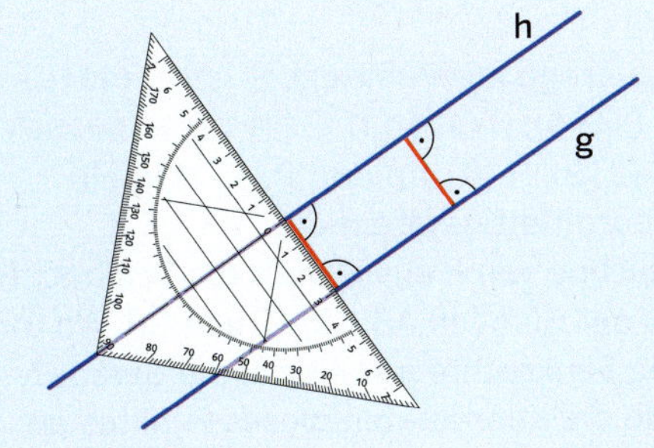

Zwei Geraden g und h, die zu einer dritten Geraden senkrecht stehen, heißen zueinander parallel.

Man schreibt: $g \parallel h$
Man sagt: g parallel zu h

Zueinander parallele Geraden haben überall den gleichen Abstand.

Üben und Vertiefen

1 Gib an, ob es sich in der Abbildung um eine Gerade, einen Strahl oder eine Strecke handelt.
Miss die Länge der einzelnen Strecken.

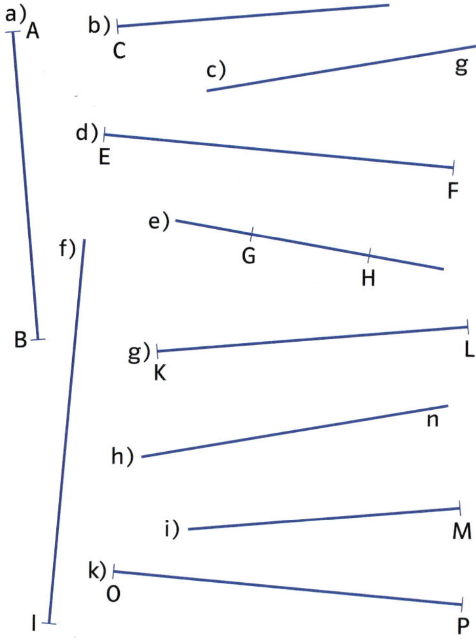

2 a) Wie viele Strecken werden durch die Punkte A, B, C und D auf der abgebildeten geraden Linie festgelegt? Bezeichne die Strecken jeweils durch ihre Endpunkte.
b) Miss die Längen der einzelnen Strecken und notiere dein Ergebnis.

3 a) Trage die Punkte A (1 | 7), B (13 | 3), C (2 | 4), D (11 | 13), E (2 | 12) und F (13 | 1) in ein Koordinatensystem ein.
b) Zeichne die Strecken $\overline{AB}$, $\overline{CD}$ und $\overline{EF}$. In welchen Punkten schneiden sie sich? Gib jeweils die Koordinaten der Schnittpunkte an.

4 Zeichne eine Gerade g schräg in dein Heft. Zeichne zu g eine Parallele mit folgendem Abstand:
a) 3 cm b) 4,5 cm c) 38 mm d) 6,2 cm

44

5 In den einzelnen Abbildungen siehst du jeweils die drei Geraden a, b und c. Die drei Geraden im Bild A sollen keinen Schnittpunkt, die im Bild B einen Schnittpunkt haben. In der Abbildung C sollen zwei Schnittpunkte und im Bild D drei Schnittpunkte auftreten.
Sind die Geraden richtig angeordnet? Begründe deine Antwort.

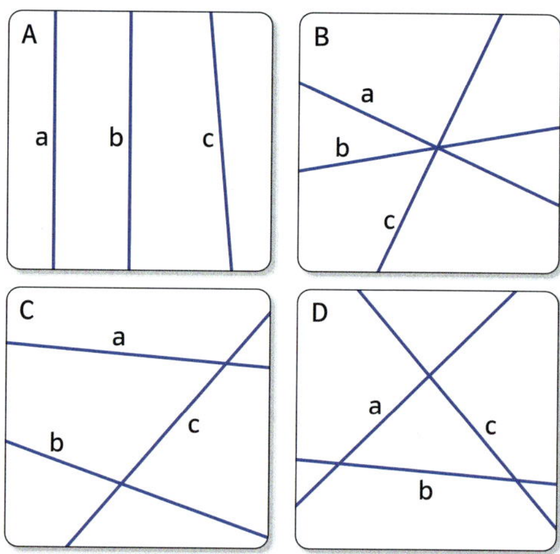

6 a) Bestimme die Anzahl der Schnittpunkte in der abgebildeten Figur.

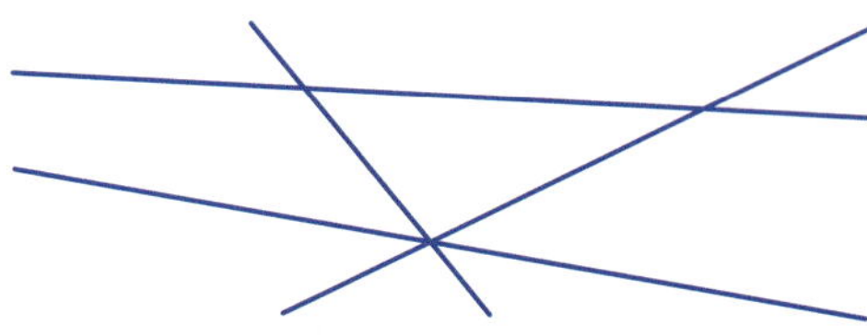

b) Zeichne vier Geraden, sodass du möglichst viele Schnittpunkte erhältst.
c) Ordne vier Geraden so an, dass du möglichst wenig Schnittpunkte erhältst.

7 a) Zeichne jeweils vier Geraden, sodass du 4 (5, 6) Schnittpunkte erhältst.
b) Zeichne jeweils fünf Geraden, sodass du 7 (8, 9, 10) Schnittpunkte erhältst.

8 Trage die Punkte A (2 | 2), B (10 | 4), C (14 | 5), D (12 | 13), E (2 | 12), F (10 | 10), G (2 | 2), H (0 | 10) und P (5 | 7) in ein Koordinatensystem ein.
Zeichne von P aus jeweils die Senkrechte zu der Geraden AB, CD, EF und GH. Wo trifft die Senkrechte jeweils auf die Gerade? Gib die Koordinaten dieses Punktes an.

9 Übertrage und beschrifte die abgebildete Figur, sodass gilt:
$a \parallel c$; $d \parallel b$; $e \perp f$; $m \parallel a$

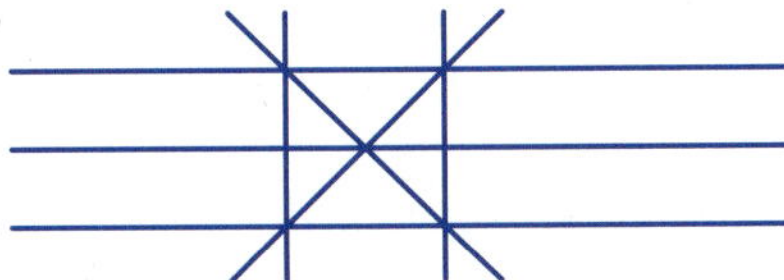

10 Zeichne vier Geraden a, b, c und d nach folgenden Angaben. Beschrifte die Geraden.
a) $a \parallel b$ und $b \parallel d$ und $c \perp d$
b) $a \perp b$ und $b \perp c$ und $d \parallel b$

11 a) Zeichne die Vierecke mit den angegebenen Eckpunkten in ein Koordinatensystem. Welche Figur erhältst du jeweils?

Viereck I	Viereck II
A (5 | 1), B (10 | 4) C (7 | 9), D (2 | 6)	A (2 | 13), B (10 | 9) C (12 | 13), D (4 | 17)

b) Bestimme in einem Koordinatensystem jeweils die Koordinaten des fehlenden Eckpunktes.

Quadrat	Rechteck
A (3 | 4), B (8 | 3) C (9 | 8), D (■ | ■)	A (2 | 10), B (11 | 12) C (10 | 16), D (■ | ■)

12 Trage die folgenden Punkte in ein Koordinatensystem ein und verbinde jeden Punkt mit jedem anderen Punkt:
A (9 | 2), B (14 | 4), C (16 | 9), D (14 | 14), E (9 | 16), F (4 | 14), G (2 | 9), H (4 | 4).

13 In der Abbildung sind einzelne Strecken zu einem Streckenzug aneinandergereiht.

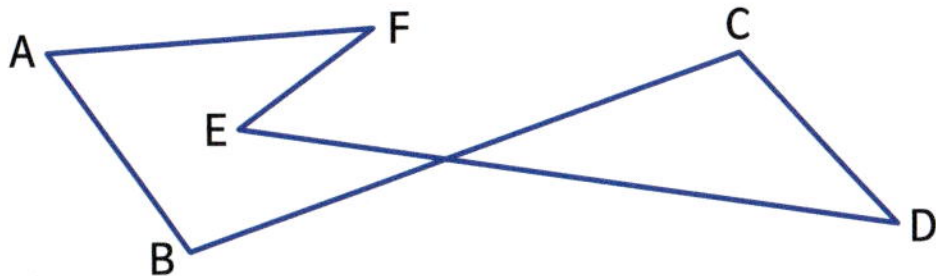

Versuche sechs Punkte in deinem Heft so anzuordnen, dass du sie zu einem geschlossenen Streckenzug verbinden kannst, bei dem zwei (drei) Überschneidungen auftreten.

14

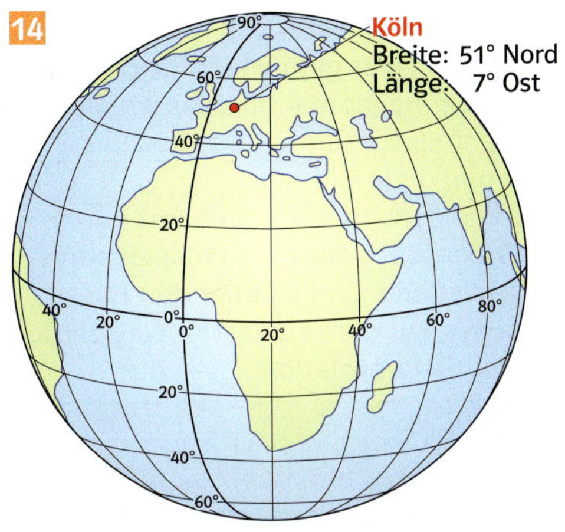

a) Warum wurde die Erde mit einem Netz aus Längen- und Breitenkreisen überzogen?
b) Beschreibe den Verlauf der Meridiane.
c) Durch welche Länder verläuft der nördliche Polarkreis?
d) Gib die geographische Breite des Nordpols an.
e) Zwischen welchen Längen- und Breitengraden liegt Deutschland?
f) Fordere deinen Nachbarn auf, die Tabelle zu ergänzen. Stellt euch gegenseitig ähnliche Suchaufgaben.

Geographische Koordinaten	Stadt	Land
23° S 45° W	■	■
30° N 31° 0	■	■
■	New York	■
■	Berlin	■
51,5° N 0° W	■	■
■	Kapstadt	■
■	Sankt Petersburg	■

Sind die Strecken gleich lang?

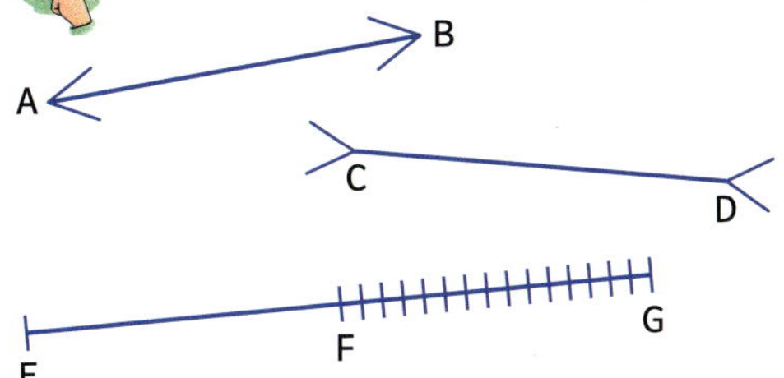

Vernetzen: Wandern im Urlaub

1 a) Familie Rohrer will in ihrem Urlaub an einer geführten Wanderung durch ein Hochmoor teilnehmen. Die Teilnehmer treffen sich vor der Touristinformation in Grassau.
Der Wanderweg führt zunächst durch Obermoosbach zur Aussichtsplattform. Anschließend geht es über den Ewigkeitsweg auf dem kürzesten Weg zurück zur Touristinformation.

1 : 25 000

Tourist Information
Aussichtsplattform
Kontrollpunkt für Wandernadel
Bus-Haltestelle
Parkplatz
Markierter Wanderweg
Rad- und Wanderweg
Wald
Sumpf
0 0,5 1 km

Für die gesamte Wanderstrecke sind 2,5 Stunden vorgesehen.

b) An einem anderen Urlaubstag plant die Familie eine Radwanderung um den Tachinger See.
Sie starten von ihrer Ferienwohnung in Eging (47° 58′ N 12° 43′ O).

Maßstab 1 : 65 000	
Länge in der Karte	Länge in der Natur
1,8 cm	1,8 cm · 65 000 = 117 000 cm = 1170 m = 1,170 km

Berechne die Gesamtlänge der geplanten Radwanderstrecke.
Überlege auch, wie viel Zeit die Familie für diese Radwanderung veranschlagen sollte.
Betrachte dazu sehr genau den markierten Radweg auf der Karte.

2 Im Schaufenster einer Buchhandlung liegt eine Radwanderkarte im Maßstab 1 : 50 000, eine andere im Maßstab 1 : 30 000. Welche Karte würdest du kaufen? Begründe deine Entscheidung.

Vernetzen: Weg – Zeit – Verbrauch

1

a) Familie Bart fährt mit dem Auto nach Hamburg. Danach kehren sie über Berlin und Frankfurt nach Köln zurück.
Der Bordcomputer des Autos zeigt für die Gesamtstrecke einen Benzinverbrauch von 7,8 Liter auf 100 km an.
Berechne den Gesamtverbrauch in Liter. Addiere für die Straßenlängen ein Zehntel der Luftlinienentfernungen hinzu.
b) Sara Bart findet im Internet die folgenden Informationen:

Kurzstreckenflugzeug

150 Sitzplätze; Verbrauch: ca. 10 Liter Kerosin pro Passagier auf 100 km

Kurzstreckenflugzeuge verbrauchen mit 10 bis 20 Liter Treibstoff je 100 Sitzplatz-Kilometer etwa 3–10 mal so viel Treibstoff wie moderne Automobile.

Vergleiche. Bewerte deine Ergebnisse.

2 Eine Segelyacht liegt manövrierunfähig auf Position 44° N 14° O. Über das Satellitentelefon fordert der Schiffsführer Hilfe an. Ein Seenotrettungsboot läuft um 13.25 Uhr aus dem nächstgelegenen Hafen aus. Die Geschwindigkeit des Bootes beträgt 15 Knoten.

3 Wie viele Kilometer Schulweg werden Öslem und Fabian jeweils in einem Schuljahr zurücklegen? Schätze.
Löse diese Aufgabe in Partnerarbeit.

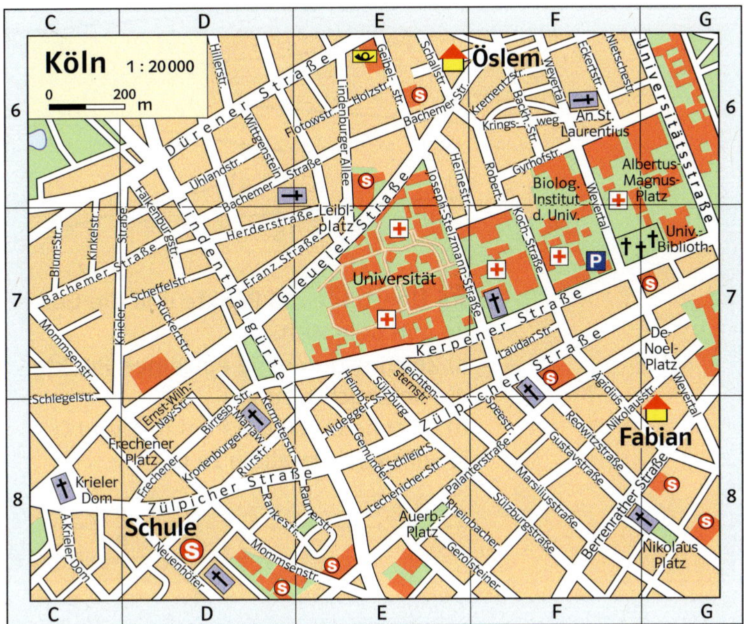

4 Eine Joggerin will in einem Park mit möglichst wenig Runden insgesamt 18 km zurücklegen. Dabei will sie während einer Runde keine Strecke zweimal durchlaufen. Start und Ziel einer Runde ist der Parkplatz. Für eine 10 km lange Strecke benötigt sie 55 Minuten. Formuliere dazu selbst Aufgaben und bearbeite sie.

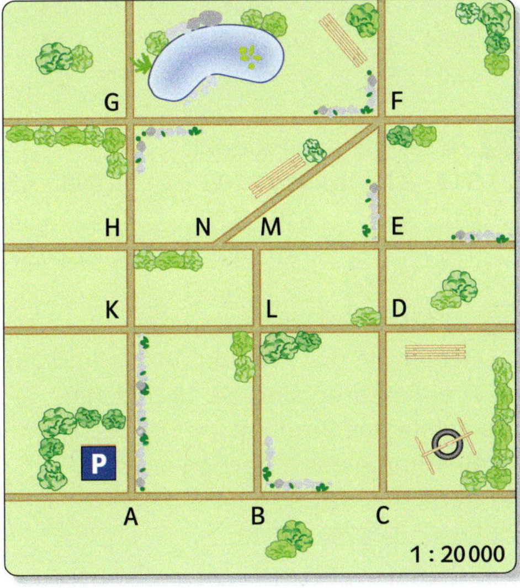

Lernkontrolle 1

1 Suche aus dem Bild die Strecken heraus und miss jeweils ihre Länge.

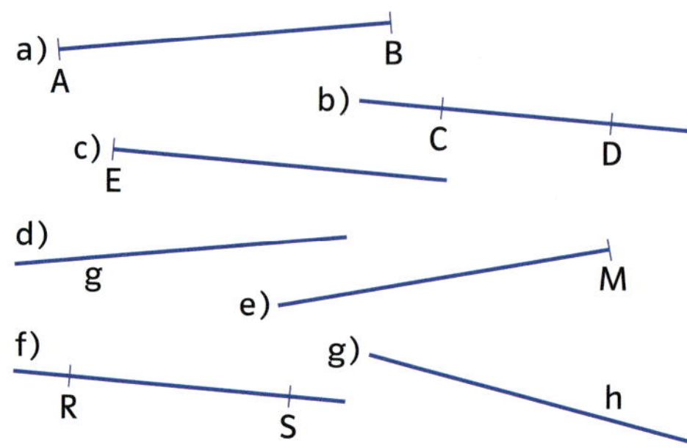

2 Übertrage die Punkte und die Gerade g in dein Heft.
a) Zeichne durch die einzelnen Punkte die Senkrechte zu g.
b) Zeichne durch die Punkte P und Q jeweils eine Parallele zu g.

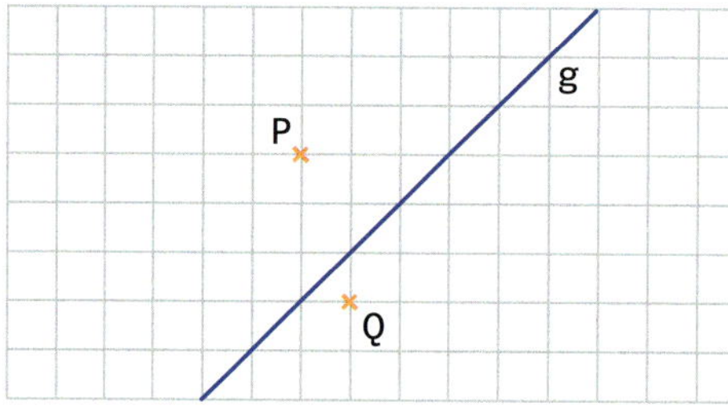

3 Zeichne zwei zueinander parallele Geraden im Abstand von 4,3 cm.

4 Gib zu jedem Punkt die Koordinaten an.

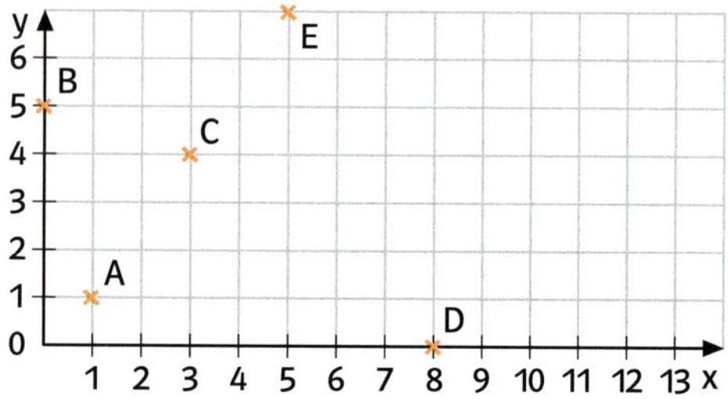

5 Zeichne in einem Koordinatensystem eine Gerade durch die Punkte A (2 | 1) und B (8 | 7).
Zeichne eine weitere Gerade ein, die durch den Punkt C (1 | 8) geht und die senkrecht auf der ersten Geraden steht. Wo schneidet diese Senkrechte die x-Achse?

6 Welche Abstände haben jeweils die Parallelen a und b, a und c, a und d, b und c, b und d, c und d?

d

c

b

a

Wiederholung

1 Multipliziere schriftlich.

a) 1563 · 3
3764 · 4
4801 · 5

b) 6 · 2345
5 · 3712
8 · 4610

c) 342 · 13
425 · 12
673 · 24

2 Berechne das Produkt.

a) 517 · 31
810 · 46
475 · 55

b) 316 · 205
819 · 311
780 · 405

c) 54 098 · 68
47 470 · 54
90 722 · 32

3 a) Multipliziere 26 und 17.
b) Bestimme das Produkt aus 36 und 25.
c) Drei Faktoren sind 24, 18 und 100. Berechne das Produkt.
d) Bestimme das 17fache von 111.
e) Berechne das Doppelte des Produktes aus 575 und 12.

4 Dividiere schriftlich.

a) 615 : 5
852 : 6
592 : 4

b) 1179 : 9
9968 : 8
4578 : 7

c) 4002 : 6
4160 : 8
3850 : 7

5 Bestimme den Quotienten.

a) 1680 : 30
3600 : 80
7380 : 60

b) 3132 : 12
8954 : 11
6250 : 25

c) 4386 : 14
2752 : 15
2760 : 13

6 a) Dividiere 3210 durch 5.
b) Bestimme den Quotienten aus 728 und 52.
c) Mit welcher Zahl musst du 13 multiplizieren, um als Produkt 299 zu erhalten?
d) Das Produkt ist 392, ein Faktor 14. Bestimme den zweiten Faktor.

Lernkontrolle 2

1 Auf den abgebildeten Heftseiten sind jeweils die Geraden a, b und c gezeichnet. Die drei Geraden sollen keinen Schnittpunkt (Bild I), einen Schnittpunkt (Bild II), zwei Schnittpunkte (Bild III) oder drei Schnittpunkte (Bild IV) haben.
Sind die Geraden richtig angeordnet? Begründe deine Antwort.

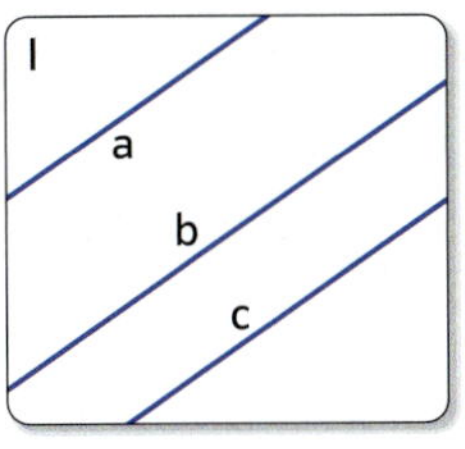

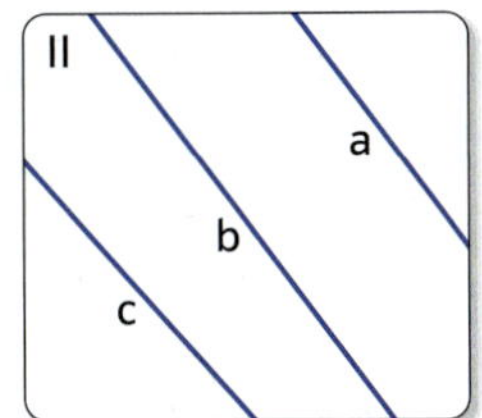

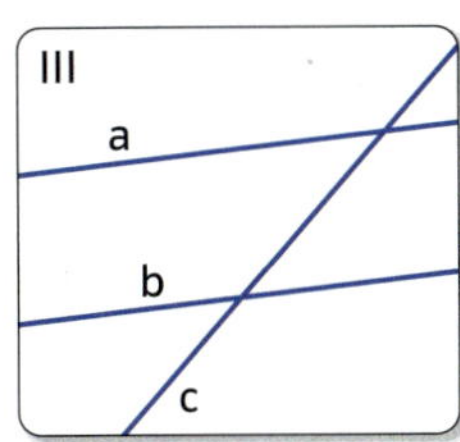

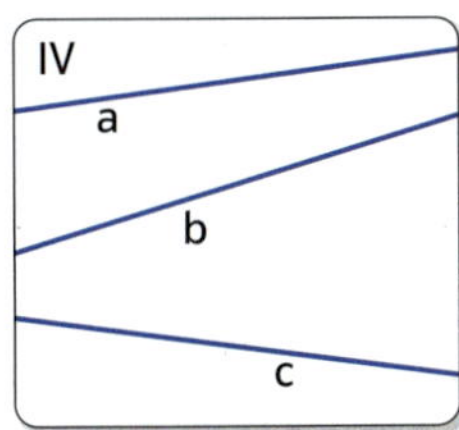

2 Übertrage die Punkte und Geraden in dein Heft. Zeichne durch die einzelnen Punkte eine Senkrechte zu jeder Geraden.

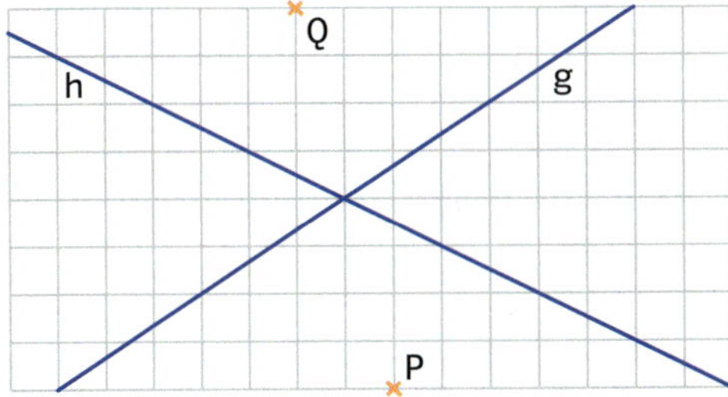

3 Zeichne eine Gerade g in dein Heft. Die Gerade g soll nicht auf einer Gitterlinie liegen.
Markiere fünf Punkte A, B, C, D und E so, dass Punkt A 4 cm, Punkt B 36 mm, Punkt C 2,7 cm, Punkt D 0,52 dm und Punkt E 1,3 cm Abstand zur Geraden g hat.

4 Zeichne drei Geraden a, b und c nach folgenden Angaben. Beschrifte die Geraden.
a) $a \perp b$ und $b \perp c$ b) $a \perp b$ und $b \parallel c$

5 Zeichne in ein Koordinatensystem die Gerade g durch die Punkte A (8 | 1) und B (1 | 4) sowie die Gerade h durch die Punkte C (5 | 8) und D (14 | 11).
Gib die Koordinaten des Punktes P an, der von g einen Abstand von 2,5 cm und von h einen Abstand von 1,6 cm hat.

6 Ein Frachtflugzeug muss mehrere Gepäckstücke und Container von Köln aus nach Berlin, Hamburg und München transportieren. Anschließend soll das Flugzeug nach Köln zurückkehren.
a) Notiere drei unterschiedliche Flugrouten.
b) Stelle für diesen Transport die kürzeste Flugroute zusammen.
Wie viel Kilometer legt das Flugzeug dafür insgesamt zurück?

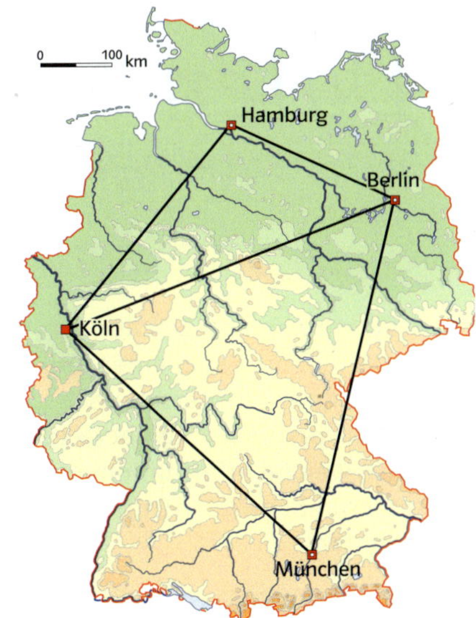

Übertrage die Punkte in dein Heft. Zeichne einen Streckenzug, der durch alle Punkte geht. Der Streckenzug soll jedoch nur aus vier Einzelstrecken bestehen.

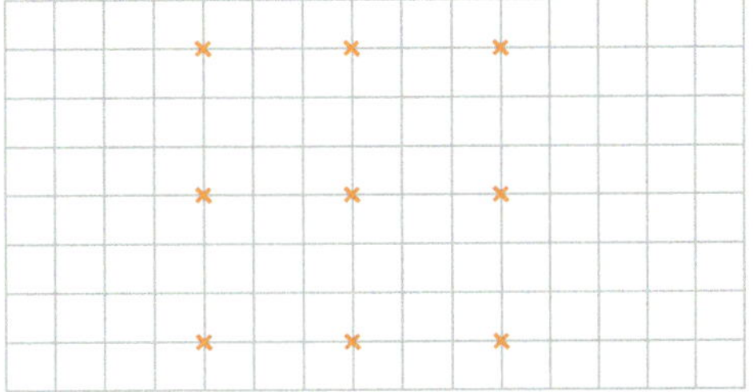

8 Daten

Wir über uns

Die Schülerinnen und Schüler der Klasse 5 a möchten sich einer fünften Klasse ihrer Partnerschule in Schweden vorstellen. Sie überlegen zunächst, welche Informationen für die Kinder in Schweden interessant sein könnten.

Die Schülerinnen und Schüler bilden Gruppen, die zu unterschiedlichen Themen Fragen stellen sollen.
Die Fragen sollen dann von allen Kindern der Klasse beantwortet werden.

Was könnten die Schülerinnen und Schüler noch über sich berichten? Was möchtest du gerne über deine Mitschülerinnen und Mitschüler erfahren?

Fragebogen zum Thema „Familie"

☐ Junge

wandtschaft?

men

Fragebogen zum Thema „Schulweg"

☐ Mä

1. Wa

2. Wa

3. W

Fragebogen zum Thema „Freizeit, Hobbys"

☐ Mädchen ☐ Junge

1. Was machst du am liebsten in deiner Freizeit?
   - ☐ Sport
   - ☐ mit Freunden spielen
   - ☐ Lesen
   - ☐ etwas ganz anderes
   - ☐ Musik hören
   - ☐ Fernsehen
   - ☐ Computer

2. Was ist deine Lieblingssportart?
   - ☐ Inliner laufen
   - ☐ andere Ballspiele
   - ☐ Turnen
   - ☐ etwas ganz anderes
   - ☐ Fußball
   - ☐ Schwimmen
   - ☐ Leichtathletik

3. Was ist dein Lieblingstier?
   - ☐ Kaninchen
   - ☐ Pferd
   - ☐ Hamster
   - ☐ Hund

Wir über uns

Anzahl der Geschwisterkinder

0 3 1 1 2 0 1 2 1 1 2 1 0 0 1
0 1 0 2 0 1 1 1 0 1

1 Eine Gruppe mit dem Thema „Familie" fragte alle Schülerinnen und Schüler der 5a nach der Anzahl ihrer Geschwister. Die erfragten Daten wurden zunächst in einer **Urliste** festgehalten. Die Daten in der Urliste wurden dann mit Hilfe einer **Strichliste** geordnet und anschließend in einer **Häufigkeitstabelle** zusammengefasst.

Strichliste

Anzahl der Geschwisterkinder	
0	𝍸 |||
1	■
2	■
3	■

Häufigkeitstabelle

Anzahl der Geschwisterkinder	Häufigkeit
0	8
1	■
■	■
■	■

Übertrage die Strichliste und die Häufigkeitstabelle in dein Heft und vervollständige sie mithilfe der oben notierten Daten.

2 Die Antworten auf die Frage „Wie viele Personen leben in eurem Haushalt?" wurden bereits in einer Häufigkeitstabelle zusammengefasst und in einem **Säulendiagramm** anschaulich dargestellt. Stelle auch die Ergebnisse der Umfrage nach der Anzahl der Geschwisterkinder in einem Säulendiagramm dar.

Säulendiagramm

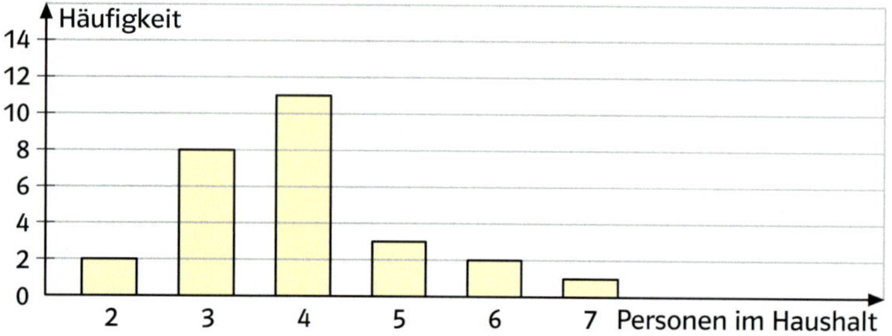

3 Im fünften Jahrgang wurden 50 Schülerinnen und Schüler nach der Anzahl ihrer Geschwister gefragt. Die erfragten Daten wurden in der abgebildeten Urliste festgehalten.

Anzahl der Geschwisterkinder

0 3 1 1 2 0 1 2 1 1 2 3 2 3 0
1 1 0 2 3 4 1 0 2 0 1 4 2 2 1
1 0 1 1 1 1 0 2 1 0 0 1 1 4 4
3 2 1 1 0

Lege zunächst eine Strichliste und dann eine Häufigkeitstabelle an. Stelle die Ergebnisse in einem Säulendiagramm dar.

4 Die Schülerinnen und Schüler wurden auch gefragt, wie viele Fernsehgeräte sie zu Hause haben. Die Ergebnisse der Umfrage wurden zunächst in einer Urliste gesammelt.

Anzahl der Fernsehgeräte

2 2 3 4 3 2 1 3 2 2 1 2 4
3 2 1 3 2 2 3 4 4 2 2 3

a) Bestimme mithilfe einer Strichliste die Häufigkeit und trage sie in einer Häufigkeitstabelle ein.
b) Stelle das Ergebnis der Befragung anschaulich in einem Säulendiagramm dar.

5 Lege eine Häufigkeitstabelle an und stelle das Ergebnis der Umfrage in einem Säulendiagramm dar.

Was ist deine Lieblingssportart?

Inliner laufen	||||
Fußball	𝍸 |
andere Ballspiele	𝍸
Schwimmen	|||
Turnen	||||
Leichtathletik	||
etwas ganz anderes	|

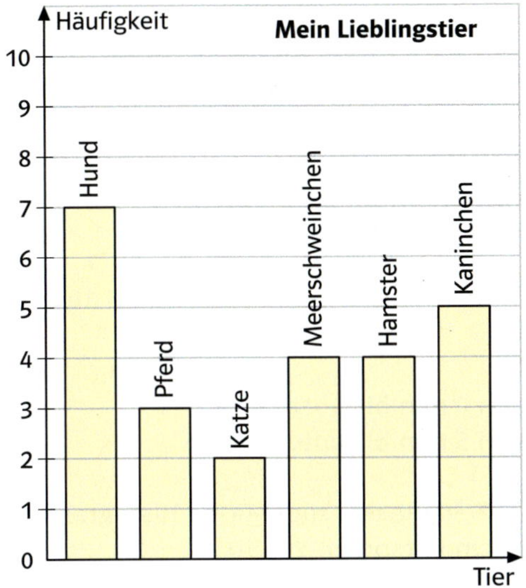

6 Eine Gruppe hat alle Schülerinnen und Schüler der 5a nach ihrem Lieblingstier befragt. Die Ergebnisse der Umfrage sind in einem Säulendiagramm veranschaulicht.
a) Lies die Häufigkeiten aus dem Diagramm ab und trage sie in eine Häufigkeitstabelle ein.
b) Was lässt sich an der Darstellung im Säulendiagramm verbessern?

7 Die Gruppe, die sich mit dem Thema „Freizeit und Hobbies" beschäftigt, möchte alle Schülerinnen und Schüler der 5a auch nach ihrer liebsten Freizeitbeschäftigung fragen. Damit sich die Umfrage auch gut auswerten lässt, haben die Gruppenmitglieder Antworten zur Auswahl vorgegeben.
Stelle das Ergebnis in einem Säulendiagramm dar.

Was machst du am liebsten in deiner Freizeit?

Sport	𝍸 I
Musik hören	III
mit Freunden spielen	𝍸 III
Fernsehen	I
Lesen	II
Computer	IIII
etwas ganz anderes	I

8 Die vierte Arbeitsgruppe hat ebenfalls alle Schülerinnen und Schüler nach ihrem Lieblingstier befragt. Für die Darstellung der Ergebnisse hat die Gruppe als Diagrammform ein **Balkendiagramm** gewählt.

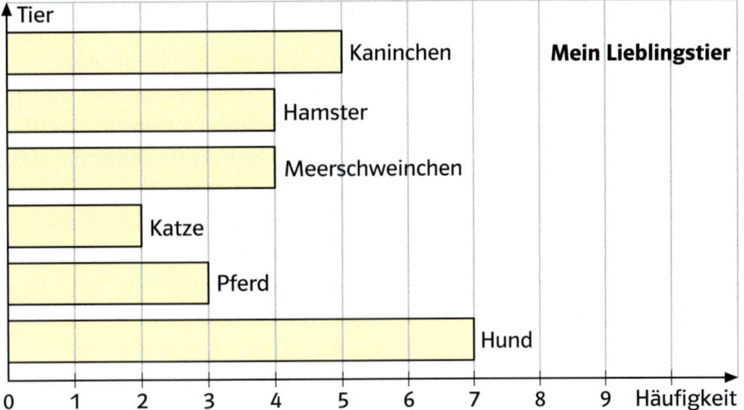

a) Vergleiche das Balkendiagramm mit dem Säulendiagramm. Nenne Gemeinsamkeiten und Unterschiede. Welche Vorteile hat das Balkendiagramm?
b) Stelle die Ergebnisse zur liebsten Freizeitbeschäftigung (liebsten Sportart) in einem Balkendiagramm dar.

9 Vor ihrer Umfrage haben die Schülerinnen und Schüler der fünften Gruppe überlegt, welche Verkehrsmittel auf dem Weg zur Schule benutzt werden können. Stelle die in der Häufigkeitstabelle zusammengefassten Ergebnisse in einem Balkendiagramm (Säulendiagramm) dar.

Verkehrsmittel	Häufigkeit
Straßenbahn	7
Zug	0
Bus	5
Pkw	2
Fahrrad	5
zu Fuß	6

Julia besitzt 11 Spielsteine. Wenn sie ihrer Freundin Lisa 3 Steine abgibt, haben beide gleich viele. Wie viele hatte Lisa anfangs?

10 Die fünfte Gruppe hat auch nach der Länge des Schulwegs gefragt.

Länge des Schulwegs (in km)

1 3 12 10 9 7 9 4 1 0 3 5 6 3
4 13 7 8 4 6 3 2 3 1 2

Bei den in der Urliste gesammelten Daten wurden nur die ganzen Kilometer angegeben. Die Schülerinnen und Schüler in der Gruppe haben deshalb einzelne Daten zusammengefasst:
von 0 km bis unter 3 km
von 3 km bis unter 6 km
von 6 km bis unter 9 km
von 9 km bis unter 12 km
von 12 km bis unter 15 km

a) Übertrage die zugehörige Häufigkeitstabelle in dein Heft und vervollständige sie.

Länge des Schulwegs (km)	Häufigkeit
von 0 km bis unter 3 km	6
von 3 km bis unter 6 km	9
von 6 km bis unter 9 km	■
von 9 km bis unter 12 km	■
von 12 km bis unter 15 km	■

b) Die Häufigkeiten der zusammengefassten Daten sind dann in einem **Histogramm** anschaulich dargestellt worden.

Histogramm

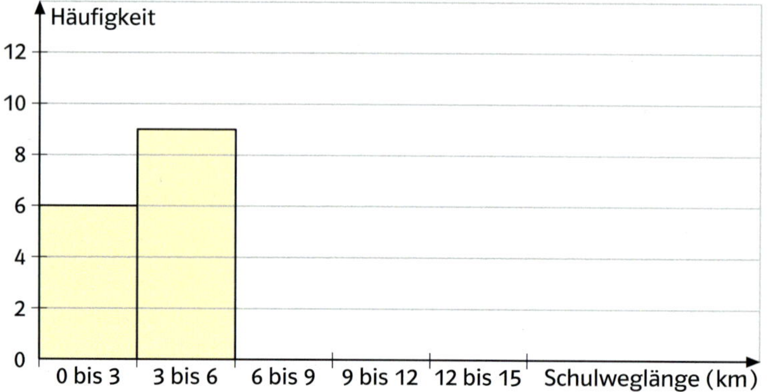

Übertrage das Histogramm in dein Heft und vervollständige es.

11 a) Fasse auch die Daten zur Dauer des Schulwegs zusammen. Benutze die vorgeschlagene Einteilung und lege eine Häufigkeitstabelle an.

Dauer des Schulwegs (in min)

8 10 20 13 18 20 20 18 28 7
29 20 12 5 15 1 29 4 22 9 10
19 19 15 18

von 0 min bis unter 5 min
von 5 min bis unter 10 min
...

b) Zeichne das zugehörige Histogramm (1 cm entspricht 2 min).

12 Die Schülerinnen und Schüler der 5 a haben auch ihre Körpergröße (in cm) ermittelt und die Daten in einem Histogramm dargestellt.
a) Wie wurden die einzelnen Daten zusammengefasst?
b) Lege für die zusammengefassten Daten eine Häufigkeitstabelle an und trage die zugehörigen Häufigkeiten ein.

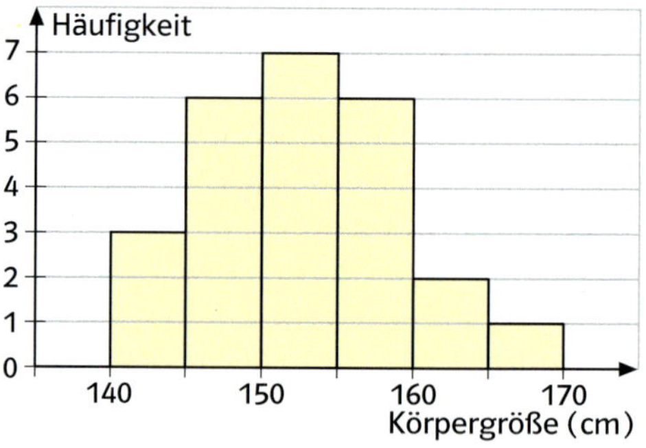

c) Auch in der 5 b wurde die Körpergröße der Schülerinnen und Schüler ermittelt.
Fasse auch hier die Daten so zusammen wie in der 5 a, lege eine Häufigkeitstabelle an und zeichne das Histogramm.

Körpergröße (in cm)

137 145 148 149 152 153 162
165 138 147 140 143 141 153
157 158 156 154 152 162 157
154 148 138 144

Grundwissen: Daten

Bei Umfragen werden Daten in einer Urliste gesammelt. Die Daten können dann mit einer Strichliste geordnet und in einer Häufigkeitstabelle dargestellt werden.

Urliste

Anzahl der Personen im Haushalt

4 5 3 2 3 4 4 4 5 6 5 4 3 6
4 4 3 4 4 5 7 4 4 3 3

Strichliste

2 Personen	|
3 Personen	~~||||~~
4 Personen	~~||||~~ ~~||||~~ |
5 Personen	||||
6 Personen	||
7 Personen	|

Häufigkeitstabelle

Anzahl der Personen im Haushalt	Häufigkeit
2	1
3	5
4	11
5	4
6	2
7	1

Die in einer Häufigkeitstabelle aufbereiteten Daten können in verschiedenen Diagrammformen grafisch dargestellt werden.

Säulendiagramm

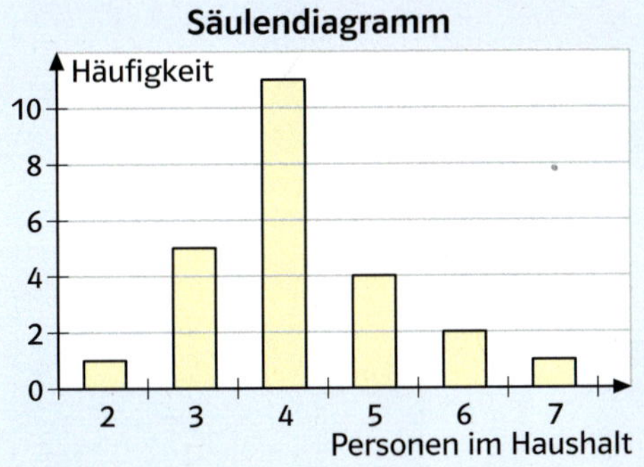

Balkendiagramm

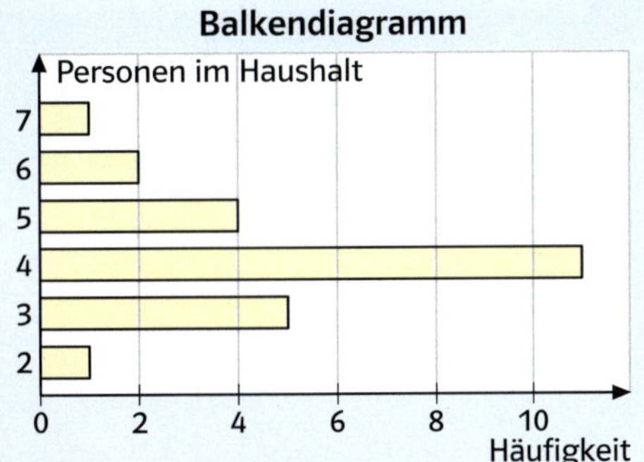

Bei manchen Umfragen ist es sinnvoll, die gesammelten Daten zusammenzufassen. Die so aufbereiteten Daten lassen sich dann in einem Histogramm grafisch darstellen.

Häufigkeitstabelle

Körpergröße (cm)	Häufigkeit
von 135 bis unter 140	3
von 140 bis unter 145	4
von 145 bis unter 150	7
von 150 bis unter 155	5
von 155 bis unter 160	4
von 160 bis unter 165	2

Histogramm

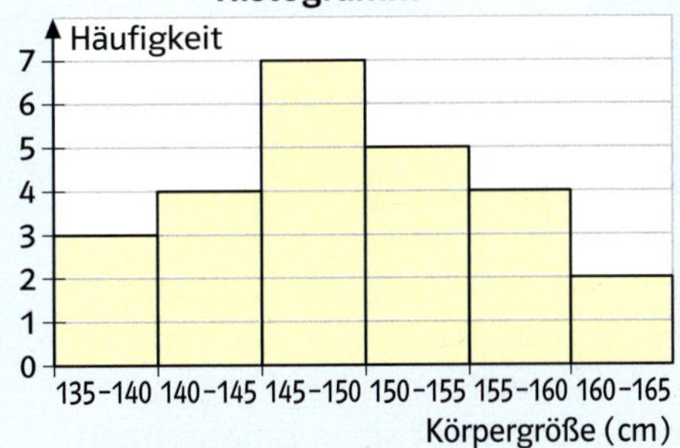

Üben und Vertiefen

1 Frage alle Schülerinnen und Schüler deiner Klasse nach ihrer liebsten Freizeitbeschäftigung (ihrer Lieblingsmusikgruppe, ihrem Lieblingsbuch, ihrer Lieblingssportart, ihrem Lieblingsfach, ihrem Lieblingstier, ihrem Lieblingsverein, ...). Halte die Ergebnisse in einer Strichliste und einer Häufigkeitstabelle fest. Stelle die Ergebnisse anschaulich in einem Diagramm dar.

2 Frage alle Schülerinnen und Schüler deiner Klasse nach der Anzahl ihrer Geschwisterkinder (der Anzahl der Personen in ihrem Haushalt, der Länge des Schulwegs, der Dauer des Schulwegs, der Dauer der Hausaufgaben, ...). Stelle die Umfrageergebnisse anschaulich dar.

3 Sammelt in Gruppenarbeit Daten über eure Klasse (euren Jahrgang), haltet die Ergebnisse in Häufigkeitstabellen fest und stellt sie in Diagrammen dar.

Beachtet für die Gruppenarbeit und die Präsentation der Ergebnisse die Hinweise auf der nächsten Seite.

Gruppenarbeit

Regeln für die Gruppenarbeit

1. Der Arbeitsplatz wird eingerichtet. Alle Arbeitsmaterialien werden zurechtgelegt.
2. Die Gruppenarbeit beginnt mit einer gemeinsamen Besprechung der Aufgabenstellung.
3. Der Arbeitsablauf wird organisiert. Dabei werden alle an der Arbeit beteiligt.
4. Alle Gruppenmitglieder notieren die wichtigsten Ergebnisse.
5. Der Vortrag der Ergebnisse wird gemeinsam vorbereitet. Alle sind für die Qualität der Arbeit verantwortlich.

Regeln für die Präsentation

1. Beginne nicht sofort, sondern warte ab, bis Ruhe herrscht.
2. Versuche frei zu sprechen und schaue das Publikum an. Benutze einen Notizzettel als Merkhilfe.
3. Stelle wichtige Informationen besonders heraus.
   Benutze dazu die Tafel, Folien, Plakate.
4. Warte am Ende ab, ob es noch Fragen oder Anmerkungen gibt.

Regeln für das Publikum

1. Wenn eine Gruppe ihre Ergebnisse vorträgt, hört das Publikum aufmerksam zu.
2. Jeder überlegt während der Präsentation:
   - Was kann ich bei dieser Präsentation lernen?
   - Welche Fragen habe ich noch?
   - Was hat mir gut gefallen, was könnte noch verbessert werden?
3. Das Publikum nimmt in der Nachbesprechung dazu Stellung.

Diagramme lesen

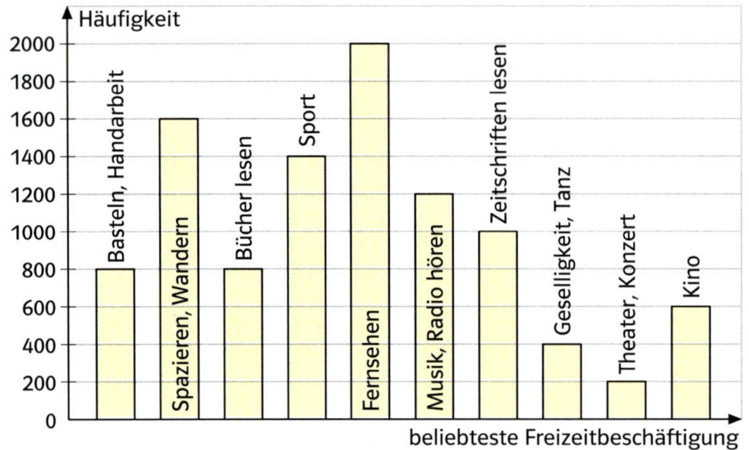

1 Bei einer Umfrage wurden 10000 Erwachsene in Nordrhein-Westfalen nach ihrer liebsten Freizeitbeschäftigung gefragt. Die Ergebnisse der Befragung sind in dem abgebildeten Säulendiagramm grafisch dargestellt. Lies ab, wie häufig die einzelnen Freizeitbeschäftigungen genannt wurden.

2 In der Bundesrepublik Deutschland wurden 100 000 Frauen und Männer nach der Sportart gefragt, die sie am liebsten ausüben.
a) Lies ab, wie häufig die einzelnen Sportarten genannt wurden. Lege eine Häufigkeitstabelle an.
b) Entsprechen die dargestellten Häufigkeiten genau den Befragungsergebnissen? Begründe deine Antwort.

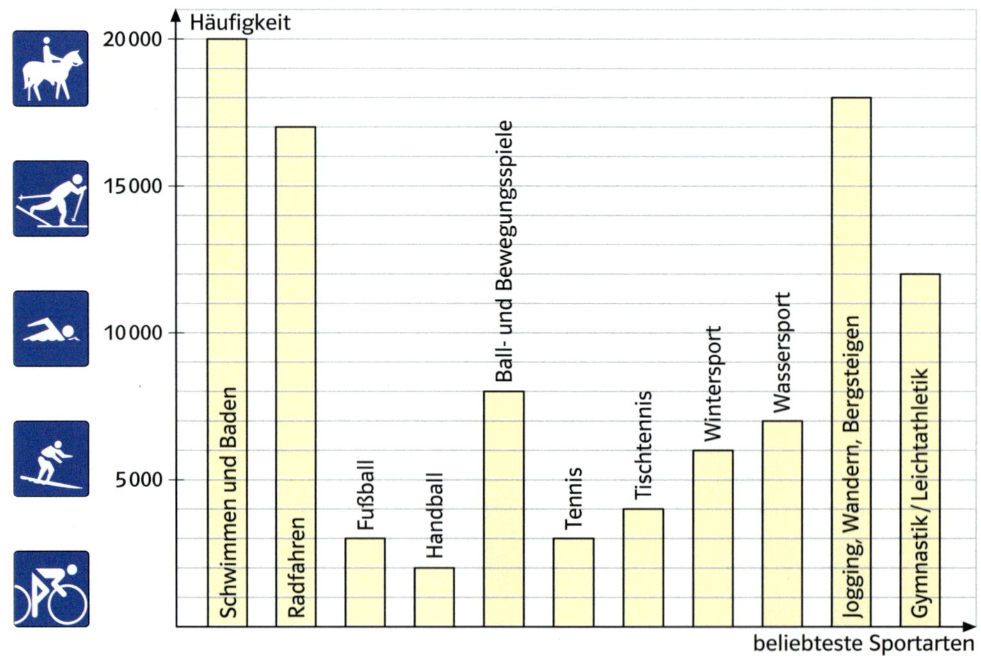

3 Bei einer statistischen Erhebung (2004) wurden Urlaubsreisende gefragt, welches Verkehrsmittel sie bei ihrer Urlaubsreise benutzen. Die Ergebnisse der Befragung werden in dem abgebildeten Säulendiagramm grafisch dargestellt.

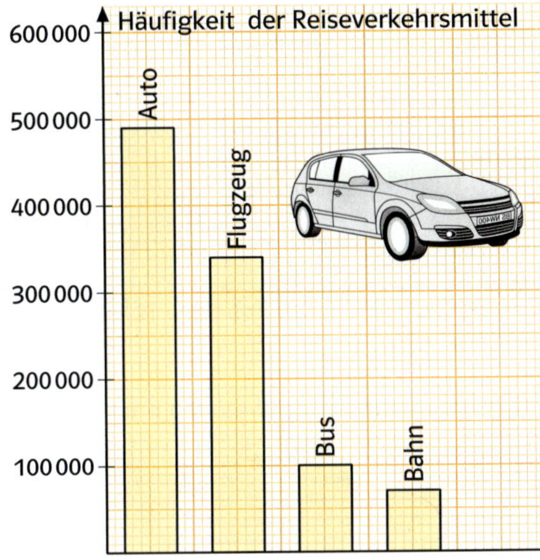

a) Lies ab, wie häufig jedes Verkehrsmittel benutzt wurde.
b) Wurde das Auto häufiger benutzt als alle anderen Verkehrsmittel zusammen? Begründe.

4 In einigen europäischen Ländern wurden jeweils 10 000 Personen gefragt, ob sie in Urlaub fahren (2004). Das Ergebnis der Befragung wird in dem Balkendiagramm dargestellt.
a) Lies die Häufigkeiten ab und übertrage sie in eine Häufigkeitstabelle.
b) Kannst du die Befragungsergebnisse erklären?

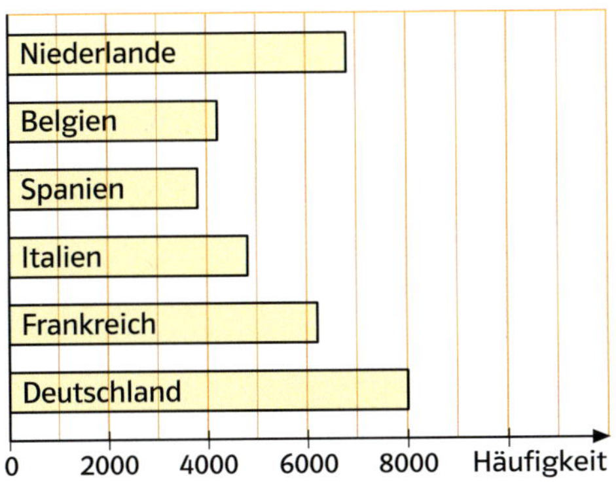

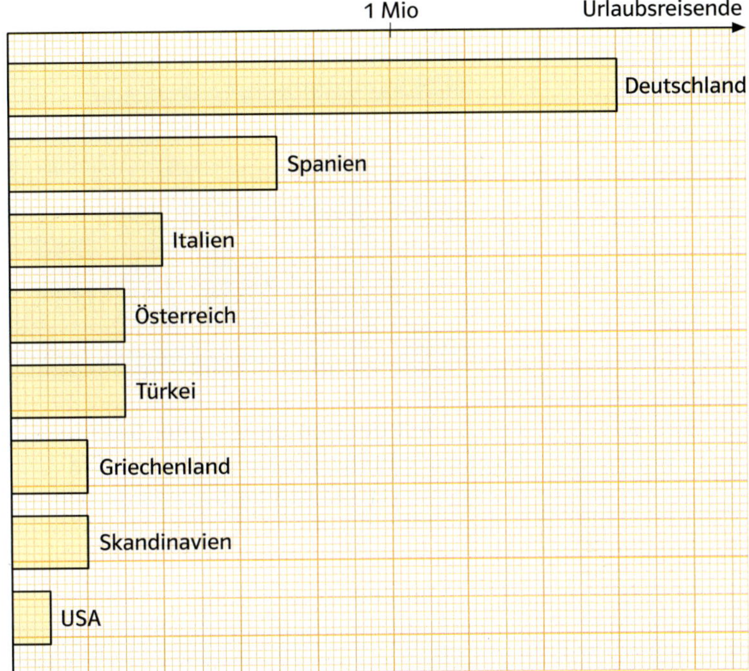

5 Als Urlaubsziel gaben 2003 die meisten Urlaubsreisenden einen Ort innerhalb Deutschlands an.
a) Wie viele der befragten Urlaubsreisenden fahren nach Spanien (Österreich, Italien, Griechenland, in die Türkei, nach Skandinavien, ...)?
b) Wie viele Urlauber fahren insgesamt in die angegebenen Länder?

6 Suche in Schulbüchern (Zeitungen und Zeitschriften) nach Säulen- und Balkendiagrammen.
Welche Daten sind dort gesammelt und grafisch dargestellt worden?

Ein brauner und ein grauer Esel ziehen ihres Weges. Der braune Esel stöhnt fürchterlich unter seiner Last. Da sagt zu ihm der graue Esel: „Du stellst dich ja an wie ein Hase. Was soll ich erst sagen! Müsste ich noch einen Sack von deiner Last tragen, dann trüge ich doppelt so viele Säcke wie du. Nähmst du mir aber von meiner Last einen Sack ab, dann trügen wir gleich viel!"
Wie viele Säcke tragen der braune und der graue Esel?

Vernetzen: Daten einer Schule

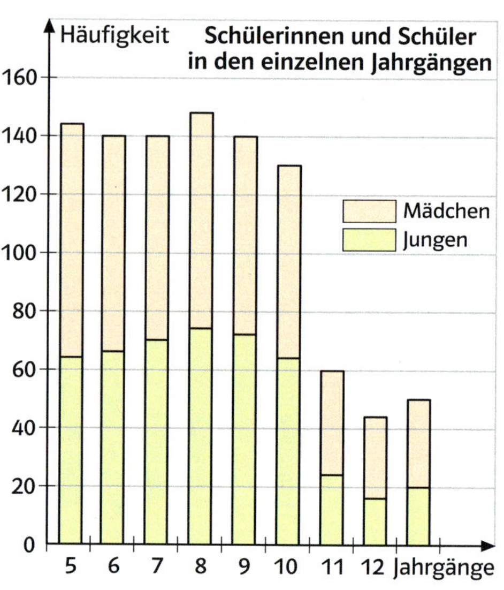

1 Auf der Homepage einer Gesamtschule findest du die folgenden Diagramme. Was kannst du mithilfe der Diagramme über die Schule sagen?

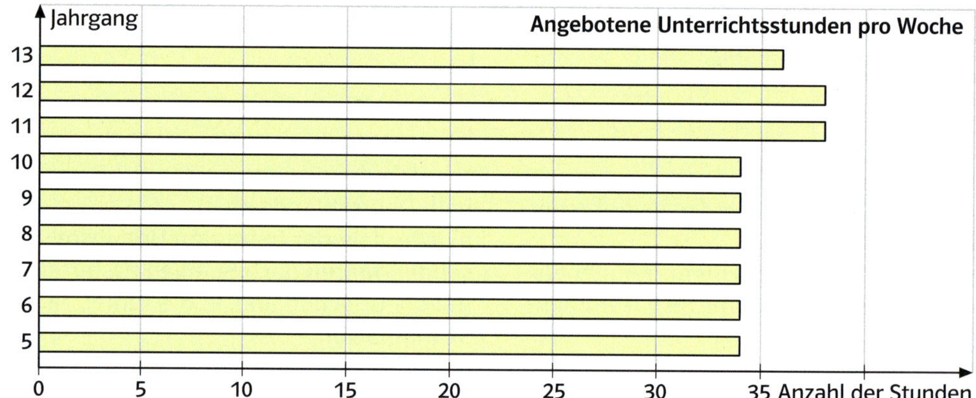

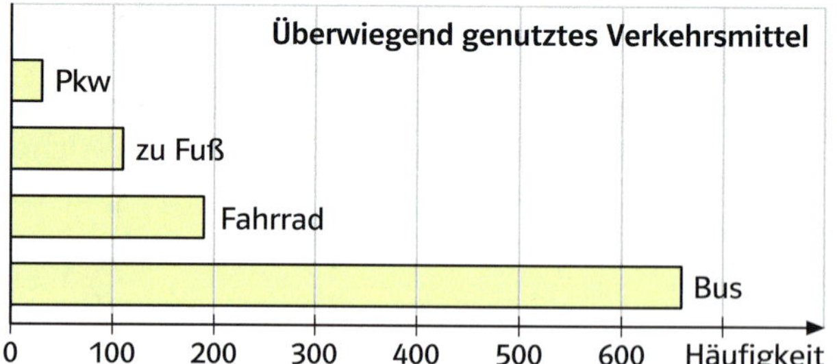

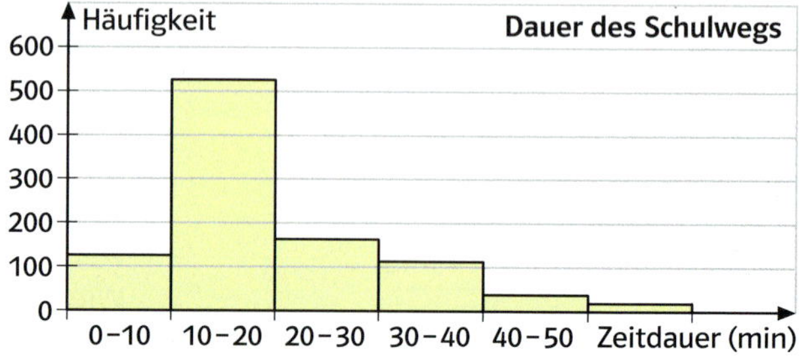

2 Eine Befragung von Jugendlichen im Alter von 10 bis 18 Jahren zur Nutzung des Computers führte zu dem in der Häufigkeitstabelle dargestellten Ergebnis (Stand 2003).

Computernutzung	Häufigkeit
täglich oder mehrmals pro Woche	595
einmal pro Woche oder mehrmals pro Monat	174
einmal pro Monat oder seltener	133
nie	98

a) Wie viele Jugendliche wurden insgesamt befragt?
b) Stelle das Ergebnis der Umfrage grafisch dar. Überlege zunächst eine geeignete Diagrammform, dann die Einteilung der Achsen.

3 Auf die Frage, wozu sie den Computer nutzen, antworteten 5000 befragte Jugendliche im Alter von 10 bis 18 Jahren (Stand 2003).
Hier durften mehrere Antworten gegeben werden.

Tätigkeiten am Computer	Häufigkeit
Computerspiele	2378
Texte schreiben	2143
Arbeiten für die Schule	1809
Internet	1755
Musik hören	1672
PC-Lexikon	887
Malen, Zeichnen, Grafiken erstellen	779
Lernsoftware	734
Bild-, Videobearbeitung	613
Programmieren	476

Stelle das Ergebnis der Umfrage grafisch dar. Überlege zunächst eine geeignete Diagrammform, dann die Einteilung der Achsen.

4 Die Schülerinnen und Schüler der 5c wurden zur Länge ihres Schulwegs befragt. Das Ergebnis der Umfrage ist in dem Histogramm grafisch dargestellt.

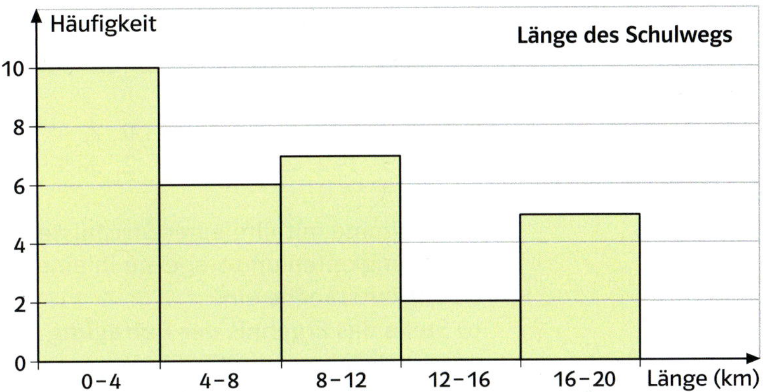

a) Wie viele Schülerinnen und Schüler hat die 5c? Kannst du genau die Schulweglänge der einzelnen Schülerinnen und Schüler ablesen?
b) Gib einen Schätzwert für den Weg an, den die Schülerinnen und Schüler der 5c insgesamt zur Schule zurücklegen müssen.

5 In dem Histogramm wird dargestellt, wie lange die Schülerinnen und Schüler der 5c in einer Woche Hausaufgaben gemacht haben.

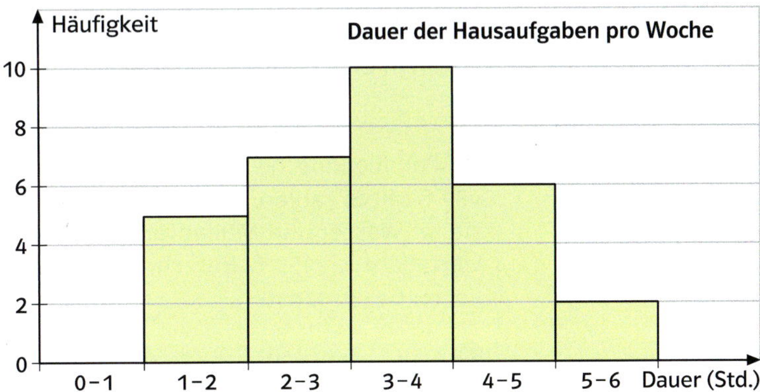

Wie viele Tage muss ein Schüler ununterbrochen Hausaufgaben machen, um auf dieselbe Gesamtstundenzahl zu kommen?

Lernkontrolle 1

1 Die Schülerinnen und Schüler der 5b wurden gefragt, wie viele Fernsehgeräte sie zu Hause haben. Die Ergebnisse der Umfrage wurden zunächst in einer Urliste gesammelt.

Anzahl der Fernsehgeräte

3 2 2 4 3 2 1 3 2 2 0 2 4 5
1 2 3 3 2 2 3 4 4 2 2 3 1 2

a) Bestimme mithilfe einer Strichliste die Häufigkeiten und trage sie in eine Häufigkeitstabelle ein.
b) Stelle das Ergebnis der Befragung anschaulich in einem Säulendiagramm dar.

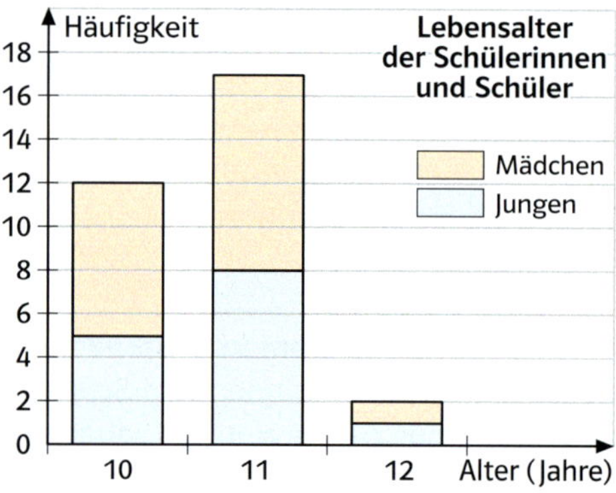

2 Übertrage die grafisch dargestellten Daten in eine Häufigkeitstabelle.

Verkehrsmittel	Häufigkeit
Straßenbahn	12
Zug	1
Bus	9
Pkw	4
Fahrrad	11
zu Fuß	13

3 Schülerinnen und Schüler im 5. Jahrgang wurden gefragt, mit welchem Verkehrsmittel sie zur Schule kommen.
a) Stelle die in der Häufigkeitstabelle zusammengefassten Daten in einem Balkendiagramm dar.
b) Wie viele Schülerinnen und Schüler wurden befragt?

4 Eine Umfrage im 5. Jahrgang nach dem monatlichen Taschengeld führte zu den folgenden Daten.

Monatliches Taschengeld (€)

8	12	12	10	15	15	16	16	12	20
24	20	16	15	8	10	12	15	15	20
16	10	16	16	15	15	8	10	12	12
20	24	15	15	16	8	10	10	12	15
15	16	16	20	12	15	16	20	20	16

Ordne die Daten und stelle sie grafisch dar.

1 Familie Rinsche muss jeden Monat 489 € Miete zahlen. Außerdem bezahlen sie für Wasser und Müllabfuhrgebühren vierteljährlich 159 €. Berechne die jährlichen Gesamtkosten.

2 Lisa legt mit ihrer Freundin während einer siebentägigen Ferienfahrt insgesamt 371 km zurück. Wie viele Kilometer haben sie täglich im Durchschnitt zurückgelegt?

3 Der ICE „Albrecht Dürer" benötigt für die Strecke Hamburg – Basel (875 km) 7 Stunden. Wie viele Kilometer fährt der Zug pro Stunde?

4 Bei einer Wanderfahrt kostet die Busfahrt 37,50 € pro Person, wenn 24 Personen mitfahren. Es kommt noch eine Person hinzu. Wie teuer wird es dann für jeden, wenn der Buspreis gleich hoch bleibt?

5 Bei einem Bundesliga-Fußballspiel wurden 32145 Sitzplatzkarten zu 33 € das Stück, 2345 VIP-Karten für 51 € das Stück und 16 543 Stehplatzkarten zu 9 € das Stück verkauft.
a) Wie viele Karten wurden insgesamt verkauft?
b) Bestimme die Tageseinnahme.

Lernkontrolle 2

1 Im Jahre 1998 und im Jahre 2000 wurden jeweils 1000 Schülerinnen und Schüler an Haupt-, Realschulen und Gymnasien gefragt, ob sie das Internet nutzen. Das Ergebnis der Umfrage wird in der Häufigkeitstabelle dargestellt.

Schulform	Häufigkeit 1998	Häufigkeit 2000
Hauptschule	107	454
Realschule	159	533
Gymnasium	226	655

Stelle das Ergebnis der Umfrage grafisch dar.

2 Eine Umfrage in der Klasse 5 d nach dem monatlichen Taschengeld führte zu den folgenden Daten.

Monatliches Taschengeld (€)

8	12	12	10	15	15	16	16	12	20
24	20	16	15	8	10	12	15	15	20
16	10	16	16	15	15	8	10	12	12

a) Stelle das Ergebnis der Umfrage grafisch dar.
b) Wie lange müssten die Schülerinnen und Schüler für Taschengeld sparen, um einen gebrauchten Kleinbus (10 000 €) für die Klasse kaufen zu können?

Körpergröße (in cm)

138	146	149	150	153	154	163
164	137	146	139	142	142	152
158	159	157	155	153	163	158
153	147	137	143	135	160	140

3 In der Klasse 5 c wurde die Körpergröße der Schülerinnen und Schüler ermittelt.
a) Fasse die in der Urliste gesammelten Daten wie folgt zusammen:
von 135 cm bis unter 140 cm,
von 140 cm bis unter 145 cm,
von 145 cm bis unter 150 cm, usw.
Lege dazu eine Häufigkeitstabelle an.
b) Zeichne das zugehörige Histogramm.

4 In dem Histogramm wird das Körpergewicht der Schülerinnen und Schüler der Klasse 5 c anschaulich dargestellt. Wie viel Kilogramm wiegen alle Schülerinnen und Schüler zusammen?

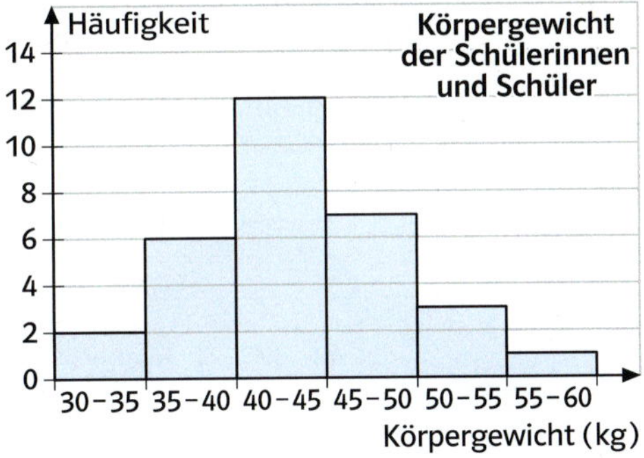

1 Ein Telefonbuch hat 793 Seiten. Eine Seite hat fünf Spalten und jede Spalte hat durchschnittlich 103 Telefonnummern.

2 Alexander möchte sich einen Roller für 1340 € kaufen. Er zahlt 480 € an. Den Rest will er in acht gleichen Monatsraten zahlen. Wie hoch ist jede Rate?

3 Katharinas Schulweg ist 1800 m lang. Sie besucht seit fünf Jahren die Schule. Hat sie mehr als 3000 km zurückgelegt?

4 Einer der größten Tanker der Welt kann 360 000 t Öl laden. Ein Kesselwagen der Bahn fasst etwa 48 000 kg. Wie viele Güterzüge mit je 30 Wagen sind nötig, um die Ölladung abzutransportieren?

5 In einem Radrennen ist ein Rundkurs von 18 km Länge 14-mal zu durchfahren. Die Rennfahrer fahren durchschnittlich 41 km in der Stunde. Dauert das Radrennen deiner Meinung nach länger als 6 Stunden?

9 Brüche

Brüche im täglichen Leben

Jana geht in die Klasse 5 b. Sie behauptet: Genau die Hälfte der Kinder sind Jungen.
Stimmt diese Behauptung?
Einige Kinder in der Klasse kennt sie bereits aus der Grundschule.
Mit Paul, Erkan, Luise, Felix, Svenja, Rosalie und Ayshe ist sie zusammen in die Klasse 4 c der Grundschule Eichendorf gegangen.
Kannst du diesen Anteil als Bruch ausdrücken?

Vorname	Männlich Weiblich	Alter	Grundschule
Sophia	W	11	Hegewiesen
Judith	W	11	Hegewiesen
Philipp	M	11	Hegewiesen
Marcus	M	10	Hegewiesen
Paul	M	12	Eichendorf
Erkan	M	12	Eichendorf
Luise	W	10	Eichendorf
Felix	M	9	Eichendorf
Svenja	W	10	Eichendorf
Rosalie	W	10	Eichendorf
Ayshe	W	11	Eichendorf
Jana	W	12	Eichendorf
Mathias	M	10	Kestner
Karl	M	10	Kestner
Fabienne	W	10	Kestner
Jasper	M	9	Kestner
Sascha	M	9	Kestner
Karolin	W	10	Kestner
Katharina	W	10	Sophien GS
Maximilian	M	10	Sophien GS
Melissa	W	10	Sophien GS
Max	M	10	Sophien GS
Amina	W	12	Sophien GS
Florian	M	9	Sophien GS

- Einige Kinder tragen einen roten Pullover. Kannst du diesen Anteil als Bruch angeben?
- In der ersten Reihe sitzen einige Kinder auf der Bank. Zähle die sitzenden Kinder und bestimme den Anteil.
- Ein Drittel der Kinder müssen zeitweise eine Brille tragen. Wie viele Kinder sind das?
- Wie groß ist der Anteil der Kinder, die zwölf Jahre alt sind?
- Wie groß ist der Anteil der Kinder, die aus der Kestner Grundschule kommen?
- Wie groß ist der Anteil der Kinder, die männlich und 9 Jahre alt sind?
- Denke dir weitere Fragen aus.

Bruchteile

1 Ein Kuchenblech kann in unterschiedlich viele Stücke unterteilt werden. Zeichne ein verkleinertes Kuchenblech (6 cm lang, 8 cm breit) in dein Heft und zerteile es in 12 gleich große Teile. Färbe vier Stücke ein und gib den Anteil an.

2 In der Regel zerteilt man auch Torten in 12 Stücke. Ein Bäcker benutzt dazu kein Geodreieck. Dies gelingt ihm nach Augenmaß.
Zeichne eine Torte als Kreis und unterteile sie nach Augenmaß in 12 gleich große Stücke.
Jessica hat zum Geburtstag drei gegessen. Färbe drei Stücke in der Zeichnung ein und gib den Anteil als Bruch an.

3 Brüche werden im Alltag in unterschiedlichen Zusammenhängen benutzt.
a) Notiere zu jedem Bild einen Bruch.
b) Nenne weitere Situationen im Alltag, in denen Brüche benutzt werden.

4 Eine Pizza kann in unterschiedlich viele gleich große Stücke geteilt werden. Zeichne in dein Heft ein Rechteck als Pizzablech (6 cm lang, 4 cm breit) und zerteile es in 24 gleich große Stücke. Zeichne die folgenden Bruchteile ein:

$\frac{1}{6}$ $\frac{1}{4}$ $\frac{1}{24}$ $\frac{1}{12}$ $\frac{1}{8}$

5 Die abgebildeten Figuren sind in gleich große Teile geteilt. Gib an, welcher Bruchteil des Ganzen hier abgeteilt wurde.

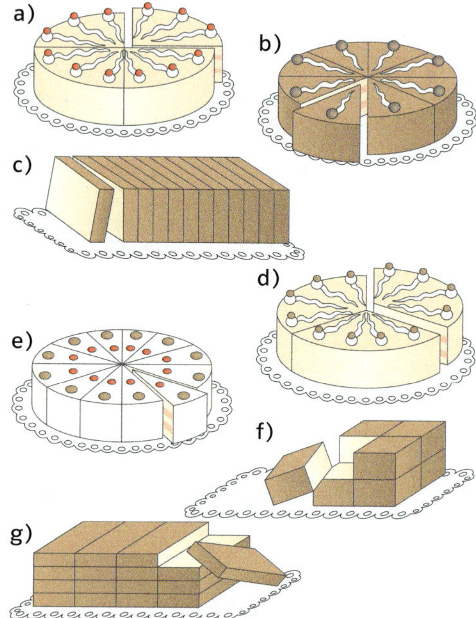

6 Welcher Bruchteil ist gefärbt?

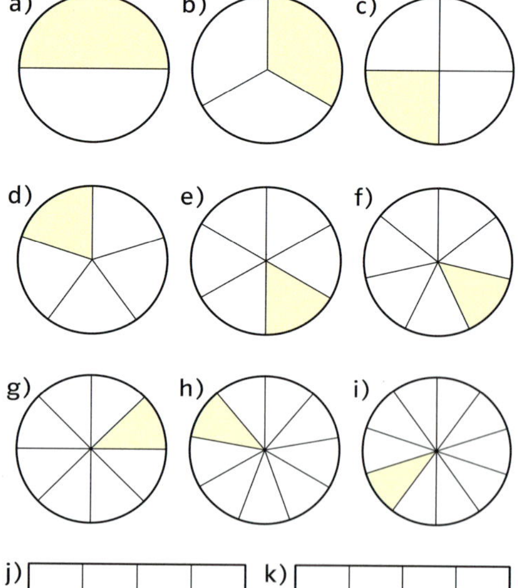

Ein Halb $\frac{1}{2}$, ein Drittel $\frac{1}{3}$, ein Viertel $\frac{1}{4}$, ein Fünftel $\frac{1}{5}$, … sind Bezeichnungen für Bruchteile.

Brüche darstellen

1 Welcher Bruchteil ist hier eingefärbt?

a) b) c)

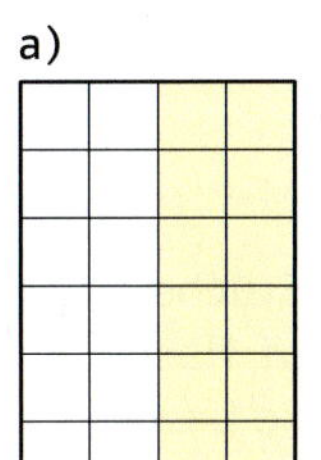

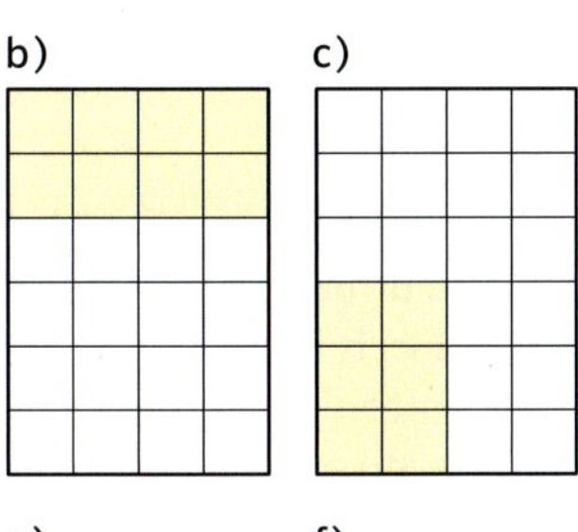

d) e) f)

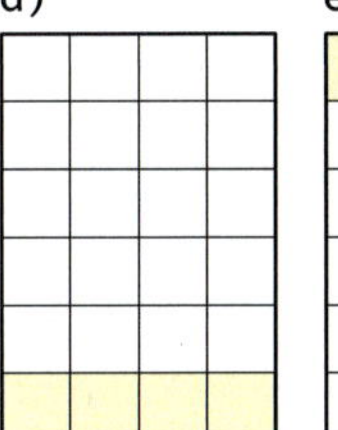

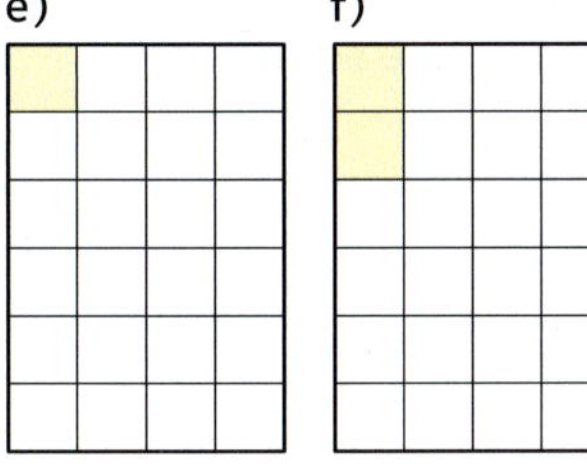

g) h) i)

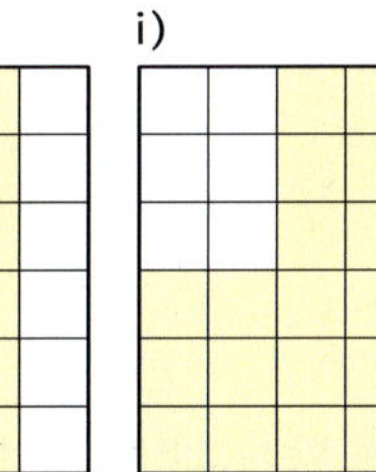

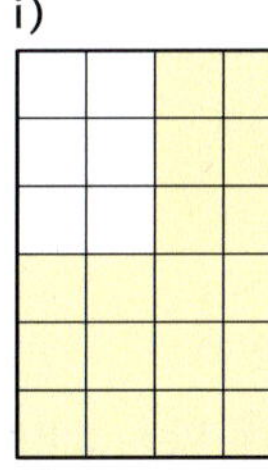

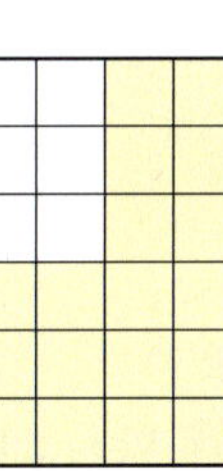

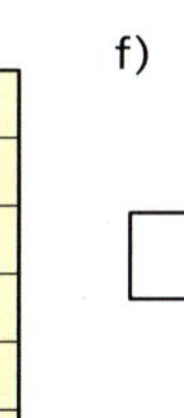

2 Stelle die folgenden Brüche mithilfe von Rechtecken in deinem Heft dar. Die Rechtecke können unterschiedlich groß sein.

$\frac{1}{8}$ $\frac{3}{12}$ $\frac{4}{6}$ $\frac{7}{24}$ $\frac{3}{4}$ $\frac{5}{16}$

3 Welcher Bruchteil ist eingefärbt (nicht gefärbt)?

a) b) c) d) e)

f) g)

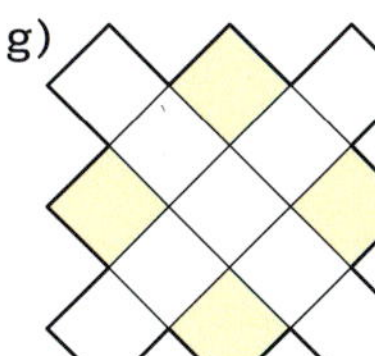

h) i)

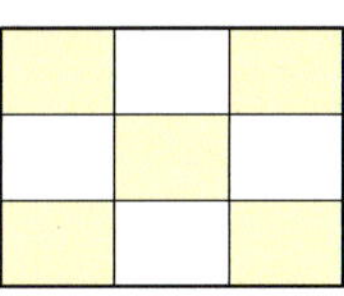

k)

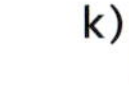

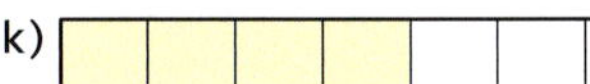

Brüche beschreiben Teile eines Ganzen

Die untere Zahl, der Nenner, beschreibt, in wie viele gleich große Teile das Ganze geteilt wurde.

$\frac{3}{8}$

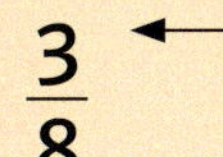

Die obere Zahl, der Zähler, beschreibt, wie viele Teile betrachtet werden.

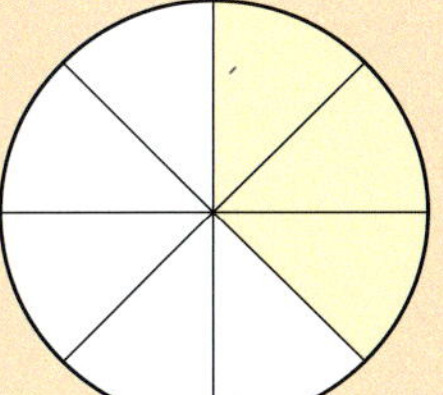

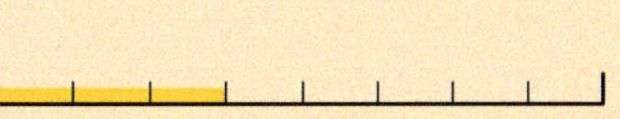

Brüche durch Falten darstellen

1 Shirin hat quadratische Zettel gefaltet. Die Faltlinien werden nachgezeichnet und einige Teilflächen gefärbt. Die so dargestellten Bruchteile werden mit der richtigen Bezeichnung ins Mathematikheft geklebt.

a) b)

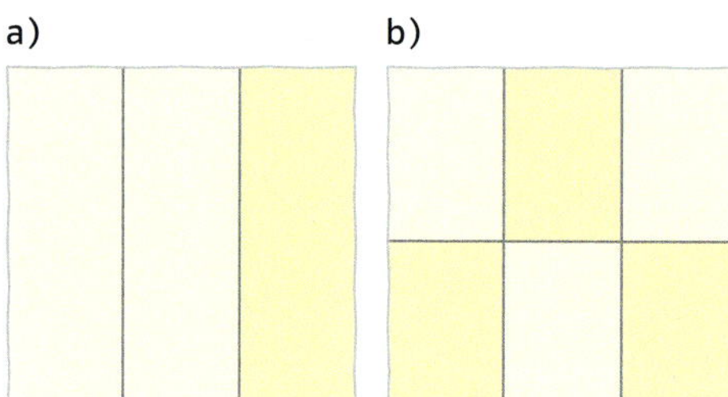

c) d)

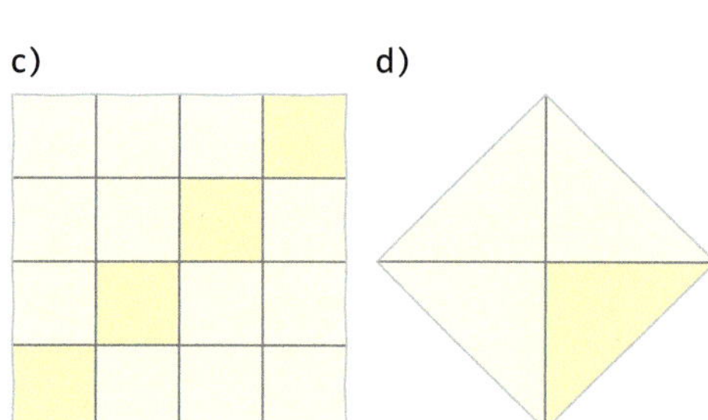

e) f)

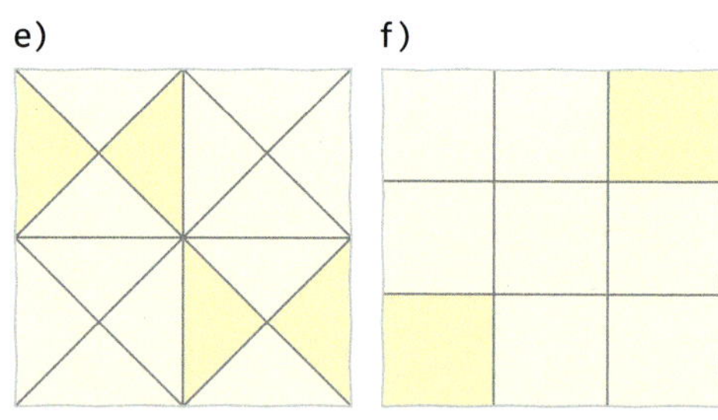

Falte und färbe die oben abgebildeten Quadrate, klebe sie in dein Heft und beschrifte sie richtig.

2 Versuche jeweils auf zwei unterschiedliche Arten die beiden Bruchteile durch Falten darzustellen.

$\frac{1}{4}$ $\frac{1}{8}$

3 Stelle durch Falten und Zeichnen die folgenden Bruchteile dar, klebe die Quadrate in dein Heft und beschrifte sie.

$\frac{3}{4}$ $\frac{5}{8}$ $\frac{2}{3}$ $\frac{7}{12}$ $\frac{5}{16}$

4 Falte ein Quadrat so, dass die kleinste Unterteilung $\frac{1}{16}$ ist. Zeichne in dieses Quadrat die folgenden Bruchteile ein.

$\frac{1}{16}$ $\frac{1}{8}$ $\frac{1}{4}$ $\frac{3}{16}$

5 Die unten abgebildeten Brüche sind auch durch Falten entstanden. Nach dem Falten wurden Rechtecke beziehungsweise Dreiecke abgeschnitten. Stelle die abgebildeten Brüche dar und bezeichne sie richtig.

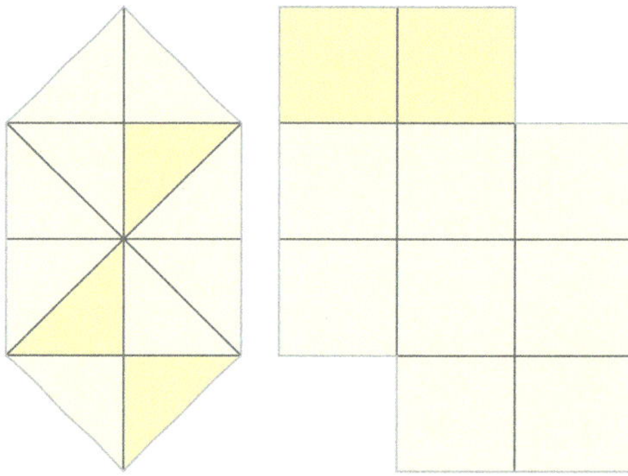

6 Versuche durch Falten, Abschneiden und Färben die folgenden Brüche darzustellen.

$\frac{7}{12}$ $\frac{5}{6}$ $\frac{4}{15}$ $\frac{2}{5}$

7 Judith hat das unten dargestellte Quadrat gefaltet, gefärbt und beschriftet. In ihrer Tischgruppe gibt es aber Streit darüber, ob sie dies richtig gemacht hat.
Schreibe einen Brief an Judith und erkläre ihr, was sie falsch gemacht hat.

Brüche und Uhren

1 Das Ziffernblatt einer Uhr eignet sich gut um Brüche darzustellen. Wenn der große Zeiger wandert, so vergeht ein Teil einer Stunde. Diesen Teil kann man in Minuten oder auch mit Brüchen ausdrücken. In den drei Zeichnungen unten ist die Bewegung des großen Zeigers dargestellt. Die vergangene Zeit soll als Bruchteil einer Stunde angegeben werden.

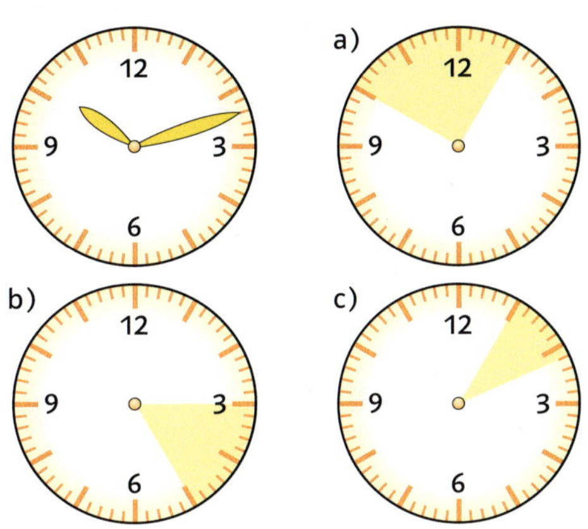

2 Stelle mithilfe der Uhrenscheibe unten die folgenden Brüche dar. Mache dich zunächst mit der Uhrenscheibe vertraut.

$\frac{1}{3}$ $\frac{1}{6}$ $\frac{7}{60}$ $\frac{3}{10}$ $\frac{3}{4}$ $\frac{25}{60}$

3 Verwandle die folgenden Brüche in Brüche mit dem Nenner 60.

a) $\frac{1}{6} = \frac{\square}{60}$

$\frac{2}{12} = \frac{\square}{60}$

$\frac{5}{6} = \frac{\square}{60}$

$\frac{1}{2} = \frac{\square}{60}$

$\frac{1}{3} = \frac{\square}{60}$

b) $\frac{1}{4} = \frac{\square}{60}$

$\frac{3}{4} = \frac{\square}{60}$

$\frac{3}{10} = \frac{\square}{60}$

$\frac{4}{15} = \frac{\square}{60}$

$\frac{1}{5} = \frac{\square}{60}$

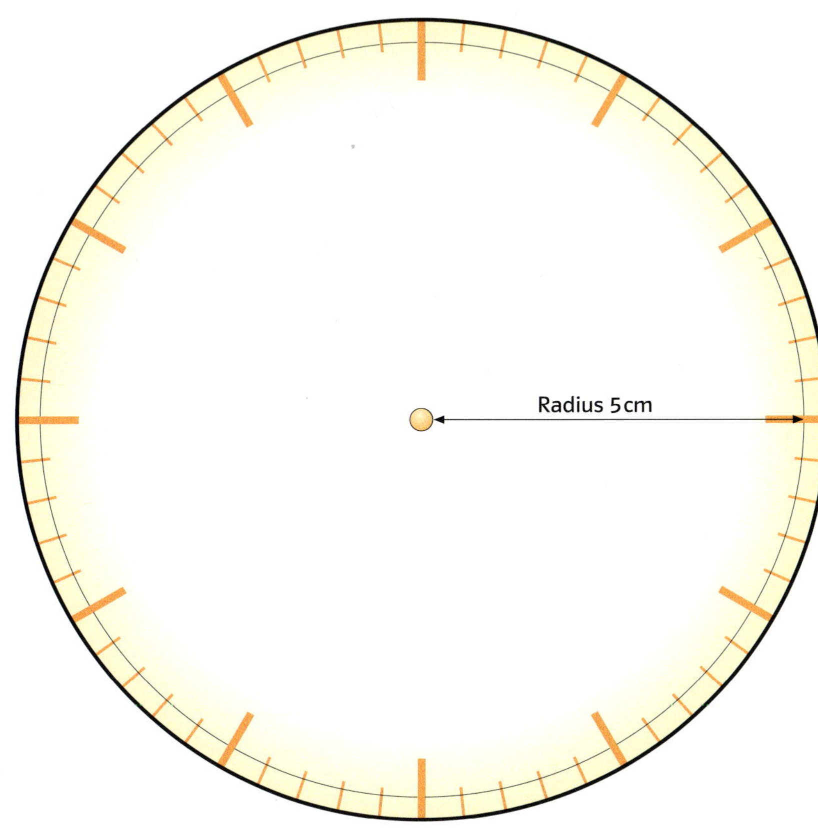

Mithilfe dieser Uhrenscheibe kannst du Brüche darstellen. Zeichne mit einem Zirkel auf farbigem Papier mehrere Kreise mit einem Radius von 5 cm. Schneide die Kreise aus und zeichne einen Radius ein. Lege den ausgeschnittenen Kreis in diese Uhrenscheibe und zeichne den Bruchteil ein. Die Einteilungen auf der Scheibe werden dir helfen.
Schneide den Bruchteil von deiner Kreisscheibe ab. Klebe ihn ins Heft und beschrifte ihn richtig.
Aus einem Kreis können mehrere Bruchteile erzeugt werden.

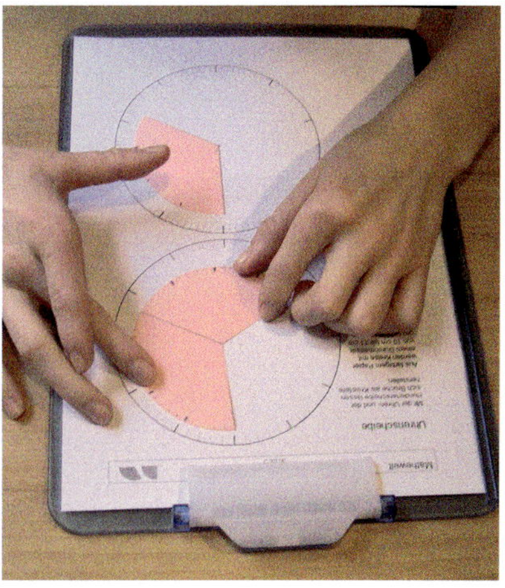

Brüche mit dem Geobrett darstellen

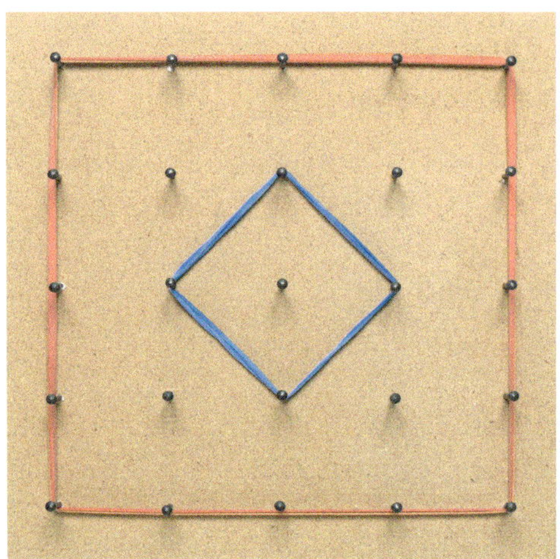
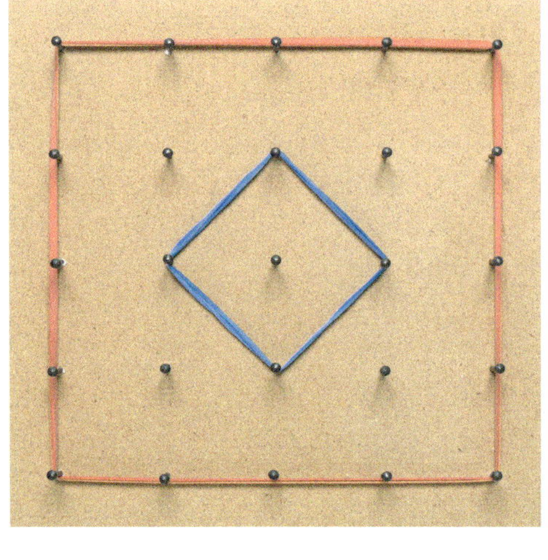

Mit dem Geobrett kannst du Brüche darstellen. Das rote Gummiband umfasst das Ganze, das blaue Gummiband einen Bruchteil.

1 a) Welcher Bruch wird mit dem abgebildeten Geobrett dargestellt?
b) Denke dir eine andere Möglichkeit aus, diesen Bruch mit zwei Gummibändern darzustellen.
c) Stelle den Bruch $\frac{2}{3}$ auf drei verschiedene Arten dar.
d) Stelle den Bruch $\frac{3}{5}$ dar.

2 Das rote Gummi umfasst das Ganze, das blaue Gummi den Anteil des Ganzen. Finde für jede Bruchdarstellung die richtige Bezeichnung und notiere das Ergebnis in deinem Heft.

a) 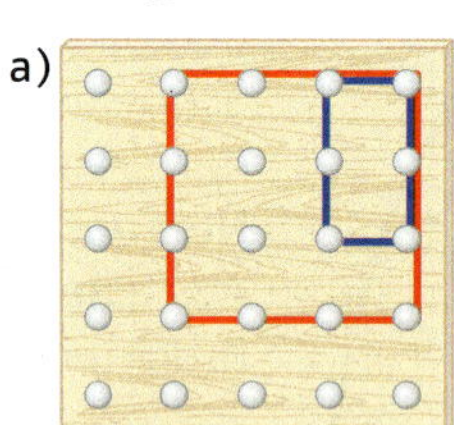
b) 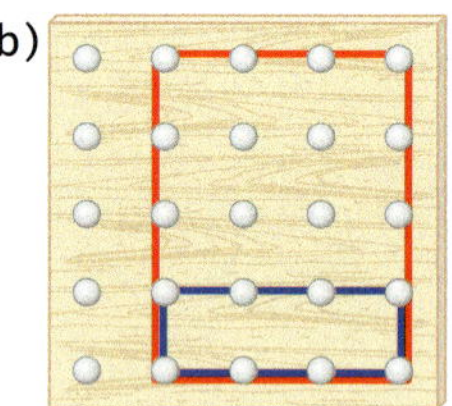
c) 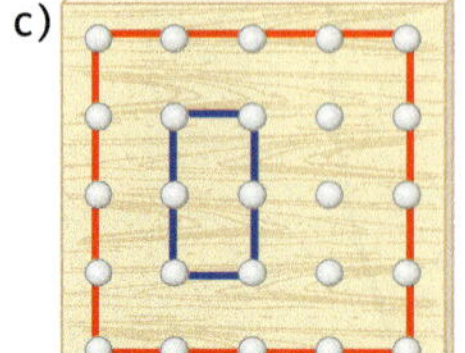
d) 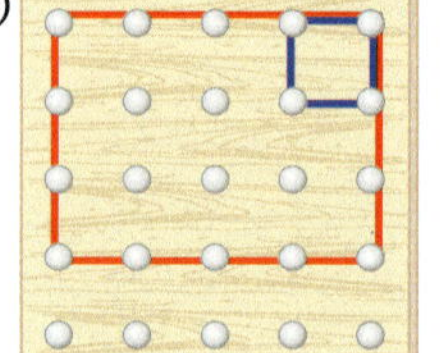
e) f) 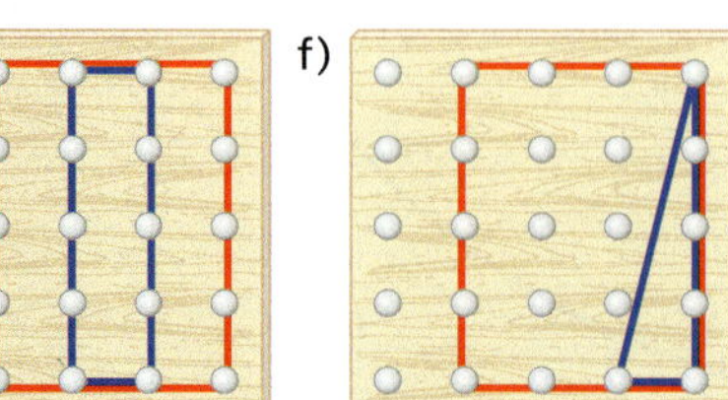

3 Welche Brüche sind hier dargestellt?

a) 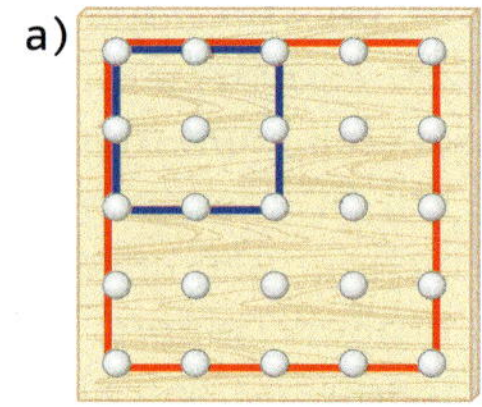
b) 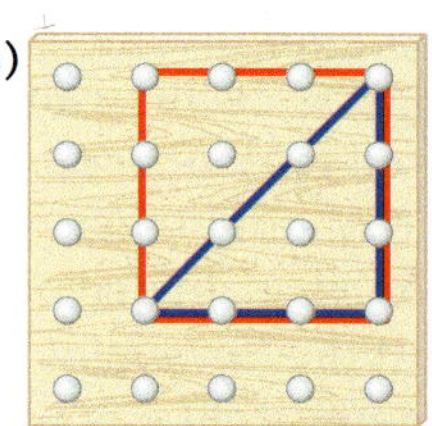
c) 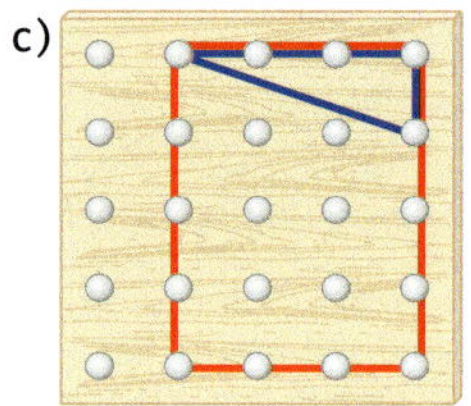
d) 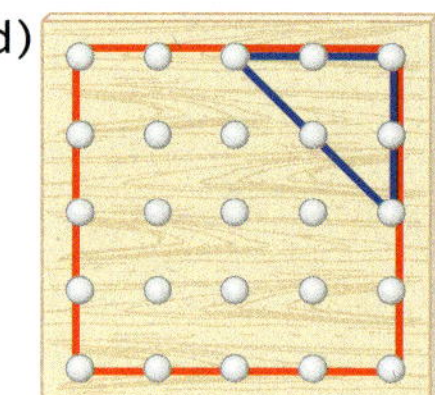
e) 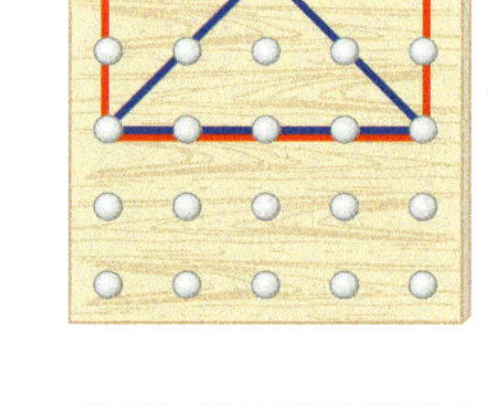
f) 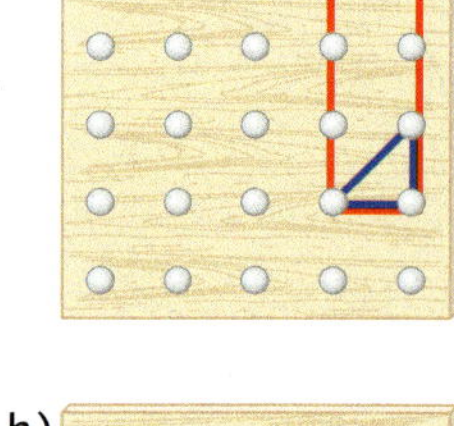
g) 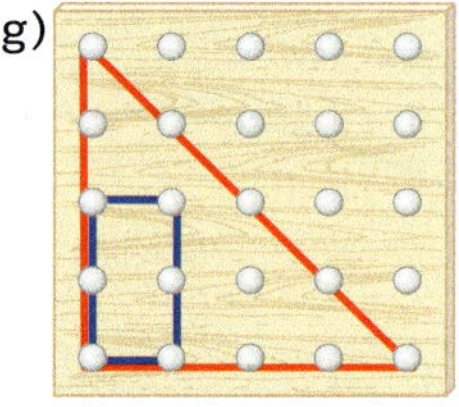
h) 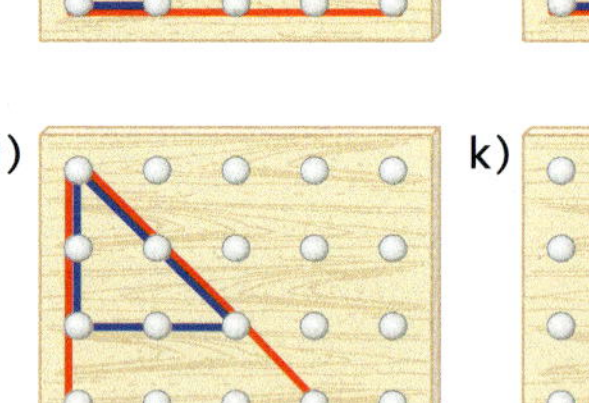
i) 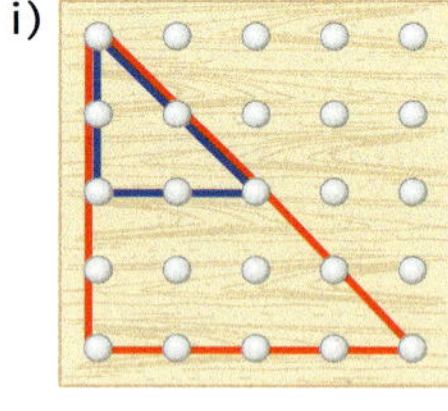
k) 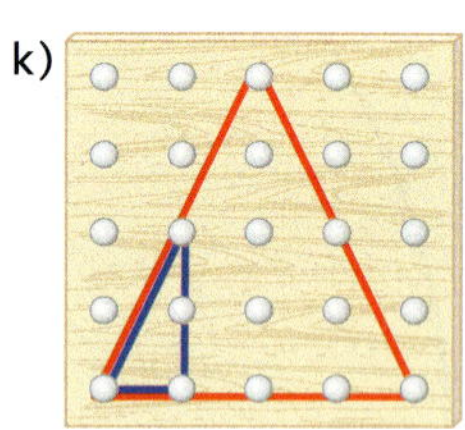

4 Stelle die folgenden Brüche mit dem Geobrett dar. Zeichne die Ergebnisse wie im Beispiel in dein Heft.

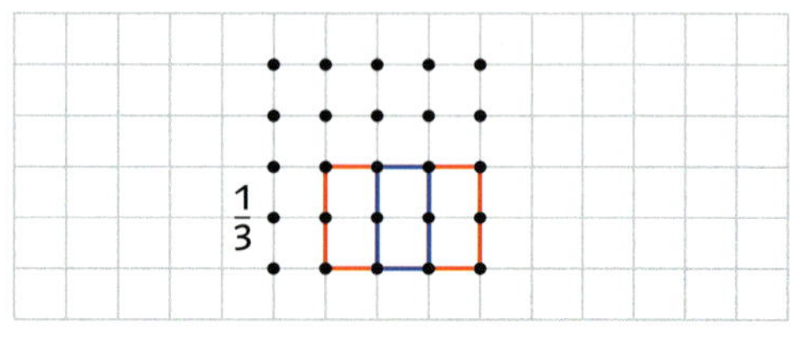

a) $\frac{1}{3}$ b) $\frac{2}{9}$ c) $\frac{5}{16}$ d) $\frac{3}{7}$ e) $\frac{2}{10}$

Vergröbern und Verfeinern

1 Vergleiche in den Figuren die gefärbten Bruchteile. Was stellst du fest?

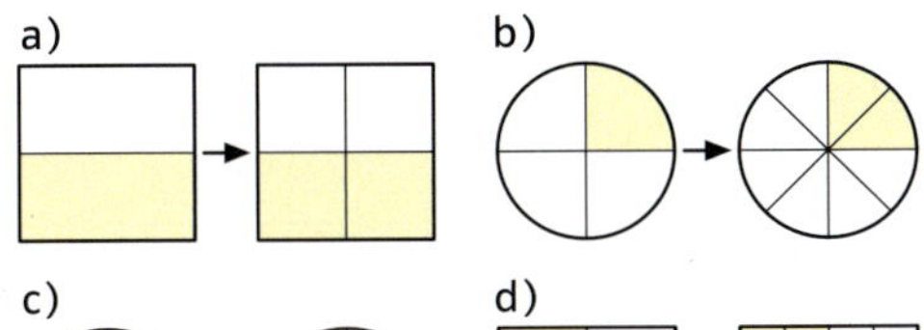

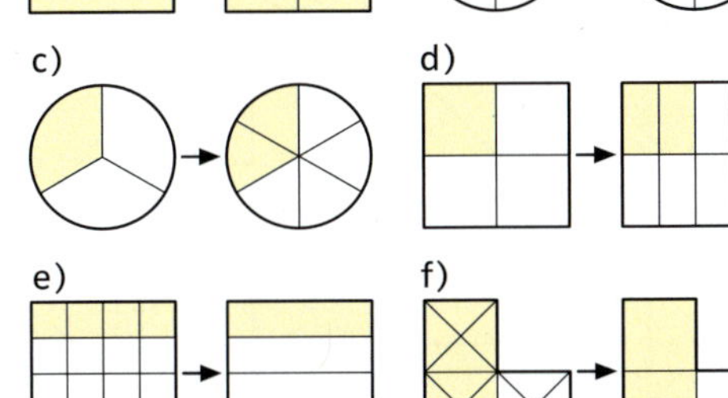

2 Suche mindestens zwei Brüche, die den gleichen Bruchteil bezeichnen.

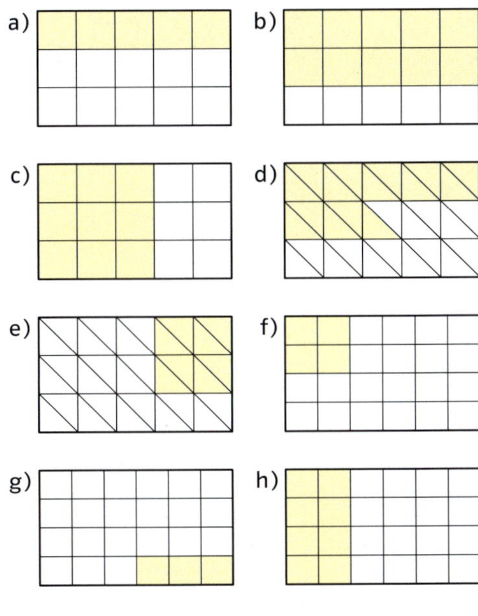

3 Zeichne ein Rechteck mit 24 Kästchen in dein Heft und stelle den Bruch dar. Suche einen zweiten Bruch, der den gleichen Bruchteil bezeichnet.

a) $\frac{2}{3}$ b) $\frac{1}{4}$ c) $\frac{1}{6}$

4 Zeichne in dein Heft ein Quadrat mit 100 Kästchen und stelle den Bruch dar. Suche einen zweiten Bruch, der den gleichen Bruchteil bezeichnet.

a) $\frac{1}{5}$ b) $\frac{3}{10}$ c) $\frac{1}{4}$

5 Gib zwei Brüche an, die den dargestellten Bruchteil bezeichnen.

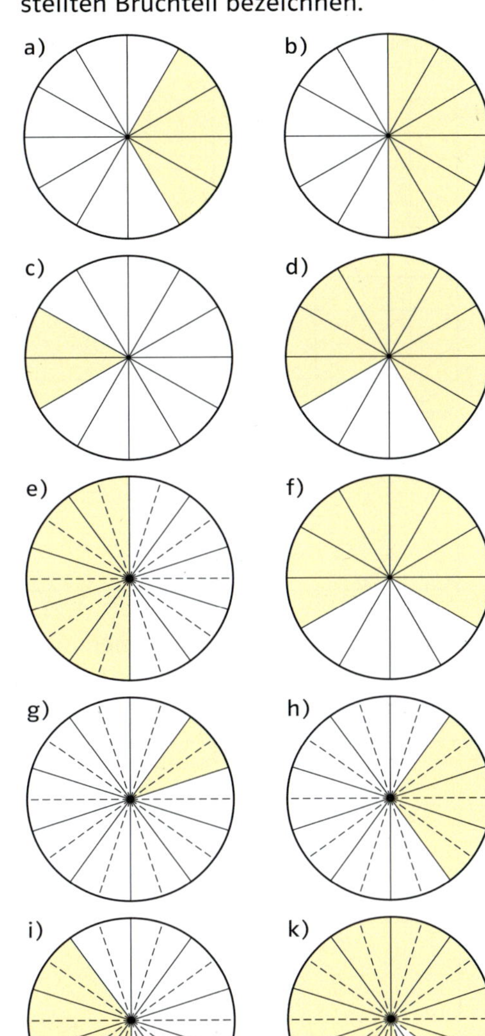

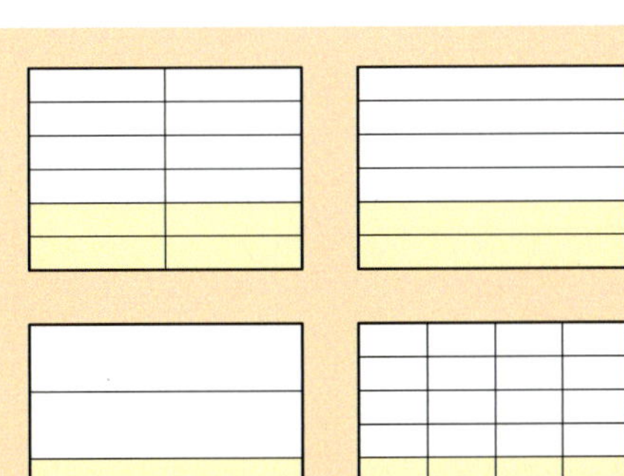

$\frac{4}{12} = \frac{1}{3}$ $\frac{2}{6} = \frac{8}{24}$

Der gelb gefärbte Teil des Rechtecks kann mit unterschiedlichen Brüchen bezeichnet werden. Die unterschiedlichen Bezeichnungen entstehen durch **Verfeinern** oder **Vergröbern** der Unterteilungen des Rechtecks.

Vergröbern und Verfeinern

6 Welcher Bruchteil ist eingefärbt? Zeichne ein weiteres Rechteck mit einer gröberen Einteilung und bezeichne den gefärbten Anteil.

a) 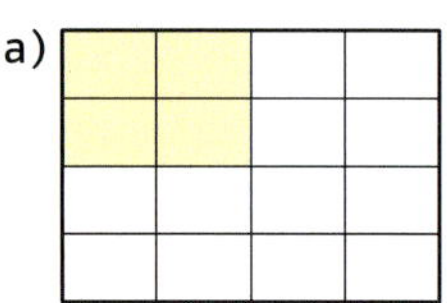
b) 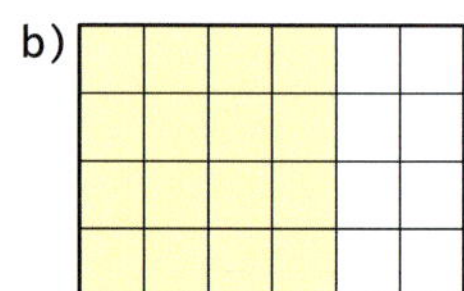
c) 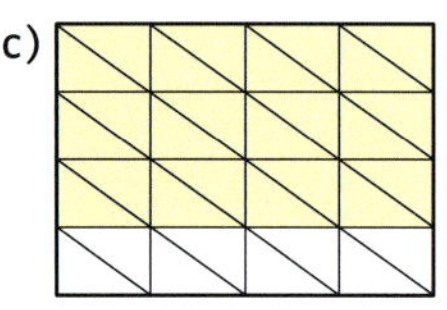
d) 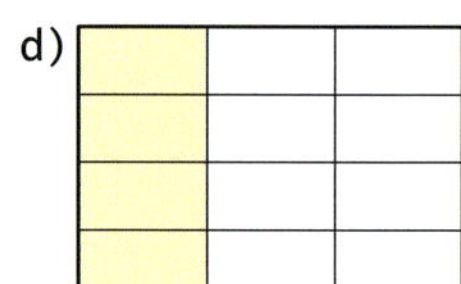
e) 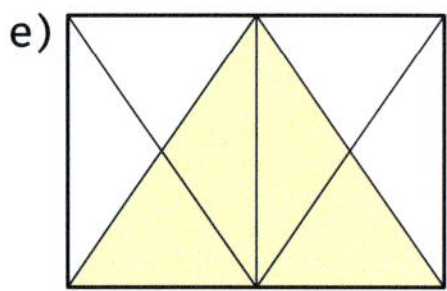
f) 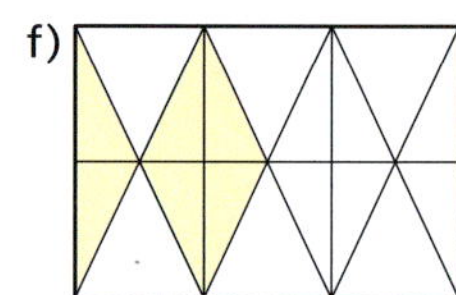

7 Zeichne das Rechteck mit einer feineren Einteilung und bezeichne den Anteil der gefärbten Fläche.

a) 
b) 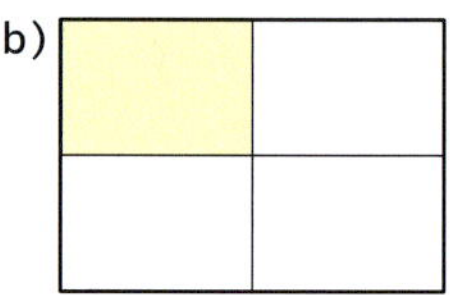
c) 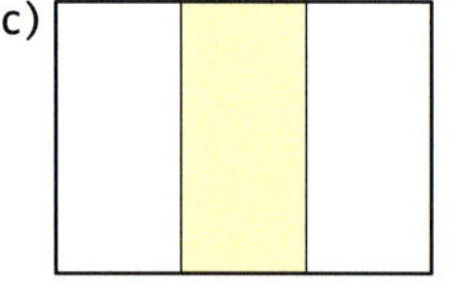
d) 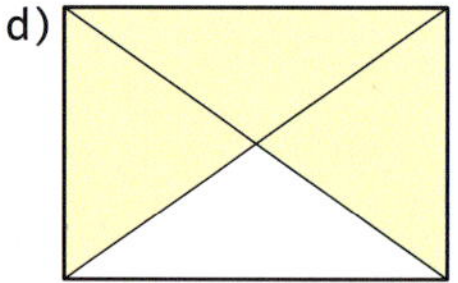
e) 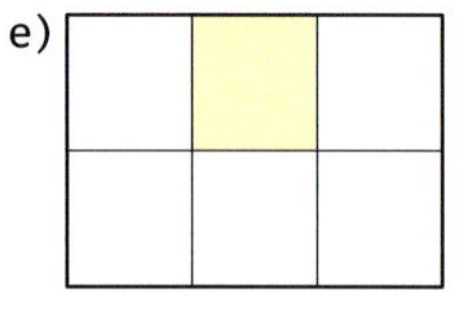
f) 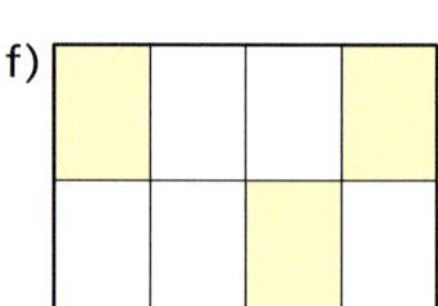
g) 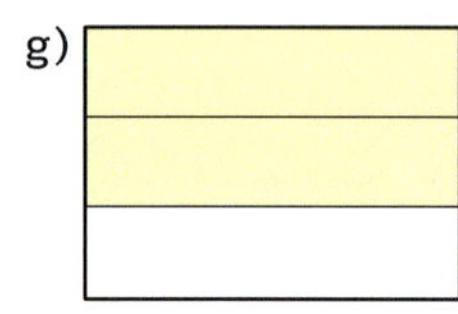
h) 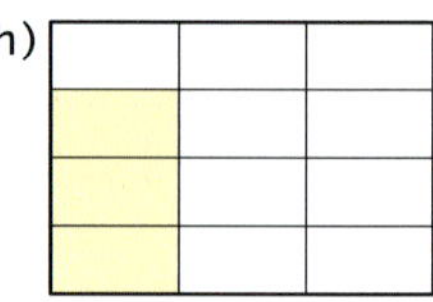

8 Beschreibe in einem kurzen Text, wie du zu einem Bruch (zum Beispiel $\frac{2}{9}$) einen anderen gleichwertigen Bruch finden kannst.

9 Beschreibe den gefärbten Bruchteil durch mindestens zwei Brüche.

a) 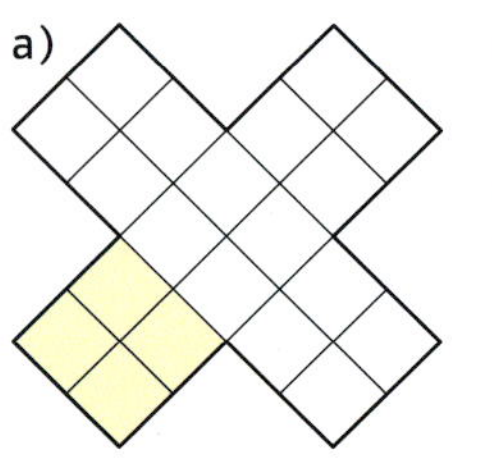
b) 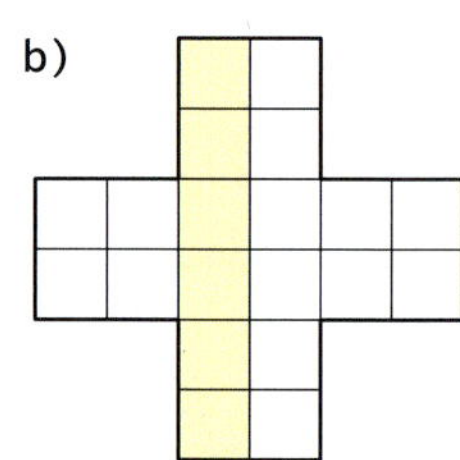
c) 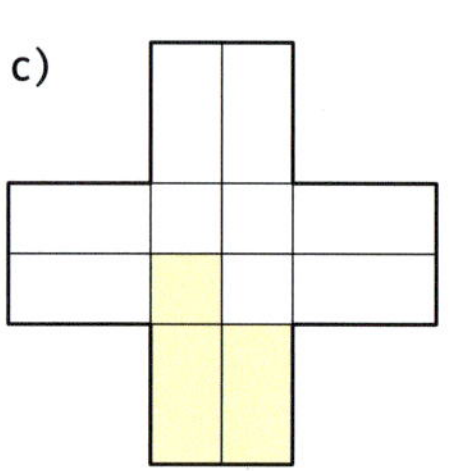
d) 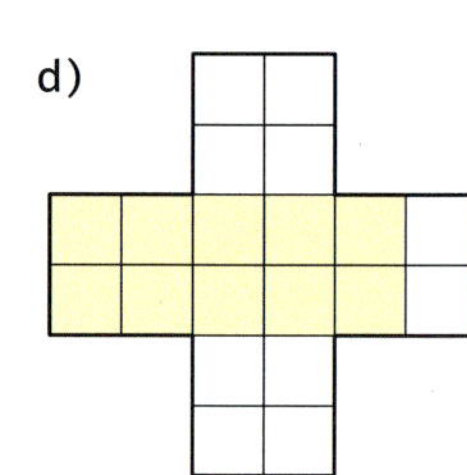
e) 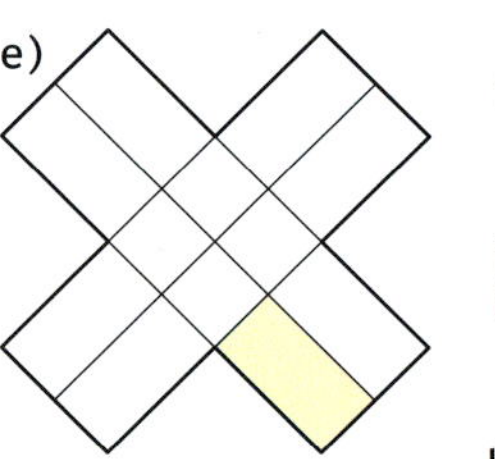
f) 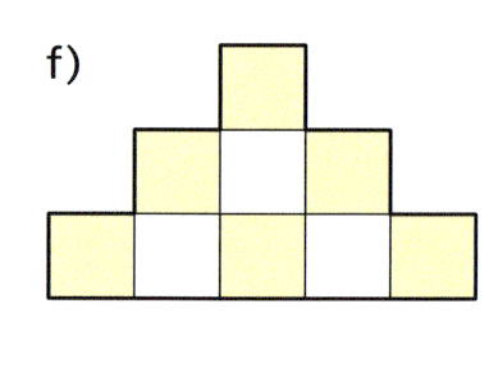
g) 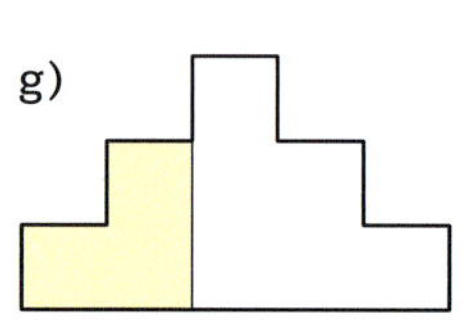
h) 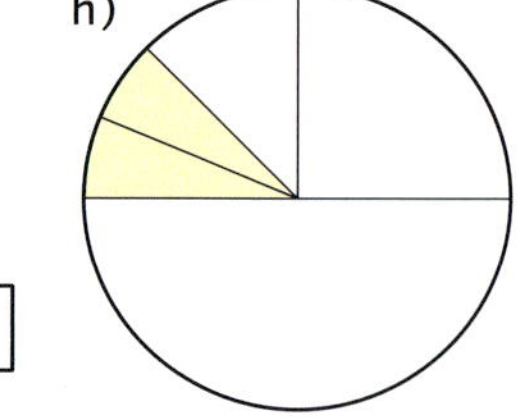
i) 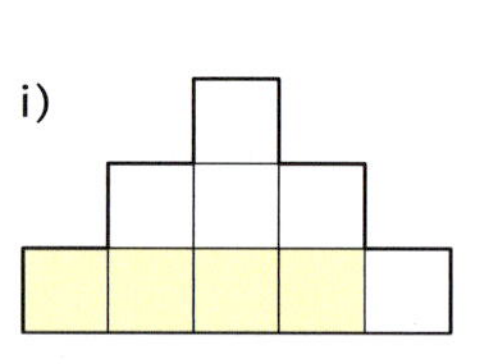
k) 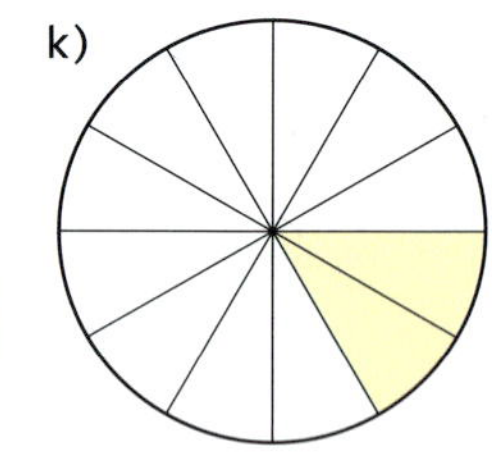
l) m) 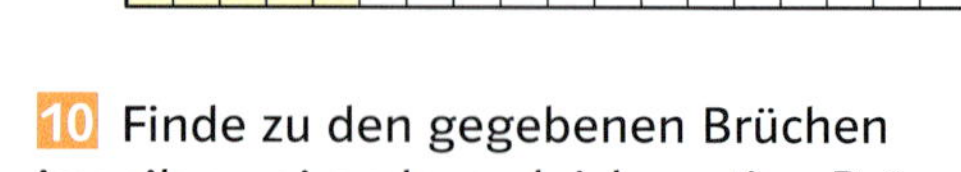

10 Finde zu den gegebenen Brüchen jeweils zwei andere gleichwertige Brüche. Beschreibe, wie du vorgegangen bist.

a) $\frac{6}{8}$ b) $\frac{5}{30}$ c) $\frac{4}{10}$

Erweitern und Kürzen

Durch **Erweitern** (Verfeinern der Einteilung) oder durch **Kürzen** (Vergröbern der Einteilung) ändert sich der Wert eines Bruchs nicht.

Erweitern

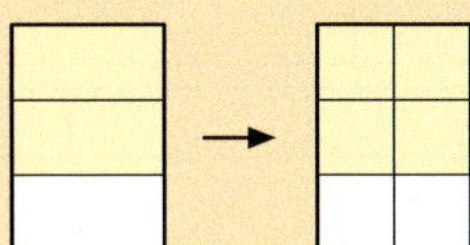

$\frac{2}{3}$ wird erweitert mit **2**

$\frac{2 \cdot 2}{3 \cdot 2} = \frac{4}{6}$

Zähler **und** Nenner werden mit **derselben** Zahl multipliziert.

Kürzen

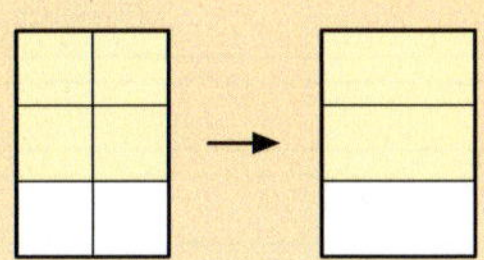

$\frac{4}{6}$ wird gekürzt durch **2**

$\frac{4 : 2}{6 : 2} = \frac{2}{3}$

Zähler **und** Nenner werden durch **dieselbe** Zahl dividiert.

1 Mit welcher Zahl wurde erweitert?

a) $\frac{1}{7} = \frac{5}{35}$ b) $\frac{1}{8} = \frac{6}{48}$ c) $\frac{2}{5} = \frac{14}{35}$

d) $\frac{3}{8} = \frac{18}{48}$ e) $\frac{2}{11} = \frac{14}{77}$ f) $\frac{4}{7} = \frac{32}{56}$

g) $\frac{4}{9} = \frac{12}{27}$ h) $\frac{7}{10} = \frac{28}{40}$ i) $\frac{3}{4} = \frac{27}{36}$

2 Durch welche Zahl wurde gekürzt?

a) $\frac{54}{81} = \frac{6}{9}$ b) $\frac{20}{140} = \frac{2}{14}$ c) $\frac{60}{72} = \frac{5}{6}$

d) $\frac{64}{80} = \frac{8}{10}$ e) $\frac{49}{84} = \frac{7}{12}$ f) $\frac{30}{57} = \frac{10}{19}$

g) $\frac{42}{48} = \frac{7}{8}$ h) $\frac{21}{69} = \frac{7}{23}$ i) $\frac{21}{49} = \frac{3}{7}$

3 Mit welcher Zahl wurde erweitert oder gekürzt?

a) $\frac{2}{7} = \frac{4}{14}$ b) $\frac{15}{20} = \frac{3}{4}$ c) $\frac{7}{63} = \frac{1}{9}$

d) $\frac{15}{45} = \frac{3}{9}$ e) $\frac{7}{8} = \frac{28}{32}$ f) $\frac{12}{20} = \frac{6}{10}$

g) $\frac{25}{100} = \frac{5}{20}$ h) $\frac{4}{9} = \frac{12}{27}$ i) $\frac{4}{3} = \frac{16}{12}$

4 Suche die Erweiterungszahl und berechne den Platzhalter.

a) $\frac{5}{6} = \frac{\square}{30}$ b) $\frac{11}{16} = \frac{55}{\square}$ c) $\frac{35}{80} = \frac{70}{\square}$

d) $\frac{6}{7} = \frac{\square}{21}$ e) $\frac{3}{4} = \frac{27}{\square}$ f) $\frac{5}{13} = \frac{\square}{65}$

g) $\frac{3}{10} = \frac{\square}{50}$ h) $\frac{7}{9} = \frac{42}{\square}$ i) $\frac{12}{17} = \frac{84}{\square}$

5 Suche die Kürzungszahl und berechne den Platzhalter.

a) $\frac{15}{35} = \frac{\square}{7}$ b) $\frac{16}{20} = \frac{8}{\square}$ c) $\frac{21}{36} = \frac{7}{\square}$

d) $\frac{32}{48} = \frac{\square}{24}$ e) $\frac{26}{39} = \frac{\square}{3}$ f) $\frac{64}{96} = \frac{16}{\square}$

6 Bestimme den Platzhalter.

a) $\frac{24}{\square} = \frac{72}{96}$ b) $\frac{\square}{16} = \frac{90}{96}$ c) $\frac{13}{17} = \frac{65}{\square}$

d) $\frac{63}{84} = \frac{\square}{12}$ e) $\frac{96}{\square} = \frac{8}{9}$ f) $\frac{52}{88} = \frac{13}{\square}$

g) $\frac{5}{12} = \frac{\square}{60}$ h) $\frac{4}{9} = \frac{\square}{90}$ i) $\frac{2}{\square} = \frac{16}{64}$

7 Kürze so weit wie möglich.

a) $\frac{12}{18}$ $\frac{6}{9}$ $\frac{12}{16}$ $\frac{20}{25}$ $\frac{18}{30}$ $\frac{6}{16}$

b) $\frac{30}{50}$ $\frac{26}{36}$ $\frac{24}{28}$ $\frac{16}{18}$ $\frac{40}{45}$ $\frac{21}{28}$

8 Welche Brüche wurden richtig erweitert oder gekürzt? Die Buchstaben ergeben hintereinander gelesen ein Lösungswort.

$\frac{3}{8} = \frac{18}{49}$ R	$\frac{3}{7} = \frac{15}{28}$ F	$\frac{2}{11} = \frac{14}{77}$ S
$\frac{32}{48} = \frac{4}{7}$ T	$\frac{30}{57} = \frac{10}{19}$ E	$\frac{6}{11} = \frac{72}{122}$ L
$\frac{3}{2} = \frac{18}{27}$ P	$\frac{16}{20} = \frac{4}{6}$ Ö	$\frac{20}{47} = \frac{60}{141}$ I
$\frac{20}{140} = \frac{2}{14}$ L	$\frac{54}{81} = \frac{6}{9}$ E	$\frac{51}{60} = \frac{15}{20}$ S

Brüche vergleichen

1

Sinas Vater hat für eine Klassenfeier zwei Bleche Kuchen gebacken. Vom Apfelkuchen wurden $\frac{2}{3}$ verzehrt, vom Streuselkuchen $\frac{7}{12}$.
Von welchem Kuchen wurde mehr gegessen?

2 Vergleiche die Brüche.

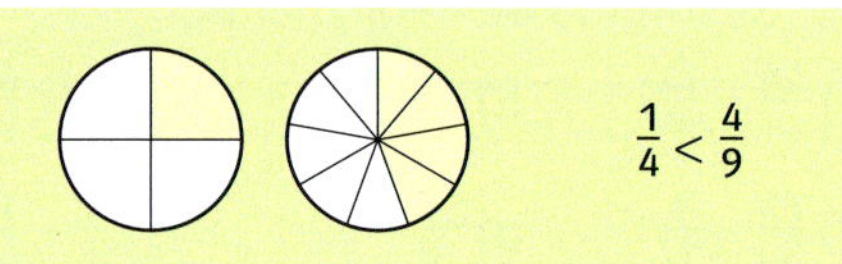

$\frac{1}{4} < \frac{4}{9}$

a) b)

c) d)

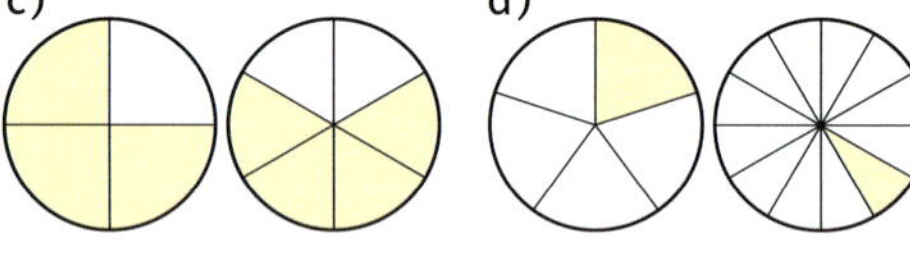

e) f)

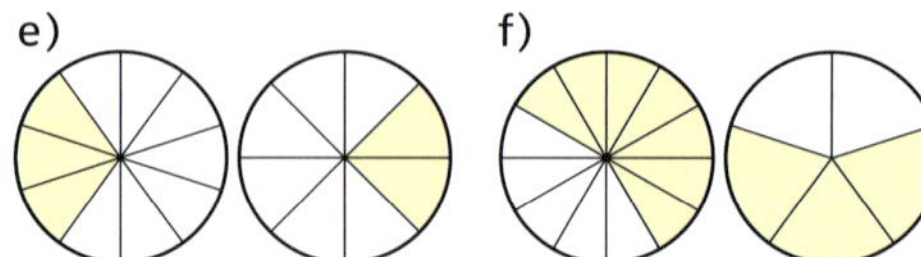

g)

h)

3 Ordne die dargestellten Brüche der Größe nach. Beginne mit dem kleinsten Bruch.

a

b

c

d

e

f

g

h

4 Vergleiche die Brüche. Setze kleiner oder größer (<, >) ein. Begründe deine Entscheidung.

a) $\frac{3}{7}$ ■ $\frac{3}{12}$ b) $\frac{5}{10}$ ■ $\frac{5}{150}$ c) $\frac{2}{7}$ ■ $\frac{2}{9}$

d) $\frac{3}{8}$ ■ $\frac{4}{8}$ e) $\frac{5}{11}$ ■ $\frac{7}{11}$ f) $\frac{9}{20}$ ■ $\frac{2}{20}$

g) $\frac{12}{14}$ ■ $\frac{13}{14}$ h) $\frac{4}{9}$ ■ $\frac{4}{5}$ i) $\frac{7}{8}$ ■ $\frac{7}{10}$

5 Mache die Brüche nennergleich und vergleiche sie dann.

$$\left.\begin{array}{l}\frac{2}{3} = \frac{20}{30} \\ \frac{3}{10} = \frac{9}{30}\end{array}\right\} \frac{20}{30} > \frac{9}{30}$$

a) $\frac{2}{3}$ $\frac{5}{6}$ b) $\frac{5}{10}$ $\frac{2}{5}$

c) $\frac{3}{4}$ $\frac{7}{8}$ d) $\frac{5}{8}$ $\frac{6}{10}$

e) $\frac{1}{2}$ $\frac{5}{6}$ f) $\frac{3}{5}$ $\frac{4}{10}$

g) $\frac{7}{20}$ $\frac{3}{5}$ h) $\frac{12}{15}$ $\frac{2}{3}$

i) $\frac{5}{8}$ $\frac{17}{24}$ k) $\frac{2}{5}$ $\frac{18}{25}$

6 Ordne die folgenden Brüche der Größe nach. Beginne mit dem kleinsten.

a) $\frac{5}{40}$ $\frac{5}{17}$ $\frac{5}{29}$ $\frac{5}{64}$ $\frac{5}{100}$ $\frac{5}{18}$

b) $\frac{7}{12}$ $\frac{1}{4}$ $\frac{5}{6}$ $\frac{1}{2}$ $\frac{2}{3}$ $\frac{5}{12}$

c) $\frac{3}{10}$ $\frac{3}{4}$ $\frac{6}{25}$ $\frac{2}{5}$ $\frac{11}{50}$ $\frac{13}{20}$

Grundwissen: Brüche

Brüche beschreiben Teile eines Ganzen

Die untere Zahl, der **Nenner,** beschreibt, in wie viele gleich große Teile das Ganze geteilt wurde.

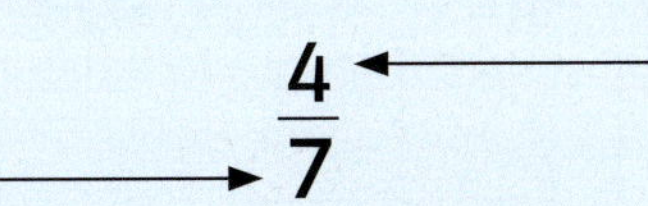

Die obere Zahl, der **Zähler,** beschreibt, wie viele Teile betrachtet werden.

Brüche kann man mit unterschiedlichsten geometrischen Formen darstellen: mit Kreisen, Rechtecken, Streifen, Strecken …

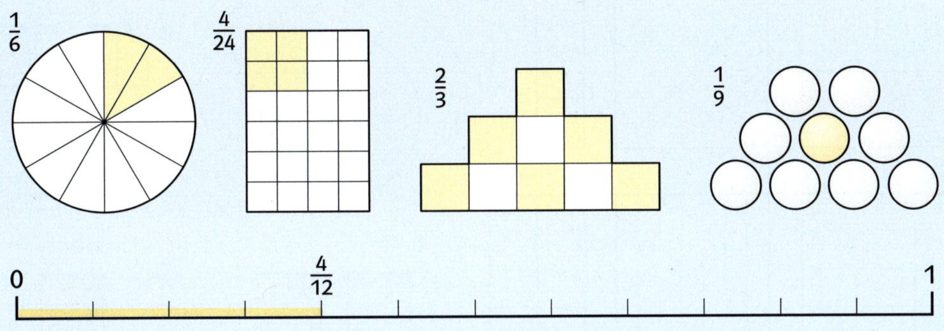

Erweitern (Verfeinern der Einteilung)

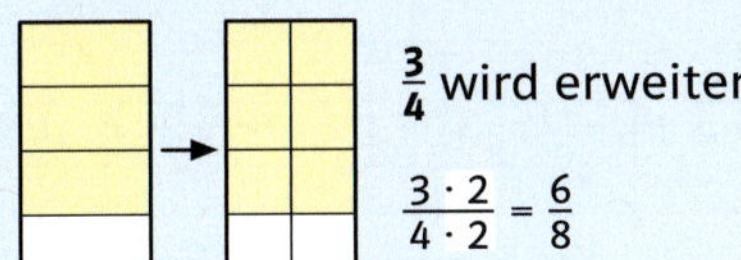

$\frac{3}{4}$ wird erweitert mit **2**

$\frac{3 \cdot 2}{4 \cdot 2} = \frac{6}{8}$

Zähler **und** Nenner werden mit **derselben** Zahl multipliziert.

Kürzen (Vergröbern der Einteilung)

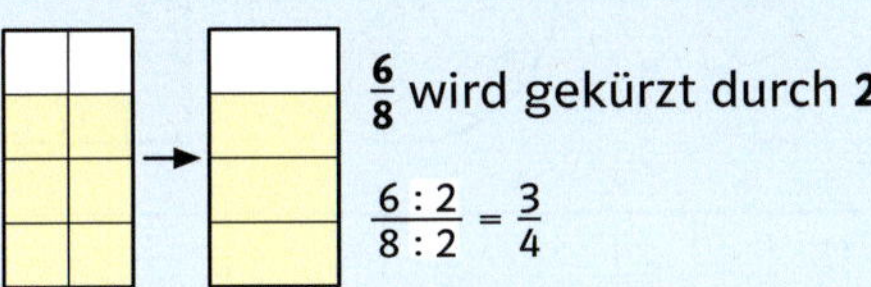

$\frac{6}{8}$ wird gekürzt durch **2**

$\frac{6 : 2}{8 : 2} = \frac{3}{4}$

Zähler **und** Nenner werden durch **dieselbe** Zahl dividiert.

Brüche lassen sich vergleichen, wenn sie **nennergleich** (gleichnamig) sind.

$\frac{5}{12} < \frac{7}{12}$, denn $5 < 7$

Brüche lassen sich vergleichen, wenn sie **zählergleich** sind.

$\frac{7}{10} > \frac{7}{15}$, denn $\frac{1}{10} > \frac{1}{15}$

Brüche mit verschiedenen Nennern nennt man **ungleichnamige Brüche.** Ungleichnamige Brüche werden gleichnamig gemacht, indem man sie erweitert oder kürzt.

$\frac{2}{3}\ \square\ \frac{5}{6}$	$\frac{2}{3}\ \square\ \frac{1}{2}$	$\frac{2}{5}\ \square\ \frac{6}{15}$
$\frac{4}{6} < \frac{5}{6}$	$\frac{4}{6} > \frac{3}{6}$	$\frac{2}{5} = \frac{2}{5}$
$\frac{2}{3} < \frac{5}{6}$	$\frac{2}{3} > \frac{1}{2}$	$\frac{2}{5} = \frac{6}{15}$

Üben und Vertiefen

1 Welcher Bruchteil ist gefärbt (nicht gefärbt)?

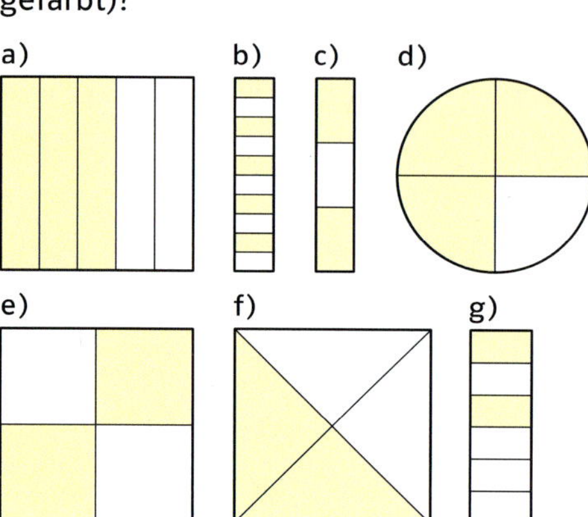

h) i) k) l) m) n) o)

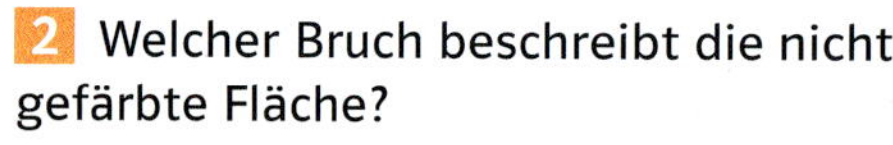

2 Welcher Bruch beschreibt die nicht gefärbte Fläche?

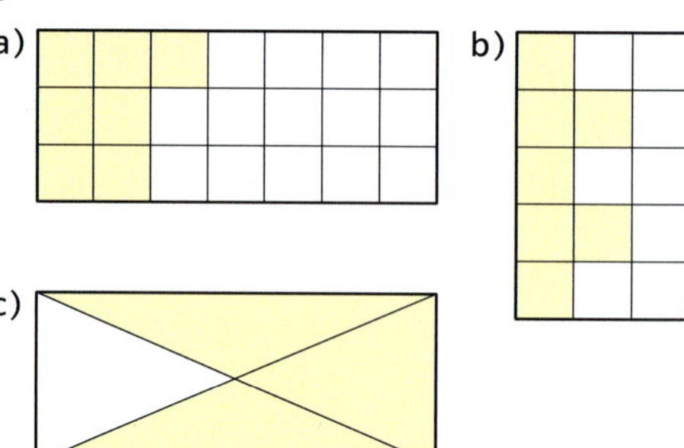

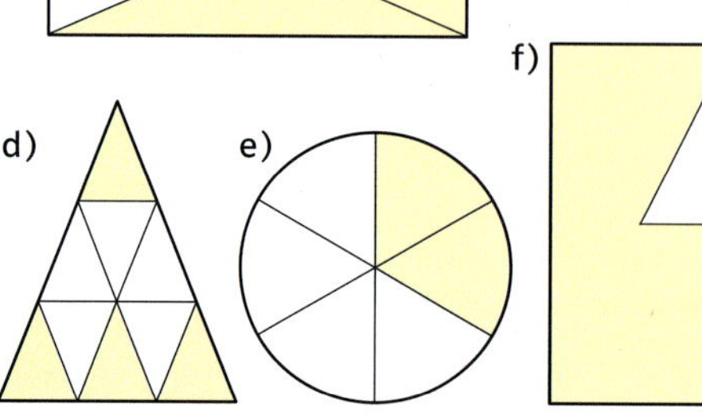

42

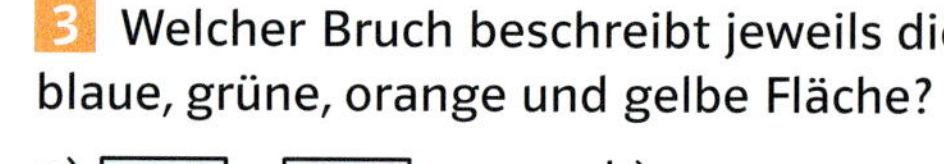

3 Welcher Bruch beschreibt jeweils die blaue, grüne, orange und gelbe Fläche?

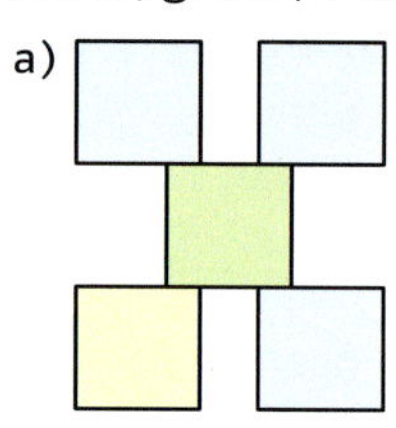

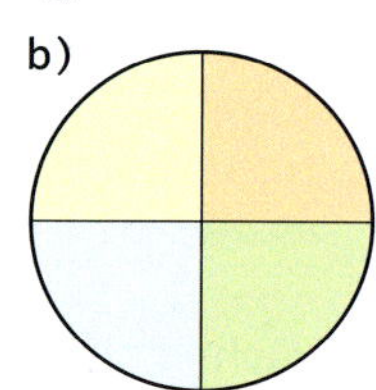

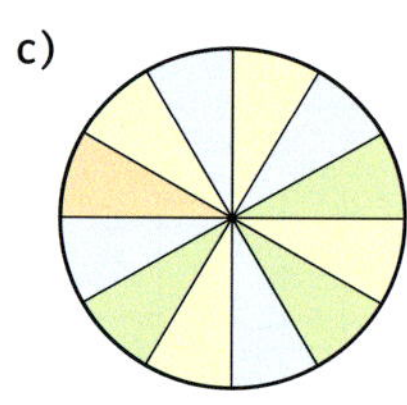

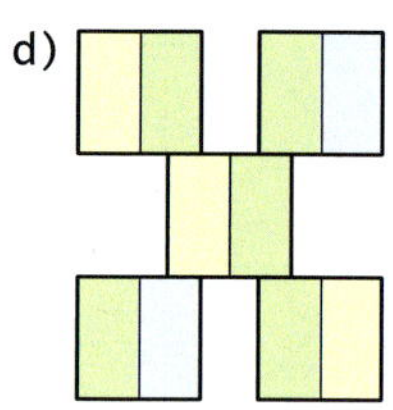

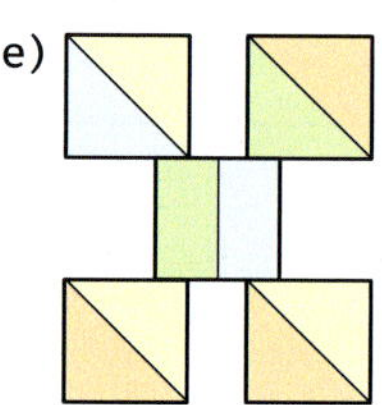

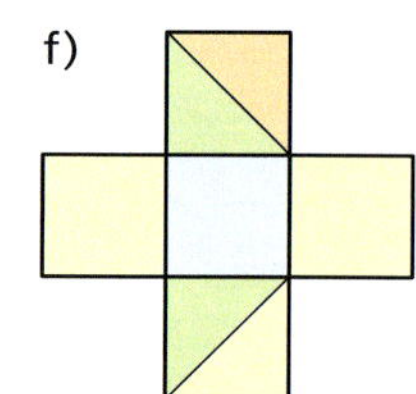

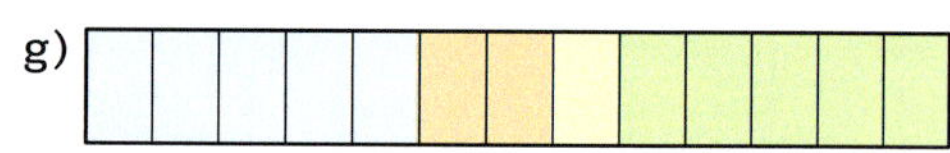

4 Welcher Bruchteil fehlt hier am Ganzen?

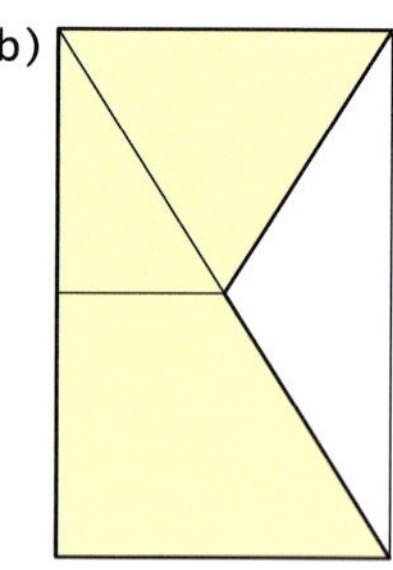

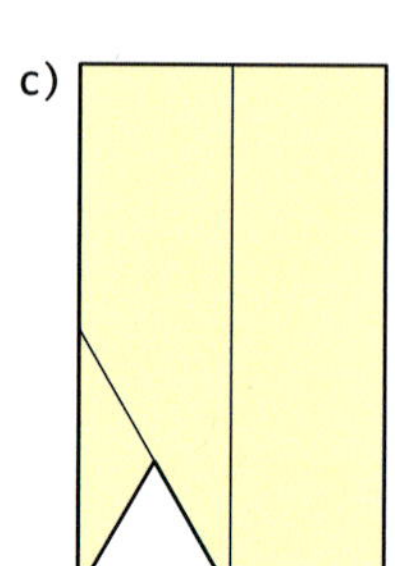

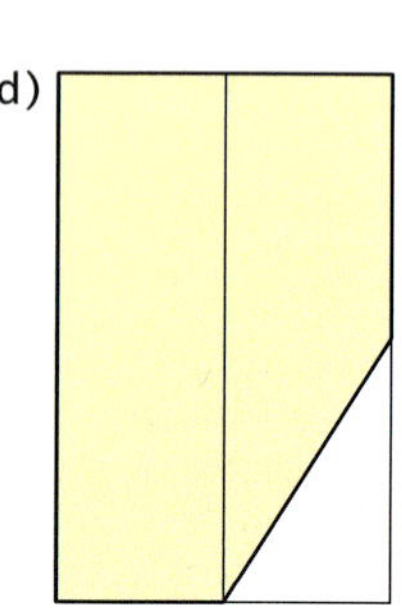

Üben und Vertiefen

5 Gib zu jeder farbigen Teilfläche einen Bruch an.

a) 
b) 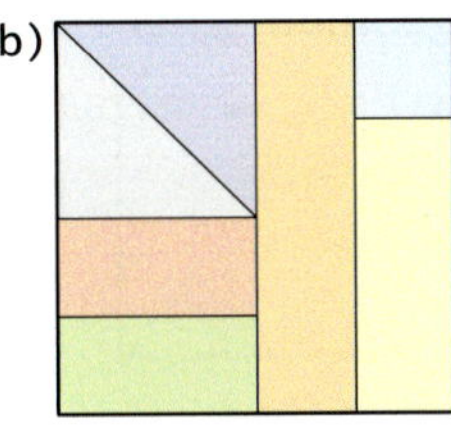
c) 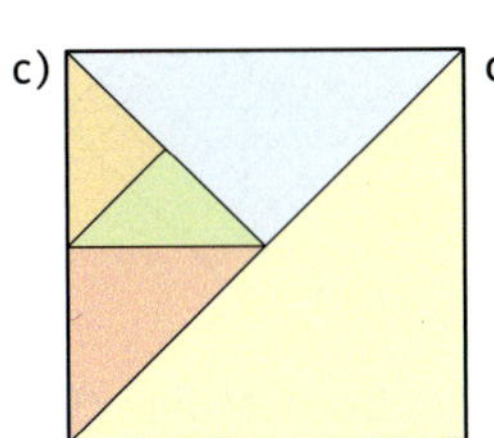
d) 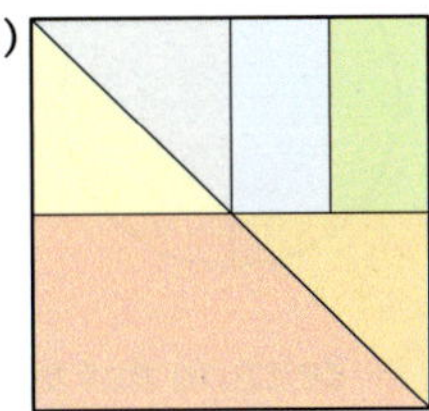

6 Welche Brüche werden durch die farbigen Strecken dargestellt?

a)
b)
c)
d)
e)
f)

7 Welche Bruchteile werden hier dargestellt?

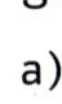

a)
b)
c) 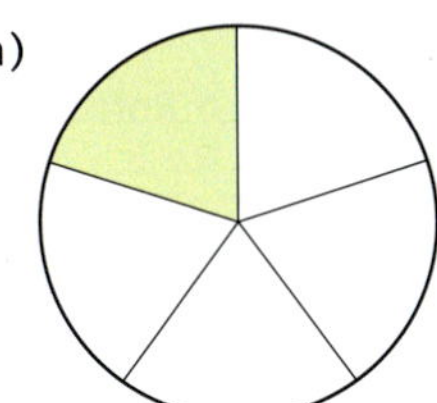
d) 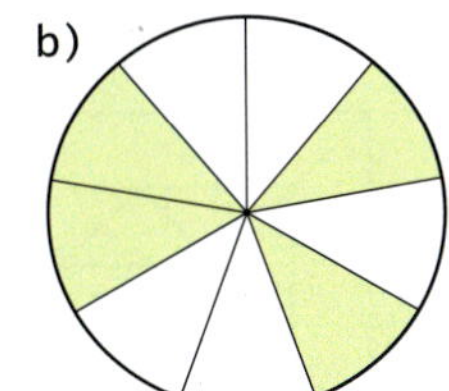
e) 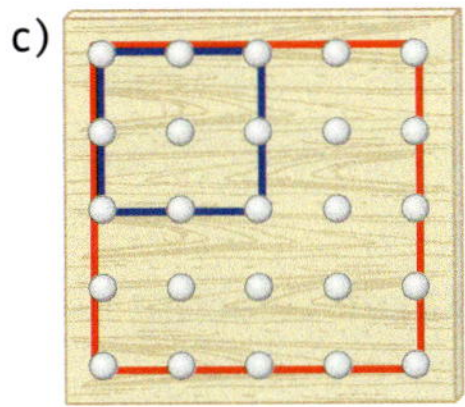
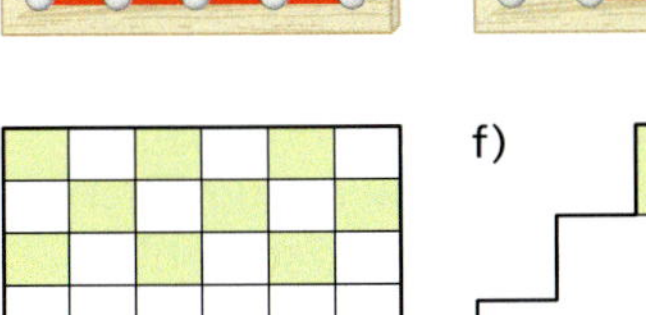
f)

8 Mache die Brüche gleichnamig (nennergleich). Zeichne die zugehörigen Bruchteile in ein gemeinsames Rechteck.

a) $\frac{2}{3}$ und $\frac{1}{6}$ b) $\frac{4}{10}$ und $\frac{3}{5}$ c) $\frac{2}{7}$ und $\frac{1}{5}$

9 Mit welcher Zahl wurde gekürzt oder erweitert?

a) $\frac{2}{3} = \frac{6}{9}$ b) $\frac{8}{20} = \frac{2}{5}$

c) $\frac{2}{11} = \frac{6}{33}$ d) $\frac{1}{5} = \frac{7}{35}$

e) $\frac{10}{24} = \frac{5}{12}$ f) $\frac{16}{40} = \frac{4}{10}$

g) $\frac{1}{7} = \frac{7}{49}$ h) $\frac{2}{12} = \frac{10}{60}$

10 Erweitere die Brüche auf den angegebenen Nenner.

a) $\frac{2}{5} = \frac{\square}{25}$ b) $\frac{3}{8} = \frac{\square}{32}$

c) $\frac{6}{7} = \frac{\square}{42}$ d) $\frac{4}{10} = \frac{\square}{50}$

e) $\frac{1}{4} = \frac{\square}{100}$ f) $\frac{3}{12} = \frac{\square}{60}$

g) $\frac{5}{9} = \frac{\square}{63}$ h) $\frac{3}{13} = \frac{\square}{65}$

11 Ergänze die fehlenden Zahlen.

a) $\frac{3}{7} = \frac{9}{\square}$ b) $\frac{4}{10} = \frac{12}{\square}$

c) $\frac{5}{12} = \frac{25}{\square}$ d) $\frac{35}{75} = \frac{\square}{15}$

e) $\frac{27}{60} = \frac{9}{\square}$ f) $\frac{6}{15} = \frac{36}{\square}$

g) $\frac{18}{42} = \frac{\square}{7}$ h) $\frac{56}{96} = \frac{7}{\square}$

12 Setze die Zeichen $<$ oder $>$.

a) $\frac{6}{7} \square \frac{3}{7}$ b) $\frac{5}{7} \square \frac{5}{6}$

c) $\frac{12}{14} \square \frac{12}{20}$ d) $\frac{9}{4} \square \frac{9}{2}$

e) $\frac{3}{4} \square \frac{3}{5}$ f) $\frac{7}{24} \square \frac{3}{24}$

g) $\frac{3}{4} \square \frac{1}{2}$ h) $\frac{6}{7} \square \frac{5}{10}$

i) $\frac{2}{5} \square \frac{4}{15}$ k) $\frac{1}{6} \square \frac{2}{9}$

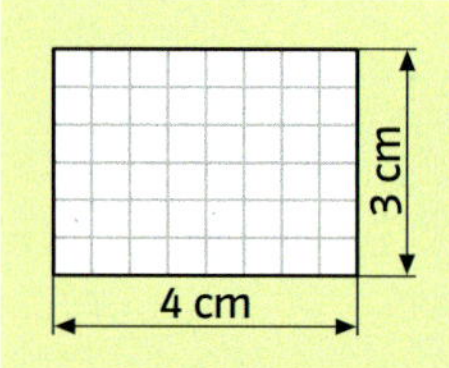

13 Zeichne ein 4 cm langes und 3 cm breites Rechteck und färbe den angegebenen Bruchteil. Manche Bruchteile können gemeinsam in ein Rechteck gezeichnet werden.

a) $\frac{1}{2}$ b) $\frac{1}{4}$ c) $\frac{1}{8}$

d) $\frac{1}{3}$ e) $\frac{1}{6}$ f) $\frac{1}{12}$

g) $\frac{3}{4}$ h) $\frac{5}{8}$ i) $\frac{2}{3}$

j) $\frac{5}{6}$ k) $\frac{7}{12}$ l) $\frac{11}{24}$

14 Gib zu jeder gefärbten Fläche einen Bruch an.

15 In den unten abgebildeten Figuren sollte der angegebene Bruchteil eingefärbt werden. Doch nicht immer ist alles richtig gemacht worden. Finde die Fehler. Begründe deine Entscheidung.

a) 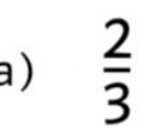 $\frac{2}{3}$

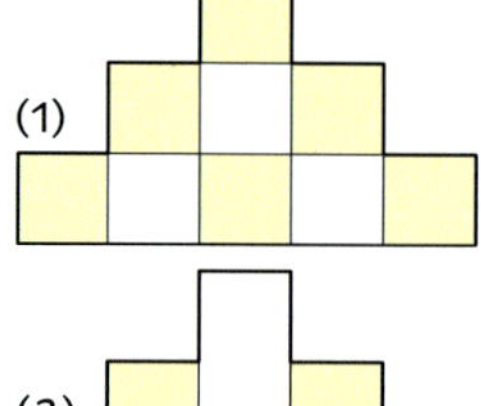

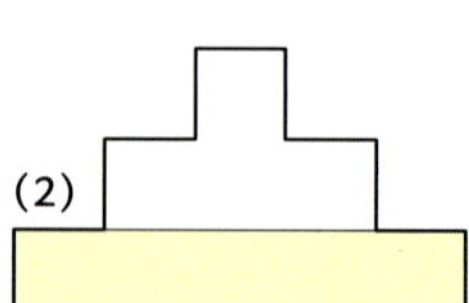

b) 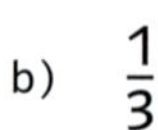 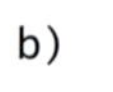 $\frac{1}{3}$

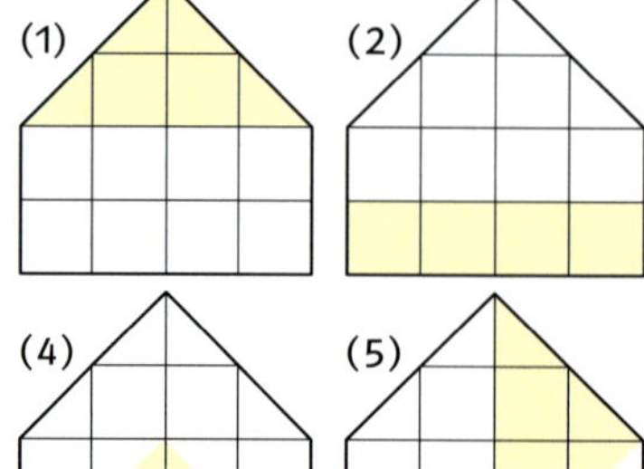

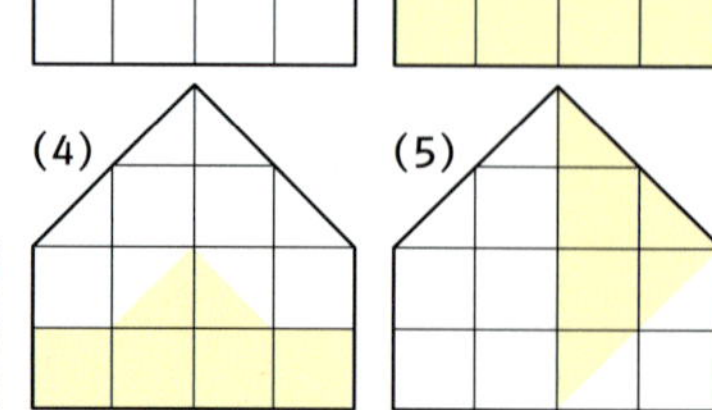

16 Welche Brüche sind hier dargestellt? Stelle die Bruchteile mithilfe anderer geometrischer Formen dar.

a) 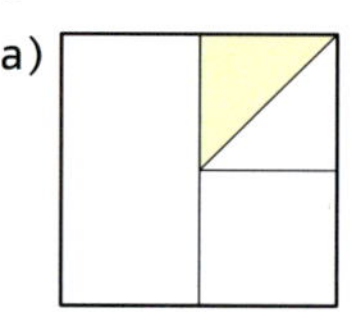

b) 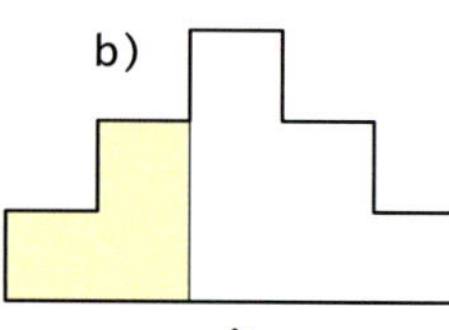

c) 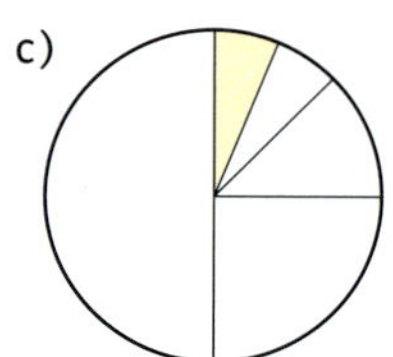

d) 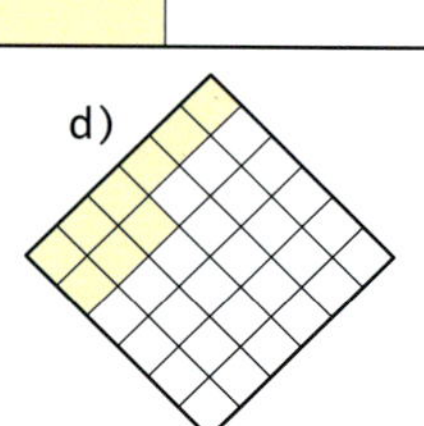

17 Zeichne das vorgegebene Muster in dein Heft und färbe die vorgegebenen Bruchteile.

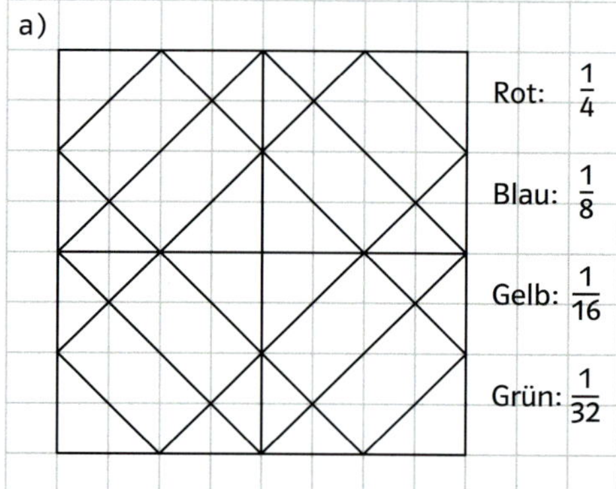

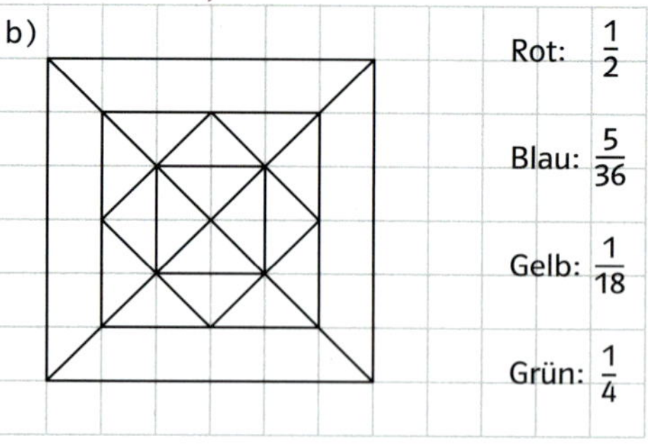

18 Erstelle ein Lernplakat. Beachte die Hinweise auf der nächsten Seite.

a) Erstelle ein Lernplakat zum Thema „Brüche durch Falten darstellen".

b) Erstelle ein Lernplakat zum Thema „Brüche am Geobrett darstellen".

c) Erstelle ein Lernplakat zum Thema „Brüche vergleichen".

Präsentieren

Wir erstellen ein Lernplakat

Mögliche Arbeitsschritte

- Überlegt, was auf dem Plakat dargestellt werden soll.
- Erstellt in Partnerarbeit jeweils einen Entwurf auf einem DIN-A4-Blatt.
- Diskutiert die verschiedenen Entwürfe in der Gruppe.
- Verteilt Arbeitsaufträge an die einzelnen Gruppenmitglieder. Jeder Schüler ist für eine Teilaufgabe verantwortlich: Texte, Bilder, Grafiken …

Es ist sinnvoll das Lernplakat in Gruppenarbeit zu erstellen.
Die Gruppe sollte nicht zu groß sein. Achtet darauf, dass jeder etwas zum Gelingen der Arbeit beiträgt.
Regeln für die Gruppenarbeit findet ihr in diesem Buch auf Seite 167.

Auf einem Lernplakat werden Informationen übersichtlich und anschaulich dargestellt.
Dazu werden Texte, Bilder und Zeichnungen benutzt.
Jedes Plakat besitzt eine Überschrift, die weithin sichtbar ist.
Die Schriftgröße muss immer so gewählt werden, dass die Texte aus einer Entfernung von einem Meter noch lesbar sind.

Vernetzen: Anteile bestimmen

1 In der Albert-Schweitzer-Schule wird ein Fußballturnier im 5. Jahrgang durchgeführt. Da es keine Verlängerung gibt, wird in den unentschiedenen Spielen ein Elfmeterschießen durchgeführt. Vor dem Turnier wurden das Elfmeterschießen trainiert und die Ergebnisse notiert.

Name	Anzahl der Versuche	Treffer
Julia	24	14
Philipp	20	10
Janosch	25	15
Shirin	18	14
Max	22	14
Judith	16	10
Marleen	15	7
Marlon	21	14

a) Vergleiche die Ergebnisse von Julia und Marleen. Entscheide und begründe, wer besser Elfmeter schießen kann.
b) Wer schießt besser, Shirin oder Max? Begründe deine Entscheidung.
c) Bei welchen Schülern ist die Trefferquote größer als 50 Prozent?
d) Wer ist der beste Elfmeter-Schütze? Begründe deine Entscheidung.

2 Auf dem Jahrmarkt gibt es zwei Losbuden. Die Gewinne unterscheiden sich nicht. Beide Losverkäufer bieten ihre Ware lautstark an. Bei welchem Losverkäufer würdest du ein Los kaufen? Begründe deine Entscheidung schriftlich.

3 Herr Fliege und Herr Hummel bekommen Konkurrenz.

Da aber die Lose täglich neu gemischt und an den Wochentagen unterschiedlich viele Lose verkauft werden, muss der Losverkäufer viel rechnen. Fülle die Tabelle aus.

Gewinne	20	50	■	■	■	■
Nieten	■	■	90	210	■	■
Lose	■	■	■	■	160	32

4 Die Klasse 5 b hat eine Wahl des Klassensprechers durchgeführt.
Josie hat die Ergebnisse dieser Wahl in einer Grafik dargestellt. Bei der Wahl hatte jeder Schüler eine Stimme.
a) Wer ist der Klassensprecher, wer sein Stellvertreter?
b) Wie viele Stimmen hat jeder Kandidat bekommen?
c) Drücke den Stimmenanteil der Kandidaten als Bruch aus.
d) Zeichne ein Säulendiagramm, das das Ergebnis dieser Wahl darstellt.

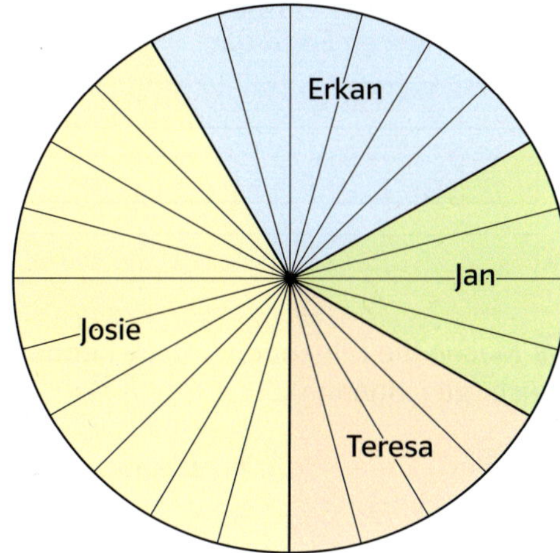

5 In der Klasse 5 c wird mit einem anderen Wahlverfahren eine Klassensprecherin und ein Klassensprecher gewählt. Jede Schülerin und jeder Schüler hat zwei Stimmen und muss ein Mädchen und einen Jungen wählen. Gib die Stimmanteile der einzelnen Kandidaten jeweils als Bruch an.

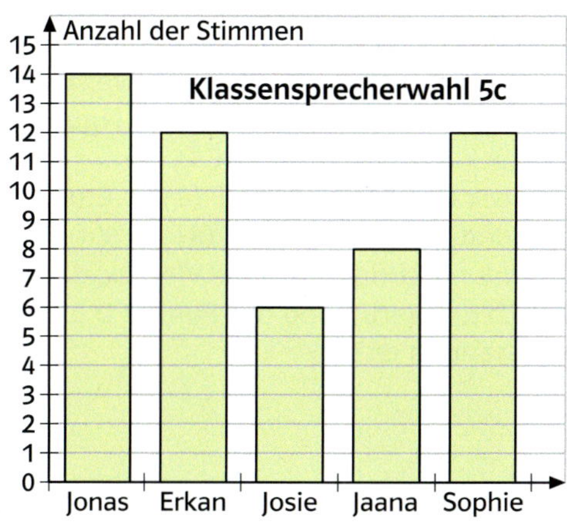

6 Die Klasse 5 a hat durch eine Befragung am Anfang des Schuljahrs viele Informationen über die Schülerinnen und Schüler herausgefunden. Die Ergebnisse wurden in Diagrammen dargestellt.

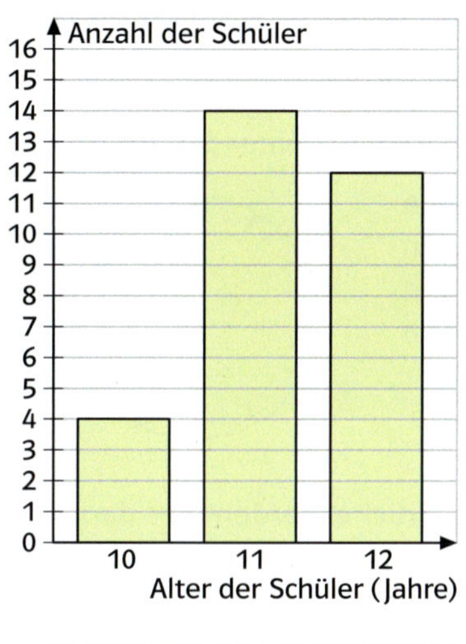

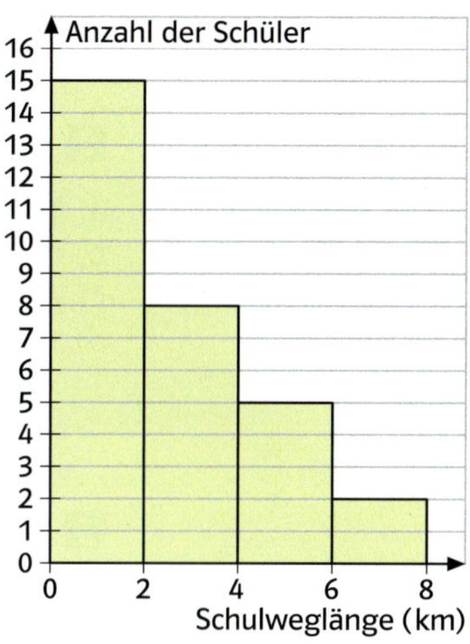

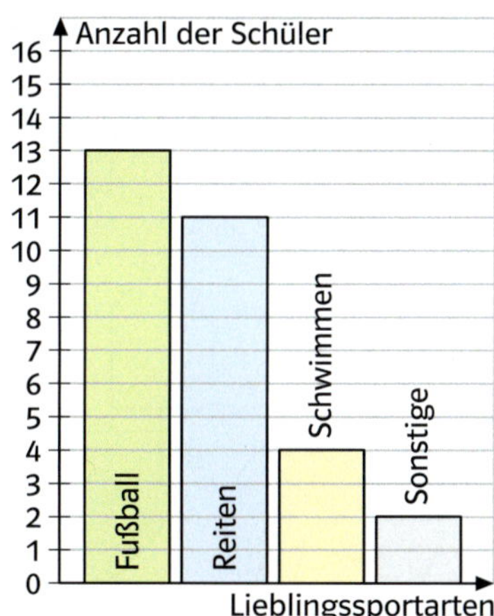

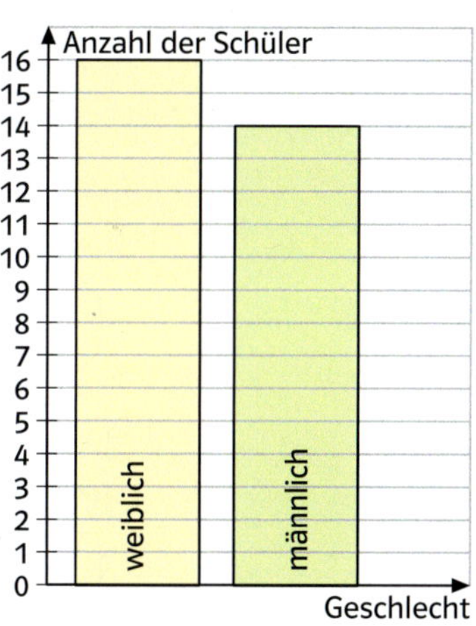

a) Wie groß ist der Anteil der Schülerinnen und Schüler, die 12 Jahre alt sind?
b) Drücke den Anteil der Kinder, die Fußball als Lieblingssportart gewählt haben, als Bruch aus.
c) Nach einem Ausflug bei schlechtem Wetter ist ein Sechstel der Kinder krank geworden.
d) Wie groß ist der Anteil der Schülerinnen und Schüler, die einen längeren Schulweg als 2 km haben?
e) Fasse in einem kurzen Text über die Klasse 5 a die Informationen zusammen, die du den Diagrammen entnommen hast.

Lernkontrolle 1

1 Stelle die folgenden Brüche zeichnerisch dar. Wähle jeweils eine andere geometrische Form. Färbe die Brüche farbig und beschrifte sie.

a) $\frac{2}{3}$ b) $\frac{3}{4}$

c) $\frac{4}{15}$ d) $\frac{5}{12}$

2 Gib als Bruchteil einer Stunde an.

a) 15 Minuten
b) 5 Minuten
c) 20 Minuten
d) 12 Minuten

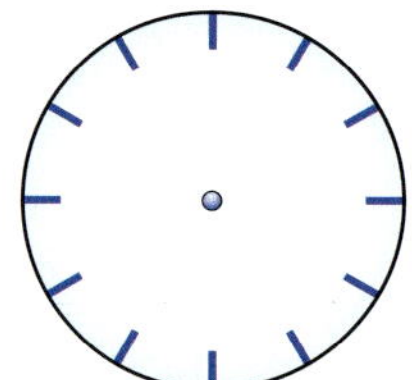

3 Welche Brüche werden hier dargestellt?

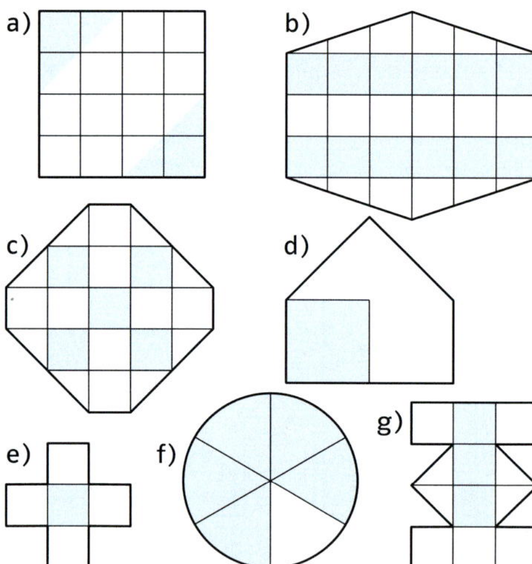

4 Welcher Bruch wird durch die rote, gelbe, grüne, blaue und graue Fläche dargestellt?

5 Stelle die drei dargestellten Brüche in einer anderen Form dar.

a)

b)

c)

6 Mache die folgenden Brüche nennergleich (gleichnamig).

a) $\frac{2}{3}, \frac{4}{5}$ b) $\frac{3}{5}, \frac{3}{4}$

a) $\frac{1}{7}, \frac{3}{2}$ b) $\frac{4}{10}, \frac{3}{5}$

7 Setze die Zeichen $<$ und $>$ richtig ein.

a) $\frac{2}{5}$ ■ $\frac{2}{6}$ b) $\frac{7}{45}$ ■ $\frac{7}{42}$

c) $\frac{3}{7}$ ■ $\frac{2}{7}$ d) $\frac{5}{14}$ ■ $\frac{9}{14}$

e) $\frac{3}{6}$ ■ $\frac{4}{9}$ f) $\frac{9}{10}$ ■ $\frac{11}{12}$

1 Ermittle die Koordinaten der dargestellten Punkte.

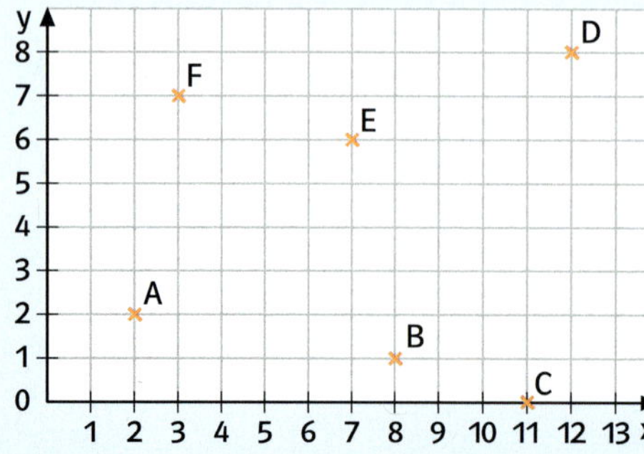

2 a) Zeichne die folgenden Punkte in ein Koordinatensystem ein und verbinde sie jeweils zu der angegebenen Figur.
Dreieck A (0 | 1) B (2 | 7) C (5 | 2)
Viereck D (6 | 0) E (0 | 0) F (0 | 6) G (6 | 6)
Quadrat H (5 | 7) I (8 | 7) J (8 | 10) K (|)
b) Wie heißt das spezielle Viereck, das durch das Verbinden der Punkte D bis G entstanden ist?

Lernkontrolle 2

1 Stelle die folgenden Brüche zeichnerisch dar. Wähle jeweils eine andere geometrische Form. Färbe die Bruchteile und beschrifte sie.

a) $\frac{2}{8}$ b) $\frac{3}{10}$ c) $\frac{7}{15}$ d) $\frac{5}{12}$

2 Rechne die Anteile einer Stunde in Minuten um.

a) $\frac{1}{4}$ Stunden

b) $\frac{5}{6}$ Stunden

c) $\frac{3}{12}$ Stunden

d) $\frac{4}{10}$ Stunden

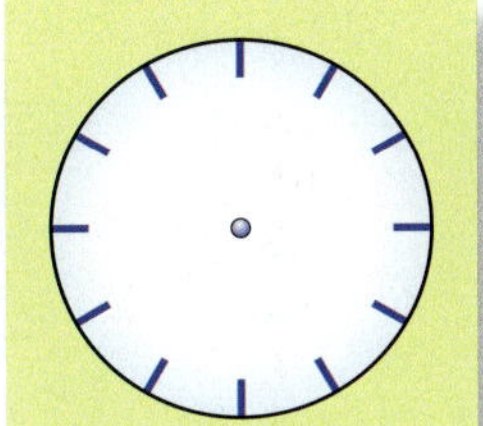

3 Welche Brüche werden hier dargestellt?

a) 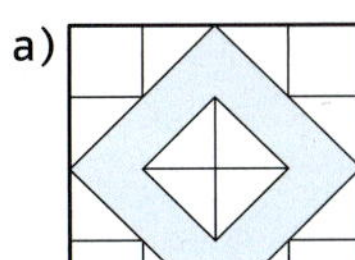

b) 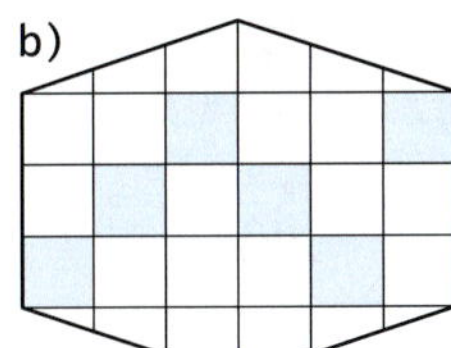

c) 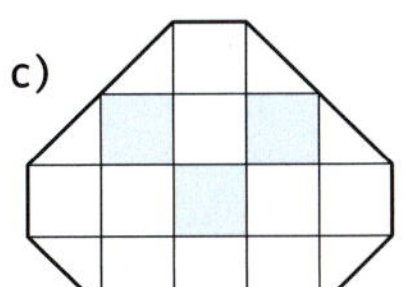

d) 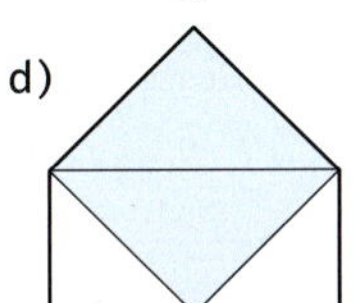

e) 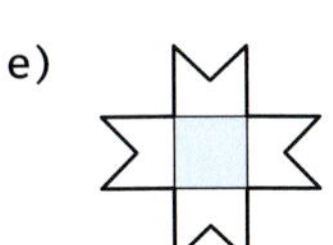

f) 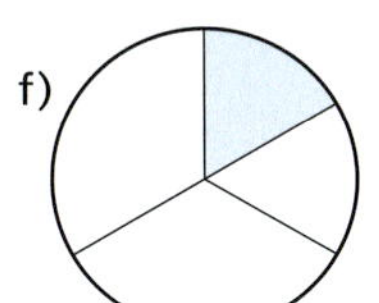

g)

h)

i)

4 Welche Brüche werden durch die gelbe, grüne, rote, graue und blaue Fläche dargestellt?

5 Berechne die fehlenden Zahlen.

a) $\frac{3}{5} = \frac{\square}{25}$ b) $\frac{2}{7} = \frac{\square}{77}$

c) $\frac{\square}{12} = \frac{4}{24}$ d) $\frac{28}{8} = \frac{\square}{2}$

e) $\frac{4}{15} = \frac{12}{\square}$ f) $\frac{6}{10} = \frac{\square}{120}$

6 Stelle die folgenden Brüche jeweils in einem gemeinsamen Rechteck dar.

a) $\frac{3}{5}$; $\frac{1}{8}$ b) $\frac{2}{3}$; $\frac{2}{7}$ c) $\frac{3}{10}$; $\frac{1}{2}$

7 Auf dem Schulfest sollen Lose verkauft werden. Jedes fünfte Los soll ein Gewinn sein. Jeder 40. Gewinn ist ein Hauptgewinn. Fülle die folgende Tabelle aus.

Anzahl der Lose	Nieten	Gewinne	Hauptgewinne
5	4	1	0
50			
150			
	60		
	200		
		25	
		35	

Wiederholung

1 Modelleisenbahnen der Spur HO werden im Maßstab 1:87 gefertigt. Die abgebildete Lok ist im Modell 29,6 cm lang. Berechne ihre wahre Länge.

2 Für eine Fahrradtour soll eine Tagesroute geplant werden. Die Karte hat einen Maßstab von 1:25000. Die Tour soll nicht länger als 50 km sein. Wie lang ist die entsprechende Strecke auf der Karte?

10 Zeit und Weg

Auf Reisen

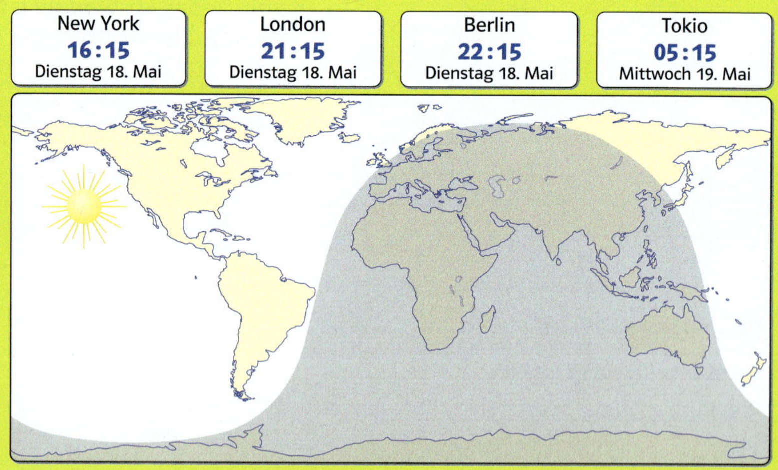

Wer sich auf eine lange Reise begibt, muss manchmal seine Uhr umstellen. Hast du eine Erklärung dafür?

Nimm einen Globus und eine Taschenlampe. Halte die Taschenlampe so, dass die Erdhalbkugel, auf der die Bundesrepublik Deutschland liegt, beschienen wird. Verdunkle das Zimmer, sodass nur der Schein der Taschenlampe sichtbar ist. Dort, wo du wohnst, ist nun Tag. Überprüfe nun, auf welchen Teilen der Erde zur gleichen Zeit Nacht ist. Dort, wo hell in dunkel übergeht, ist entweder Morgen oder Abend.

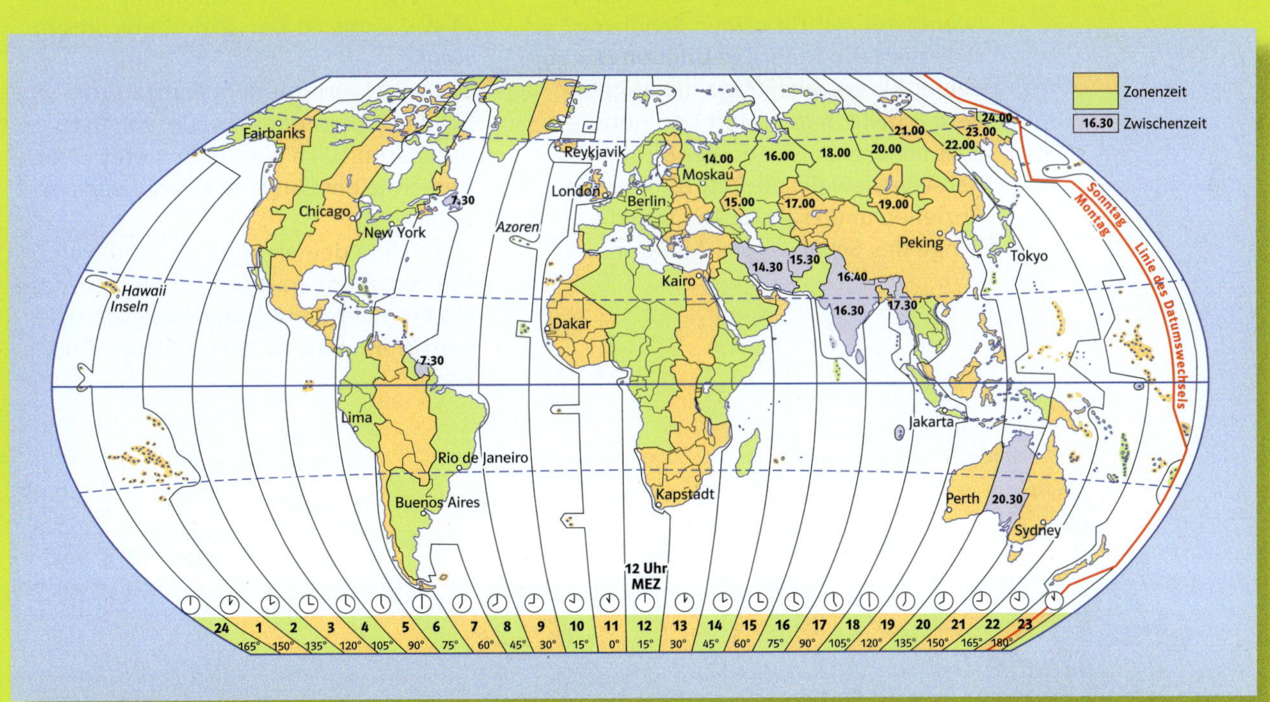

Unser Schulweg

Name	Wann stehe ich auf?	Wann verlasse ich das Haus?	Wann komme ich an der Schule an?	Wann gehe ich zu Bett?
Laura	6.45	7.35	7.55	21.00
Christian	6.30	7.10	7.54	21.30
Kathrin	6.05	7.00	7.48	21.45
Dennis	7.00	7.45	7.58	21.30
Melanie	6.25	7.35	7.50	21.30

1 a) Berechne, wer die meiste Zeit (am wenigsten Zeit) für Waschen, Anziehen und Frühstücken braucht.
b) Berechne die Dauer des Schulwegs in Minuten. Wer benötigt die meiste (wenigste) Zeit für seinen Schulweg?
c) Frage zehn Mädchen und Jungen aus deiner Klasse. Übertrage die abgebildete Tabelle in dein Heft und notiere dort die Ergebnisse deiner Befragung. Berechne jeweils die Zeit für Waschen, Anziehen und Frühstücken und die Länge des Schulwegs in Minuten.

2 David besucht die Gesamtschule in Leopoldshöhe. Er hat seinen Schulweg aufgezeichnet und dabei an einigen Stellen die Zeiten eingetragen, zu denen er morgens dort vorbeikommt.
a) Wie lange ist David morgens unterwegs?
b) David fährt mit dem Fahrrad zur Schule. Er legt dabei in fünf Minuten durchschnittlich einen Kilometer zurück. Berechne die Länge des Schulwegs in Kilometern.
c) Zeichne deinen eigenen Schulweg. Die Zeichnung muss so genau sein, dass ein Fremder danach den Weg von deinem Wohnhaus zu deiner Schule finden kann.

3 Mathis besucht ebenfalls die Gesamtschule Leopoldshöhe. Er fährt im Sommer mit dem Fahrrad zur Schule. Mathis hat seinen Schulweg in eine Karte eingezeichnet (Maßstab 1:20 000).
a) Suche den Schulweg von Mathis in der Karte und bestimme die Länge.
b) Wie lange braucht Mathis bis zur Schule, wenn er einen Kilometer im Durchschnitt in fünf Minuten zurücklegt?
c) Wann muss Mathis das Haus verlassen, wenn er noch sechs Minuten rechnet, um sein Fahrrad zu holen bzw. wegzustellen? (Schulbeginn: 7.30 Uhr)

4 Ergun wohnt in Bielefeld und besucht die Gesamtschule in Stieghorst. Er fährt jeden Morgen mit der Straßenbahn zur Schule. Die Bahn braucht von der Haltestelle bis zur Schule 14 Minuten. Der Unterricht beginnt um 8.00 Uhr. Ergun möchte zehn Minuten vor dem Unterricht an der Schule ankommen.
a) Wann muss er an der Haltestelle sein?
b) Zu welcher Zeit muss er das Haus verlassen, wenn er bis zur Haltestelle ungefähr fünf Minuten zu Fuß gehen muss?
c) Wann muss Ergun spätestens aufstehen, wenn er für Waschen, Anziehen und Frühstück 40 Minuten rechnet?

Linie 3 - Jahnplatz

wochentags	samstags
5.20	5.20
5.35	5.35
5.50	5.50
6.01	6.05
6.11	6.20
alle 10 min.	alle 15 min.
19.11	8.50
19.26	9.01

Ferienfreizeit

1 Sophie möchte mit ihrer Jugendgruppe zu einer Ferienfreizeit nach Freiburg fahren. Die Jugendlichen haben zusammen mit Betreuern beschlossen mit dem Zug zu fahren.
Der EuroCity „Tiziano" fährt um 10.00 Uhr vom Hauptbahnhof Köln ab.
a) Wie viele Minuten braucht der Zug bis nach Koblenz (Mannheim, Baden-Baden)?
b) Wie lange dauert die gesamte Bahnfahrt?
c) Wie viele Kilometer muss der Zug bis Freiburg insgesamt zurücklegen?

EC 9 „Tiziano"

9.50		Köln Hbf	
	33 km		10.00
10.20		Bonn Hbf	
	60 km		10.22
10.52		Koblenz Hbf	
	90 km		10.54
11.42		Mainz Hbf	
	70 km		10.44
12.23		Mannheim Hbf	
	61 km		12.32
12.57		Karlsruhe Hbf	
	29 km		12.59
13.13		Baden-Baden	
	106 km		13.15
14.02		Freiburg(Brsg.)Hbf	

2 Die Jugendlichen haben vor ihrer Fahrt den Liniennetzplan von Freiburg studiert. Wie gelangen sie vom Hauptbahnhof Freiburg mit öffentlichen Verkehrsmitteln zur Jugendherberge?

Liniennetzplan Freiburger Verkehrs AG

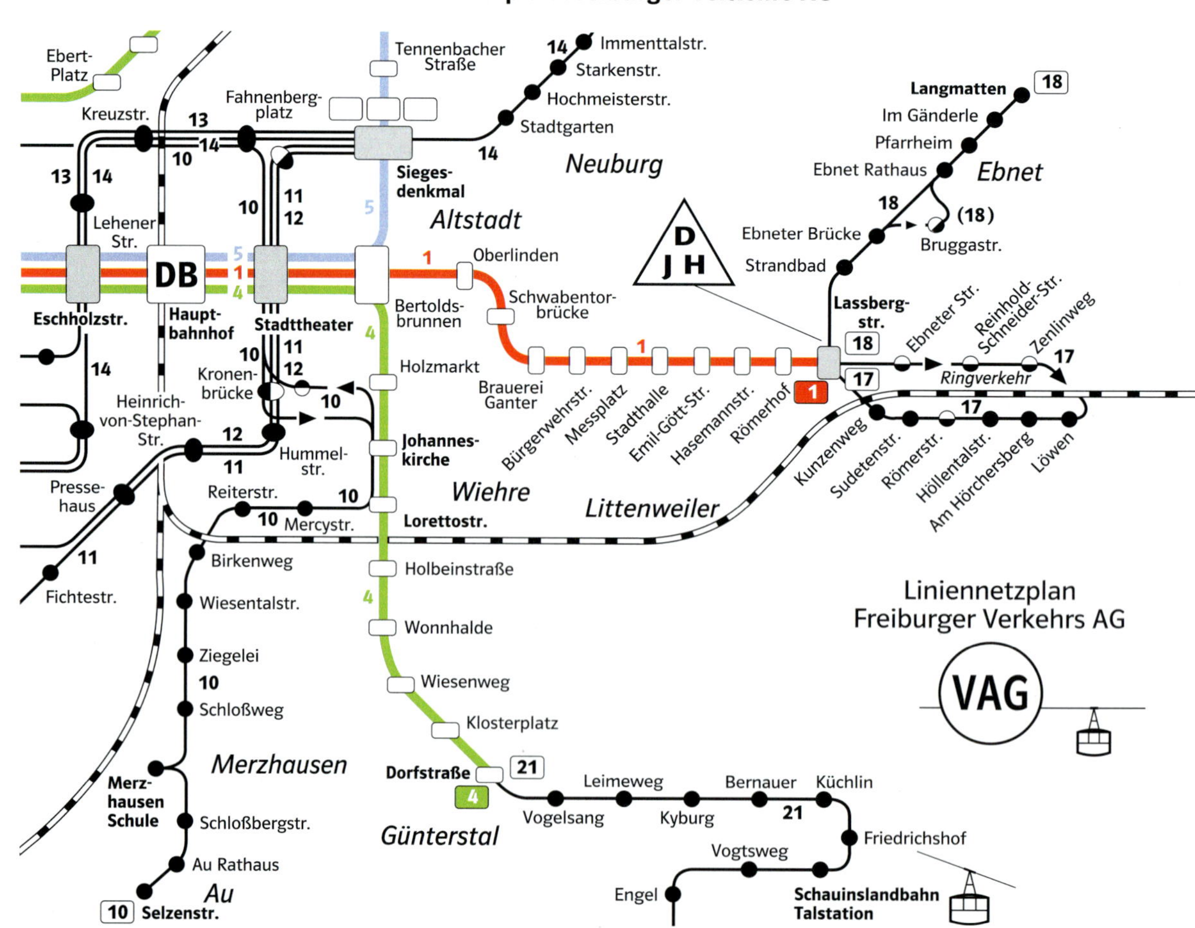

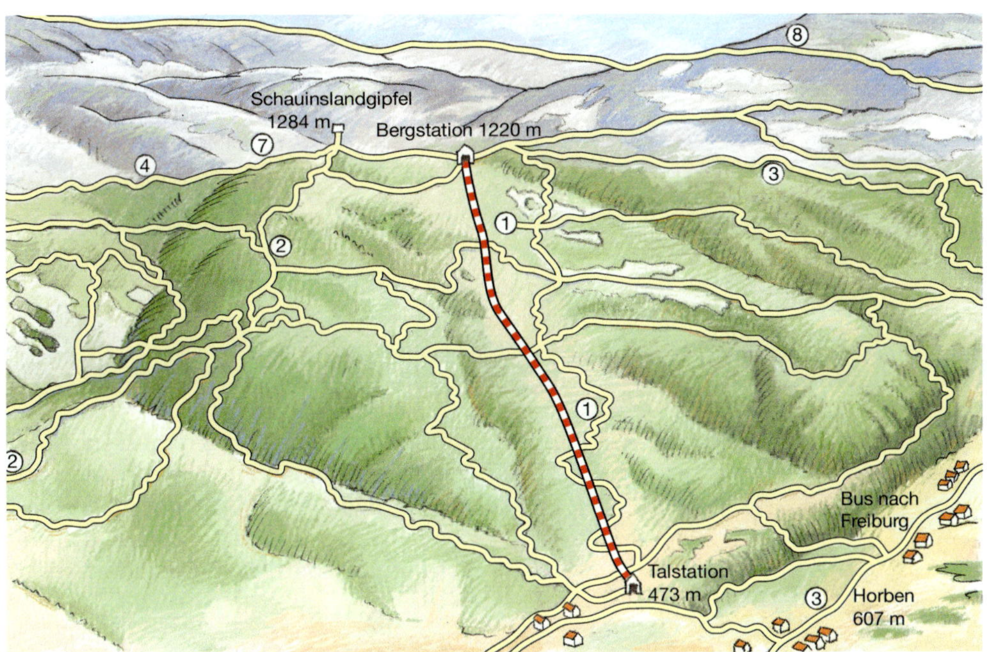

3 Die Jugendgruppe möchte mithilfe der Schauinslandbahn auf den Schauinslandgipfel gelangen. Dazu fahren sie von der Haltestelle „Lassbergstraße" mit der Linie 1 zunächst in Richtung Bahnhof.

a) Wie gelangen sie mit öffentlichen Verkehrsmitteln zur Talstation? Benutze den Liniennetzplan.

b) Wann müssen sie in die Straßenbahn einsteigen, wenn sie spätestens um 10:00 Uhr an der Talstation sein wollen?

c) Wann können die Jugendlichen den Schauinslandgipfel erreichen, wenn die Fahrt mit der Seilbahn 15 Minuten dauert und sie für den restlichen Weg 20 Minuten rechnen?

4 Plane in deiner Gruppe eine Ferienfreizeit mit der Bahn und anderen öffentlichen Verkehrsmitteln zu einem anderen Ort.
Informationen zu öffentlichen Verkehrsmitteln erhältst du über die Stadt- oder Gemeindeverwaltung der Orte und im Internet. So erhältst du auch Informationen über die Freizeitmöglichkeiten und Sehenswürdigkeiten in der Nähe des Ortes.

Linie 1	**9**				
Lassbergstr.	05	11	17	23	29
Stadthalle	10	16	22	28	34
Schwabentor	14	20	26	32	38
Bertholdsbrunnen	18	24	30	36	42
Stadttheater	20	26	32	38	44
Hauptbahnhof	22	28	34	40	46
Escholzstraße	23	29	35	41	47
Techn. Rathaus	24	30	36	42	48

Linie 4	**9–17**					
Escholzstraße	06	16	26	36	46	56
Hauptbahnhof	07	17	27	37	47	57
Stadttheater	08	18	28	38	48	58
Bertholdsbrunnen	10	20	30	40	50	00
Johanneskirche	13	23	33	43	53	03
Lorettostraße	15	25	35	45	55	05
Wonnhalde	18	28	38	48	58	08
Dorfstraße	21	31	41	51	01	11

Beachte die Hinweise auf den Seiten 36, 167 und 189.

Linie 21	**7**	**8**		**9–17**
Dorfstraße	30	23	44	43
Schauinslandbahn-Talstation	38	31	52	51

Zeiteinheiten

1 Vergleiche die abgebildeten Uhren miteinander.

2 In welcher Zeiteinheit messen wir folgende Zeitspannen: eine Unterrichtsstunde, das Alter eines Menschen, einen 100-m-Lauf, einen Marathonlauf, eine Schwangerschaft, die Sommerferien?

1 Jahr = 365 Tage
1 Jahr = 12 Monate
1 Monat = 30 Tage
1 Woche = 7 Tage

1 Tag = 24 Stunden (1 d = 24 h)
1 Stunde = 60 Minuten (1 h = 60 min)
1 Minute = 60 Sekunden (1 min = 60 s)

1 Schaltjahr (jedes vierte Jahr) hat 366 Tage. Die Monate Januar, März, Mai, Juli, August, Oktober und Dezember haben 31 Tage, April, Juni, September und November haben 30 Tage. Der Februar hat in einem Schaltjahr 29 Tage, sonst 28 Tage. Wir rechnen bei Monaten mit 30 Tagen.

3 Wandle um in Sekunden (s).

2 min 15 s = 120 s + 15 s = 135 s

4 min; 8 min; 2 min 32 s; 3 min 10 s; 5 min 39 s; 7 min 28 s; 15 min 35 s

4 Wandle um in Minuten (min) und Sekunden (s).

80 s = 1 min 20 s

300 s; 600 s; 660 s; 90 s; 140 s; 87 s; 150 s; 200 s; 250 s; 310 s; 750 s; 999 s

5 Gib in Stunden (h) und Minuten (min) an.

135 min = 2 h 15 min

120 min; 360 min; 100 min; 150 min; 220 min; 370 min; 420 min; 1000 min; 1100 min; 2000 min; 10 000 min

6 Wie viele Stunden sind es?
2 d; 5 d; 7 d; 2 d 18 h; 3 d 12 h; 4 d 8 h; $\frac{1}{2}$ d; $2\frac{1}{2}$ d; 2 d 11 h

7 Wandle in Minuten um.

1 h 35 min = 95 min

a) 2 h; 5 h; 4 h; 1 h 17 min; 3 h 45 min
b) $\frac{1}{4}$ h; $\frac{1}{2}$ h; $1\frac{3}{4}$ h; $2\frac{1}{2}$ h; $6\frac{1}{2}$ h

8 Wandle in Tage und Stunden um.
25 h; 32 h; 48 h; 53 h; 68 h ; 96 h; 120 h; 240 h; 264 h; 300 h; 500 h

9 a) Wie viele Monate sind es?
4 Jahre 6 Monate; 5 Jahre 10 Monate; $\frac{1}{4}$ Jahr; $\frac{1}{2}$ Jahr; $2\frac{1}{2}$ Jahre; $1\frac{3}{4}$ Jahre
b) Rechne um in Jahre und Monate.
30 Monate; 60 Monate; 100 Monate; 130 Monate; 38 Monate; 95 Monate

Zeitspannen

Katrin Jüttner		Stundenplan		Klasse 5a	
Zeit	**Montag**	**Dienstag**	**Mittwoch**	**Donnerstag**	**Freitag**
7.30– 8.15	Gesellschaftslehre	Biologie	Deutsch	Sport	Religion
8.20– 9.05	Gesellschaftslehre	Englisch	Englisch	Sport	Gesellschaftslehre
9.25–10.10	Mathematik	Sport	Technik	Mathematik	Deutsch
10.15–11.00	Deutsch	Deutsch	Technik	Englisch	Englisch
11.15–12.00	Musik	Mathematik	Religion	Biologie	Mathematik
12.05–12.50	Englisch	Chor	Arbeitsstunden	Musik	Mathe-Fö
13.10–13.55					
14.00–14.45	Arbeitsstunden		AG	Kunst	
14.45–15.30	Deutsch-Fö		AG	Kunst	

1 a) Berechne in Stunden und Minuten, wie lange Katrin an den einzelnen Tagen in der Schule ist.
b) Berechne die Zeit für die ganze Woche. Wie viel Pausenzeit ist darin enthalten?

45 min
+ 20 min
65 min
= 1 h 5 min

8 h 38 min
+ 5 h 54 min
13 h 92 min
= 14 h 32 min

2 Beim Rechnen mit verschiedenen Zeitspannen musst du die Umrechnungen beachten.

a) 25 min + 51 min
15 min + 47 min
38 min + 42 min

b) 7 min + 58 min
57 min + 56 min
49 min + 59 min

c) 15 h 7 min + 7 h 54 min
18 h 5 min + 27 h 58 min
25 h 48 min + 37 h 33 min

7 h 35 min
4 h 40 min

6 h 95 min
4 h 40 min
2 h 55 min

3 a) 9 h 34 min – 2 h 33 min
12 h 45 min – 11 h 37 min
25 h 14 min – 14 h 9 min

b) 1 h 14 min – 20 min
2 h 46 min – 58 min
14 h 9 min – 13 h 44 min

4 a) 4 h 59 min + 19 h 21 min
24 h 27 min – 12 h 30 min
17 h 47 min + 17 h 53 min

b) 98 h – 16 h 48 min
34 h 16 min + 7 h 45 min
126 h – 125 h 59 min

5 Wie viele Stunden und Minuten sind es jeweils bis Mitternacht?
21.00 Uhr; 13.10 Uhr; 20.30 Uhr; 6.40 Uhr; 1.24 Uhr; 0.39 Uhr; 8.25 Uhr;

6 Eine Fernsehsendung beginnt um 18.25 Uhr. Wann ist sie zu Ende?
Dauer der Sendung: 50 min ($\frac{1}{2}$ h; $\frac{3}{4}$ h; 100 min; $1\frac{1}{2}$ h; 75 min; 1 h 45 min).

7 Wann endet die Veranstaltung?

	a)	b)	c)
Beginn:	12.40 Uhr	17.30 Uhr	20.40 Uhr
Dauer:	3 h 10 min	2 h 35 min	$2\frac{1}{2}$ h

	d)	e)	f)
Beginn:	19.30 Uhr	20.45 Uhr	22.40 Uhr
Dauer:	2 h 45 min	$2\frac{3}{4}$ h	$1\frac{1}{2}$ h

8 Wie viele Stunden und Minuten dauert die Veranstaltung?

	a)	b)	c)
Beginn:	17.30 Uhr	14.09 Uhr	21.40 Uhr
Ende:	19.40 Uhr	15.17 Uhr	0.30 Uhr

33

Üben und Vertiefen

1 Übertrage und berechne die fehlenden Angaben.

	Abfahrt	Ankunft	Fahrtdauer
a)	8.19 Uhr	■	2 h 16 min
b)	18.26 Uhr	19.12 Uhr	■
c)	20.07 Uhr	23.14 Uhr	■
d)	0.05 Uhr	17.15 Uhr	■
e)	16.30 Uhr	■	3 h 59 min
f)	13.12 Uhr	22.57 Uhr	■
g)	■	17.35 Uhr	8 h 24 min

2 Das Herz eines Jugendlichen schlägt im Schlaf etwa 54-mal in der Minute. Wie oft schlägt es in acht Stunden?

3 Wie viele Sekunden hat ein Tag?

4 Ein Schuljahr hat rund 40 Wochen, eine Schulwoche 36 Schulstunden und eine Unterrichtsstunde 45 Minuten. Wie viele Stunden Unterricht hast du im Jahr?

5 a) Bei einem Gewitter misst du zwischen Blitz und Donner 3 Sekunden. Wie weit ist das Gewitter entfernt, wenn der Schall in der Luft in einer Sekunde 340 m zurücklegt?
b) Bei der nächsten Messung erhältst du einen Wert von 12 Sekunden.
c) Der Blitz schlägt 1700 m von dir entfernt ein. Wie viele Sekunden später hörst du den Donner?

6 Eine Zirkusveranstaltung dauert $2\frac{3}{4}$ Stunden. Wann endet die Vorstellung?

7 Herr Fabian hat seine Ankunftszeit 9.30 Uhr auf der Parkscheibe eingestellt. Er darf dort zwei Stunden parken.
a) Er kommt um 12.00 Uhr zurück. Um wie viele Minuten hat er seine Parkzeit überschritten?
b) Die Parkdauer darf um höchstens 10 Minuten überschritten werden. Wann hätte Herr Fabian spätestens zurück sein müssen?

8 Helen möchte einen Film mit dem Videorecorder aufnehmen. Der Film beginnt um 20.15 Uhr und endet um 21.55 Uhr. Auf einer Videokassette kann sie noch 90 Minuten aufnehmen.

9 Ein ICE benötigt für die Strecke München–Hamburg 5 Stunden und 52 Minuten. Der Zug fährt um 7.55 Uhr in München ab und hält sechsmal. Bis zum dritten Halt hat er 13 Minuten Verspätung. Bei den folgenden Stationen holt er bei jedem Halt wieder drei Minuten auf. Wann müsste der ICE fahrplanmäßig in Hamburg eintreffen? Wann trifft er jetzt ein?

10 Die amerikanische Biologin Jane Shen-Miller fand 1982 in einem ausgetrockneten See in China einen 1288 Jahre alten Lotosblumensamen. In welchem Jahr hat die Lotosblume geblüht, von der dieser Samen stammt?

Zeitzonen

1 Frau Häger wartet mit ihrem Sohn Timo auf dem Frankfurter Flughafen auf die Ankunft eines Flugzeugs aus Athen.
a) Was könnten zur selben Zeit Bob in Chicago, Susan in Sydney, Han Su in Tokio und Pièrre in Paris machen?
b) Zwei Stunden später sitzt Timo über seinen Hausaufgaben. Wie spät ist es jetzt in Hongkong, London, Athen und Mumbai?

2 Christine telefoniert um 9.00 Uhr in Chicago. Sie ruft ihre Mutter in Frankfurt an. Wie spät ist es zu diesem Zeitpunkt in Frankfurt?

3 Eine Boeing 747-400 startet um 6.30 Uhr in New York mit Flugziel Frankfurt. Die Flugzeit beträgt 8 h 10 min.

4 a) Ein Flugzeug startet um 13.00 Uhr in Frankfurt. Es fliegt nach Athen in 2 Stunden und 50 Minuten. Wann landet es in der griechischen Hauptstadt?
b) Ein zweites Flugzeug fliegt um 10.00 Uhr von Paris ab. Es hat das Ziel Frankfurt. Die Flugzeit beträgt 1 h 20 min.

5 a) Wann kommt ein Flugzeug in Paris an, wenn es in Chicago um 6.00 Uhr abfliegt (Flugzeit 8 h 15 min)?
b) Um wie viel Uhr landet ein Passagier in Athen, wenn er um 8.30 Uhr in New York startet (Flugzeit 11 h 5 min)?

6 Ein Airbus A340-400 startet um 13.20 Uhr in Frankfurt mit Flugziel New York. Die Landung erfolgt in New York um 15.00 Uhr. Was stellst du fest?

Vernetzen: Bildfahrpläne

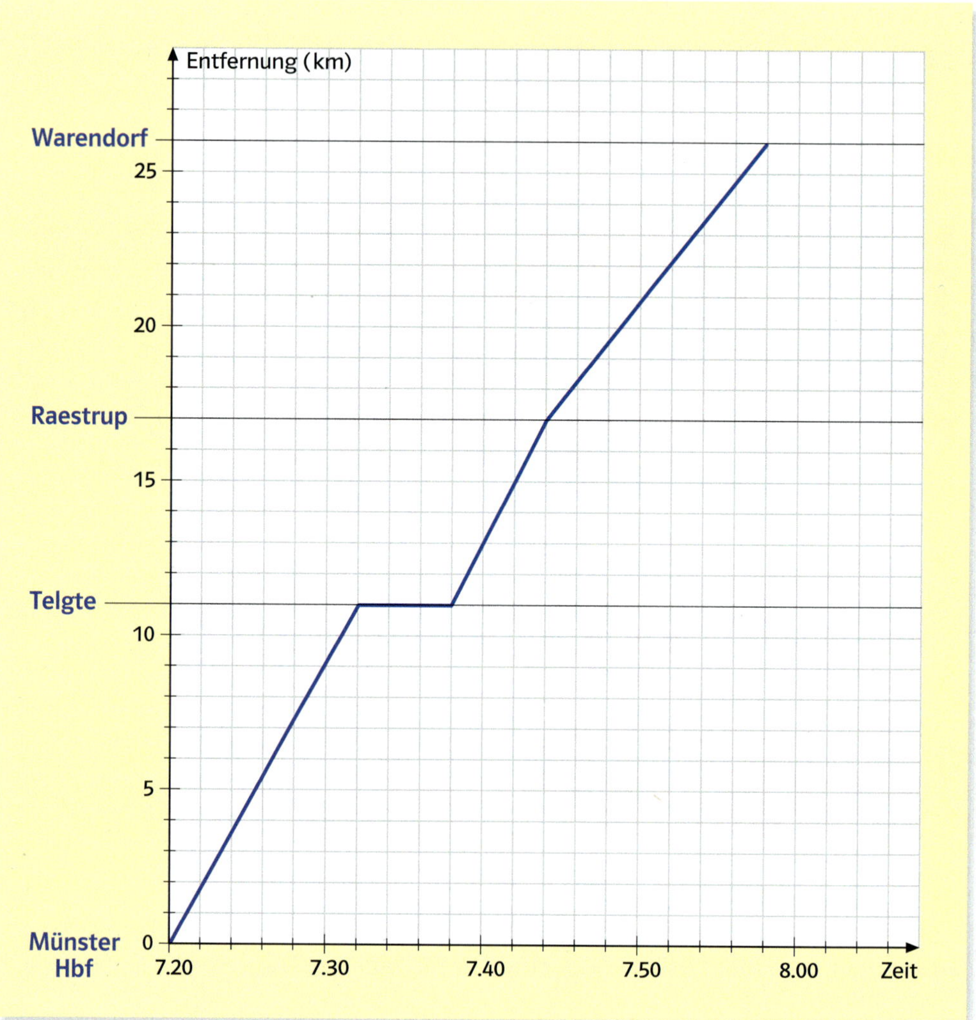

1 Bei der Deutschen Bahn werden die Tabellenfahrpläne häufig in sogenannte Bildfahrpläne übersetzt. In der Abbildung siehst du einen Bildfahrplan für einen Zug von Münster Hauptbahnhof (Hbf) nach Warendorf.
a) Schau dir die Achsen und ihre Einteilungen an. Was wird auf der x-Achse (y-Achse) dargestellt? Weshalb sind an der y-Achse einzelne Ortsnamen eingetragen worden?
b) Was bedeutet der Streckenzug, der vom Ursprung des Koordinatensystems ausgeht?
c) Übertrage den abgebildeten Bildfahrplan in dein Heft.

2 a) Ermittle anhand des Bildfahrplans, wie viele Kilometer Telgte von Münster entfernt ist. Wann kommt der Zug in Telgte an? Wie lange hält er dort?
b) Übertrage den unten abgebildeten Tabellenfahrplan in dein Heft und fülle ihn mithilfe des Bildfahrplans aus. Trage jeweils die Ankunftszeit des Zuges ein.

Münster Hbf - Warendorf		
km		Zeit
0	Münster Hbf	7.20
■	Telgte	■
■	Raestrup	■
■	Warendorf	■

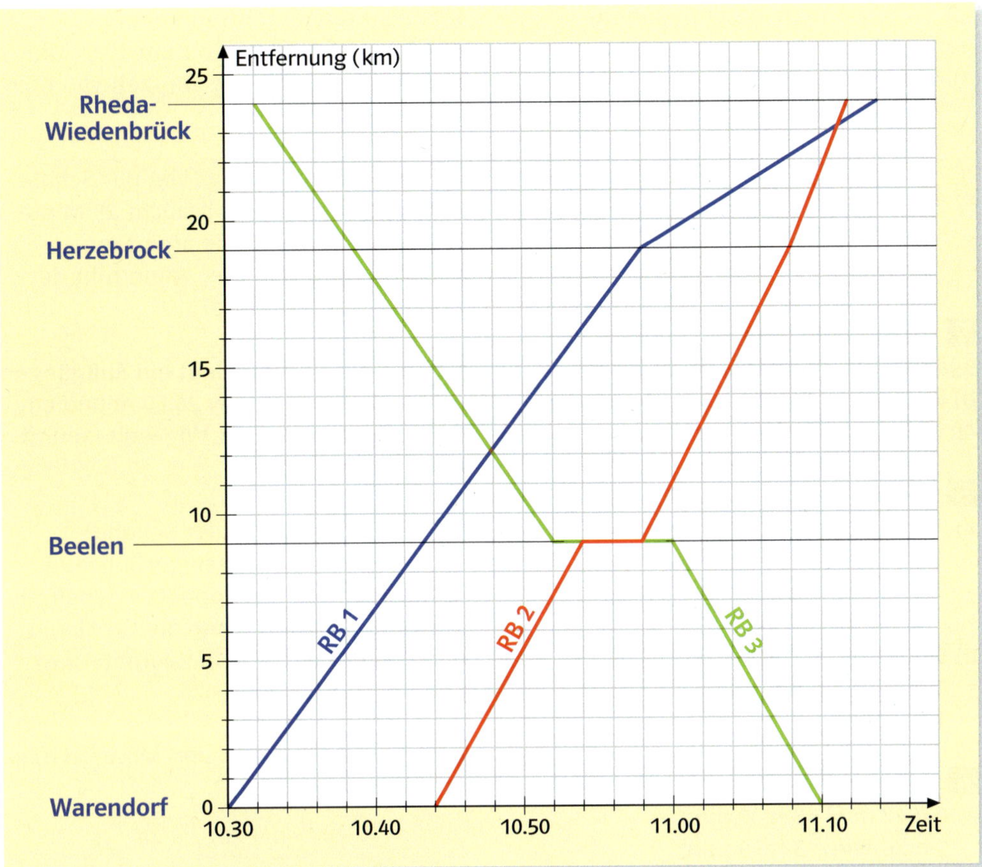

3 Auf dem abgebildeten Bildfahrplan sind drei Züge eingetragen, die Regionalbahnen RB1, RB 2 und RB 3.
Die Regionalbahnen RB 1 und RB 2 fahren von Warendorf nach Rheda-Wiedenbrück, RB 3 von Rheda-Wiedenbrück nach Warendorf.
a) Wie viel Zeit benötigen die Züge jeweils für die gesamte Strecke?
b) Wann begegnet RB 1 der Regionalbahn RB 3? Wann und wo begegnen sich die Regionalbahnen RB 2 und RB 3?
c) Wann hat RB 2 die Regionalbahn RB 1 eingeholt?
d) Welche Zeit benötigt RB 1 für die Strecke von Herzebrock nach Rheda-Wiedenbrück, welche Zeit RB 2? Woran erkennst du im Bildfahrplan, dass RB 2 auf dieser Strecke schneller ist?

4 Plane in deiner Gruppe mithilfe des Fahrplans der Deutschen Bahn (Kursbuch oder Internet) einen Ausflug in die nähere Umgebung. Berechne die Fahrzeiten für die Hin- und Rückfahrt, die Aufenthaltsdauer am Ort und die Dauer des gesamten Ausflugs.

Beachte die Hinweise auf den Seiten 167 und 189.

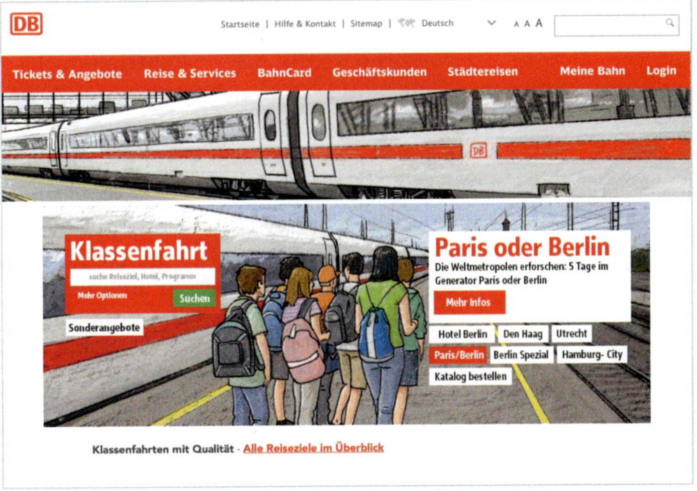

Lernkontrolle 1

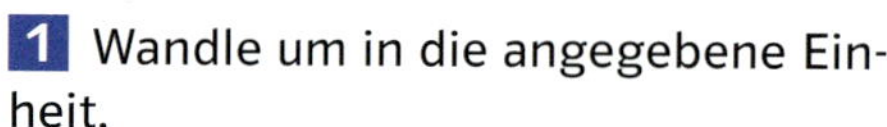

1 Wandle um in die angegebene Einheit.

a) 6 min (s)
720 min (h)
48 h (d)

b) 8 h 17 min (min)
5 min 24 s (s)
3 h 28 min (min)

c) 1 h (s)
3 d (h)
1 d (min)

d) 2 d 14 h (h)
$2\frac{1}{2}$ h (min)
$\frac{3}{4}$ h (s)

2 a) Wie viele Monate sind es?
9 Jahre, 3 Jahre 5 Monate, $2\frac{1}{4}$ Jahr
b) Rechne um in Jahre und Monate:
40 Monate, 140 Monate, 53 Monate

Die Concorde war bis zum Jahr 2003 im Einsatz

3 Berechne.

a) 13 h 34 min + 6 h 22 min
11 h 17 min + 5 h 39 min
9 h 35 min + 2 h 19 min

b) 5 h 46 min + 7 h 36 min
8 h 55 min + 9 h 49 min
1 h 50 min + 9 h 23 min

4 Berechne.

a) 6 h 47 min − 5 h 38 min
3 h 26 min − 3 h 19 min
4 h 38 min − 2 h 29 min

b) 7 h 32 min − 4 h 56 min
12 h 7 min − 9 h 57 min
4 h 12 min − 3 h 46 min

5 Ein Intercity fährt in Köln um 18.09 Uhr ab und kommt um 19.54 Uhr in Münster an. Gib die Fahrzeit von Köln bis Münster an.

6 Metin fährt mittags von der Schule nach Hause. Sein Bus braucht 25 Minuten für den Weg. Metin steigt um 13.06 Uhr aus dem Bus. Wann fuhr der Bus von der Schule ab?

7 In einer Sekunde legt ein Fußgänger 1,30 m zurück, ein Pkw 26,50 m und ein Düsenflugzeug 250 m. Wie weit kommt jeder in 20 Minuten?

8 Der Schall legt in der Sekunde 340 m zurück. Das Passagierflugzeug „Concorde" flog mit doppelter Schallgeschwindigkeit. Berechne die Geschwindigkeit der Concorde in Kilometer pro Stunde.

9 Wie viele Stunden und Minuten dauert die Veranstaltung?

	a)	b)	c)
Beginn:	8.30 Uhr	18.25 Uhr	23.17 Uhr
Ende:	13.40 Uhr	22.08 Uhr	2.30 Uhr

Wiederholung

1 Wandle in die Einheit um, die in Klammern steht.

a) 9 m^2 (dm^2)
13 dm^2 (cm^2)
25 a (m^2)

b) 3400 a (ha)
3000 ha (km^2)
12000 mm^2 (cm^2)

2 a) 3,45 m + 78 cm
5 km + 67 m
12 dm + 89 cm

b) 12 m − 156 cm
123 cm − 6 dm
13 dm − 47 cm

3 Berechne den Umfang und den Flächeninhalt des Rechtecks mit den Seitenlängen a und b.
a) a = 7 cm; b = 11 cm
b) a = 32 m; b = 24 m

4 Berechne den Umfang und den Flächeninhalt des Quadrats mit der Seitenlänge a.
a) a = 14 cm
b) a = 22 m

5 a) Der Umfang eines Quadrats beträgt 64 cm. Berechne die Seitenlänge.
b) Der Umfang eines Rechtecks beträgt 170 cm. Eine Seite ist 47 cm lang. Wie lang ist die andere?

6 Ein 23 m langes und 21 m breites Baugrundstück wird eingezäunt.
a) Wie lang ist der Zaun?
b) Wie groß ist das eingezäunte Grundstück?

Lernkontrolle 2

3  Babenhausen Süd – Hauptbahnhof – Jahnplatz – Stieghorst 

		Montag bis Freitag																			
Babenhausen Süd	ab	5.11	5.26	5.41	5.51	6.01	6.11	6.21	6.31	6.41	6.51	7.01	7.11	7.21	7.31	7.41	7.51	8.01	Alle	19.01	19.11
Voltmannstraße		12	27	42	52	02	12	22	32	42	52	02	12	22	32	42	52	02	10	02	12
Koblenzer Straße		13	28	43	53	03	13	23	33	43	53	03	13	23	33	43	53	03	Min.	03	13
Lange Straße		15	30	45	55	05	15	25	35	45	55	05	15	25	35	45	55	05		05	15
Auf der Hufe		16	31	46	56	06	16	26	36	46	56	06	16	26	36	46	56	06		06	16
Nordpark		17	32	47	57	07	17	27	37	47	57	07	17	27	37	47	57	07		07	17
Wittekindstraße		18	33	48	59	09	19	29	39	49	59	09	19	29	39	49	59	09		09	18
Hauptbahnhof		19	34	49	6.00	10	20	30	40	50	7.00	10	20	30	40	50	8.00	10		10	19
Jahnplatz	an	5.20	5.35	5.50	6.01	6.11	6.21	6.31	6.41	6.51	7.01	7.11	7.21	7.31	7.41	7.51	8.01	8.11		19.11	19.20
Jahnplatz	ab	5.20	5.35	5.50	6.01	6.11	6.21	6.31	6.41	6.51	7.01	7.11	7.21	7.31	7.41	7.51	8.01	8.11		19.11	19.20
Rathaus		21	36	51	02	12	22	32	42	52	02	12	22	32	42	52	02	12		12	21
August-Schroeder-Straße		23	38	53	04	14	24	34	44	54	04	14	24	34	44	54	04	14		14	23
Ravensberger Straße		24	39	54	05	15	25	35	45	55	05	15	25	35	45	55	05	15		15	24
Krankenhaus		26	41	56	07	17	27	37	47	57	07	17	27	37	47	57	07	17		17	26
Oststraße		27	42	57	08	18	28	38	48	58	08	18	28	38	48	58	08	18		18	27
Hartlager Weg		28	43	58	09	19	29	39	49	59	09	19	29	39	49	59	09	19		19	28
Sieker Mitte	an	5.30	5.45	6.00	6.11	6.21	6.31	6.41	6.51	7.01	7.11	7.21	7.31	7.41	7.51	8.01	8.11	8.21		19.21	19.30
Luther-Kirche		31	46	01	12	22	32	42	52	02	12	22	32	42	52	02	12	22		22	31
Roggenkamp		32	47	02	13	23	33	43	53	03	13	23	33	43	53	03	13	23		23	32
Elpke		33	48	03	14	24	34	44	54	04	14	24	34	44	54	04	14	24	Alle	24	33
Gesamtschule Stieghorst		34	49	04	15	25	35	45	55	05	15	25	35	45	55	05	15	25	10	25	34
Stieghorst-Zentrum	an	5.35	5.50	6.05	6.16	6.26	6.36	6.46	6.56	7.06	7.16	7.26	7.36	7.46	7.56	8.06	8.16	8.26	Min.	19.26	19.35

1 Alexandra wohnt in der Ravensberger Straße und besucht die Gesamtschule in Stieghorst. Der Unterricht beginnt um 8.00 Uhr. Alexandra möchte fünf Minuten vor dem Unterricht an der Schule ankommen.
a) Wann muss sie an der Haltestelle sein?
b) Wann muss sie das Haus verlassen, wenn sie bis zur Haltestelle ungefähr sieben Minuten zu Fuß gehen muss?
c) Wann muss Alexandra spätestens aufstehen, wenn sie für Waschen, Anziehen und Frühstücken 45 Minuten rechnet?

2 Wenn es in Sydney 22.00 Uhr ist, ist es in Hongkong 20.00 Uhr. Ein Flugzeug startet um 10.45 in Sydney und landet um 17.45 Uhr in Hongkong. Bestimme die Flugdauer.

3 Wenn es in London 12.00 Uhr ist, ist es in Mumbai bereits 17.30 Uhr. Ein Flugzeug startet um 16.30 Uhr in London mit dem Ziel Mumbai. Die Flugzeit beträgt 7 h 55 min. Wie spät ist es bei der Landung in Mumbai?

Wiederholung

1 Wandle in die Einheit um, die in Klammern steht.

a) 9,12 m² (dm²)
0,3 dm² (cm²)
2,5 a (m²)

b) 3, 48 a (ha)
575 ha (km²)
1230 mm² (cm²)

2 Nina hat quadratische Plättchen von 4 cm Länge. Sie legt daraus neue größere Quadrate.
a) Wie viele Plättchen braucht sie jeweils für die nächsten fünf größeren Quadrate?
b) Gib jeweils Flächeninhalt und Umfang dieser Quadrate an.

3 In jeder Spalte sind die Maße eines Rechtecks angegeben. Vervollständige die Tabelle.

	a)	b)	c)
Seitenlänge a	11 cm	9 dm	■
Seitenlänge b	17 cm	■	16 m
Umfang	■	40 dm	■
Flächeninhalt	■	■	224 m²

4 Bauer Kaup kann pro Jahr mit einem Kilogramm Mineraldünger eine 58 m² große Fläche düngen. Wie viel Kilogramm braucht er für ein 6, 96 ha großes Feld?

Schriftliches Addieren

Addition zweier Summanden

Beim schriftlichen Addieren werden die Summanden untereinander geschrieben: Einer unter Einer, Zehner unter Zehner, Hunderter unter Hunderter, …

131 + 437 = ▪

```
  1 3 1
+ 4 3 7
-------
  5 6 8
```

Einer:
7 + 1 = 8

Zehner:
3 + 3 = 6

Hunderter:
4 + 1 = 5

Ist beim stellenweisen Addieren die Summe größer als neun, gibt es einen Übertrag in die nächsthöhere Stelle.

475 + 246 = ▪

```
  4 7 5
+ 2 4 6
  1 1
-------
  7 2 1
```

Einer:
6 + 5 = 11
Übertrag: 1

Zehner:
1 + 4 + 7 = 12
Übertrag: 1

Hunderter:
1 + 2 + 4 = 7

Addition mehrerer Summanden

3508 + 358 + 775 = ▪

```
  3 5 0 8
+   3 5 8
+   7 7 5
  1 1 2
---------
  4 6 4 1
```

Einer:
5 + 8 + 8 = 21
Übertrag: 2

Zehner:
2 + 7 + 5 + 0 = 14
Übertrag: 1

Hunderter:
1 + 7 + 3 + 5 = 16
Übertrag: 1

Tausender:
1 + 3 = 4

1 Berechne schriftlich.

a) 457 + 241   b) 271 + 327
c) 502 + 375   d) 482 + 317
e) 1672 + 2027   f) 3056 + 4932

2 Berechne schriftlich.

a) 372 + 253   b) 572 + 319
c) 735 + 432   d) 562 + 469
e) 4578 + 473   f) 4590 + 2582
g) 17 564 + 3567   h) 23 456 + 7549

3 Addiere.

a) 458 + 2567 + 13 762 + 98
b) 3567 + 90 000 + 34 675 + 2783 + 456
c) 3562 + 5678 + 12 056 + 873 + 9
d) 5623 + 17 924 + 7304 + 982
e) 2876 + 2877 + 2878 + 2879 + 2880

4 Addiere die Zahlen in den Spalten und Zeilen. Die Kontrollzahl ist die Summe aller Ergebnisse in der untersten Zeile und in der rechten Spalte.

4078	6780	563	▪
91 763	12 000	8923	▪
678	964	45 003	▪
▪	▪	▪	**341 504**

5 In einer Schulbücherei werden 456 Mathematikbücher, 672 Bücher für Gesellschaftslehre, 382 Physikbücher und 567 Musikbücher neu angeschafft.

6 Mit einem Leihwagen sind in der letzten Woche folgende Strecken gefahren worden:
Montag: 456 km, Dienstag: 46 km, Mittwoch: 378 km, Donnerstag: 0 km und Freitag: 845 km.

7 Bei der letzten Landtagswahl in Nordrhein-Westfalen erhielten die vier im Parlament vertretenen Parteien folgende Stimmen:

Parteien	CDU	SPD	Grüne	FDP
Anzahl der Stimmen	3 696 506	3 058 988	509 233	508 266

8 Leben in den fünf größten Städten Nordrhein-Westfalens zusammen mehr Einwohner als in Berlin (3 400 000 Einwohner)?

Stadt	Dortmund	Duisburg	Düsseldorf	Köln	Essen
Einwohner	602 000	540 000	575 000	963 000	622 000

Schriftliches Subtrahieren

1 Berechne schriftlich.
a) 487 - 253
b) 923 - 512
c) 769 - 347
d) 2589 - 1276
e) 4890 - 2630
f) 34 567 - 2356

2 Berechne schriftlich.
a) 835 - 673
b) 905 - 753
c) 1256 - 835
d) 4592 - 3785
e) 7000 - 872
f) 34 802 - 8278

3 Subtrahiere.
a) 5678 - 2955
b) 6206 - 5389
c) 7890 - 5926
d) 3298 - 2945
e) 347 802 - 6876
f) 45 000 - 17 872
g) 134 560 - 34 456
h) 254 302 - 39 537

4 Mareike hat 872 € gespart und will sich nun für 378 € ein neues Fahrrad kaufen.

5 Frau Niedeck hat mit ihrem zwei Jahre alten Pkw insgesamt 56 467 km zurückgelegt. Sie hat ausgerechnet, dass sie das Auto davon 37 608 km zu beruflichen Zwecken genutzt hat.

6 Herr Peters hat 128 € in seiner Brieftasche. Er hebt zusätzlich 295 € von seinem Konto ab. Er möchte einen Pocket-PC für 399 € kaufen. Kann er dann noch für 50 € tanken?

7 Subtrahiere.

Minuend	4598	23 456	127 509	46 893
Subtrahend	2543	7093	9578	12 476
Differenz				

8 Berechne die fehlenden Zahlen.

Minuend	5689	14 508	345 602	
Subtrahend	2309			3569
Differenz		6874	293 456	7346

9 Wenn man zu einer Zahl 78 902 addiert, erhält man 90 500. Wie heißt die gesuchte Zahl?

10 Subtrahiert man eine Zahl von 34 786, so erhält man 19 777. Wie heißt die gesuchte Zahl?

Beim schriftlichen Subtrahieren werden die Zahlen wie bei der schriftlichen Addition untereinander geschrieben.
Es gibt zwei verschiedene Verfahren.

Verfahren: Ergänzen

576 − 342 = ▢

```
  5 7 6
− 3 4 2
-------
  2 3 4
```

Einer:
2 + 4 = 6

Zehner:
4 + 3 = 7

Hunderter:
3 + 2 = 5

Ist beim Ergänzen die untere Zahl größer als die obere Zahl, gibt es einen Übertrag in die nächsthöhere Stelle.

782 − 357 = ▢

```
  7 8 2
− 3 5 7
    1
-------
  4 2 5
```

Einer:
7 + 5 = 12
Übertrag: 1

Zehner:
1 + 5 + 2 = 8

Hunderter:
3 + 4 = 7

Verfahren: Abziehen

782 − 357 = ▢

```
    7
  7 8̸ 2
− 3 5 7
-------
  4 2 5
```

Einer:
2 − 7 = ?
12 − 7 = 5
Übertrag: 1

Zehner:
8 − 1 = 7
7 − 5 = 2

Hunderter:
7 − 3 = 4

Schriftliches Multiplizieren

Multiplikation mit einem einstelligen Faktor

321 · 3 = ▒

Einer:
1 · 3 = 3

Zehner:
2 · 3 = 6

Hunderter:
3 · 3 = 9

3	2	1	·	3
	9	6	3	

Ist ein Teilprodukt größer als neun, musst du dir die Zehnerziffer (den Übertrag) merken.

647 · 6 = ▒

Einer:
7 · 6 = 42
Schreibe 2, merke 4

Zehner:
4 · 6 = 24
24 + 4 = 28
Schreibe 8, merke 2

Hunderter:
6 · 6 = 36
36 + 2 = 38
Schreibe 38

6	4	7	·	6
3	8	8	2	

Multiplikation mit einem mehrstelligen Faktor

946 · 35 = ▒

9	4	6	·	3	5
2	8	3	8		
	4	7	3	0	
1	1	1			
3	3	1	1	0	

946 · 35 = 33 110

Multipliziere die einzelnen Stellen des zweiten Faktors nacheinander mit dem ersten Faktor. Beachte den Übertrag.
Schreibe die Zwischenergebnisse stellengerecht untereinander und addiere sie.

1 Berechne schriftlich.
a) 245 · 2 b) 321 · 3 c) 201 · 4
d) 3102 · 3 e) 4032 · 2 f) 3210 · 3

2 Berechne schriftlich.
a) 426 · 3 b) 527 · 2 c) 603 · 8
d) 509 · 7 e) 7025 · 4 f) 6207 · 9

3 Multipliziere.
a) 376 · 60 b) 569 · 700 c) 5698 · 90
d) 3497 · 800 e) 873 · 30 f) 4312 · 500

4 Multipliziere.
a) 67 · 67 b) 72 · 93 c) 56 · 89
d) 273 · 35 e) 478 · 39 f) 293 · 72

5 Multipliziere.
a) 3 · 6704 b) 67 · 7890 c) 90 · 587
d) 467 · 298 e) 209 · 398 f) 293 · 1923

6 Für die Klassenfahrt der Klasse 5 c werden von jedem Schüler und jeder Schülerin 128 € eingesammelt. In der Klasse sind 15 Jungen und 14 Mädchen.

7 Ein Herz eines Menschen schlägt in der Minute im Durchschnitt 72 mal. Wie oft schlägt ein menschliches Herz an einem Tag?

8 Eine Fledermaus hat einen Herzschlag von ungefähr 600 Schlägen pro Minute. Wie oft schlägt dieses kleine Herz am Tag?

9 Der Elfmeterpunkt im Fußballfeld ist nicht genau elf Meter von der Torlinie entfernt. Der Abstand beträgt genau zwölf englische Yards. Ein Yard ist ungefähr 91 Zentimeter lang.

10 Die Gesamtschule Eldern hat Klassen vom 5. bis zum 10. Jahrgang. In einem Jahrgang gibt es immer sechs parallele Klassen. In einer Klasse sind im Durchschnitt 29 Schülerinnen und Schüler.

11 Bei der folgenden Aufgabe entsteht ein ungewöhnliches Ergebnis:

4 119 345 674 893 · 2997

Schriftliches Dividieren

1 Berechne schriftlich.

a) 2556 : 6 b) 891 : 3 c) 5691 : 7
d) 5472 : 8 e) 1206 : 9 f) 3882 : 6
g) 4886 : 7 h) 5784 : 8 i) 7686 : 9

2 Berechne schriftlich. Achte auf die Nullen im Ergebnis.

a) 18 324 : 6 b) 25 228 : 7 c) 2850 : 5
d) 49 042 : 7 e) 14 340 : 3 f) 28 200 : 4
g) 11 263 : 7 h) 40 364 : 4 i) 45 063 : 9

3 Berechne schriftlich.

a) 14 600 : 40 b) 29 850 : 50 c) 11 410 : 70
d) 41 600 : 80 e) 73 170 : 90 f) 49440 : 60
g) 43 200 : 40 h) 39 200 : 70 i) 36 810 : 90

4 Rechne schriftlich. Stimmt der Rest?

a) 40 585 : 9 = ________ Rest 4
b) 35 167 : 7 = ________ Rest 6
c) 49 765 : 7 = ________ Rest 2
d) 50 434 : 6 = ________ Rest 4

5 Vier Geschwister teilen sich ein Erbe von 45 678 €. Berechne die Anteile. Gibt es hier einen Rest?

6 Ein Airbus legt eine Strecke von 7160 km in acht Stunden zurück. Wie viele Kilometer legt er im Durchschnitt in einer Stunde zurück?

7 Familie Sulhoff hat im vergangenen Jahr etwa 228 Kubikmeter Wasser verbraucht. Dies sind umgerechnet 228 000 Liter. Die Familie besteht aus fünf Personen, die alle gleich viel Wasser verbrauchen.
a) Wie hoch ist der Wasserverbrauch pro Person im Jahr? Runde sinnvoll.
b) Berechne den monatlichen Wasserverbrauch für eine Person in Liter.
c) Wie viel Liter verbraucht eine Person am Tag?

8 Ein Fußballverein hatte während einer Saison bei 17 Heimspielen insgesamt 366 962 Zuschauer. Wie viele Zuschauer kamen im Durchschnitt pro Heimspiel?

9 Laura nimmt an, dass sie in ihrem Leben durchschnittlich neun Stunden pro Tag geschlafen hat. Sie hat ausgerechnet, dass sich insgesamt 31 680 Stunden Schlaf ergeben. Wie alt ist Laura?

9472 : 4 = ■

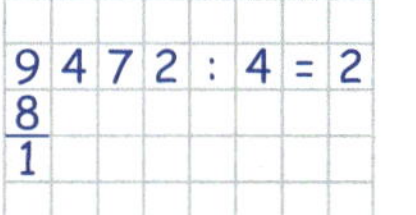

9 : 4 = 2 Rest ■
2 · 4 = 8
9 − 8 = 1

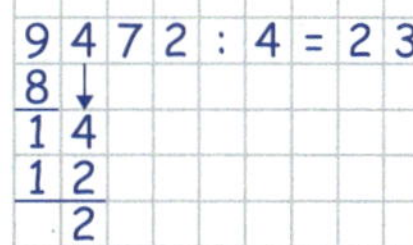

14 : 4 = 3 Rest ■
3 · 4 = 12
14 − 12 = 2

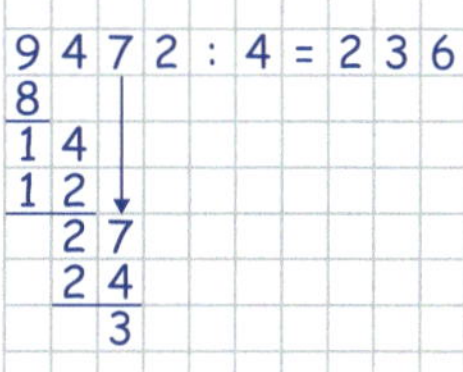

27 : 4 = 6 Rest ■
6 · 4 = 24
27 − 24 = 3

```
9472 : 4 = 2368
8
14
12
 27
 24
  32
  32
   0
```

32 : 4 = 8 Rest ■
8 · 4 = 32
32 − 32 = 0

9472 : 4 = 2368

239 : 7 = ■

```
239 : 7 = 3
21
 2
```

2 : 7 = 0 Rest ■
also
23 : 7 = 3 Rest ■
3 · 7 = 21
23 − 21 = 2

```
239 : 7 = 34
21
 29
 28
  1
```

29 : 7 = 4 Rest ■
4 · 7 = 28
29 − 28 = 1

239 : 7 = 34 Rest 1

Geld

Wenn ein Geldbetrag in der Kommaschreibweise angegeben wird, steht links vom Komma der Euro-Betrag, rechts vom Komma der Cent-Betrag.

3 € 11 Cent = 3,11 €

Geldbeträge in der Kommaschreibweise können in Cent umgerechnet werden.

1 € = 100 Cent
3,11 € = 311 Cent

Tabelle für Geldbeträge

Euro			Cent		
H	Z	E	Z	E	
		3	5	6	3,56 €
	3	5			35,00 €
1	0	0	5	0	100,50 €
	4	2	5	5	42,55 €

245,53 € + 73,07 € + 7,58 € = ▪

```
   245,53 €
+   73,07 €
+    7,58 €
   1 1 1 1
   326,18 €
```

125,25 € − 89,75 € = ▪

```
   125,25 €
−   89,75 €
     1 1
    35,50 €
```

Werden Geldbeträge in der Kommaschreibweise angegeben, muss beim Addieren und Subtrahieren jeweils Komma unter Komma gesetzt werden.

1 Übertrage die Tabelle für Geldbeträge in dein Heft und trage die folgenden Geldbeträge ein.
a) 345 Cent b) 3,56 € c) 23,67 €
d) 456 € e) 23 456 Cent g) 170,5 €

2 Verwandle in Euro.
a) 456 Cent b) 23 Cent c) 1234 Cent
d) 9 Cent e) 3005 Cent f) 100 000 Cent

3 Verwandle in Cent.
a) 3 € b) 15,04 € c) 7,50 €
d) 35,78 € e) 356 € f) 9,5 €

4 Schreibe mit Komma.
a) 3 € 17 Cent b) 4 € 23 Cent c) 17 € 45 Cent
d) 23 € 2 Cent e) 5 Cent 12 € f) 786 Cent

5 Julia wünscht sich ein neues Mountainbike. Das Fahrrad kostet 328 €. Eine Lichtanlage muss zusätzlich für 23,50 € gekauft werden. Außerdem braucht Julia einen neuen Fahrradhelm für 32 €.

6 Die Klasse 5b plant eine Klassenfahrt. Von jeder Schülerin und von jedem Schüler werden 120 € eingesammelt. Insgesamt fahren 29 Personen mit.

7 Tim hat sein Sparschwein geleert. Er hat das Geld sortiert und will berechnen, wie viel er gespart hat.

5 €	2 €	1 €	50 Cent	20 Cent	10 Cent	5 Cent	2 Cent	1 Cent
7	12	4	21	6	45	12	23	21

8 Berechne schriftlich.
a) 23,56 € + 456,70 € + 12 505,56 € + 5,67 €
b) 3409,45 € + 34,09 € + 1200 €
c) 12 345,05 € + 234,50 € + 34,56 € + 1200,49 €

9 Berechne schriftlich.
a) 345,78 € − 56,09 € b) 4508,56 € − 907,34 €
c) 5000 € − 678,23 € d) 567,90 € − 459,60 €

10 Philip kauft Ersatzteile für seine Eisenbahn: einen Schalter für 2,75 €, ein Signal für 12,30 € und ein Haus für 7,25 €. Er will mit einem 20-€-Schein bezahlen. Reicht sein Geld? Schätze zuerst.

11 Ramadan ist vorbei. Serkan hat 10 € für die Kirmes bekommen. Er fährt Autoscooter für 3 €, Geisterbahn für 1,50 €, isst Zuckerwatte für 0,50 €, bezahlt an der Wurfbude 2 €, kauft Popcorn für 1,50 €. Den Rest will er für Lose ausgeben.

Längen

1 Wandle in die Einheit um, die in Klammern steht.

a) 6 cm (mm)	b) 80 cm (mm)	c) 70 dm (cm)
5 m (dm)	6 m (cm)	12 dm (mm)
7 m (mm)	12 km (m)	19 m (mm)

2

a) 70 cm (dm)	b) 7000 m (km)	c) 200 cm (m)
120 mm (cm)	1200 cm (m)	300 mm (dm)
20 dm (m)	3000 mm (m)	15 000 m (km)

3 Gib in Kilometern an.

a) 1 km 400 m	b) 5 km 20 m	c) 8 km 3 m
1 km 40 m	5 km 200 m	8 km 30 m
1 km 4 m	5 km 222 m	8 km 333 m
4 km 10 m	2 km 50 m	3 km 800 m

4 Gib jede Länge in Kilometern und Metern (nur in Metern) an.

a) 5,800 km	b) 6,86 km	c) 7,757 km
5,080 km	7,7 km	2,508 km
5,008 km	7,08 km	3,060 km

5 Gib in Metern an.

a) 1 m 40 cm	b) 5 m 2 dm	c) 8 m 3 cm
1 m 4 cm	5 m 20 cm	8 m 30 cm
1 m 4 mm	5 m 222 mm	18 m 30 mm
1 m 40 mm	5 m 22 cm	18 m 3 mm

6 Berechne schriftlich.

a) 5,7 km + 2,689 km + 2,500 km + 48,6 km

b) 345 m + 1228 m + 56 027 m

c) 564 cm + 6780 cm + 45 cm

d) 5,689 m + 67,5 m + 7,98 m

7 Subtrahiere schriftlich.

a) 4,589 km − 0,87 km	b) 65,6 m − 4,89 m
25,67 km − 17 km	7 m − 5,874 m
45,4 km − 34,753 km	5674 m − 345 m

8 Die Außenlinien eines Fußballfeldes von 148,8 m Länge und 70,5 m Breite sollen mit Kreide nachgezeichnet werden. Wie lang ist die Kreidespur, die dabei entsteht?

9 Sarah möchte in den Ferien mit ihrem Rad in vier Tagen eine Strecke von 80 km Länge zurücklegen. Am ersten Tag fährt sie 24,6 km, am zweiten Tag 18,5 km und am dritten Tag 29,7 km.

10 Von einem 30 m langen Tau werden drei Leinen abgeschnitten. Die Leinen sind 6,30 m, 5,60 m und 3,50 m lang. Wie lang ist der Rest?

Wir messen Längen in Kilometern (km), Metern (m), Zentimetern (cm) und Millimetern (mm).

1 km = 1000 m

1 m = 10 dm	1 m = 10 dm
1 dm = 10 cm	1 m = 100 cm
1 cm = 10 mm	1 m = 1000 mm

Tabelle für Längen

km			m			
H	Z	E	H	Z	E	
		7	3	7	6	7,376 km
	4	5	0	9	0	45,090 km
		3	0	0	7	3,007 km
			4	2	6	0,426 km
				1	8	0,018 km
					3	0,003 km

m						
H	Z	E	dm	cm	mm	
5	1	2	8	0		512,80 m
	3	6	5	2	5	36,525 m
		7	4	4		7,44 m
			1	8		0,18 m
				5	3	0,053 m

3,567 km + 0,056 km + 16,72 km = ▢

```
    3,567 km
 +  0,056 km
 + 16,720 km
    1 1 1 1
   20,343 km
```

12,53 m - 1,006 m = ▢

```
   12,530 m
 -  1,006 m
        1
   11,524 m
```

Werden Längen in der gleichen Einheit und in Kommaschreibweise angegeben, muss beim Addieren und Subtrahieren jeweils Komma unter Komma gesetzt werden.

Massen

Wir messen die Masse eines Körpers in Tonnen (t), Kilogramm (kg) und in Gramm (g). Im Alltag wird auch der Begriff Gewicht anstelle von Masse benutzt.

1 t = 1000 kg
1 kg = 1000 g

Tabelle für Massen

t			kg			
H	Z	E	H	Z	E	
		6	2	6	5	6,265 t
	5	6	0	8	0	56,080 t
		2	0	0	7	2,007 t
			4	7	5	0,475 t
				5	8	0,058 t
					7	0,007 t

kg			g			
H	Z	E	H	Z	E	
4	3	2	8	0		432,80 kg
	5	8	5	2	5	58,525 kg
		7	9	4		7,94 kg
			9	3		0,93 kg
				1	3	0,013 kg

4,053 kg + 0,759 kg + 15,37 kg = ▒

```
    4,053 kg
 +  0,759 kg
 + 15,370 kg
   1 1 1 1
   20,182 kg
```

16,55 t − 3,007 t = ▒

```
   16,550 t
 -  3,007 t
        1
   11,543 t
```

Werden Massen in der gleichen Einheit und in Kommaschreibweise angegeben, muss beim Addieren und Subtrahieren jeweils Komma unter Komma gesetzt werden.

1 Ordne die Massen richtig zu.

a) Blatt DIN-A4-Papier — A) 25 kg
b) Erwachsener — B) 1 kg
c) Kind — C) 12 t
d) Pkw — D) 5 g
e) Lkw — E) 1 100 kg
f) Postkarte — F) 2 g
g) Ein Liter Wasser — G) 75 kg

2 Wandle in die Einheit um, die in Klammern steht.

a) 8 kg (g); 15 kg (g)
b) 8 t (kg); 26 t (kg)
c) 70 t (g); 120 t (g)

3 a) 7000 g (kg); 12 000 g (kg)
b) 6000 kg (t); 13 000 kg (t)
c) 20 000 g (kg); 125 000 g (kg)

4 Gib in Tonnen an.

a) 1 t 500 kg; 1 t 4 kg
b) 2 t 50 kg; 5 t 250 kg
c) 8 t 5 kg; 1 t 11 kg

5 Gib in Kilogramm an.

a) 1 kg 300 g; 1 kg 30 g; 1 kg 3 g
b) 15 kg 70 g; 5 kg 500 g; 25 kg 322 g
c) 19 kg 3 g; 28 kg 30 g; 8 kg 736 g

6 Gib jede Masse in Kilogramm und Gramm (nur in Gramm) an.

a) 6,400 kg; 6,040 kg; 6,004 kg
b) 7,96 kg; 8,8 kg; 7,06 kg
c) 1,756 kg; 2,205 kg; 3,010 kg

7 Berechne schriftlich.

a) 3,7 t + 2,659 t + 5,500 t + 47,6 t
b) 543 kg + 1328 kg + 36 302 kg
c) 3,689 kg + 47,5 kg + 1,98 kg

8 Subtrahiere schriftlich.

a) 1,589 t − 0,87 t; 75,67 t − 48 t
b) 65,6 kg − 14,89 kg; 17 kg − 15,874 kg

9 Arne bringt drei Pakete zur Post. Sie wiegen zusammen 5,8 kg. Das erste Paket wiegt 1,9 kg, das zweite 0,8 kg.

10 Der Kleintransporter von Herrn Schewe hat eine zulässige Nutzlast von 750 kg. Darf er damit drei Paletten, die 145 kg, 347 kg und 256 kg wiegen, auf einmal transportieren?

11 Ein Mittelklasseauto wiegt 1200 kg. Es können fünf Erwachsene zusteigen und jeder kann noch 20 kg Gepäck mitnehmen. Welches zulässige Gesamtgewicht ist sinnvoll?

Lösungen zu den Lernkontrollen

zu Seite 26

1 a) 90 Punkte b) 160 Punkte

2

	Milliarden			Millionen			Tausender					
	H	Z	E	H	Z	E	H	Z	E	H	Z	E
a)					4		5	3	4	0	4	5
							7	5	2	0	0	1
b)			3	4	5	0	0	0	0	0	0	2
					1	4	8	9	0	2	0	0
c)					7	5	0	0	0	0	0	0
				4	3	2	0	0	0	0	0	0
d)							3	1	4	0	0	0
						2	6	0	0	0	0	0
e)								7	9	4	0	0
									8	7	1	2

3 –

4 a) 100 b) 9999 c) 100 001

5 a) 8300 4500 2800 57 500 33 300
b) 59 000 98 000 981 000 1 456 000

6 a) 459 < 495 < 549 < 594 < 945
b) 6457 < 6475 < 6547 < 6574 < 6754
c) 1017 < 1071 < 1107 < 1701 < 1710
d) 45 455 < 45 545 < 54 545 < 54 554 < 55 454

7

Amazonas	6500 km
Mississippi	6000 km
Jangtsekiang	5600 km
Mekong	4500 km
Amur	4400 km
Lena	4300 km

W1 a) parallel b) nicht parallel

W2 a) senkrecht b) nicht senkrecht
c) senkrecht

zu Seite 27

1

Nordrhein-Westfalen	18 100 000
Bayern	12 400 000
Baden-Württemberg	10 700 000
Niedersachsen	8 000 000
Hessen	6 100 000
Sachsen	4 300 000
Rheinland-Pfalz	4 100 000
Berlin	3 400 000
Schleswig-Holstein	2 800 000
Brandenburg	2 600 000
Sachsen-Anhalt	2 500 000
Thüringen	2 400 000
Hamburg	1 700 000
Mecklenburg-Vorpommern	1 700 000
Saarland	1 100 000
Bremen	700 000

2 –

3 a) 17 Uhr 16 Uhr 14 Uhr

4 a) 8732 2378
b) 2590 2509 2905 2950
2059 2095 5209 5290
5902 5920 5029 5092
9520 9502 9250 9205
9052 9025

5 a) 118, 129, 140
b) 26, 33, 41
c) 32, 42, 40
d) 162, 486, 1458
e) 32, 16, 8
f) 86, 172, 182

6 a) 9 b) 11 c) 12
d) 24 e) 26 f) 54

7 a) $1100_{\textcircled{2}}$ b) $1111_{\textcircled{2}}$ c) $100001_{\textcircled{2}}$
d) $11001_{\textcircled{2}}$ e) $100111_{\textcircled{2}}$ f) $1100110_{\textcircled{2}}$

8 a) 25,75 km
b) 2200 m
c) 7500 kg

9 a) 90 b) 900 c) 900 000

W1 A

Zwei rechte Winkel

B

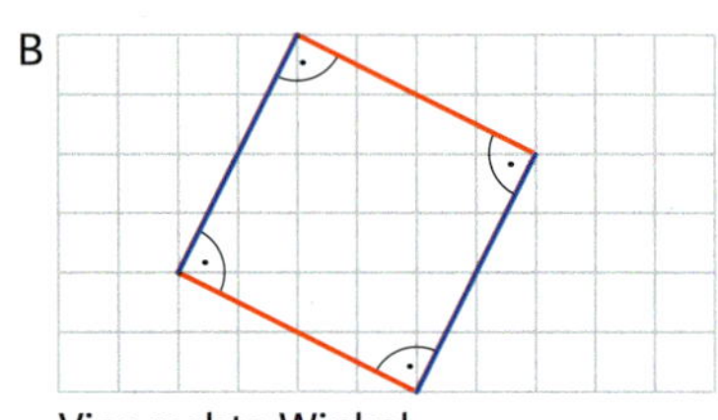

Vier rechte Winkel

zu Seite 54

1 a) 460 017 b) 16 154 c) 204 472 d) 199 005

2 a) 468 b) 262 c) 157 d) 391

3 a) 10 947 b) 8822 c) 34 790 d) 27 892 342

4 a) 260 b) 400 c) 840 d) 1825

5 a) 1233 b) 3660 c) 1476 d) 0

6 288 Tafeln

7 176 Plätze

8 822 €

9 8689 kg

10 zweite Zahl 7679, dritte Zahl 9000

W1 a) 60 mm, 800 mm b) 7 cm, 19 cm c) 6 dm, 45 dm d) 500 cm, 2100 cm

W2 a) 6 m, 12 m b) 54 km, 112 km c) 4 dm, 10 dm d) 5000 m, 23 000 m
e) 56 m, 135 m f) 5 km, 190 000 dm

W3 a) 68 dm, 742 cm b) 1206 mm, 15 025 mm c) 2024 m, 12 056 mm d) 1145 cm, 13 007 mm
e) 11 073 mm, 21 159 mm f) 71 236 dm, 1967 cm

W4 a) 850 cm, 66 dm b) 530 mm, 1248 mm c) 5500 m, 2750 cm d) 345 dm, 265 cm

zu Seite 55

1 a) 1 302 907 b) 401 532 730 c) 5 851 909 d) 2 518 427

2 a) 5714 b) 1045 c) 22 987 d) 352 864

3 a) 1504 b) 1940 c) 3000 d) 3200

4

a)	b)	c)	d)
124 869	25 897	756 886	112 221
+ 254 332	+ 56 877	− 368 745	− 89 656
379 201	82 774	388 141	22 565

5 Christian: 18 Jahre, Kerstin: 14 Jahre, Frau Herbst: 42 Jahre, alle zusammen: 127 Jahre

6 a)

999
465 534
219 246 288
121 98 148 140
104 17 81 67 73

b)

926
465 461
219 246 215
121 98 148 67
104 17 81 67 0

7 Bauer Harms erhält für die Zuckerrüben 399,60 €.

W1 a) 4,8 cm, 0,6 cm b) 70,6 m, 1,2 m c) 0,9 dm, 1,7 dm d) 4,890 km, 0,754 km

W2 a) 4876 m, 809 m b) 39 cm, 121 cm c) 78 mm, 8 mm d) 314 cm, 107 cm

W3 a) 2,36 m, 13,703 m b) 6,56 m, 0,788 m c) 8,123 m, 1,856 m d) 2,238 m, 13,035 m

W4 a) 4,056 km, 1,2002 km b) 56,1 cm, 23,79 dm c) 9,128 m, 7,108 m d) 12,02902 km, 3,016003 km

zu Seite 69

1

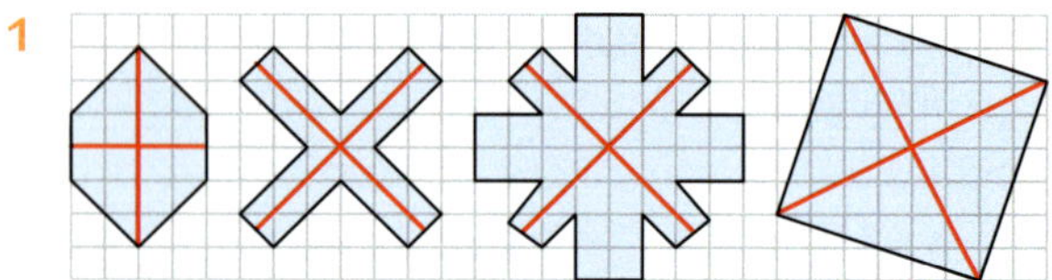

2 b, d, g

Lösungen zu den Lernkontrollen

3
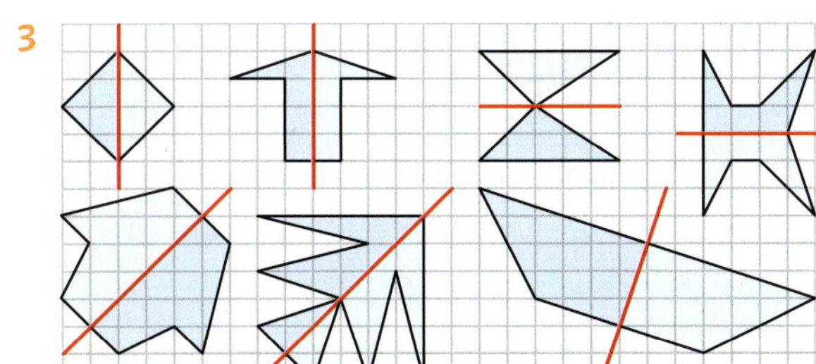

W1 a) 999 b) 551 c) 1730 d) 1040 e) 10 168
f) 13 163 g) 8245 h) 8543 i) 7977 k) 4866
l) 6445 m) 2557 n) 112 o) 931

W2 a) 8144 b) 77 506 c) 1982 d) 10 352
e) 9485 f) 734 g) 6056 h) 4011

zu Seite 94

1 a) 12 145 b) 60 168 c) 117 588
d) 399 266 e) 514 710 f) 3 793 635

2 a) 193 b) 1425 c) 2338
d) 3442 e) 6932 f) 2014

3 a) 180 c) 9 · 9 d) 15 e) 11

4 a) 660 b) 96 c) 114 d) 8

5 a) 8700 b) 2900 c) 1530 d) 1800

6 (152 − 2) · 9 = 450
120 + 12 · 8 = 216
20 · (10 − 4) = 120
90 − 72 : 9 = 82
(28 + 2) · 5 = 150

7 317 200 Telefonnummern

8 495 km

9 1257 km

W1 Nilpferd 2 t
Hund 35 kg
Amsel 110 g
Marienkäfer 700 mg

W2 a) 5 kg b) 13 000 kg c) 17 000 mg d) 4350 kg
12 t 7000 g 3 000 000 mg 1080 g
e) 1500 g f) 2,53 kg
2650 kg 4,347 t

W3 30 Elefanten

zu Seite 95

1 a) 47 136 b) 384 710 c) 659 509
d) 216 125 e) 2 107 455 f) 4 585 728

2 a) 3245 b) 5674 c) 5432
d) 10 204 e) 3207 Rest 1 f) 2654 Rest 10

3 c) 12 d) 5

4 a) 320 b) 21 c) 700 d) 45

5 b) 371 · 102
371
742
37842

6 a) 121 b) 125 c) 243

7 a) 2^5 b) 2^8 c) 2^{10}

8 250 Kartons

9 2088 €

W1 a) 6750 g b) 4750 g c) 7142 kg d) 2375 kg

W2 0,4 kg < 720 g < 1 kg 250 g < 2,5 kg < 4500 g

W3 Gesamtgewicht 1924 g

W4 a) 2,3 kg b) 4,7 t
1,45 kg 1,345 t
0,5 kg 0,05 t

W5 Gesamtgewicht 20 kg 550 g

zu Seite 114

1 Zylinder, Kegel, Würfel, Quader, Pyramide, Kugel

2 a) Würfel b) Zylinder c) quadr. Pyramide

3 –

4 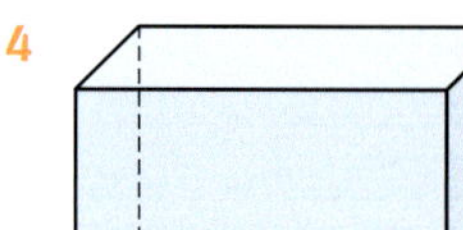 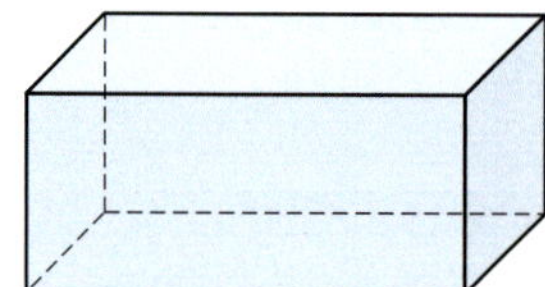

5 siehe Seite 114

6  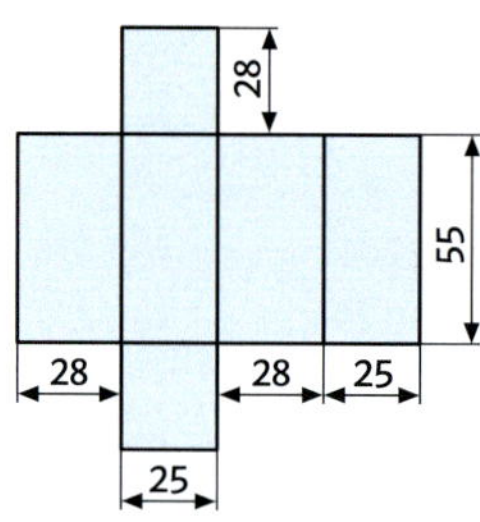

W1 a) 44 b) 7 c) 6 d) 50 e) 137

W2 a) 21 b) 129 c) 50 d) 121 e) 29

W3 a) 141 b) 529 c) 23 d) 194 e) 1158

W4 1176

W5 Nein (nur bis 201 600)

zu Seite 115

1 A: Jede Fläche muss zweimal vorhanden sein.

B: Beim Zusammenfalten würde die untere Fläche nicht passen.

D: Die beiden großen Flächen dürfen nicht direkt aneinander stoßen.

2 –

3 –

4 a) 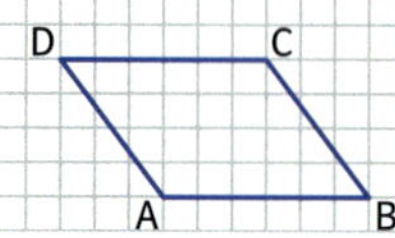

b) 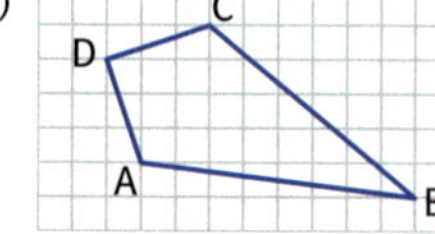

5 a) Quadrat, Raute b) Quadrat, Raute

6 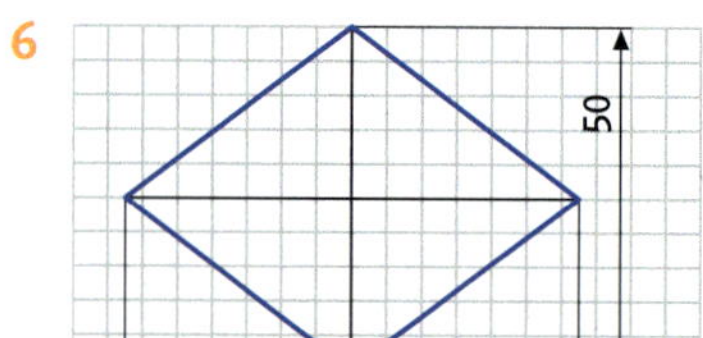

7 Quadrat (gegenüberliegende Seiten sind parallel)
Rechteck (gegenüberliegende Seiten sind parallel)
Raute (gegenüberliegende Seiten sind parallel)
Parallelogramm (gegenüberliegende Seiten sind parallel)

8 a) siehe Seite 115
b)

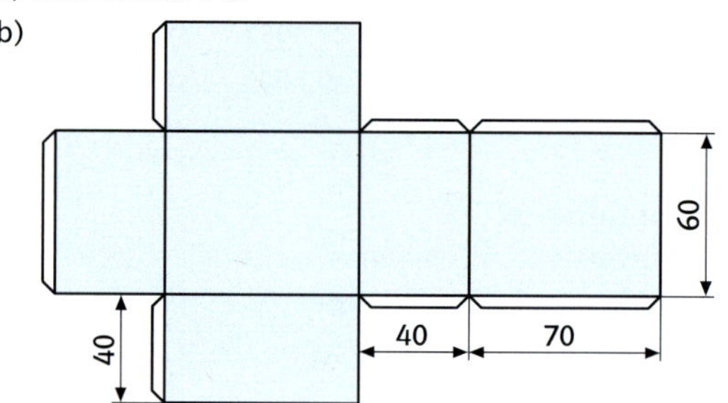

9 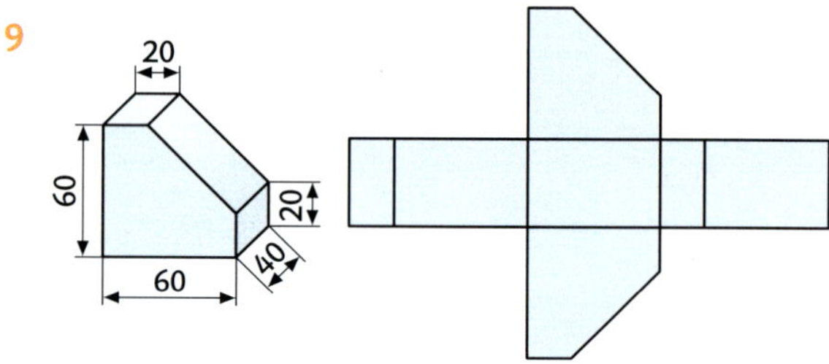

zu Seite 138

1 a) 710 cm 380 mm 6 dm
b) 532 cm 613 m 2,35 m

2 Nein (1782 km)

3 80 m

4 a) 14 m b) 10 m

5 a) 800 dm^2 2400 cm^2 35 a
b) 845 ha 631 mm^2 0,48 dm^2

6 6 Ballen

7 a) 2940 m^2 b) 625 m^2

Lösungen zu den Lernkontrollen

8 10 800 m² = 108 a = 1,08 ha

9 a) 9 cm b) 24 m

10 16

W1 $\frac{9}{14}$; $\frac{3}{8}$

W2 –

W3 $\frac{1}{4}$

W4 a) $\frac{6}{7} = \frac{54}{63}$ b) $\frac{3}{4} = \frac{18}{24}$ c) $\frac{36}{72} = \frac{9}{18}$

W5 a) $\frac{1}{2}$ b) $\frac{3}{4}$ c) $\frac{8}{9}$ d) $\frac{7}{8}$

W6 a) $\frac{1}{2}, \frac{3}{4}, \frac{7}{8}$ b) $\frac{15}{32}, \frac{9}{16}, \frac{5}{8}, \frac{3}{4}$

W7 Svenjana: 9 Stimmen Rabia: 12 Stimmen Tim: 6 Stimmen

zu Seite 139

1 75 000 m² = 750 a = 7,5 ha

2 a) 29 cm² b) 21 cm²

3 a) 56 m b) a = 32 m (Quadrat), A = 1024 m²

4 a) 240 km b) 1 : 6 000 000

5 a) a = 5 cm, b = 10 cm b) a = 10 dm, b = 20 dm
c) a = 20 m, b = 40 m

6 a) 36 m b) 44 m

7 Ja, 1 Fliese: 0,16 m²; 6,25 Fliesen pro Quadratmeter:
≈ 23,69 €

8 113,48 m

9 170 cm

zu Seite 158

1 $\overline{AB}$ = 3 cm $\overline{CD}$ = 1,5 cm $\overline{RS}$ = 2 cm

2 –

3 –

4 A (1|1), B (0|5), C (3|4), D (8|0), E (5|7)

5 Schnittpunkt: (9|0)

6 a – b : 0,5 cm, a – c : 1,8 cm, a – d : 2,6 cm, b – c : 1,3 cm,
b – d : 2,1 cm, c – d : 0,8 cm

W1 a) 4689 15 056 24 005
b) 14 070 18 560 36 880
c) 4446 5100 16 152

W2 a) 16 027 37 260 26 125
b) 64 780 254 709 315 900
c) 3 678 664 2 563 380 2 903 104

W3 a) 442 b) 900 c) 43 200 d) 1887 e) 13 800

W4 a) 123 142 148 b) 131 1246 654
c) 667 520 550

W5 a) 56 45 123
b) 261 814 250
c) 313 Rest 4 183 Rest 7 212 Rest 4

W6 a) 642 b) 14 c) 23 d) 28

zu Seite 159

1 I: ja, II: nein, c schneidet b und a jeweils außerhalb,
2 Schnittpunkte III: ja, IV: ja, a schneidet b, c schneidet b
und a jeweils außerhalb.

2 –

3 –

4 a) a c b

b)

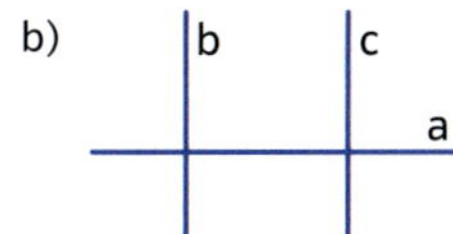

5 S (9|6)

6 a) Köln – Hamburg – Berlin – München;
Köln – München – Berlin – Hamburg;
Köln – Hamburg – München – Berlin
b) Köln – Hamburg – Berlin – München – Köln:
13 cm ca. 1600 km

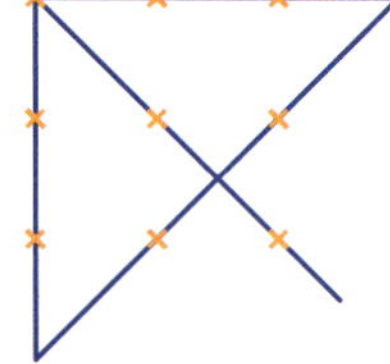

zu Seite 172

1 a)

Anzahl der Fernsehgeräte	Häufigkeit
0	|
1	|||
2	~~||||~~ ~~||||~~ ||
3	~~||||~~ ||
4	||||
5	|

Anzahl der Fernsehgeräte	Häufigkeit
0	1
1	3
2	12
3	7
4	4
5	1

b)

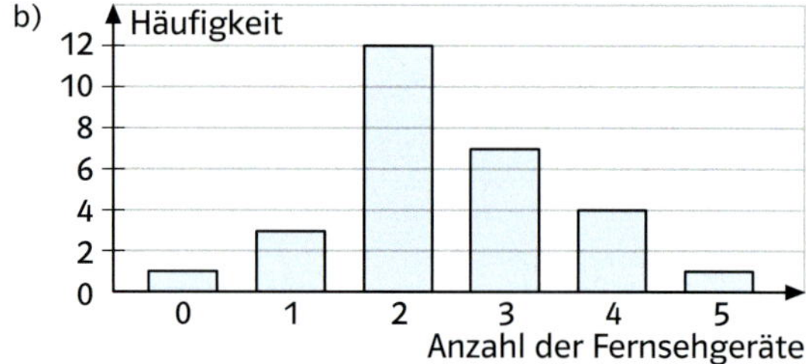

2

Lebensalter der Schülerinnen und Schüler	Häufigkeit	
	Mädchen	Jungen
10	7	5
11	9	8
12	1	1

3 a)

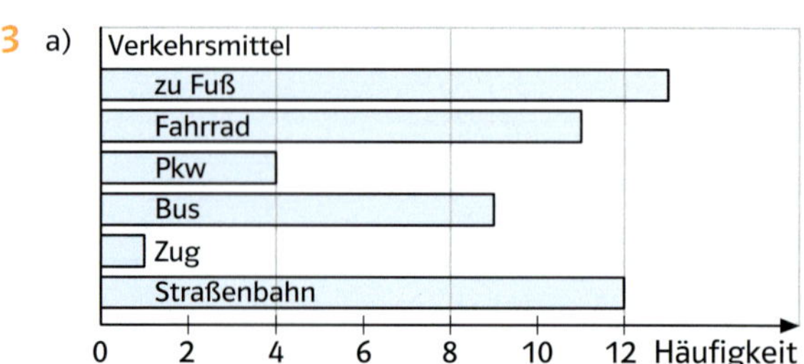

b) Es wurden 50 Schülerinnen und Schüler befragt.

4

Monatliches Taschengeld (€)	Häufigkeit
8	4
10	6
12	8
15	12
16	11
20	7
24	2

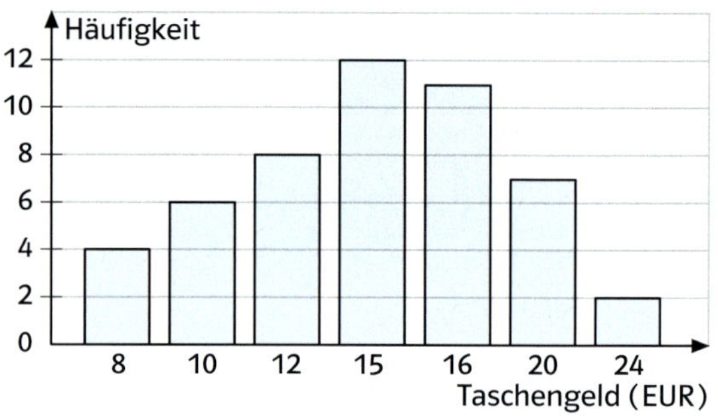

W1 6501 €

W2 53 km

W3 125 km pro Stunde

W4 36 €

W5 a) 51 033 Karten b) 1 329 267 €

zu Seite 173

1

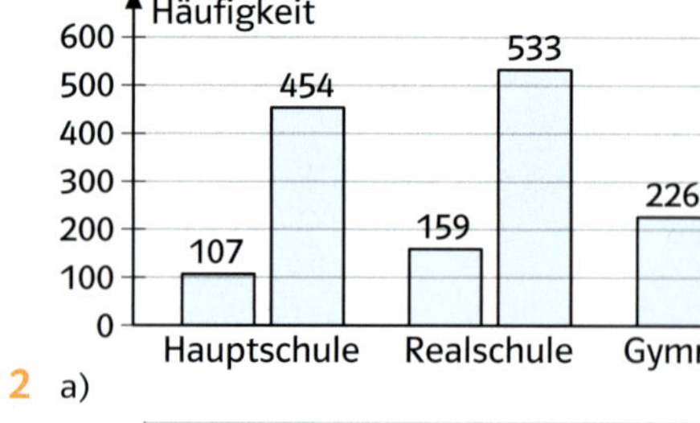

2 a)

Häufigkeit
8
6
4
2
0
8 10 12 15 16 20 24
Taschengeld (EUR)

b) 24 Monate

3 a)

Körpergröße (cm)	Häufigkeit
von 135 cm bis 140 cm	5
von 140 cm bis 145 cm	4
von 145 cm bis 150 cm	4
von 150 cm bis 155 cm	6
von 155 cm bis 160 cm	5
von 160 cm bis 165 cm	4

b)

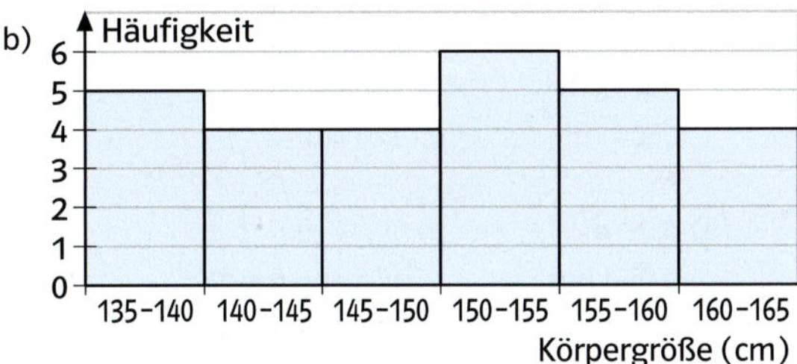

4 ungefähr 1347,5 kg

W1 Das Telefonbuch enthält ungefähr 408 395 Telefonnummern.

W2 107,50 €

W3 Sie hat ungefähr 3600 km, also mehr als 3000 km zurückgelegt.

W4 250 Güterzüge

W5 Es dauert länger als 6 Stunden.

5 Die Brüche können nur beispielhaft dargestellt werden.

a) 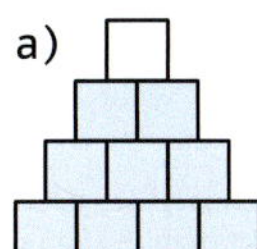 b) 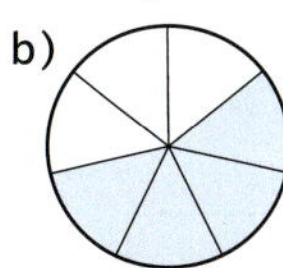 c) 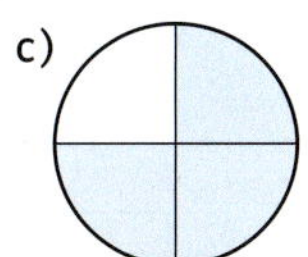

6 a) $\frac{2}{3} = \frac{10}{15}$; $\frac{4}{5} = \frac{12}{15}$ b) $\frac{3}{5} = \frac{12}{20}$; $\frac{3}{4} = \frac{15}{20}$

c) $\frac{1}{7} = \frac{2}{14}$; $\frac{3}{2} = \frac{21}{14}$ d) $\frac{4}{10}$; $\frac{3}{5} = \frac{6}{10}$

7 a) $\frac{2}{5} > \frac{2}{6}$ b) $\frac{7}{45} < \frac{7}{42}$ c) $\frac{3}{7} > \frac{2}{7}$

d) $\frac{5}{14} < \frac{9}{14}$ e) $\frac{3}{6} > \frac{4}{9}$ f) $\frac{9}{10} < \frac{11}{12}$

W1 A(2|2) B(8|1) C(11|0) D(12|8) E(7|6) F(3|7)

W2 a)

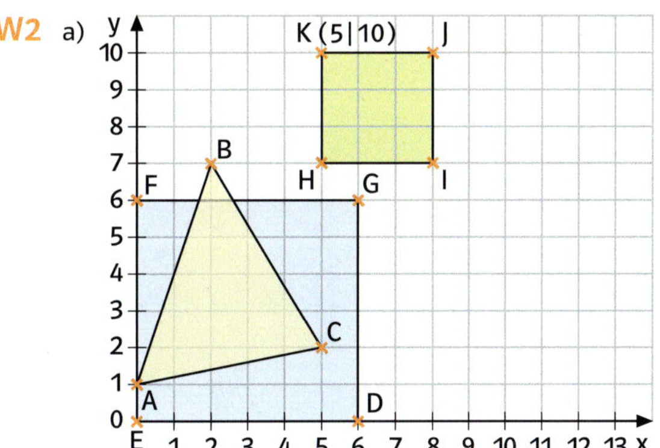

b) Quadrat

zu Seite 192

1 Die Brüche können nur beispielhaft dargestellt werden. Auch andere Darstellungen der Brüche sind möglich.

a) 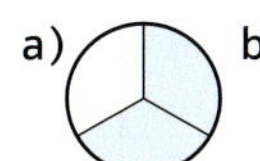 b) 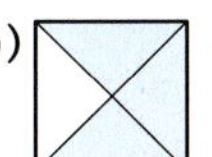 c) 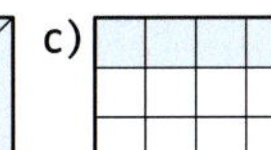 d) 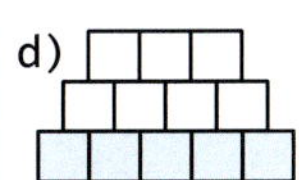

2 a) 15 Minuten = $\frac{1}{4}$ Stunde b) 5 Minuten = $\frac{1}{12}$ Stunde

c) 20 Minuten = $\frac{1}{3}$ Stunde d) 12 Minuten = $\frac{1}{5}$ Stunde

3 a) $\frac{2}{8} = \frac{1}{4}$ b) $\frac{12}{24} = \frac{1}{2}$ c) $\frac{5}{17}$ d) $\frac{2}{6} = \frac{1}{3}$

e) $\frac{1}{5}$ f) $\frac{5}{6}$ g) $\frac{3}{10}$

4 Rot: $\frac{1}{24}$ Gelb: $\frac{5}{24}$ Grün: $\frac{6}{24} = \frac{1}{4}$

Grau: $\frac{3}{24} = \frac{1}{8}$ Blau: $\frac{9}{24} = \frac{3}{8}$

zu Seite 193

1 Die Brüche können nur beispielhaft dargestellt werden.

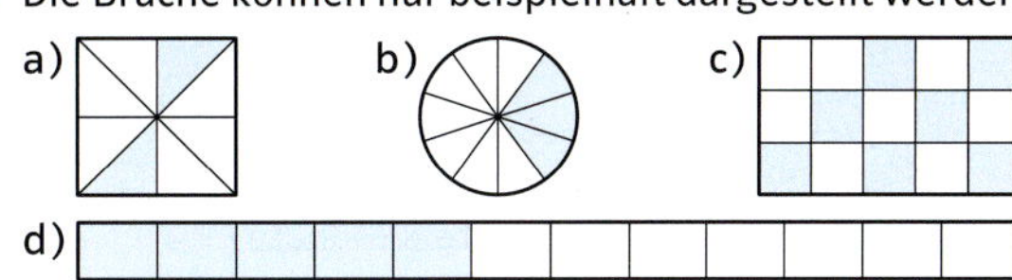

2 a) $\frac{1}{4}$ Stunde = 15 Minuten b) $\frac{5}{6}$ Stunde = 50 Minuten

c) $\frac{3}{12}$ Stunde = 15 Minuten d) $\frac{4}{10}$ Stunde = 24 Minuten

3 a) $\frac{12}{32} = \frac{6}{16}$ b) $\frac{6}{24} = \frac{1}{4}$ c) $\frac{3}{15} = \frac{1}{5}$ d) $\frac{2}{3}$

e) $\frac{4}{16} = \frac{1}{4}$ f) $\frac{1}{6}$ g) $\frac{7}{10}$ h) $\frac{5}{8}$ i) $\frac{2}{5}$

4 Rot: $\frac{5}{16}$ Gelb: $\frac{13}{32}$ Grün: $\frac{1}{16}$

Grau: $\frac{1}{32}$ Blau: $\frac{3}{16}$

Lösungen zu den Lernkontrollen

5 a) $\frac{3}{5} = \frac{15}{25}$ b) $\frac{2}{7} = \frac{22}{77}$ c) $\frac{2}{12} = \frac{4}{24}$

d) $\frac{28}{8} = \frac{7}{2}$ e) $\frac{4}{15} = \frac{12}{45}$ f) $\frac{6}{10} = \frac{72}{120}$

6  a)

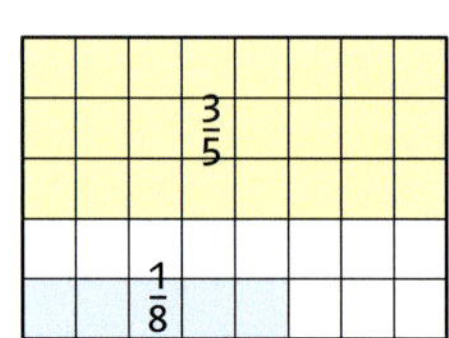

b)

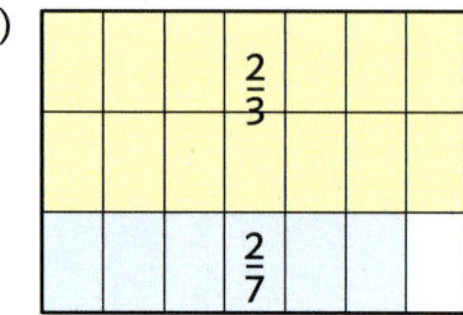

c) $\frac{1}{2}$ $\frac{3}{10}$

7

Anzahl der Lose	Nieten	Gewinne	Hauptgewinne
5	**4**	**1**	**0**
50	40	10	1
150	120	30	3
75	**60**	15	1
250	**200**	50	6
125	100	**25**	3
175	140	**35**	4

W1 Die Lok ist in Wirklichkeit 25,75 m lang.

W2 Auf der Karte muss die gemessene Tour 200 cm lang sein.

zu Seite 206

1 a) 360 s, 12 h, 2 d b) 497 min, 324 s, 208 min c) 3600 s, 72 h, 1440 min d) 62 h, 150 min, 2700 s

2 a) 108 Monate, 41 Monate, 27 Monate b) 3 Jahre 4 Monate, 11 Jahre 8 Monate, 4 Jahre 5 Monate

3 a) 19 h 56 min, 16 h 56 min, 11 h 54 min b) 13 h 22 min, 18 h 44 min, 11 h 13 min

4 a) 1 h 9 min, 7 min, 2 h 9 min b) 2 h 36 min, 2 h 10 min, 26 min

5 1 h 45 min

6 12.41 Uhr

7 Fußgänger: 1560 m ; Pkw: 31,8 km ; Düsenflugzeug: 300 km

8 2448 km pro h

9 a) 5 h 10 min b) 3 h 43 min c) 3 h 13 min

W1 a) 900 dm², 1300 cm², 2500 m² b) 34 ha, 30 km², 120 cm²

W2 a) 4,23 m, 5,067 km, 20,9 dm b) 10,44 m, 63 cm = 6,3 dm, 83 cm = 8,3 dm

W3 a) u = 36 cm, A = 77 cm² b) u = 112 m, A = 768 m²

W4 a) u = 56 cm, A = 196 cm² b) u = 88 m, A = 484 m²

W5 a) a = 16 cm b) b = 38 cm

W6 a) 88 m b) 483 m²

zu Seite 207

1 a) 7.45 Uhr b) 7.38 Uhr c) 6.53 Uhr

2 9 h

3 5.55 Uhr am nächsten Morgen

W1 a) 912 dm², 30 cm², 250 m² b) 0,0348 ha, 5,75 km², 12,30 cm²

W2

Anzahl Plättchen	4	9	16	25	36
Flächeninhalt (cm²)	64	144	256	400	576
Umfang (cm)	32	48	64	80	96

W3

	a)	b)	c)
Seitenlänge a	11 cm	9 dm	14 m
Seitenlänge b	17 cm	11 dm	16 m
Umfang	56 cm	40 dm	60 m
Flächeninhalt	187 cm²	99 dm²	224 m²

W4 1200 kg

Register

Bildquellennachweis

|akg-images GmbH, Berlin: 24, 30, 31, 196. |alamy images, Abingdon/Oxfordshire: Roman Sigaev 67. |Arco Images GmbH, Lünen: R. Frank 146. |Caro Fotoagentur, Berlin: Oberhaeuser 73. |Deutsche Bahn AG, Berlin: 205. |Deutsche Bahn AG/Mediathek, Frankfurt/M.: Uwe Miethe 124. |Deutsches Museum, München: 140. |Druwe & Polastri, Cremlingen/Weddel: 5, 5, 5, 5, 6, 6, 13, 15, 17, 17, 17, 17, 19, 25, 25, 37, 50, 58, 58, 58, 77, 78, 79, 88, 98, 100, 101, 101, 105, 111, 111, 113, 120, 120, 120, 120, 120, 120, 124, 125, 135, 135, 136, 148, 161, 166, 167, 167, 167, 176, 184, 184, 195, 212. |ecopix Fotoagentur, Berlin: 24, 24, 24. |FC Schalke 04, Gelsenkirchen: 87. |fotolia.com, New York: Jens Klingebiel 91; M. Schuppich 60; paulrommer 4; prinzesa 194; slocummedia 194. |Getty Images, München: Hany Rizk/EyeEm 4, 14; Jon Arnold Images 200; Jonathan Blair 65; photolibrary 14. |Imago, Berlin: Baering 128; blickwinkel 120; Team 2 13; Xinhua 117. |iStockphoto.com, Calgary: 120, 120; William Bullimore 91. |K. und U. Schuster, Oberursel: 202. |Koepsell, Andreas, Hannover: 179, 180. |Kuhlmann, Karl-Heinz, Bielefeld: 14, 14, 67, 67, 67, 67, 67, 67, 112, 112, 170, 170. |mauritius images GmbH, Mittenwald: 50, 50, 56, 56, 60, 67, 203; ACE 60, 206; AGE 48, 91; Hiroshi Higuchi 13; Josef Beck 87; Photononstop 22; Roland Birke 60; Simon Katzer 89; Steve Bloom Images 92, 92, 92; Winfried Wisniewski 91. |NASA, Washington: 9, 9. |OKAPIA KG - Michael Grzimek & Co., Frankfurt/M.: imagebroker/Franz Christoph Robiller 210. |Picture-Alliance GmbH, Frankfurt/M.: 122, 200; B. Brossette/OKAPIA KG 36; Bertel Müller/OKAPIA KG 128; Bildagentur online/Klein 120; dpa 200; dpa/Frank Leonhardt 120; dpa/Gero Breloer 190; dpa/Gero Sommerfeld 117; dpa/Imaginechina 48; dpa/PTB_handout 116; dpa/Stefan Hesse 14; dpa/Wolfgang Kumm 13, 128; Fleischmann/dpa/gms 193; gms 41; GODONG/Pascal Deloche 48; J-L Klein & M-L Hubert/OKAPIA KG 35, 35, 36; ZB/Jens Wolf 48; ZB/Thermalbad Wiesenbad 168. |Stadt Köln, Köln: 80. |stock.adobe.com, Dublin: Abeselom Zerit 56; Mapics 57; Tokarski, Stanislaw 57; Vastram 151. |Superbild - Your Photo Today, Ottobrunn: Superbild/Schmidbauer 137. |Tierbildarchiv Angermayer, Holzkirchen: Pfletschinger 81, 81, 81, 81. |Volkswagen Media Services, Wolfsburg: 42, 53. |Wefringhaus, Klaus, Braunschweig: Titel, 5, 38, 39, 75, 89, 89, 89, 89, 89, 89, 89, 89, 123, 174, 175, 189, 189, 189.

Alle Illustrationen: Matthias Berghahn, Bielefeld

Technische Zeichnungen: Technische Grafik Westermann (Hannelore Wohlt), Braunschweig